会声会影11中文版入门与提高

“百叶窗”效果

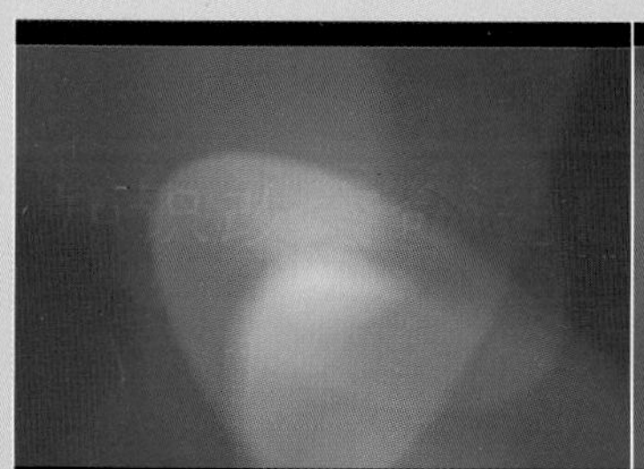

COOL 3D动画与影片合成

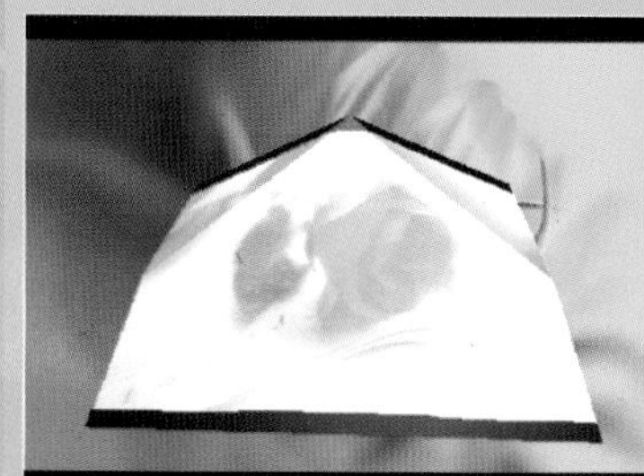

Hollywood转场效果

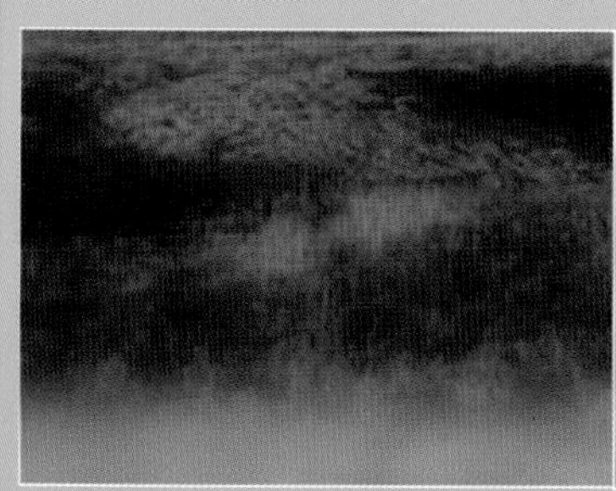

选择预置的摇动和缩放效果

"飞行折叠"转场效果

"漩涡"转场效果

"遮罩"转场效果

Flash动画的覆叠效果

多轨覆叠应用效果

运动的应用遮罩帧的素材效果

“飞行”类标题动画预览

预览相册转场效果

会声会影 11中文版 入门与提高

“取代 – 棋盘”效果

自定义标题淡化动画

覆叠效果与转场效果的配合

摇动和缩放效果

入门与提高丛书

会声会影11 中文版入门与提高

缪　亮　主　编
刘志敏　孙利娟　副主编

清华大学出版社
北　京

内 容 简 介

会声会影是一款专门为个人、家庭、小型视频工作室、DV 发烧友量身打造的简单、好用的影片剪辑软件，会声会影 11 中文版提供了更直观、更人性化的操作界面以及更强大的视频编辑处理功能。不论是婚礼回忆、宝贝成长、家庭旅游记录、生日派对、毕业典礼、MV 制作等值得珍藏的欢乐时刻，利用会声会影 11 进行后期编辑处理，都能轻松发挥创意，完美保留珍贵的回忆。

本书从 DV 的选购、保养开始，一步步详细介绍会声会影 11 中文版的安装、视频采集、编辑、添加字幕、特技、VCD 选择菜单的制作、测试直至刻录光盘的全部过程。本书讲解透彻，语言通俗易懂，便于没有经验的读者快速掌握数码视频剪辑、处理技术。

本书附带一张光盘，包含书中所有实例的源文件和素材库，以及本书最后两个大的实例的多媒体视频教学文件。

本书内容全面、结构清晰、深入浅出、可操作性强，适合家庭用户、DV 发烧友、多媒体制作人员、网页设计师参考使用，同时也是高等学校和相关领域培训班学习视频制作的最佳教材。

图书在版编目(CIP)数据

会声会影 11 中文版入门与提高/缪亮主编；刘志敏，孙利娟副主编. —北京：清华大学出版社，2009. 5
(入门与提高丛书)
ISBN 978-7-302-19832-1

Ⅰ. 会…　Ⅱ. ①缪…　②刘…　③孙…　Ⅲ. ①图形软件，会声会影 11　②数字控制摄像机—基本知识
Ⅳ. TP391.41　TN948.41

中国版本图书馆 CIP 数据核字(2009)第 041819 号

责任编辑：徐　颖　孙兴芳
版式设计：杨玉兰
责任印制：何　芊
出版发行：清华大学出版社　　**地　址**：北京清华大学学研大厦 A 座
http://www. tup. com. cn　　**邮　编**：100084
社 总 机：010-62770175　　**邮　购**：010-62786544
投稿与读者服务：010-62776969，c-service@tup. tsinghua. edu. cn
质 量 反 馈：010-62772015，zhiliang@tup. tsinghua. edu. cn
印 刷 者：清华大学印刷厂
装 订 者：北京市密云县京文制本装订厂
经　销：全国新华书店
开　本：185×260　**印　张**：26　**插　页**：2　**字　数**：622 千字
附光盘 1 张
版　次：2009 年 5 月第 1 版　　**印　次**：2009 年 5 月第 1 次印刷
印　数：1～5000
定　价：55.00 元

《入门与提高丛书》特色提示

- 精选国内外著名软件公司的流行产品，以丰富的选题满足读者学用软件的广泛需求
- 以中文版软件作为介绍的重中之重，为中国读者度身定制，使读者能便捷地掌握国际先进的软件技术
- 紧跟软件版本的更新，连续推出配套图书，使读者能轻松自如地与世界软件潮流同步
- 明确定位，面向初、中级读者，由“入门”起步，侧重“提高”，使新手老手都能成为行家里手
- 围绕用户实际使用之需取材谋篇，着重技术精华的剖析和操作技巧的指点，使读者能深入理解软件的奥秘，做到举一反三
- 追求明晰精炼的风格，用醒目的步骤提示和生动的屏幕画面使读者如亲临操作现场，轻轻松松地把软件用起来

丛书编委会

《入门与提高丛书》序

普通用户使用计算机最关键也最头疼的问题恐怕就是学用软件了。软件范围之广，版本更新之快，功能选项之多，体系膨胀之大，往往令人目不暇接，无从下手；而每每看到专业人士在计算机前如鱼得水，把软件玩得活灵活现，您一定又会惊羡不已。

“临渊羡鱼，不如退而结网”。道路只有一条：动手去用！选择您想用的软件和一本配套的好书，然后坐在计算机前面，开机、安装，按照书中的指示去用、去试，很快您就会发现您的计算机也有灵气了，您也能成为一名出色的舵手，自如地在软件海洋中航行。

《入门与提高丛书》就是您畅游软件之海的导航器。它是一套包含了现今主要流行软件的使用指导书，能使您快速便捷地掌握软件的操作方法和编程技术，得心应手地解决实际问题。

让我们来看一下本丛书的特色吧！

◎ 软件领域

本丛书精选的软件皆为国内外著名软件公司的知名产品，也是时下国内应用面最广的软件，同时也是各领域的佼佼者。目前本丛书所涉及的软件领域主要有操作平台、办公软件、编程工具、数据库软件、网络和 Internet 软件、多媒体和图形图像软件等。

◎ 版本选择

本丛书对于软件版本的选择原则是：紧跟软件更新步伐，推出最新版本，充分保证图书的技术先进性；兼顾经典主流软件，给广受青睐、深入人心的传统产品以一席之地；对于兼有中西文版本的软件，采取中文版，以尽力满足中国用户的需要。

◎ 读者定位

本丛书明确定位于初、中级用户。不管您以前是否使用过本丛书所述的软件，这套书对您都将非常合适。

本丛书名中的“入门”是指，对于每个软件的讲解都从必备的基础知识和基本操作开始，新用户无须参照其他书即可轻松入门；老用户亦可从中快速了解新版本的新特色和新功能，自如地踏上新的台阶。至于书名中的“提高”，则蕴涵了图书内容的重点所在。当前软件的功能日趋复杂，不学到一定的深度和广度是难以在实际工作中应用自如的。因此，本丛书在让读者快速入门之后，就以大量明晰的操作步骤和典型的应用实例，教会读者更丰富全面的软件技术和应用技巧，使读者能真正对所学软件做到融会贯通并熟练掌握。

◎ 内容设计

本丛书的内容是在仔细分析用户使用软件的困惑和目前电脑图书市场现状的基础上确

定的。简而言之，就是实用、明确和透彻。它既不是面面俱到的“用户手册”，也并非详解原理的“功能指南”，而是独具实效的操作和编程指导，围绕用户的实际使用需要选择内容，使读者在每个复杂的软件体系面前能“避虚就实”，直达目标。对于每个功能的讲解，则力求以明确的步骤指导和丰富的应用实例准确地指明如何去做。读者只要按书中的指示和方法做成、做会、做熟，再举一反三，就能扎扎实实地轻松过关。

◎ 风格特色

本丛书在风格上力求文字精炼、图表丰富、脉络清晰、版式明快。另外，还特别设计了一些非常有特色的段落，以在正文之外为读者指点迷津。这些段落包括：

注　意　提醒操作中应注意的有关事项，避免错误的发生，让您少一些傻眼的时刻和求救的烦恼。

提　示　提示可以进一步参考的章节，以及有关某些内容的详细信息，使您的学习可深可浅，收放自如。

技　巧　指点一些捷径，透露一些高招，让您事半功倍，技高一筹。

试一试　精心设计各种操作练习。您只要照猫画虎，试上一试，就不仅能在您的电脑上展现出书中的美妙画面，还能了解书中未详述的其他实现方法和可能出现的其他操作结果。随处可见的“试一试”，让您边学边用，时有所得，常有所悟。

经过紧张的策划、设计和创作，本套丛书已陆续面市，市场反应良好。许多书在两个月内迅速重印。本丛书自面世以来，已累计售出八百多万册。大量的读者反馈卡和来信给我们提出了很多好的意见和建议，使我们受益匪浅。严谨、求实、高品位、高质量，一直是清华版图书的传统品质，也是我们在策划和创作中孜孜以求的目标。尽管倾心相注，精心而为，但错误和不足在所难免，恳请读者不吝赐教，我们定会全力改进。

《入门与提高丛书》编委会

前　言

1. 背景概述

近几年来数码产品的发展变化可谓是日新月异。功能齐全的准专业化数码照相机和数码摄像机步入百姓的生活，更是标志着我们已经进入了一个全新的数码影像普及时代。广大业余影视爱好者实现轻松拍摄高清视频、快乐分享动感瞬间已成为可能。

台湾友立公司的会声会影是一套专为个人、家庭及小型工作室设计的影片剪辑软件，也是业界中较为流行的 DV 剪辑软件。会声会影 11 使用了三模式操作界面，其功能更加强大。从捕获、剪接、转场、特效、覆叠、字幕、配乐到刻录，使无论入门新手还是高级用户，都可以将自己拍摄的精彩片段，通过会声会影 11 制作成具有个性化的高品质的影片，成为一名 DV 影片编辑制作高手，与亲朋好友分享生活的快乐。会声会影 11 让编辑操作乐趣无穷，让创意作品百变新颖。

2. 本书内容介绍

本书不仅要介绍会声会影 11 中文版的主要功能，还要详细讲解其涉及的软硬件基础知识以及与相关软件的组合应用技巧等内容。

本书共分 11 章，主要内容分述如下。

第 1 章介绍 DV 的选购、保养以及视频基础知识。

第 2 章介绍影片向导、DV 转 DVD 向导的使用方法，使用户快速完成影片的制作。

第 3 章介绍编辑器的使用以及添加和编辑视频素材、图像文件等的方法。

第 4 章介绍视频的各种转场效果。

第 5 章介绍视频的覆叠，以及如何在覆叠轨上添加素材并应用一定的效果，使作品更趋专业。

第 6 章介绍标题和字幕的添加方法，并通过标题的强化主题作用，来增加影片的感染力。

第 7 章介绍音频素材的选用与编辑，会声会影 11 具有较强的音频处理能力，而且操作简便易行。能让使用者通过音频的效果很好地达到渲染影片主题的目的。

第 8 章介绍视、音频输出，包括创建视频文件、创建声音文件、创建光盘、导出到移动设备、项目回放、DV 录制、HDV 录制以及输出智能包等知识。

第 9 章介绍会声会影 11 与其他软件的组合应用，包括 COOL 3D、Hollywood 转场效果、TMPGEnc、Procoder 等。

第 10 章结合两个实例，对会声会影 11 的综合应用做了深入全面的贯通讲解。让读者掌握使用会声会影 11 制作大型项目的能力。

第 11 章介绍第三方视频处理工具的应用，从而弥补会声会影 11 某些方面的局限性。

本书主编为缪亮(负责提纲设计、稿件主审等)，副主编为刘志敏、孙利娟(负责稿件初审、前言编写、视频教学文件制作等)。本书编委有徐景波(负责编写第 1 章～第 6 章)、聂静(负责编写第 7 章～第 11 章)。

在本书编写过程中，王慧、李珊、许美玲、时召龙、胡正林、赵崇慧、李捷、张爱文、薛丽芳、李泽如等参与了本书实例制作和内容整理的工作，在此表示感谢。另外，感谢河南省开封教育学院、葫芦岛市龙港区教师进修学校对本书的创作和出版给予的支持和帮助。不当之处还请读者多指正，欢迎访问作者网站 www.cai8.net 进行交流。

3. 本书约定

本书以 Windows XP 为操作平台来介绍，不涉及在苹果机上的使用方法。但基本功能和操作，苹果机与 PC 机相同。为便于阅读理解，本书作如下约定：

- 本书中出现的中文菜单和命令将用“【】”括起来。此外，为了使语句更简洁易懂，本书中所有的菜单和命令之间以竖线“|”分隔，例如，单击【文件】菜单，再选择【另存为】命令，就用选择【文件】|【另存为】命令来表示。
- 用“+”号连接的两个键或三个键，表示组合键，在操作时表示同时按下这两个键或三个键。例如，Ctrl+V 是指在按下 Ctrl 键的同时，按下 V 字母键；Ctrl+Alt+F10 是指在按下 Ctrl 键和 Alt 键的同时，按下功能键 F10。
- 在没有特殊指定时，单击、双击和拖动是指用鼠标左键单击、双击和拖动；右击是指用鼠标右键来单击。

目　　录

第 1 章

入门与提高丛书

DV 使用基础

本章要点：

人类社会已经进入使用高科技点缀生活和享受生活的高质量时代，数码摄像机也不例外地“飞入寻常百姓家”。无论是居家欢庆还是旅游记录，都开始大量使用数码摄像机。由于使用数码摄像机无论拍摄、采集，还是编辑、输出都需要具有比较专业的知识，所以如果你准备或者已经拥有一台数码摄像机的话，需要进一步了解一下相关内容。

本章主要内容包括：

▲ DV 的选购与保养

▲ 视频基础知识

1.1　DV 的选购与保养

购买产品要从自身需求来考虑，除了要满足当前的需要之外，还应该尽量向后延伸，满足自己后续的要求。价格是参考因素，但不要为价格所左右，否则为价格付出的代价要远比节省的“银子”多。

1.1.1　选购 DV 的注意事项

1. 品牌

目前的数码摄像机市场，是日系品牌的天下，另外具有较强竞争力的还有韩国的三星，而作为国内 DV 生产厂商爱普泰克，由于其出力不讨好的疲劳电视广告轰炸，使具备一定数码知识的朋友“退避三舍”，其想成为主流还有很长的路要走。而目前主流的 DV 市场品牌主要有索尼、松下、佳能、JVC 和三星，当然日立、夏普和三洋的产品还是不错的，但其市场占有率还是不能同前五个品牌相比。在这里我们只能希望“国货当自强”了。

2. 价格与外观

数码摄像机(DV)也像数码相机(DC)一样分为旅游娱乐消费类的中低端产品和专业级或发烧级的高端产品。目前 2000～5000 元之间为入门级产品，虽然功能相对较少，但自动化程度较高，操作比较简单。5000～8000 元之间为中端产品，这档产品除了比低档产品体积小便于旅游携带以外，功能也有所增加。而高端的产品定价在 8500 元以上，主要供专业人士和发烧友使用。部分入门级产品如图 1.1 所示。

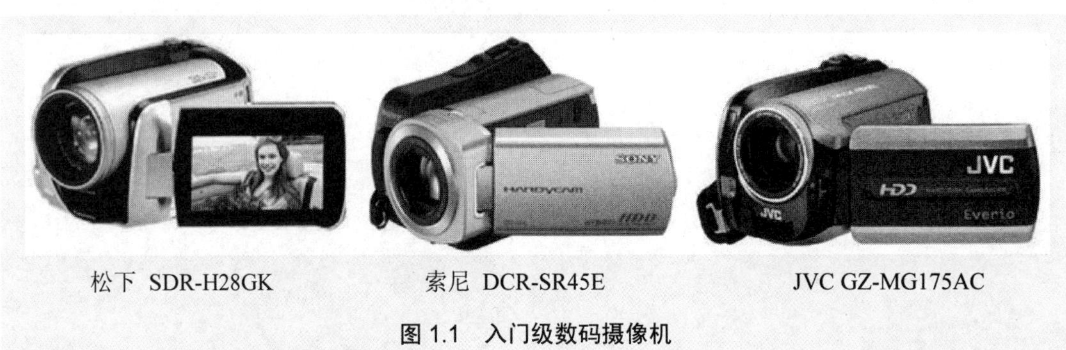

图 1.1　入门级数码摄像机

一般情况下，价格高的产品必然在性能方面有出色之处，但用于日常拍摄的摄像机只要功能够用就可以了，“量体裁衣”，只买对的，不买贵的！作为一种娱乐时尚消费品，选购数码摄像机除了应注意其性能之外，外观和体积也比较重要，但最主要的还是要选择具有较高性价比的机型。消费类中端数码摄像机如图 1.2 所示，专业类高端数码摄像机如图 1.3 所示。

3. 基本指标

数码摄像机的基本指标包括传感器像素(元件像素)、光学变焦倍数、镜头、LCD 液晶屏、传感器类型等几个主要方面。

索尼 HDR-SR11E　　佳能 HV30　　JVC GZ-MG575AC

图 1.2　消费类中端数码摄像机

佳能 XH G1

索尼 HVR-Z1C_1

松下 NV-MD10000GK

图 1.3　专业类高端数码摄像机

1)　像素

一般情况下，摄像机的元件像素是一种总称，包括 CCD 总像素、动态有效像素、静态有效像素。作为日常使用的数码摄像机，最应该注重的是静态有效像素数。对于家用数码摄像机来说，理论上认为 40 万像素就足够了，但实际上都要远远高于这个数值，多余的像素会应用在电子防抖等方面。

2)　变焦

在数码摄像机的说明书中，都会强调光学变焦和数码变焦这两个方面的性能。但数码变焦的主要作用是使局部的图像放大，这种放大会牺牲图像的清晰度，意义不是很大，在购买时更应该注意光学变焦的倍数。光学变焦主要用于拍摄更近一些的场景，或者拍摄不会因为距离远而受影响的场景。当前市面上销售的数码摄像机的光学变焦都在 10～32 倍之间，足以满足日常使用的要求。在目前购买摄像机的用户中，相当一部分人会购买大倍数的光学变焦产品。这其实并没有很大的必要，较大的光学变焦固然可以更好地拍摄更远的场景，但由于场景较远，在进行大变焦时，镜头轻微的晃动就会破坏画面的稳定性。虽然使用三脚架会使镜头稳定，但对拍摄远处移动的物体时仍然难有作为，因此，较大的光学变焦在实际操作中的用处并不像想象的那样大。

3)　镜头

在镜头方面，各个品牌的摄像机各有千秋。索尼用的是卡尔•蔡司镜头、松下用的是德国莱卡镜头、佳能用的是自己的光学镜头、三星用的是德国施耐德镜头等。除此之外，镜头口径也是一个重要的因素。小口径的镜头，既使再大的像素，在光线比较暗的情况下也拍摄不出好的效果来。

4) 传感器

传感器的类型和尺寸是相当重要的要素。主流的 DV 大多采用单 CCD 或 3CCD 的传感器结构。CCD 即“电子耦合组件”(Charged Coupled Device)的简称，是一种感应光线的电路装置。3CCD 传感器以特制的光学棱镜，能将光源分成红、绿、蓝三原色光，它们分别经过三块独立 CCD 影像感应器处理，颜色的准确程度及影像素质比使用一块 CCD 影像感应器大为改善。单 CCD 和 3CCD 几乎可以作为划分“专业”和“非专业”数码摄像机的标志。除了 CCD 的个数，还应该注意感光器件的尺寸大小。CCD 尺寸越大，质量越好。但作为普通消费者，单 CCD 已经足够，而 3CCD 主要被一些(准)专业人士所使用。使用 3CCD 传感器的高清便携式数码摄像机如图 1.4 所示。

图 1.4 使用 3CCD 传感器的高清便携式数码摄像机

技术的进步总是不可阻挡，在 2005 年，索尼公司将 CMOS 传感器应用于数码摄像机，CMOS 有着 CCD 不可比拟的优势，CMOS 能实现图像处理、边缘检测、降低噪声、模数转换等功能。另外，可以对 CMOS 的功能编程，让它变成一种更加灵活的器件，估计在将来会有更多的使用 CMOS 传感器的机型推出。比较有代表性的具有 CMOS 传感器的数码摄像机如图 1.5 所示。

图 1.5 使用 CMOS 传感器的索尼 SONY HDR-SR12E

5)　LCD 液晶屏与取景器

LCD 液晶屏与取景器基本上是当前数码摄像机都拥有的两种取景方式。除少数机型使用黑白取景器外，大部分机型都使用彩色取景器，而 LCD 液晶屏都是彩色的。LCD 液晶屏的大小不一，范围在 2 英寸到 4 英寸之间。大液晶屏像素高、取景清楚，但价格也高，耗电多，对电池要求较高，因此为获得更长的拍摄时间，应尽量使用取景器进行拍摄。

另外，因为 LCD 液晶屏对光线比较敏感，在明亮的阳光下看清显示屏不是一件容易的事情，所以在购买时尽量在阳光下打开液晶屏进行测试，质量好的液晶显示屏在强光下可以防止反射失真，清晰显示屏幕内容。

6)　存储介质

根据存储介质的不同，可以把数码摄像机分为四类：传统的磁带摄像机、DVD 摄像机、硬盘摄像机和 SD 存储卡摄像机。

传统的磁带摄像机的存储介质主要是 DV 带。它有两种记录格式，分别是标准的数字视频磁带记录格式 Digital Video 和索尼等少数厂家使用的 Digital 8mm 格式。DV 带虽然体积大，但因为不压缩原始视频、音频数据，所以信号清晰、不失真，是专业制作的必选。现在低档的磁带摄像机价格不贵，DV 带也比较便宜，因此仍受一些消费者的青睐。但是拍摄后的数据采集与编辑处理需要一定的电脑知识。数码带如图 1.6 所示，磁带摄像机如图 1.7 所示。

图 1.6　数码带

图 1.7　三星磁带摄像机 VP-D371Wi

自 2000 年 8 月日立公司推出第一台 DVD 数码摄像机后，DVD 数码摄像机并没有什么发展，直到 2005 年家用 DV 领域两大巨头——索尼和松下公司也推出了相应产品，DVD 数码摄像机才开始得到消费者和市场的关注，销售迅速升温。

DVDCAM 格式数字摄像机编码采用 MPEG-2 格式，以 8cm 的 DVD-R 或者 DVD-RAM 记录视频图像，并可在普通的家庭 DVD 播放机及个人电脑(带 DVD-ROM)上播放，也能用 PlayStation 2 电脑娱乐系统进行浏览。先进的索引图像更可直接帮助搜索到想要浏览的场景，可随机地进行回放，能够让你在最短的时间内看到自己心爱的场景和图片，免去了倒带、快进、快退等麻烦。具有代表性的产品有索尼的 DCR-DVD101E，如图 1.8 所示。

图 1.8　佳能 DVD 光盘记录媒体数码摄像机 DC320

对于DVD摄像机使用的DVD-R/DVD-RAM光盘，有单面与双面之分。单面的为1.4 GB，可记录 30 分钟码率为 6 Mbps 的视频或者 60 分钟码率为 3 Mbps 的视频，双面的为 2.8 GB，记录量加倍。

虽然这种 DVD 盘可以直接在 DVD 播放机或 PC 上播放，但由于光盘只是记录原始的影像，没有经过修整，一次性成功对拍摄者要求很高，一般仍需要将原素材进行编辑制作后再观看。

相对于 DVD 摄像机的方便性，大容量的硬盘摄像机更令人心动。硬盘的优势在于交流方便、体积小巧，并且硬盘在容量和价格方面也更合理一些，目前除大力推广硬盘摄像机的 JVC 外，其他几个主要的数码摄像机厂家也已经迎头赶上，并且硬盘容量越来越大，硬盘摄像机虽然暂时还不能像 DVD 摄像机和磁带摄像机那样得到多厂家的投入和用户的支持，但是不可否认的是，它是未来的主要发展方向之一，竞争潜力非常巨大，前景很广阔。具有代表性的机型如松下的配备硬盘容量为 30GB 的 SDR-H28GK 和 JVC 的 GZ-HD3AC，如图 1.9 所示。

松下配备 30GB 硬盘的 SDR-H28GK

JVC 配备 60G 硬盘的 GZ-HD3AC

图 1.9　数码摄像机

除此之外，闪存卡也是目前比较优秀的存储介质，具有体积小、可靠性好、易交流的优势，如今也被应用于数码摄像机的存储领域。使用闪存卡的数码摄像机，在拍摄完成后，通过 USB 连线或读卡器，就可以在电脑中欣赏影像了。这种方式不需要像磁带摄像机那样采集，也不需要像 DVD 摄像机那样长久的“封口”时间，但此类摄像机和闪存卡价格都比较昂贵，不能不说是它的一个较大的遗憾。具有代表性的产品如三星使用 SD 存储卡的 VP-MX10A，如图 1.10 所示。

图 1.10　三星使用 SD 存储卡的数码摄像机 VP-MX10A

数码相机的快速普及带动了家用数码摄像机的发展，特别是存储介质的发展速度已经快到让人惊讶的地步。前几年还风光无限的迷你 DV 带如今已经是迟暮西山，而以硬盘和 DVD 碟片为存储介质的新一代数码摄像机则在市场上方兴未艾，虽然在某些方面它们还存在一定的区别，但是使用方便、后期编辑简单快捷是这些新产品共同的优势所在，而一直以来比较低调的日立则在此时推出了首款支持硬盘和DVD碟片的双重存储介质的数码摄像机——HS303SW，如图 1.11 所示。

图 1.11　支持硬盘和 DVD 碟片的双重存储介质的数码摄像机

除以上因素外，数码摄像机的功能、配件的齐全程度和售后服务也是在购买数码摄像机时考虑的重要因素。

1.1.2　DV 的保养

数码摄像机的使用寿命除了本身的制造因素之外，关键还在于保养。购买数码摄像机后，对于其保养，很少有人专门去做，大多只是在平时小心地将其收好而已，但这对于使摄像机保持良好的状态是远远不够的。

1. 机身的保养

机身的保养是最简单的，每次使用后，先用软毛刷将其表面风沙杂质去除，避免进一步的操作过程中刮伤机身或损害机械部分。然后用一块干净、柔软、不易掉毛、吸水性好的棉布将机身擦拭一遍，保持机身的机型。对于软毛刷不能清除的细缝中的灰尘，可用吹气球轻吹，将其吹出。在操作过程中注意不要用力挤压气球，以免风量过大而将灰尘吹入机体内部。

2. 镜头的保养

镜头脏了很容易影响成像质量，造成图像不干净，对焦不清，因此保持镜头的清洁是最重要的一步。镜头是由高质量的光学玻璃制成的，表面有一层非常薄的保护涂层，它非常害怕油泥以及手指的污染。最简单实用的保护方法是给摄像机配备一个花费不高的 UV 镜，其价格一般在几十元左右，使镜头与外界隔离开来以免受损，又可以提高成像效果。当 UV 镜被污损时，直接擦拭 UV 镜就可以了。另外，不用数码摄像机时，一定要盖上镜头盖。提到保护镜头，人们通常会想到防尘，但是在实际拍摄过程中养成及时盖好镜头盖的习惯却往往被许多人忽视。其实镜头盖是防尘的最实用的工具，及时盖好镜头盖也是保护摄像镜头的最有效方法。

如果没有在镜头上添加 UV 镜，镜头会直接暴露在外，很容易弄脏。如果是浮灰，可直接用吹气球吹净镜头表面的灰尘。对于一些顽固的污渍，可用镜头纸配合镜头清洗液进行清洁。操作过程中不要用力挤压镜头表面，以免损坏镜头表面覆盖的涂层，另外，应该由内往外直线擦拭，不要做圆周擦拭。

3. 液晶显示屏的保养

液晶显示屏比较娇气，但又不可能像镜头一样配备 UV 镜进行保护，只能暴露在空气中，很容易污损和划伤。清理液晶显示屏，一种方法是到市场购买专业的清洁剂进行清洁，一种方法是用不含氨的柔性清洁剂进行清洁。

执行清理操作时，首先要关闭摄像机电源，然后用柔软的干布沾上少许清洁剂小心地从屏幕中心向外轻轻擦拭，以防显示屏短路损坏。

4. 清洗视频磁头

磁头太脏需要清洗的主要表现是图像的雪花点很多，有时会出现马赛克的情况。一般情况下，摄像机使用 20～30 次，就会出现以上情况。当磁头特别脏时，画面上只有雪花点和条纹。磁头脏后，有三种方法进行清洗。

1) 用新录像磁带清洗

这是一种最简单的方法。虽然摄像机磁带在理论上可以使用千次以上，但仍提倡磁带用的次数不要太多。磁头不太脏时，在通电的情况下，可以将新磁带放入摄像机，盖上镜头盖，然后按下放像键，从头到尾过一遍即可完成清洗。这样做有两方面的好处，一方面可以清洗磁头，另一方面可以格式化磁带。

所谓的格式化磁带，就是在盖上镜头盖的同时，将磁带从头到尾放一遍。这种方法主要是用于完成时间码的标记。如果不标记时间码，在实际拍摄中，如果两段视频中间有间隙，后面的视频会重新标记时间码，这样会引起时间码错乱，给视频采集带来不必要的麻烦。

2)　使用专用清洗带清洗

数码摄像机所用清洗带的样式和普通录像带相同，但在磁带上涂了一层非磁性的很细很均匀的颗粒状物质。一般在录像机录出的视频图像已经出现马赛克后，才使用清洗带对磁头进行清洗。在清洗时，要注意清洗带只能正常顺放，而不能使用【快进】、【快退】等键。

专业清洗带虽然可以清洗磁头，但对磁头也有轻微的损害，因此，在清洗时时间不要过长，一般 3～5 分钟即可。

3)　使用清洗液清洗

除上面两种方法外，还可以使用手动的方法清洗磁头。手动清洗一般需要使用专业的清洗液沾在麂皮上进行清洗，和手动清洗录音机的磁头方法类似。由于磁带仓空间有限，清洗起来很麻烦，一般不建议使用。

5. 电池的保养

数码摄像机一般使用的是镍氢电池或锂电池，其使用方法与其他使用这些电池的电器(如手机)区别并不大。数码摄像机是一种很费电的电器，一般需要配备两块电池，除原配的电池外，还应购买一块大容量的电池。一般情况下，电池容量越大，价值越高。标配与自备的电池如图 1.12 所示。

图 1.12　原装电池与自己配备的大容量电池

对于新买的数码摄像机电池，其自身会带有一部分试机电量，试机电量用完之后，需要对电池进行充电。第一次充电一般需要 14 个小时以上，这样做是为了使电池盒中的化学介质得以充分反应，以激发它的潜能，如果不经过足够的充电时间，电池将来的使用时间会变短。充足的电全部消耗掉以后，再进行充电。一般来说，一块新的电池要经过 3～5 次完全充电/放电的过程，电池的续航能力才能发挥到最佳状态。这和手机用电池的使用方法类似。

在拍摄时，如果能使用交流电源，就尽量使用交流电源，以节省电池、延长电池的使用寿命。在不能使用交流电源的情况下，再使用摄像机电池进行拍摄。因此，在外出拍摄时，带上电源线是很重要的。在使用电池外出拍摄时，要注意使用电池拍摄有一定的时间限制，在不用时尽量关闭电源，另外，由于使用 LCD 液晶屏会耗费较多的电量并且其寿命有限，因此在取景时，尽量使用取景器进行取景，而尽量不要过多使用 LCD 液晶屏进行取景。

拍摄结束后，应该从数码摄像机上取下电池，以防止电池漏电。如果长期不使用数码摄像机，应将取下的电池完全放电，置于干燥、阴凉处保存，并避免和金属物品放在一起。

电池和摄像机的接触点如果不干净，也很容易造成电量流失，因此，要经常用软布清洁电池和充电器上的接触点，当发现电池的电极有氧化现象时，要轻轻将其擦干净。

1.2　视频基础知识

作为一个入行者，如果连基本的术语都不了解，在看一些专业书籍或在实际操作过程中，总会有一头雾水的感觉。本节将对相关的视频基础知识进行简单讲解，在今后的相关章节中，会对用到的相应视频知识进行详细讲解。

1.2.1　非线性编辑

所谓的非线性编辑是针对传统的线性编辑而言的。就是通过计算机的数字技术，完成传统的视频、音频制作工艺中使用多种机器才能完成的影视后期编辑合成及特效制作。

非线性编辑将各种源素材保存在高速硬盘中，可以对其采用跳跃式的编辑方式，不受节目顺序的限制，在编辑过程中图像质量不会损失，素材可多次应用，工作完成后进行一次性输出，避免了传统的线性编辑中因磁带信号的多次转录而造成的质量损失，在视频编辑技术方面是一种质的飞跃。

非线性编辑的流程一般为采集(或收集)素材→进行节目编辑→特技处理→字幕制作→输出节目产品几个过程。

非线性编辑的实现，要靠软件与硬件的支持。一个非线性编辑硬件系统由计算机、视频卡或 IEEE1394 卡、声卡、高速 AV 硬盘、专用板卡(如特技加卡)以及外围设备构成。

1.2.2　帧、场和制式

1. 帧

简单地说，视频中的每一帧就类似于一张幻灯片。一帧是扫描获得的一张完整的幻灯片的模拟信号。电视扫描其实是一种行扫描。在获得一幅完整的图像时，电子束扫描从左上角开始，在扫描到一行的右侧边缘后，快速返回到左侧的第二行继续扫描，这种从一行到下一行的返回过程称为水平消隐。当扫描到右下角时，就完成了一帧的扫描。然后继续返回下一帧的左上角开始下一帧的扫描。这种从右下角返回到左上角的时间间隔称为垂直消隐。PAL 制式信号采用 625 行/帧扫描，NTSC 制式信号采用 525 行/帧扫描。

2. 场

视频素材的信号分为交错式和非交错式，也就是通常所说的隔行扫描和逐行扫描。当前的广播电视信号通常是交错式的(隔行扫描)，而电脑的视频信号是非交错式的(逐行扫描)。

逐行扫描为一个垂直扫描场，电子束从显示屏的左上角一行行扫描到右下角完成一帧图像的扫描。

隔行扫描的每一帧分为两个场，分为奇数场(上场)和偶数场(下场)。用两个垂直扫描场来表示一帧。如使用奇数场进行扫描时，电子束先扫描第一行，然后是第三行、第五行……，奇数行扫描结束后，再扫描偶数行。偶数行扫描结束后，才算完成一帧的扫描。对于 PAL 制式的视频来讲，使用隔行扫描完成一帧要 1/50 秒的时间，而 NTSC 制式则需要大约 1/60 秒完成一帧的扫描。

3. 制式

目前世界上彩色电视主要有三种制式：NTSC、PAL 和 SECAM。

- NTSC 制式：1952 年美国制定的彩色电视广播标准。美国和日本采用这种制式。
- PAL 制式：西德在 1962 年指定的彩色电视广播标准。一些西欧国家、新加坡、澳大利亚、新西兰、中国采用这种制式。
- SECAM：法国 1956 年提出、1966 年制定的彩色电视标准。使用的国家主要是法国、中东和东欧一些国家。

1.2.3 图像技术指标

1. 图形、像素和分辨率

1) 图形和图像

计算机图形可分为两类，一类是位图，一类是矢量图形。

位图就是光栅图形，它是由大量像素组成的。位图是由千万个像素组成的。每个像素都真实地记录了每种颜色的信息，是构成图像的最基本的元素。当位图放大后，会产生失真现象。在创建位图时，必须先制定图形的尺寸和分辨率。数字化后的视频文件也是由连续的位图组成的。放大前后的位图如图 1.13 所示。

图 1.13 放大前后的位图

矢量图和位图相反，无论放大多少倍，都不会出现失真现象，而且文件大小比位图小得多。矢量图是以数字的方式对形状和线条进行记录，所以它只能表现如线、纯色、卡通人物这些简单图形，对于复杂丰富的颜色它是很难记录下来的。放大前后的矢量图如图 1.14 所示。

图 1.14　放大前后的矢量图

2)　分辨率

分辨率是指计算机在每平方单位所包含的像素的多少，而国际通用的是以英寸为计算单位，每英寸包含 72 个像素行，就表示为 72 像素/英寸。高分辨率的图像包含的像素越多，图像的清晰度就越高，反之，就越模糊。但是高分辨率图像包含了过多记录色彩信息的像素，生成的文件会变大。因为像素能记录色彩的真实性，所以用位图来表现如自然风光、人物照片等色彩丰富的图像。

2. 像素比和宽高比

像素比是指图像中一个像素的宽度和高度之比，而宽高比则是指图像中一帧的宽度和高度之比。如 PAL D1/DV 图像格式的影片尺寸是 720×576，像素比是 1.0666，宽高比为 4∶3；PAL D1/DV Widescreen 图像格式的影片尺寸是 720×576，像素比是 1.4222，宽高比是 16∶9。在各种非线性编辑软件中，制作之前和输出之前都要进行设定。

3. 色彩深度和 Alpha 通道

色彩深度也叫颜色深度，是指图像中每个像素可以显示出来的数，和数字化过程中的量化数有关。在图像和视频经过数字化处理后，颜色深度与能否真实地反应源图像的颜色息息相关。

通常情况下，颜色深度有以下几种。

- 伪彩色：指 8 位颜色，即可显示 2 的 8 次方(256)种颜色。
- 增强色：也叫高彩色，指 16 位颜色，可显示 65536 种颜色。
- 真彩色：在视频技术中采用的一种颜色，每个像素显示的颜色数为 24 位，约 1680 万种颜色，人眼无法识别真彩色以上的颜色。
- 32 位真彩色：32 位真彩色，是在原 24 位真彩色的色彩深度上添加了一个 8 位的灰度通道，用于储存透明度信息。这个 8 位的灰度通道称为 Alpha 通道。在会声会影中可以使用 32 位真彩色进行编辑，输出时，一般输出为 24 位真彩色的图像。

1.2.4　图像、视频和音频格式

在数字视频的制作过程中，经常要用到图像和图形、视频和音频等格式的文件。但它们的格式繁多，并不是所有格式的图像、视频和音频文件都能在数字视频软件中应用，另外由于它们的格式不同，存储和应用的侧重点也不同，所以在实际操作中我们要注意严格区分，才可以取得更好的效果。在不同的视频处理和剪辑软件中，使用的各种素材文件的格式和多少也是不一样的。

1. 图像和图形格式

1)　BMP

BMP 文件格式是当前 Windows 操作系统中应用最广泛的一种位图格式，是 Windows 操作系统的标准格式。BMP 格式采用了一种叫 RLE 的无损压缩方式，对图像质量不会产生什么影响。

2)　PCX

PCX 文件格式现在应用的不是很多了，它是 MS-DOS 下常用的格式。

3)　GIF

GIF 文件格式在 Flash 被大量应用之前，是网络上最流行的图像格式，它最多只能应用 256 种颜色。自从 GIF89a 格式发布后，它可以存储成背景透明的图像形式，并且能够形成动画，使得它的应用领域更加广泛。

4)　JPEG

JPEG 文件格式是一种高效率的图像有损压缩格式，它可以将人眼无法识别的一些颜色删除，如果对图像质量要求不高的话，可以使用这种文件格式保存图像。这种压缩格式的弱点是无法使图像还原。在文件放大后，它的压缩损失就显示出来了。

5)　TIFF

TIFF 格式的全称是 Tagged Image File Format，是一种灵活的位图图像格式，它可以是不压缩的，也可以是压缩的，这种压缩使用的是 LZW 无损压缩方式，大大减少了图像尺寸。另外，TIFF 格式还可以保存通道，几乎所有的绘画、图像编辑和页面排版、影像编辑程序都能够支持它。

6)　TGA

TrueVision 的 TGA(Targa)文件格式是计算机上应用最广泛的图像文件格式，它支持 32 位，可以保存通道。它可将图像和图像序列文件转入电视中，PC 机上的视频应用软件都广泛支持 TGA 格式。

7)　PSD

PSD 文件格式是 Photoshop 的固有格式，PSD 格式可以比其他格式更快速地打开和保存图像，很好地保存图层、通道、路径、蒙版以及压缩方案，不会导致数据丢失等。并不是所有的影像处理软件都支持这种格式的文件，但在比较专业的影像处理软件中对它的支持都非常好，比如，本书讲解的主要软件 Premiere Pro 和 Photoshop 都是 Adobe 公司的软件，对它的支持非常好，可以直接应用和编辑。

8) PICT

PICT 文件格式是 Mac 上常见的数据文件格式之一。因为 PICT 文件打开的速度相当快，所以将图像保存为 PICT 格式要比 JPEG 好。但如果在 PC 机上没有安装 QuickTime 的话，将不能打开 PICT 图像。

9) PNG

PNG 格式也是使用无损压缩方式来减小文件的尺寸。越来越多的软件开始支持这一格式，有可能不久的将来它将会在整个 Web 上流行，它占用空间很小，和 GIF 格式不同的是，PNG 格式并不仅限于 256 色并且可以设置为透明。

2. 视频格式

1) AVI

AVI 文件格式是 Video for Windows 的视频文件格式。它所采用的压缩算法没有统一的标准。虽然都是以.AVI 为后缀的视频文件，但采用的压缩算法可能不同，需要相应的解压软件才能识别和回放该文件。除了微软公司之外，其他公司也推出了自己的压缩算法，只要把该算法的驱动(Codec)加到 Windows 系统中，就可以播放用该算法压缩的 AVI 文件。

2) MOV

MOV 文件格式是 Apple 公司开发的专用的视频格式，但只要在 PC 机上安装了 QuickTime 软件，就能正常播放。它具有跨平台、存储空间小的技术特点，而采用了有损压缩方式的 MOV 格式文件，画面效果较 AVI 格式要稍微好一些。它可以被 Premiere Pro 等非线编软件使用。

3) RM

随着宽带网的普及，RM 格式的文件在网络上大行其道，它是一种网络实时播放文件，其压缩比大，失真率小，已经成为最主流的网络视频格式。RM 格式的文件需要专门的 RealPlayer 软件来播放，现在主流的软件是 RealPlayer 10 和 Real One Player。

4) MPEG/MPG

MPEG 文件格式是视频压缩的基本格式，在计算机和视频制作中非常流行。它采用了一种将视频信号分段取样的压缩方法，压缩比较大。时下最流行的 VCD 中的视频文件是以.dat 为后缀名的文件，其实就是一种 MPEG 文件，如果将它的后缀名直接改为.mpg，可以使用 Media Player 直接播放。时下流行的大部分视频编辑软件，都可以将.dat 和.mpg 文件作为素材直接导入项目文件中。

5) FLV

FLV 是 FLASH VIDEO 的简称，FLV 流媒体格式是一种新的视频格式。由于它形成的文件极小、加载速度极快，使得网络观看视频文件成为可能，它的出现有效地解决了视频文件导入 Flash 后，使导出的 SWF 文件体积庞大，不能在网络上很好地使用等缺点。FLV 文件体积小巧，清晰的 FLV 视频 1 分钟在 1MB 左右，一部电影在 100MB 左右，是普通视频文件体积的 1/3。再加上 CPU 占有率低、视频质量良好等特点使其在网络上盛行，目前各在线视频网站均采用此视频格式，如新浪播客、56、土豆、酷 6 等，无一例外。FLV 已经成为当前视频文件的主流格式。

3. 音频格式

1)　WAV

WAV 格式是微软公司开发的一种声音文件格式，也叫波形声音文件，它符合 RIFF(Resource Interchange File Format)文件规范，用于保存 Windows 平台的音频信息资源，是最早的数字音频格式，被 Windows 平台及其应用程序广泛支持。WAV 格式支持 MSADPCM、CCITTALaw、CCITT μ Law 和其他压缩算法，支持多种音频位数、采样频率和声道，采用 44.1kHz 的采样频率，16 位量化位数，因此 WAV 的音质与 CD 相差无几，但 WAV 格式对存储空间需求太大不便于交流和传播，不适合长时间记录。如果想保存较好的音质，使用 WAV 文件是最好的选择。

2)　MP3

MP3 是一种有损压缩技术，但它可以用极小的失真率换来较大的压缩比。它利用 MPEG Audio Layer 3 的技术，将音乐以 1:10 甚至 1:12 的压缩率，压缩成容量较小的文件，例如一分钟的 CD 音质的音乐，未经压缩大约要占用 10MB 的空间，而经过 MP3 压缩编码后只要大约 1MB 就够了，虽然它的体积变得很小了，但仍然能很好地保持原有的音质。这是因为 MP3 为降低声音失真采取了名为“感官编码技术”的编码算法，编码时先对音频文件进行频谱分析，然后用过滤器滤掉噪音电平，接着通过量化的方式将剩下的每一位打散排列，最后形成具有较高压缩比的 MP3 文件，并使压缩后的文件在回放时能够达到比较接近原音源的声音效果。正是因为 MP3 体积小，音质高的特点使得 MP3 格式几乎成为网上音乐的代名词。

3)　WMA

WMA 的全称是 Windows Media Audio，它是微软公司推出的与 MP3 格式齐名的一种新的音频格式。比起 MP3 压缩技术，WMA 无论从技术性能(支持音频流)还是压缩率(比 MP3 高一倍)都远远地把 MP3 抛在了后面。据微软声称，用它来制作接近 CD 品质的音频文件，其体积仅相当于 MP3 的 1/3。在 48kbps 的传送速率下即可得到接近 CD 品质的音频数据流，在 64kbps 的传送速率下可以得到与 CD 相同品质的音乐，而当连接速率超过 96kbps 后则可以得到超过 CD 的品质。

4)　CD 格式

CD 是当今世界上音质最好的音频格式。在大多数播放软件的“打开文件类型”对话框中，都可以看到*.cda 格式，这就是 CD 音轨。标准 CD 格式是 44.1kHz 的采样频率，速率为 88Kb/s，16 位量化位数。

因为 CD 音轨可以说是近似无损的，所以它的声音基本上是忠于原声的。如果是音响发烧友的话，CD 是首选，它能让人感受到天籁之音。CD 光盘可以在 CD 唱机中播放，也能用电脑里的各种播放软件来播放。

CD 音频文件在电脑上识别为*.cda 文件，但这只是一个索引信息，并不是真正包含的声音信息，因此不论 CD 音乐长短，在电脑上看到的“*.cda 文件”都是 44 字节长。

5)　MIDI 格式

MIDI 是 Musical Instrument Digital Interface 的简称，意为音乐设备数字接口，它是一种电子乐器之间以及电子乐器与电脑之间的统一交流协议，其文件扩展名为“.mid”。

MID 文件并不是一段录制好的声音，而是记录声音的信息，然后告诉声卡如何再现音乐的一组指令。这样一个 MIDI 文件每存 1 分钟的音乐只用大约 5～10KB。目前，MID 文件主要用于原始乐器作品，流行歌曲的业余表演，游戏音轨以及电子贺卡等。

6) RealAudio 格式

RealAudio 主要适用于网络上的在线音乐欣赏。Real 文件格式主要有 RA(RealAudio)、RM(RealMedia，RealAudio G2)、RMX(RealAudio Secured)等几种。这些格式的特点是可以随网络带宽的不同而改变声音的质量，在保证大多数人听到流畅声音的前提下，令带宽较富裕的听众获得较好的音质。

近年来随着网络带宽的普遍改善，Real 公司正推出用于网络广播的、达到 CD 音质的格式。如果用户的 RealPlayer 软件不能处理这种格式，它就会提醒用户下载一个免费的升级包。

1.2.5 彩色电视机的制式

电视的制式是电视信号标准的别称。制式的区分主要在于场频、分辨率、信号带宽及载频、彩色信息的表述不同。目前，世界上实际用于彩色电视广播的是 NTSC 制、PAL 制和 SECAM 制这三种彩色电视制式。

1. NTSC 制

NTSC 制属于同时制，是美国于 1953 年 12 月首先研制成功的，并以美国国家电视系统委员会(National Television System Committee)的缩写命名。这种制式的色度信号调制特点为平衡正交调幅制，即包括平衡调制和正交调制两种。虽然解决了彩色电视和黑白电视广播相互兼容的问题，但是存在相位容易失真、色彩不太稳定的缺点。NTSC 制电视的供电频率为 60Hz，场频为每秒 60 场，帧频为每秒 30 帧，扫描线为 525 行，图像信号带宽为 6.2MHz。采用 NTSC 制的有美国、加拿大、日本、韩国、菲律宾等国家和中国台湾地区。

2. PAL 制

PAL 制是为了克服 NTSC 制对相位失真的敏感性，在 1962 年，由前联邦德国在综合 NTSC 制的技术成就基础上研制出来的一种改进方案。PAL 是英文 Phase Alteration Line 的缩写，意思是逐行倒相，也属于同时制。它对同时传送的两个色差信号中的一个色差信号采用逐行倒相，另一个色差信号采用正交调制方式。这样，如果在信号传输过程中发生相位失真，则会由于相邻两行信号的相位相反起到互相补偿的作用，从而有效地克服了因相位失真而引起的色彩变化。因此，PAL 制对相位失真不敏感，图像彩色误差较小，与黑白电视的兼容也好，但 PAL 制的编码器和解码器都比 NTSC 制的复杂，信号处理也比较麻烦，接收机的造价也高。

由于世界各国在开办彩色电视广播时，都要考虑到与黑白电视兼容的问题，因此，采用 PAL 制的国家较多，如中国、德国、新加坡、澳大利亚、新西兰等。PAL 制电视的供电频率为 50Hz、场频为每秒 50 场、帧频为每秒 25 帧、扫描线为 625 行、图像信号带宽分别为 4.2MHz、5.5MHz、5.6MHz 等。

即使是同样采用了 PAL 制，不同的厂家也有不同的参数，它还可以划分为 G、I、D 等制式，在我国采用的是 PAL-D 制式。

3. SECAM 制

SECAM 制是法文 Sequentiel Couleur A Memoire 的缩写，意思为“按顺序传送彩色与存储”，是由法国于 1966 年研制成功的，它属于同时顺序制。SECAM 制色度信号的调制方式与 NTSC 制和 PAL 制的调幅制不同，因此，它不怕干扰，彩色效果好，但其兼容性较差。世界上采用 SECAM 制的国家主要有俄罗斯、法国及中东一些国家。

第 2 章

入门与提高丛书

会声会影快速入门

本章要点：

无论读者以前是否接触过影视编辑软件，通过本章的学习，都能轻松自如地掌握会声会影 11 中文版的基本功能，包括会声会影 11 中文版的安装、运行以及设置的方法，DV 转 DVD 向导的使用方法，影片向导的使用方法等。

本章主要内容包括：

- ▲ 会声会影 11 的基础知识
- ▲ 影片向导
- ▲ DV 转 DVD 向导
- ▲ 捕获视频

2.1 会声会影 11 的基础知识

友立资讯的会声会影的版本很多，并且向全球发行，使用的语言也有多种。会声会影 11 在自身安装的同时也安装了一些工具软件，以支持会声会影的正常运行。本节就会声会影 11 的安装与运行进行详细讲解。

2.1.1 安装与运行会声会影 11

会声会影 11 主要是为 Intel 处理器设计的，在家庭娱乐上有卓越的表现，但也能在性能相当的 AMD 处理器上进行操作。在安装会声会影 11 之前要确定使用的电脑是否满足其最低的系统要求。然后将光盘放入光驱中按步骤进行安装。

1. 会声会影 11 对系统的最低需求

会声会影 11 的运行需要系统硬件的支持，它对系统的最低要求为：

- Intel Pentium 4 或以上处理器。
- 512 MB 内存(建议使用 1GB 或以上内存)。
- Microsoft Windows XP SP2 家用版/专业版、Windows XP Media Center Edition、Windows XP Professional x64 版、Windows VistaTM。
- 1GB 可用硬盘空间，以安装程序。
- Windows 兼容显示器，至少具备 1024×768 的分辨率。
- Windows 兼容音频卡。
- Windows 兼容 DVD-R/RW、DVD+R/RW、DVD-RAM、CD-R/RW 光盘机。

虽然在这里提供了最低的系统要求，但并不提倡在如此低的配置下使用会声会影 11 进行视频编辑，而希望使用更高更快的系统配置。

会声会影 11 支持的输入/输出设备为：

- 适用于 DV/D8/HDV 摄录影机的 1394/FireWire 卡。
- 支援 OHCI 的相容 IEEE-1394 和 1394 Adaptec 8940/8945。
- 适用于类比摄录影机的类比撷取卡(针对 XP 的 VFW & WDM 支援，以及 Broadcast Driver Architecture 支援)。
- 类比和数位电视撷取装置(Broadcast Driver Architecture 支援)。
- USB 撷取装置、PC 摄影机和 DVD/硬碟/AVCHD 摄录影机。
- 具有视讯功能的 Apple iPod、Sony PSP、WMV Pocket PC、WMV 智慧型电话、Nokia 行动电话、Microsoft ZuneTM。

2. 安装会声会影 11

一般情况下，会声会影 11 中文版会从零售市场或一些硬件的附带软件中获得，将会声会影 11 中文版光盘放到 CD-ROM 驱动器内，就开始了会声会影的安装之旅。

步骤 01 一般情况下，光盘会自动运行。如果不能自动运行，可双击光盘根目录下的 AutoRun.exe 或 Setup.exe 图标使光盘自动运行或直接运行安装文件。光盘自动运

行后进入启动界面，并出现欢迎窗口，如图 2.1 所示。

图 2.1　会声会影 11 中文版安装界面

步骤 02　单击【下一步】按钮，打开【许可证协议】对话框，认真阅读协议后，选中【我接受许可证协议中的条款】单选按钮，如图 2.2 所示。

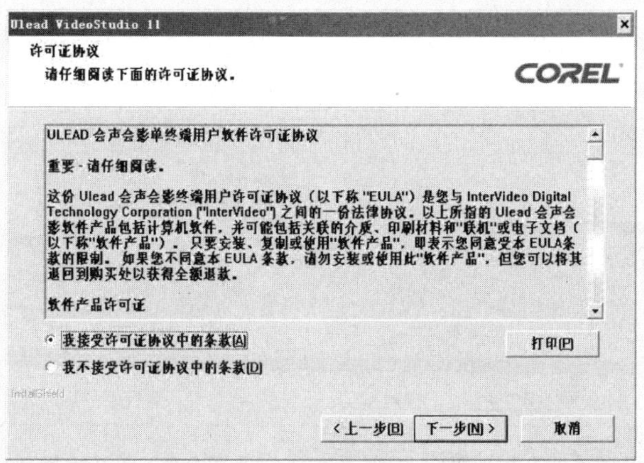

图 2.2　【许可证协议】对话框

步骤 03　单击【下一步】按钮，进入【客户信息】对话框，输入用户名、公司名称和序列号，序列号可在软件的外包装上找到，如图 2.3 所示。

步骤 04　单击【下一步】按钮，进入【选择目的地位置】对话框，在这里可以选择安装程序的目标文件夹。默认情况下，目标文件夹为 C:\Program Files\Ulead Systems\Ulead VideoStudio 11(在本书中不做改变)，当然也可以单击【浏览】按钮选择其他文件夹，如图 2.4 所示。

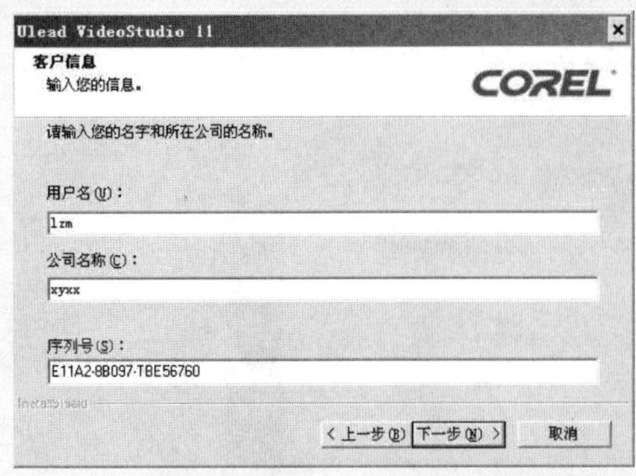

图 2.3 【客户信息】对话框

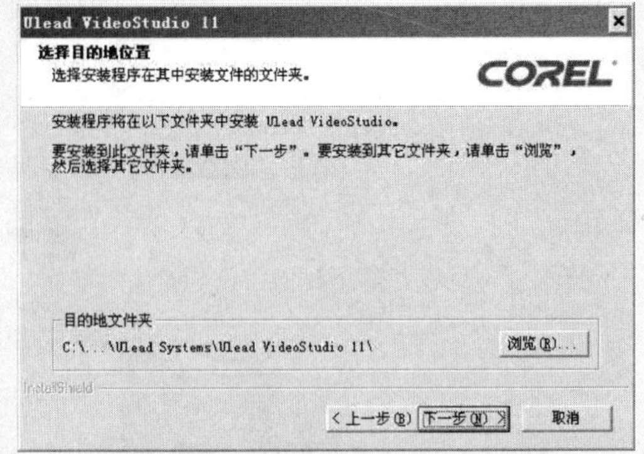

图 2.4 【选择目的地位置】对话框

步骤 05 单击【下一步】按钮，进入【视频模板】对话框，默认已经将所在的国家设置为“中华人民共和国”，如果没有特殊要求，不需要调整。在【请选择您使用的视频标准】选项中选中 PAL/SECAM(P) 制式，如图 2.5 所示。

提 示

选择制式以后，在将来的会声会影操作过程中，只显示该制式的视频格式。

步骤 06 单击【下一步】按钮，进入【开始复制文件】对话框，在这里可以对当前的设置进行确认，如图 2.6 所示。

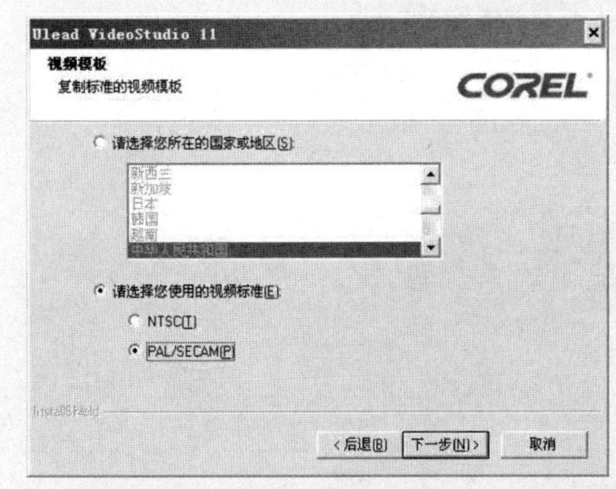

图 2.5 【视频模板】对话框

图 2.6 【开始复制文件】对话框

步骤 07 单击【下一步】按钮，开始进入安装状态，如图 2.7 所示。

步骤 08 单击【完成】按钮，完成会声会影 11 的安装，如图 2.8 所示。安装完成后在桌面上会生成会声会影 11 的图标。Ulead VideoStudio 11 是会声会影 11 的英文名。

3. 运行会声会影 11

会声会影 11 中文版的运行方法有四种：

- 直接双击桌面上的“会声会影 11”图标。
- 选择【开始】|【所有程序】| Ulead VideoStudio 11 |【会声会影 11】命令。
- 打开 C:\Program Files\Ulead Systems\Ulead VideoStudio 11 文件夹(默认安装目录)，双击 vstudio.exe 文件。
- 双击已经保存过的会声会影项目文件。

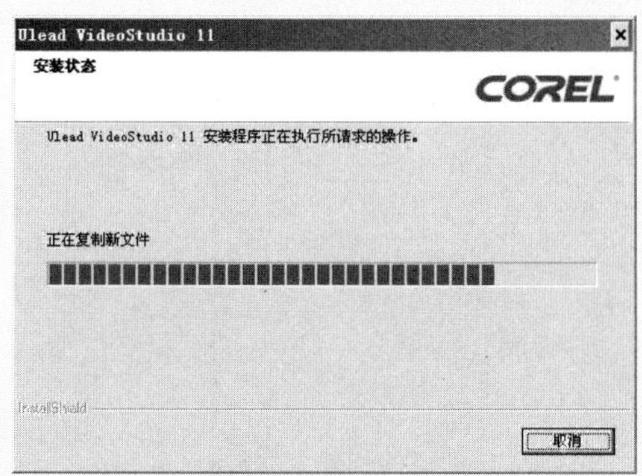

图 2.7　安装状态

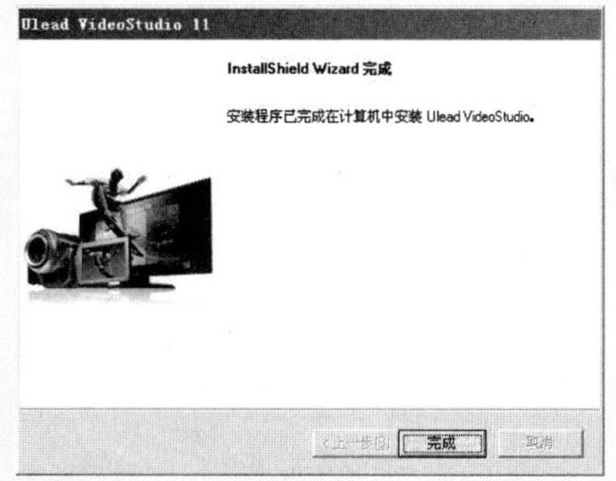

图 2.8　会声会影 11 中文版安装完成

2.1.2　系统设置

视频编辑需要相当大的磁盘空间，对系统的要求也相当高。使用会声会影进行视频编辑，对操作系统进行一定的设置是必须的，这有利于视频编辑的正常运行。

1. 启用 IDE 磁盘的 DMA 设置

步骤 01　在桌面上右击【我的电脑】图标，选择【属性】命令，打开【系统属性】对话框，切换到【硬件】选项卡，如图 2.9 所示。

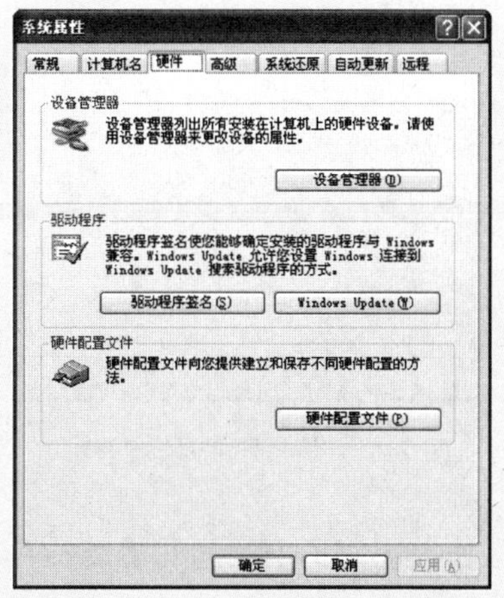

图 2.9　【系统属性】对话框

步骤 02　单击【设备管理器】按钮，打开【设备管理器】窗口。在【IDE ATA/ATAPI

控制器】的二级菜单中分别右击【主要 IDE 通道】和【次要 IDE 通道】，在打开的快捷菜单中选择【属性】命令，如图 2.10 所示，打开对应的属性对话框。

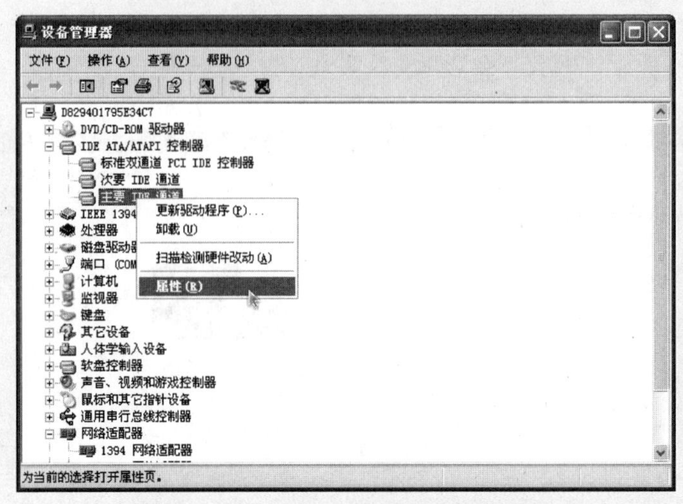

图 2.10　IDE 通道的右键快捷菜单

步骤 03　在打开的属性对话框的【高级设置】选项卡中将设备的【传送模式】全部设置为“DMA(若可用)”，如图 2.11 所示。

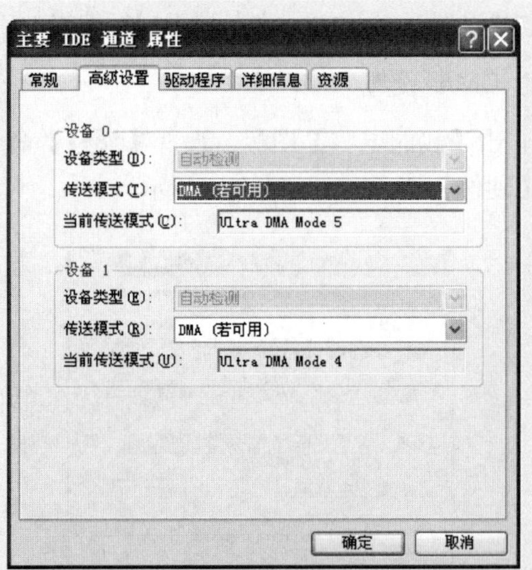

图 2.11　设置设备的传送模式

步骤 04　单击【确定】按钮关闭对话框，返回【设备管理器】窗口。

2. 禁用写入缓存

禁用写入缓存的操作步骤如下。

步骤 01　在【设备管理器】窗口中的【磁盘驱动器】二级菜单对应的硬盘上右击鼠标，

在打开的快捷菜单中选择【属性】命令，如图 2.12 所示。打开对应的对话框。

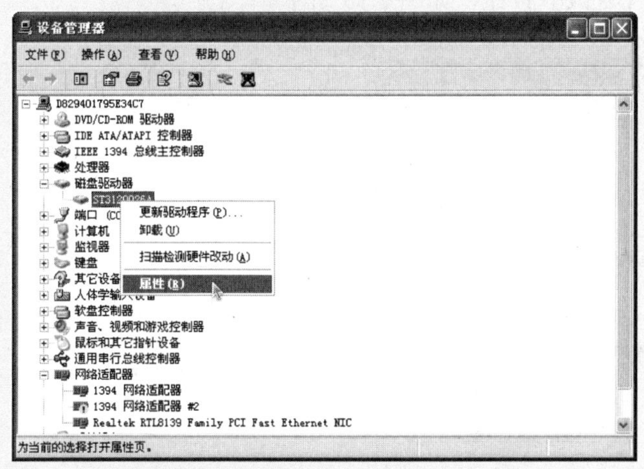

图 2.12　打开硬盘的右键快捷菜单

步骤 02　在硬盘对应的属性对话框中切换到【策略】选项卡，取消对【启用磁盘上的写入缓存】复选框的选中，如图 2.13 所示。

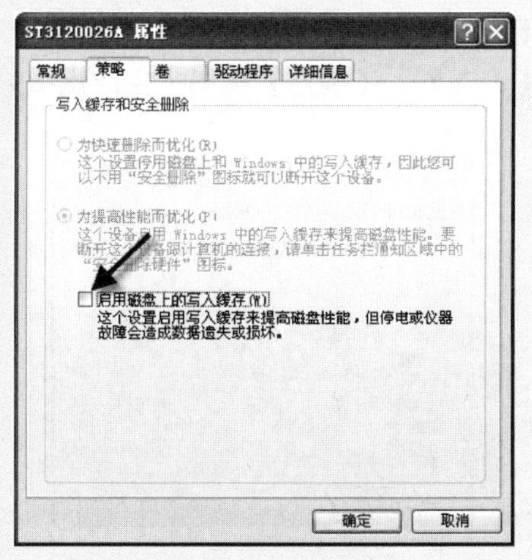

图 2.13　禁用写入缓存

3. 设置页面文件的大小

虚拟内存的作用与物理内存基本相似，但它是作为物理内存的“后备力量”而存在的，也就是说，只有在物理内存已经不够使用的时候，它才会发挥作用。虚拟内存的大小是由 Windows 来控制的，但这种默认的 Windows 设置并不是最佳的方案，因此我们要对其进行一些调整。这样才能发挥出系统的最佳性能。页面文件存在于硬盘上，Windows 将它作为虚拟内存来使用。设置页面文件大小的方法如下。

步骤 01　在【系统属性】对话框中，切换到【高级】选项卡，在【性能】选项组单击【设置】按钮，如图 2.14 所示。

步骤 02 打开【性能选项】对话框，切换到【高级】选项卡，在【虚拟内存】选项组内，单击【更改】按钮，如图 2.15 所示。

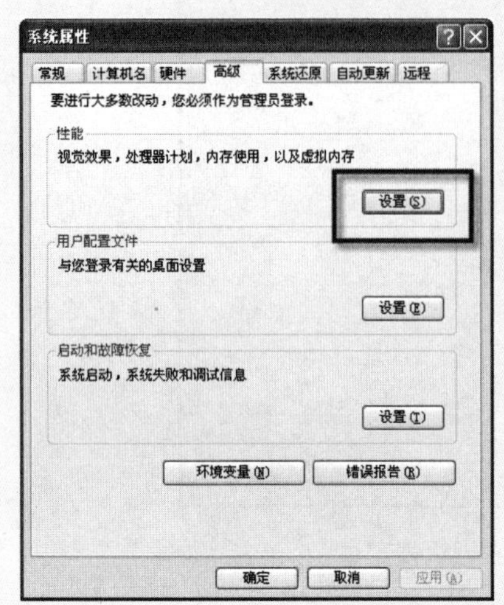

图 2.14 【系统属性】对话框

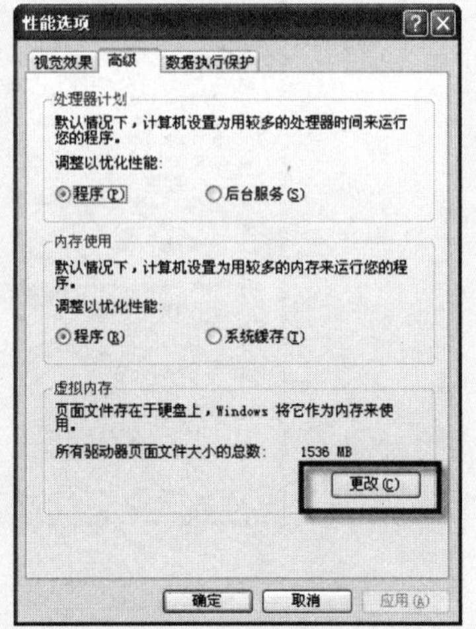

图 2.15 【性能选项】对话框

步骤 03 打开【虚拟内存】对话框，首先选择存放虚拟内存的驱动器，在【自定义大小】选项中，将【初始大小】和【最大值】都设置为物理内存的 2 倍，如图 2.16 所示。依次单击【设置】、【确定】按钮来完成虚拟内存的设置。

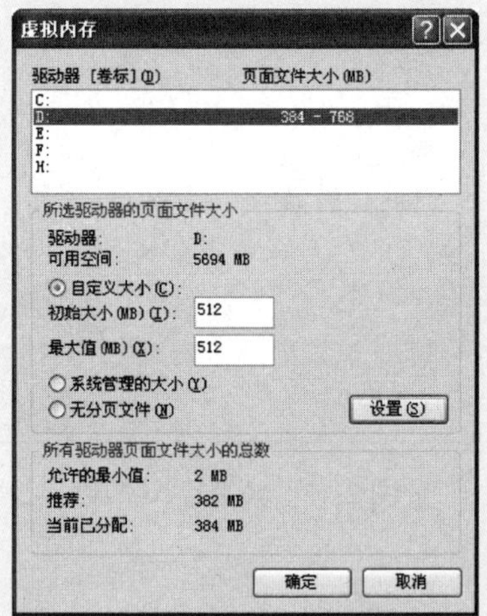

图 2.16 【虚拟内存】对话框

技 巧

如果内存在 512MB 以下时，可修改页面文件(交换文件)大小的值，增大虚拟内存的容量。设置最小值和最大值是内存容量的两倍。例如，如果有 256MB 的内存，请将最小和最大页面文件限制为 512MB。但如果物理内存大于 512MB 时，也可将虚拟内存设置得较小。

4. 使用专门的磁盘分区

进行视频获取和编辑，都要使用大量的磁盘空间，因此要经常进行磁盘清理和磁盘碎片整理。

1)　磁盘清理

磁盘清理操作步骤如下。

步骤 01　在磁盘驱动器上右击，在弹出的快捷菜单中选择【属性】命令，在打开的【本地磁盘(C:)属性】对话框中切换到【常规】选项卡，如图 2.17 所示，单击【磁盘清理】按钮打开对应驱动器的磁盘清理对话框。

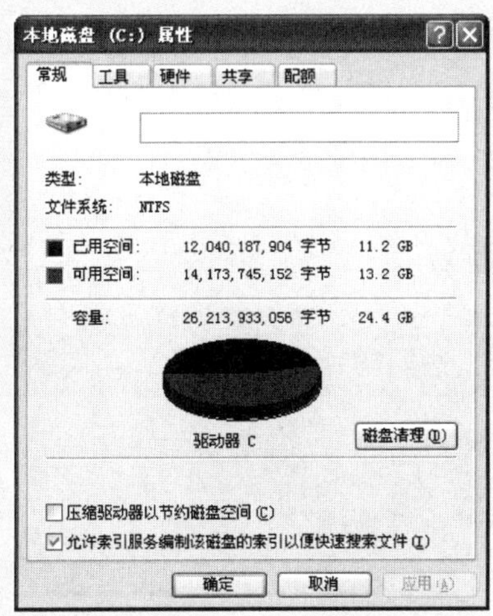

图 2.17　【常规】选项卡

步骤 02　在【磁盘清理】选项卡中选择要删除的文件，也可在【其他选项】选项卡中通过删除 Windows 组件、程序、系统还原点等方式来清理出部分磁盘，如图 2.18 所示。

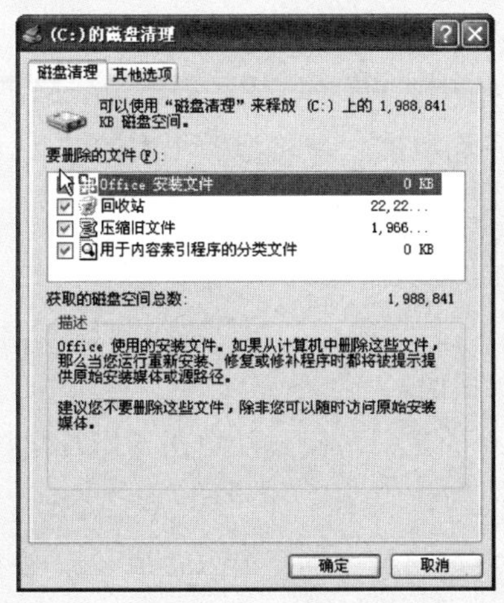

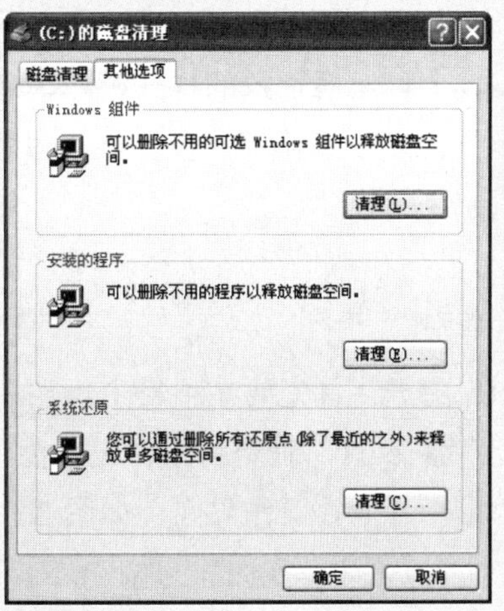

图 2.18　设置磁盘清理

步骤 03 单击【确定】按钮，开始磁盘清理。

2) 磁盘碎片整理

步骤 01 在桌面上选择【开始】|【所有程序】|【附件】|【系统工具】|【磁盘碎片整理程序】命令，打开【磁盘碎片整理程序】对话框。

步骤 02 选中某个驱动器，单击【碎片整理】按钮，进行碎片整理，如图 2.19 所示。

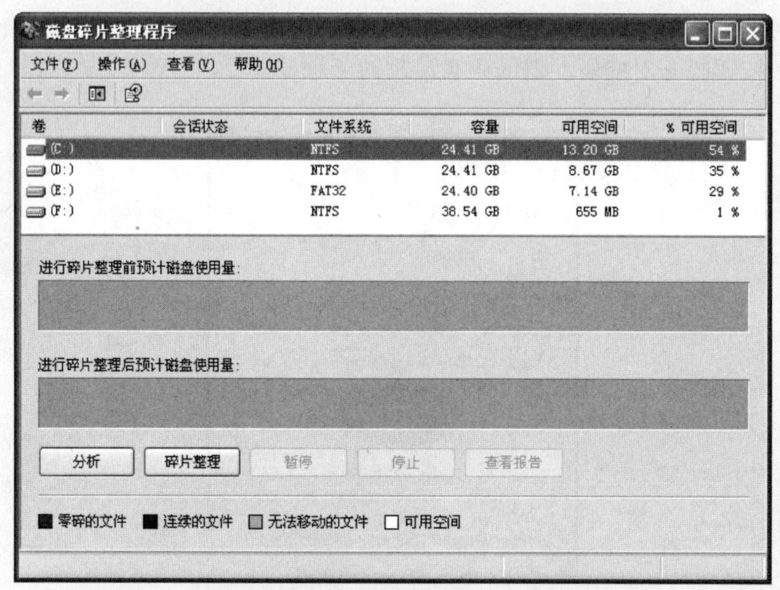

图 2.19 【磁盘碎片整理程序】对话框

2.2 影 片 向 导

对于刚刚接触视频编辑的新手，选用影片向导方式最适合不过了。它将整个视频制作分解为简单的三个步骤：准备素材、应用样式模板、创建视频文件或 DVD 光盘。“影片向导”提供了数十种风格别致的样式模板，包括：古典、学校、运动、教育、MTV、庆祝、生日、圣诞节、夏日海滩等。虽然操作过程只有简单的三步，但做出来的节目足以让你在亲朋好友面前炫耀一番了。

2.2.1 添加素材

使用影片向导，首先要在项目中添加视频和图像。

启动会声会影 11，确定将项目设置为 16∶9 的宽银幕模式，单击【影片向导】按钮，打开会声会影影片向导操作界面，如图 2.20 所示。

关于【捕获】的相关知识，将在 2.4 节进行详细讲解，本小节只介绍添加视频和图像的方法。

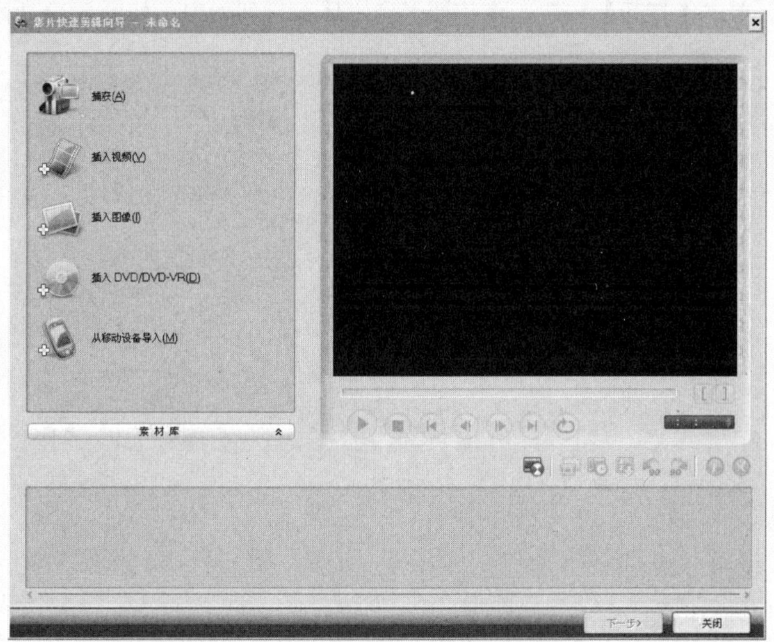

图 2.20　会声会影影片向导操作界面

1. 插入视频

步骤 01　单击【插入视频】按钮，打开【打开视频文件】对话框，选择需要插入到时间轴上的视频文件，如图 2.21 所示。

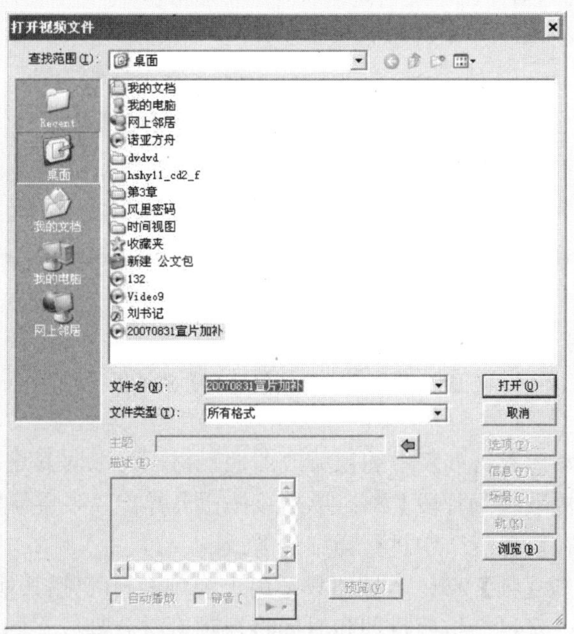

图 2.21　【打开视频文件】对话框

步骤 02 单击【打开】按钮，将其插入到媒体素材列表中，如图 2.22 所示。

图 2.22　将视频素材插入到媒体素材列表

提　示

如果在【打开视频文件】对话框中一次选中多个素材，那么单击【打开】按钮，在将其插入到媒体素材列表之前，会出现【改变素材序列】对话框，在对话框中上下拖动素材名称，可改变它们添加到媒体素材列表中的顺序，如图 2.23 所示。

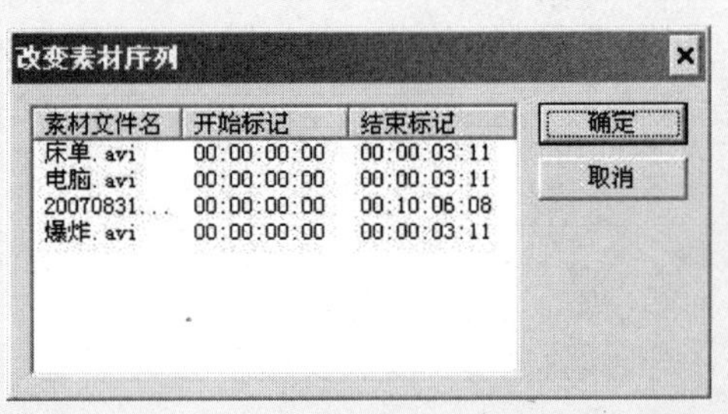

图 2.23　【改变素材序列】对话框

选中已经添加到媒体素材列表中的视频或图像素材，可以对其进行如下操作。

- 【从素材中提取视频片段】：单击该按钮会弹出“多重修剪视频“对话框，相关知识，将在以后章节中进行详细讲解。
- 【按时间分割视频】：本按钮只适用于视频素材(包括其他会声会影项目文件)。单击该按钮，素材会按照日期和时间将视频素材分割成不同的场景，如图 2.24 所示。使用这种方法的好处在于，选中某个不需要的或拍摄质量不好的分割后的素材，单击【删除】按钮可以将其删除。

图 2.24　分割视频的结果

- 【媒体排序】：单击该按钮，在打开的快捷菜单中，选择是将素材按日期还是按名称进行排序。
- 【旋转】：单击一次【逆时针方向旋转】按钮，可以将素材按逆时针方向旋转 90°，单击一次【顺时针方向旋转】按钮，可以将素材按顺时针方向旋转 90°。
- 【属性】：单击该按钮，可以打开素材的属性对话框进行查看，如图 2.25 所示。

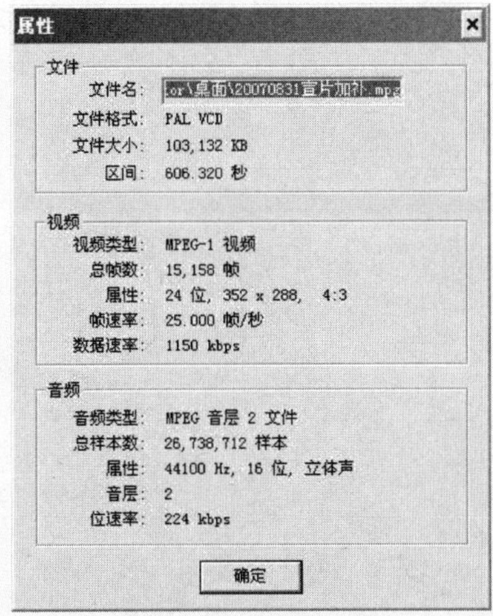

图 2.25　查看素材属性

- 【删除】：单击该按钮，可以删除选中的视频或图像素材。

2. 插入图像

步骤 01 单击【插入图像】按钮，打开【添加图像素材】对话框，选择需要添加的图像，如图 2.26 所示。

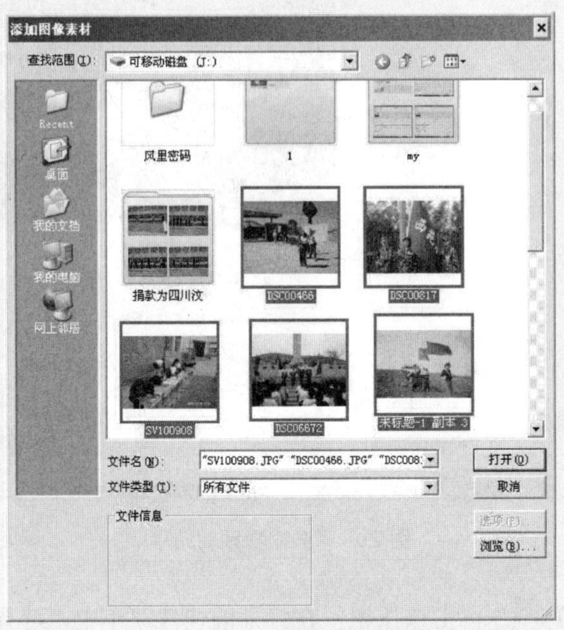

图 2.26 【添加图像素材】对话框

步骤 02 单击【打开】按钮，将素材插入到媒体素材列表中，如图 2.27 所示。

图 2.27 将素材插入到媒体素材列表

3. 插入 DVD/DVD-VR

步骤 01 将 DVD 光盘放入 DVD 光驱，单击【插入 DVD/DVD-VR】按钮，打开【选择 DVD 影片】对话框，单击【导入 DVD 文件夹】按钮，打开【浏览文件夹】对话框，如图 2.28 所示。

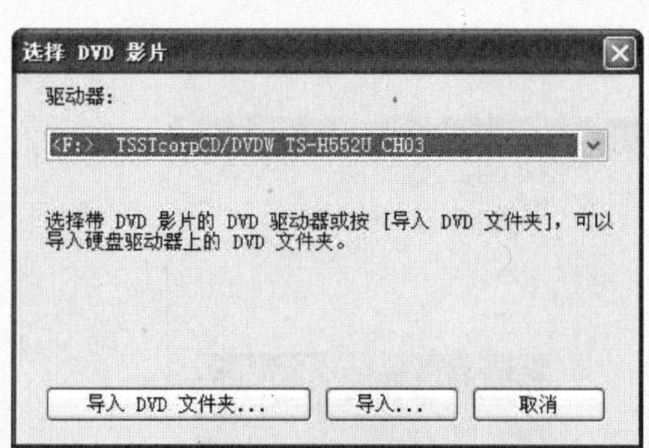

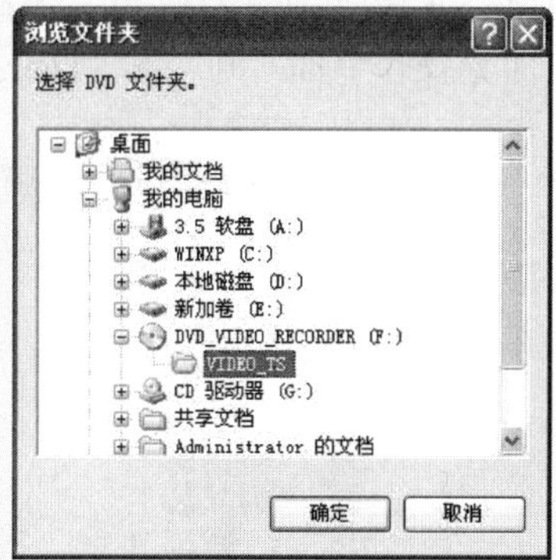

图 2.28 【选择 DVD 影片】对话框和在【浏览文件夹】对话框中选择 DVD 光盘

步骤 02 选中放有 DVD 光盘的盘符或 VIDEO_TS 文件夹，单击【确定】按钮，出现【导入 DVD 初始化】窗口，“分析 DVD 内容”到 100%时，弹出【导入 DVD】对话框。在左侧的章节列表中选择某个章节，单击右侧的预览区下方的【播放】按钮，在预览窗口中预览视频，如图 2.29 所示。如果希望导入多个章节，可在多个章节前面的方框中打钩。

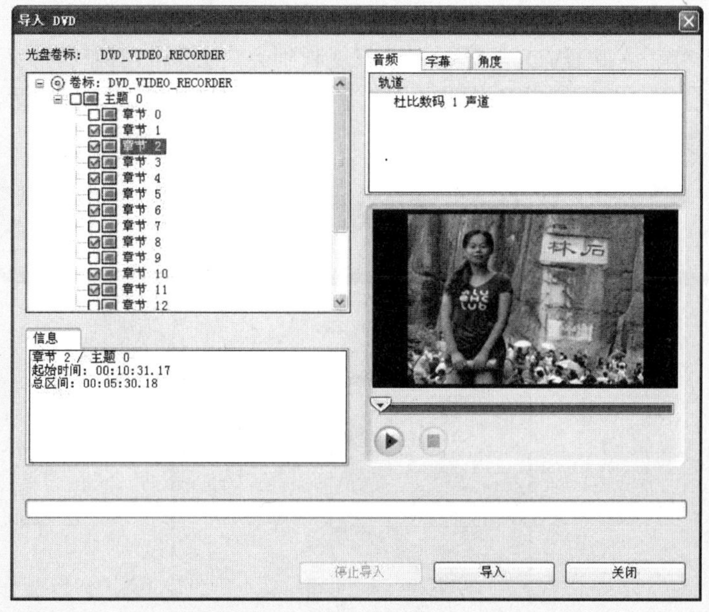

图 2.29 【导入 DVD】对话框

提 示

在选中章节的过程中，会声会影有可能出现假死现象，这与 DVD 的读取有关，稍等一段时间即可恢复正常。

步骤 03 单击【导入】按钮，开始导入视频，如图 2.30 所示。如果不想继续导入，可单击【停止导入】按钮，中止导入过程。导入完成后，自动返回到会声会影影片向导操作界面，可以看到素材被插入到媒体素材列表中。

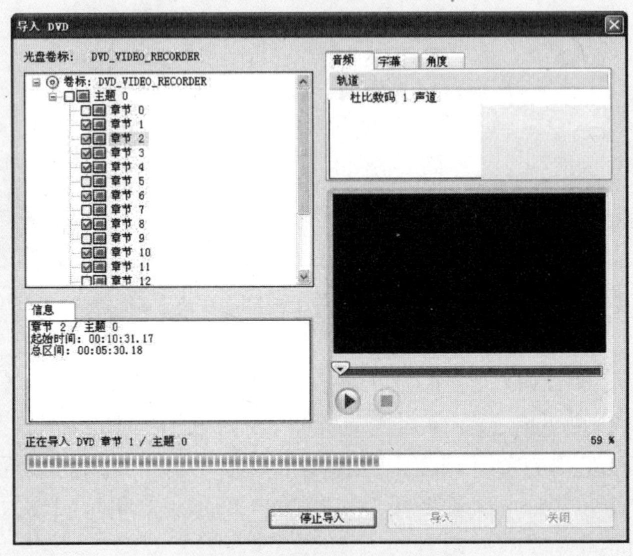

图 2.30　导入 DVD 章节

导入素材其实就是将 DVD 光盘中的章节复制到会声会影的工作文件夹中。在媒体素材列表中选中刚导入的 DVD 章节，单击【属性】按钮，打开【属性】对话框可查看与该章节有关的属性，如图 2.31 所示。

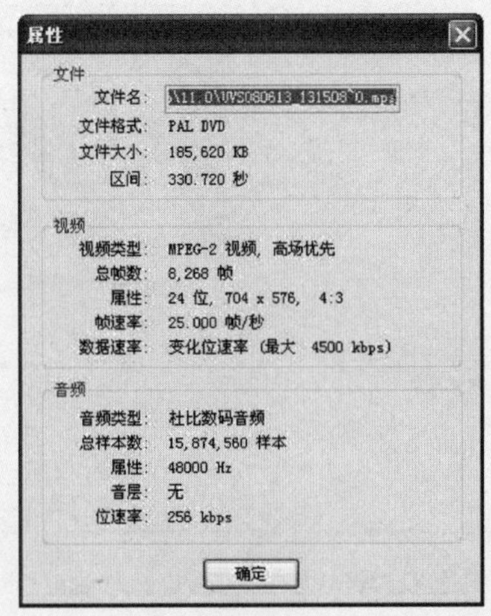

图 2.31　查看导入后的 DVD 章节属性

4. 从移动设备导入

会声会影可以从 SONY PSP、Apple iPOD 以及基于 Windows Mobile 的智能手机、PDA 等很多随身设备中导入视频。具体操作如下。

步骤 01　将移动设备与计算机连接。

步骤 02　单击【从移动设备导入】按钮，打开【从硬盘/外部设备导入媒体文件】对话框，如图 2.32 所示。

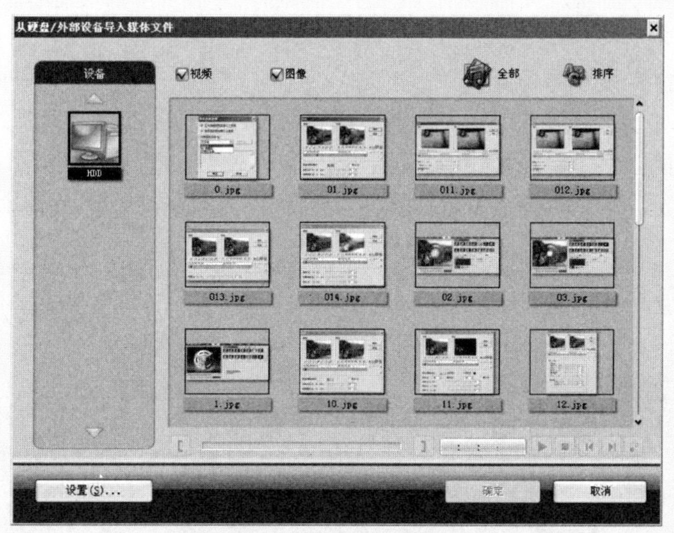

图 2.32　【从硬盘/外部设备导入媒体文件】对话框

步骤 03　在左侧设备列表中选择需要导入的设备。

步骤 04　在显示的文件缩略图上单击鼠标或者按住 Ctrl 键选中一个或多个需要导入的文件。

步骤 05　单击【确定】按钮，即可将新的素材导入进来。

步骤 06　也可以单击【设置】按钮，在弹出的【设置】对话框中单击【添加】按钮。在打开的【浏览计算机】对话框中选择包含视频或图像的文件夹，单击【确定】按钮，即可将新的文件夹添加到【设置】对话框中，如图 2.33 所示。

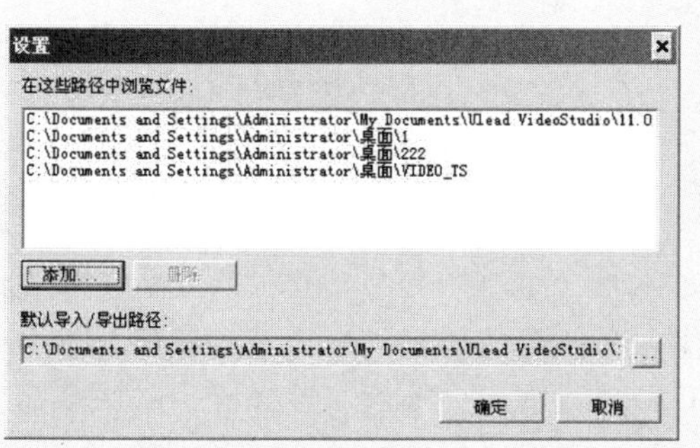

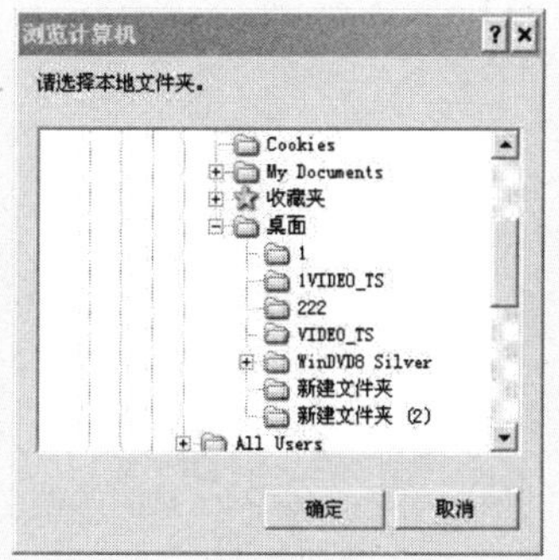

图 2.33　【设置】对话框和【浏览计算机】对话框

步骤 07 再次单击【确定】按钮，返回到【从硬盘/外部设备导入媒体文件】对话框，这时可以看到有新的素材被导入进来。

2.2.2 套用模板

会声会影影片向导模式能在最短时间内轻松制作出靓丽的个人视频作品，它最大的特点就是简单易用，就算不会使用视频编辑软件的用户，也照样能“妙手生花”，因为影片向导模式简化了操作步骤，只需沿用模板套用功能，就能制作出漂亮的影片。

步骤 01 在将媒体素材列表中的内容全部添加并设置完成后，单击【下一步】按钮，进入主题模板的选择界面。

步骤 02 【主题模板】分为“家庭影片”和“相册”两类向导模板，在左侧缩略图列表中选择一个模板，如图 2.34 所示。这时单击预览窗口下方的【播放】按钮，可以看到会声会影为影片添加了片头、片尾、背景音乐以及转场效果。

图 2.34 选择主题模板

提 示

如果在前一步插入到媒体素材列表中的素材有视频类素材的话，一般选择“家庭影片”中的向导模板；如果在插入媒体素材时，只插入了图像素材，则可以在“家庭影片”或“相册”两类向导模板之中任意选择。这是因为“相册”类向导模板只支持图像类素材。如果在插入的素材既有视频类素材又有图像类素材的前提下，选择了“相册”类向导模板，会弹出如图 2.35(a)所示的警告对话框，说明所有非图像素材将被删除。如果媒体素材列表中没有图像素材，选择“相册”类向导模板，将弹出图 2.35(b)所示的信息提示对话框。

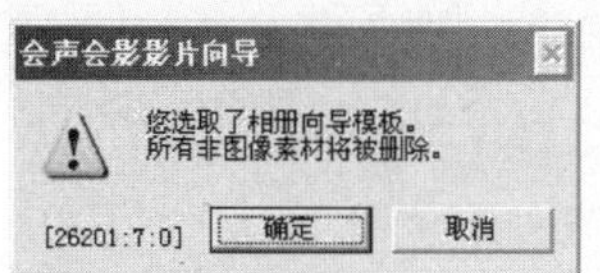

(a) 包含视频素材的信息提示对话框

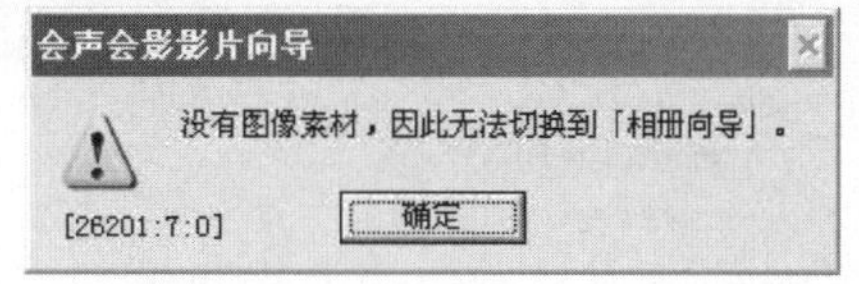

(b) 没有图像素材的信息提示对话框

图 2.35　信息提示对话框

步骤 03　单击预览窗口下方的【标记素材】按钮，打开【标记素材】对话框，对列表中的素材进行标记，如图 2.36 所示，对素材全部作了“必需”标记。设置完成后，单击【确定】按钮关闭对话框。

图 2.36　【标记素材】对话框

- 【必需】：在默认情况下，所有素材都无标记，即在其右下角的方框中为空白显示。选中影片中一定要保留的素材缩略图，单击该按钮，将素材设置为输出时必需的素材。
- 【可选】：选中某(几)个素材显示为【必需】或【自动】的素材，单击该按钮，可以将素材临时标记为可调整的素材，这样在输出时不会被输出到最终视频中，但也不会轻易删除，这在设置多次不同输出时非常有用。
- 【自动】：由程序决定选中素材为包含或不包含的内容。

步骤 04　会声会影主题模板自动为整部影片添加了背景音乐，并且自动适应影片长度。但有时需要保持背景音乐的完整性。为此，可以对影片整体长度做调整。【区间】选项后面显示当前区间的长度。单击其后面的【自定义】按钮，可以打开【区间】对话框进行区间长度的设置，如图 2.37 所示。

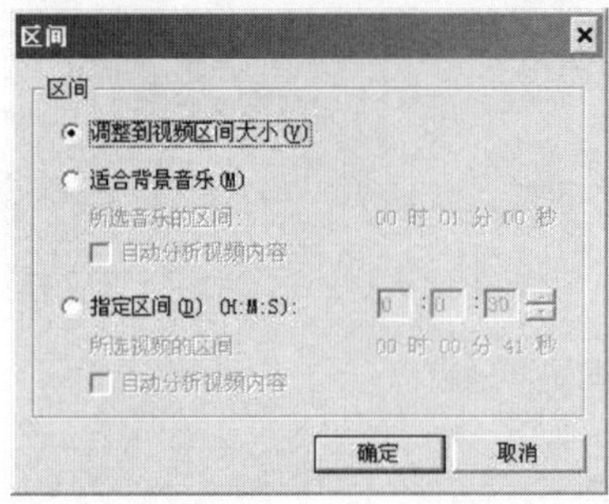

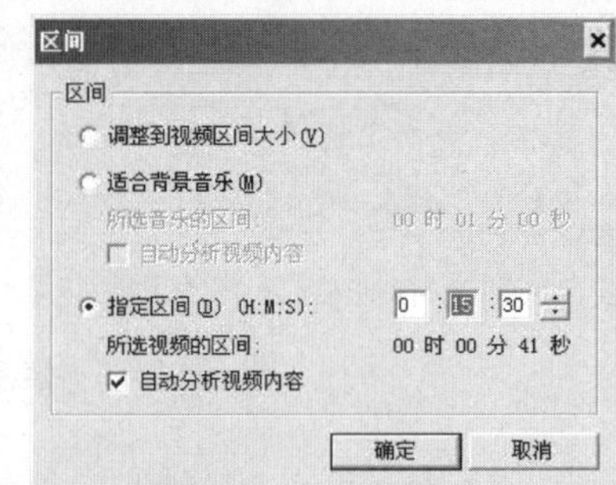

图 2.37 【区间】对话框

- 【调整到视频区间大小】：可将背景音乐和标题文字的位置调整到视频区间等长，如不够长可进行重复。
- 【适合背景音乐】：可以将标题文字调整到与背景音乐等长。如果选中【自动分析视频内容】复选框，可根据所选音乐的区间将多余的视频部分删除。
- 【指定区间】：可手动设置视频区间和音乐区间的长度。同时调整标题文字的位置。如果选中【自动分析视频内容】复选框，可对视频内容进行自动分析并进行分割，使其自动适应设置区间。选中该复选框后，如果设置的长度比所选视频的区间长度小，单击【确定】按钮后，将弹出如图 2.38(a)所示的信息提示对话框。【标记素材】对话框如图 2.38(b)所示。

(a) 信息提示对话框

(b) 【标记素材】对话框发生变化

图 2.38 信息提示对话框及发生变化的【标记素材】对话框

步骤 05 单击【标题】下拉列表框后面的下拉三角形按钮，在打开的下拉列表中选择需要编辑的标题名称。该标题会在预览窗口中显示，并且在四周出现矩形虚线框，如图 2.39 所示。

步骤 06　在预览窗口的主题内部双击，使文字处于编辑状态，以便修改标题内容，如图 2.40 所示。

图 2.39　选择标题

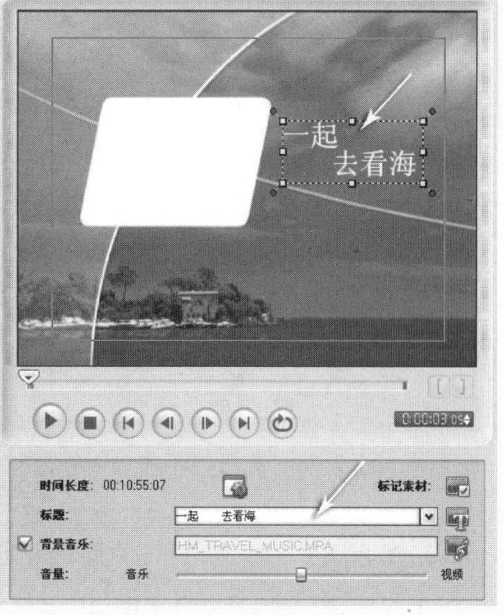

图 2.40　修改标题文字

步骤 07　输入完毕后，在标题框外的任意位置单击鼠标退出输入状态。然后，单击【标题】下拉列表框后面的【文字属性】按钮，打开【文字属性】对话框，进行文字属性设置，包括字体、字号、色彩、动画、阴影等，如图 2.41 所示。

步骤 08　选中【背景音乐】复选框，单击【背景音乐】文本框后面的【加载背景音乐】按钮，打开【音频选项】对话框，如图 2.42 所示。

图 2.41　【文字属性】对话框

图 2.42　【音频选项】对话框

步骤 09　单击【添加音频】按钮或按 Alt+A 组合键，打开【打开音频文件】对话框，选择需要添加的背景音乐，如图 2.43 所示。单击【打开】按钮，就可以将它添加到音乐列表中了，如图 2.44 所示。

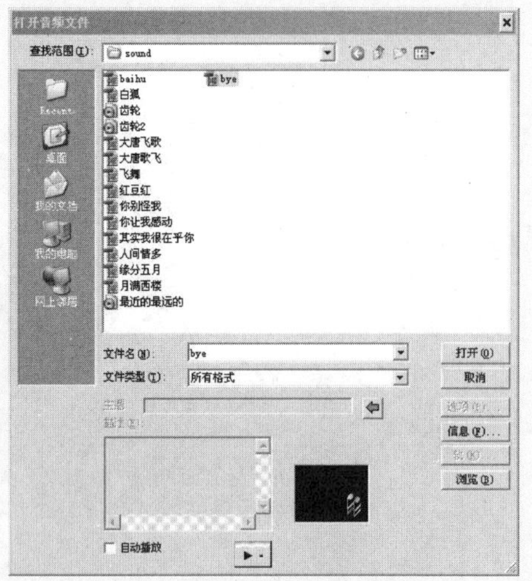
图 2.43　选择要添加的音频文件

图 2.44　将音频文件添加到列表

在【音频选项】对话框的右侧有四个按钮，分别介绍如下。

- 【向上移动】▲：单击该按钮，可将选中的音频向上移动一个位置，该音频会率先播放。
- 【向下移动】▼：单击该按钮，可将选中的音频向下移动一个位置，该音频会随后播放。
- 【删除音频】✕：单击该按钮，可将选中的音频文件删除。
- 【预览并修整音频】：单击该按钮，可以打开【预览并修整音频】对话框。在【文件名】下拉列表框中显示选中音频的完整路径及名称。时间滑动条下面的四个按钮用于控制音频的播放。其右侧的时间是飞梭指向的当前时间。【当前/总区间】显示的是经过修整后的区间与原始区间的区间比。

  【开始标记】[和【结束标记】]：把飞梭栏移动到时间滑动条上的某个位置，单击[按钮或按 F3 键，可以确定音乐开始的位置。单击]按钮或按 F4 键，可以确定音乐结束的位置，如图 2.45 所示。

图 2.45　修整音频素材

步骤 10　背景音乐设置完成后，两次单击【确定】按钮返回会声会影影片向导操作界面。拖动【音量】后面的滑动条上的滑块，向左移动，背景音乐的声音变大，向右移动，视频自带音乐的声音变大。

2.2.3 完成影片

完成模板修改后，单击【下一步】按钮，进入完成影片操作界面，如图 2.46 所示。

图 2.46 完成影片操作界面

由于一直没有保存项目文件(当然也可以不保存)，如果遇到意外会得不偿失，为此，可在本步骤或前一步骤单击【保存选项】按钮，在打开的快捷菜单中选择【保存】或【另存为】命令或直接按键盘上的 Ctrl+S 组合键，打开【另存为】对话框，在【文件名】下拉列表框中输入项目名称，如图 2.47 所示。

图 2.47 保存项目文件

单击【保存】按钮，将文件保存为会声会影 11 项目文件，其后缀名为.VSP。

会声会影影片向导制作的项目文件共有 3 种输出或结束方式。

- 【创建视频文件】：单击该按钮，可打开视频文件格式的快捷菜单，如图 2.48 所示。从中选择一种视频格式，在打开的【创建视频文件】对话框中为视频文件命名后，单击【保存】按钮，开始视频的渲染。

提 示

关于本部分的内容详见 8.1 节。

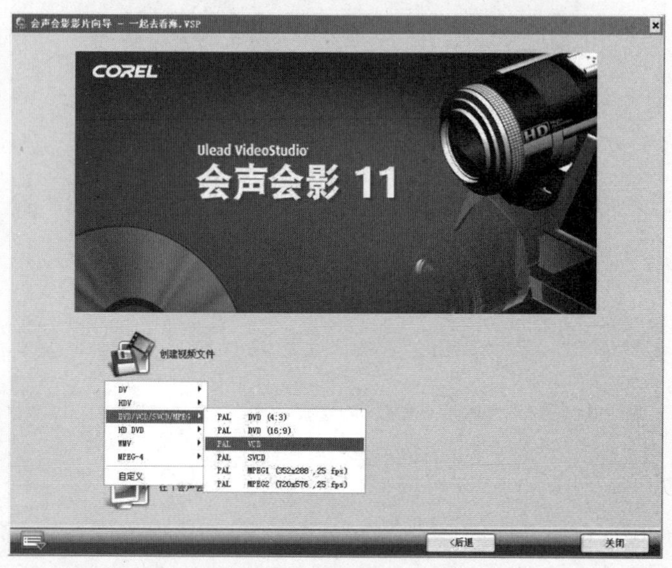

图 2.48　创建不同格式的视频文件

- 【创建光盘】：单击该按钮，弹出会声会影创建光盘向导界面，如图 2.49 所示。可按照向导界面一步步进行操作，最终将视频输出到光盘上。

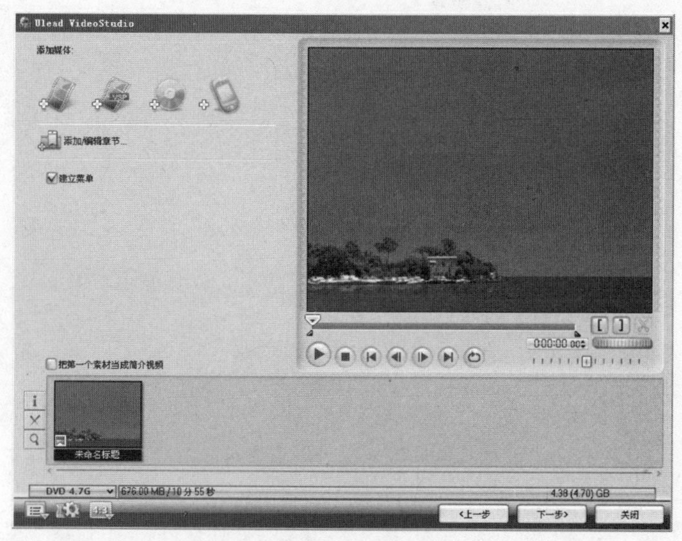

图 2.49　会声会影创建光盘向导界面

提　示

关于本部分的内容详见 8.3 节。

- 【在「会声会影编辑器」中编辑】：单击该按钮，会弹出一个询问是否要在会声会影编辑器中继续编辑的对话框，如图 2.50 所示。

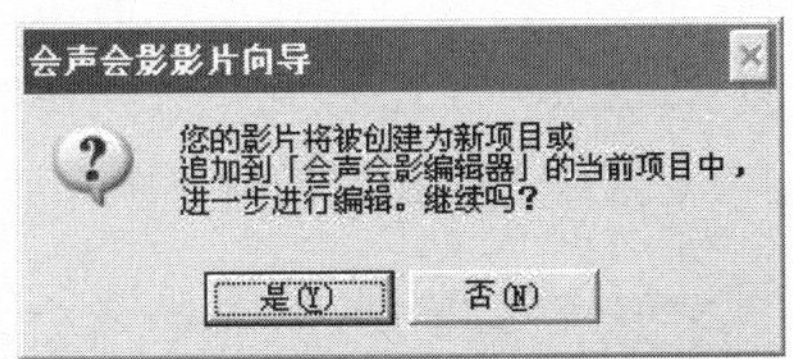

图 2.50　单击【是】按钮启动会声会影编辑器

单击【是】按钮，打开会声会影编辑器，继续编辑，如图 2.51 所示。

图 2.51　会声会影编辑器

提　示

关于本部分的内容将在第 3 章到第 8 章进行详细讲解。

2.3　DV 转 DVD 向导

此向导仅需单击几次鼠标，套用几个模板，完全免除了复杂的编辑过程，只要发挥个人的创意，就能让 DV 视频摇身一变成为包含了精美的动态菜单的 DVD 光盘。

2.3.1 扫描场景

使用会声会影 DV 转 DVD 向导，第一步就要先对 DV 中录制的场景进行扫描。其步骤如下。

步骤 01 打开 DV 摄像机，播放 DV 录像带到开始录制的位置停止，关闭 DV 摄像机。

步骤 02 将 DV 摄像机使用 IEEE 1394 连线正确连接到电脑的 IEEE 1394 接口上，将 DV 摄像机打开到“播放(VCR)”状态，在电脑操作系统的桌面上出现【数字视频设备】对话框，在列表中选择“捕获和编辑视频”，如图 2.52 所示。

图 2.52 【数字视频设备】对话框

步骤 03 单击【确定】按钮打开会声会影 11 的启动界面，如图 2.53 所示。

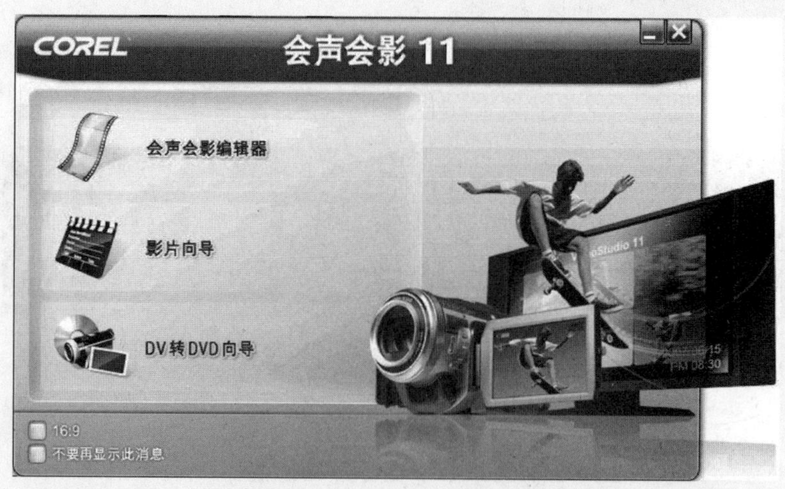

图 2.53 会声会影 11 的启动界面

步骤 04 确定正在采集的 DV 使用的是 4:3 银幕模式还是 16:9 的宽银幕模式。如果 DV 摄制时采用的是 16:9 的宽银幕模式，可选中 16:9 复选框。单击【DV 转 DVD 向导】按钮，打开【会声会影 DV 转 DVD 向导】操作界面，如图 2.54 所示。

- 【设备】：显示当前连接的 DV 设备。

- 【捕获格式】：有两个选项，可根据个人需要选择 DV AVI 或者 DVD。选择 DV AVI 格式可以获得最佳的视频质量。如果想提高工作效率或者硬盘空间不够，可选择 DVD 格式。
- 【刻录整个磁带】：DV 摄像机通常提供了 SP 和 LP 两种录制模式。SP(Standard Play)是指标准的播放，LP(Long Play)是指长时间播放。数码摄像机工作在 LP 记录模式下时，磁带的运行速度是 SP 模式下的三分之二，所以磁带的记录时间可以延长 50%，因而 60 分钟的数码摄像机磁带在 LP 记录模式下可以连续记录 90 分钟动态影像。但 LP 模式下拍摄的影像画面噪声会略大，后期配音等编辑操作也会略显不便，且最大问题是兼容性能比较差，一台数码摄像机上以 LP 模式拍摄的影像，可能无法在另外一台数码摄像机上播放。所以一般不建议使用 LP 模式拍摄。
- 【场景检测】：选中此单选按钮，有两种选择，一种是【开始】，将从 DV 带的开始位置进行扫描，如果 DV 带的位置不在起始处，会声会影将自动把 DV 带倒退到起始位置；一种是【当前位置】，使用预览窗口下方的播放控制按钮找到需要捕获的开始位置，然后从 DV 带当前位置开始扫描。
- 【速度】：用于设置 DV 摄像机播放影片的速度，分为 1×、2×、最大速度等几种。
- 【播放所选场景】：只有在场景列表中的某一个场景被选中的前提下该按钮才被激活。单击该按钮，可将 DV 带倒放到目标位置后再进行场景的播放。

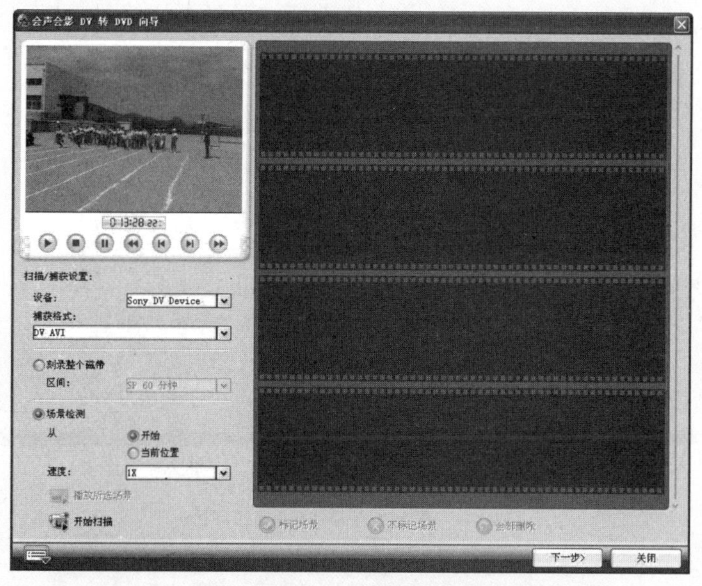

图 2.54　【会声会影 DV 转 DVD 向导】操作界面

步骤 05　将开始扫描位置定位于【当前位置】，将速度设置为“2×”，单击【开始扫描】按钮开始 DV 带扫描，同时【开始扫描】按钮变为【停止扫描】按钮。在需要停止的位置，单击【停止扫描】按钮，完成一个视频片段的扫描。重复以上操作，完成多个场景的扫描，在右侧场景列表中显示扫描场景的第一帧，如图 2.55 所示。

图 2.55 扫描场景列表

步骤 06 在默认情况下，列表中的场景都处于标记状态，此时在场景的右下角有一个对号标志。选中一个或多个标题(按住 Shift 或 Ctrl 键进行多选)，此时场景列表下面的三个按钮处于激活状态，单击【不标记场景】按钮，可以取消对该场景的标记，取消标记后的场景在将来的视频捕获中将会跳过不进行捕获，如图 2.56 所示。

图 2.56 取消对某些场景的标记

提 示

如果选中某一个场景，则只能使与它相对的按钮起作用。如在图 2.57 中是一个未进行标记的场景，它对应的【不标记场景】按钮处于非激活状态，这样就可对场景的标记与否进行自由地切换。如果想取消所有的场景标记，进行新的场景标记，可单击【全部删除】按钮。

图 2.57　在场景是否标记之间切换

2.3.2　应用主题模板并刻录 DVD

将主题模板应用于项目中，可以为视频文件设置合适的风格，增加视频的可视性，它提供的 DVD 刻录功能，可以在不使用其他软件的情况下，将制作的视频文件直接进行渲染并将其输出到 DVD 光盘上，操作简单易行。

步骤 01　对标记的场景确认无误后，单击【下一步】按钮，进入主题模板的选择和刻录 DVD 界面，从中选择一种与主题相关的模板，如图 2.58 所示。

图 2.58　选择主题模板

提 示

在如图 2.58 所示的对话框中，出现“请不要取消 DV 设备的连接”提示语句。如果此时关闭 DV 设备，会前功尽弃。

在【会声会影 DV 转 DVD 向导】对话框中还有其他一些选项。

- 【卷标名称】：刻录后的光盘显示的卷标名称。
- 【驱动器】：会声会影自动检测到的可以刻录 DVD 视频光盘的刻录机所对应的驱动器。
- 【刻录格式】：用于设置 DVD 光盘的刻录格式，单击【高级】按钮，可打开【高级设置】对话框对光盘的输出进行更详尽的设置，如图 2.59 所示。

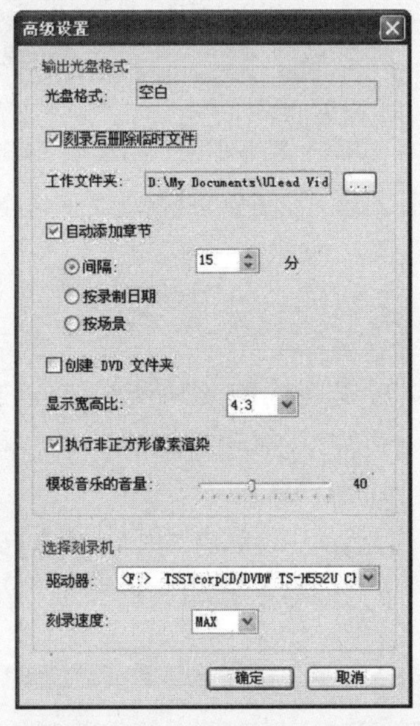

图 2.59 【高级设置】对话框

- 【视频质量】：设置生成的视频的质量。质量越高，所占用的磁盘空间越大。
- 【调整并刻录】：如果项目超出了目标光盘的容量，【调整并刻录】按钮被激活，单击该按钮，可以进一步压缩它，以适合目标光盘。
- 【擦除光盘】：如果使用的是可擦写的光盘(如 DVD-RW 或 DVD+RW)，并且光盘中已经存在数据，该按钮将被激活，单击该按钮，可以将光盘中的数据擦除。
- 【刻录】：单击该按钮，可以对选中的视频进行捕获、自动编辑并刻录。

步骤 02 设置完成后，单击【刻录】按钮，开始视频的采集，此时一定不要关闭 DV 摄像机，如图 2.60 所示。

步骤 03 稍等一段时间，DV 视频捕获完成，此时可以取消 DV 设备的连接了。然后开始进行自动视频编辑，渲染项目，如图 2.61 所示。

图 2.60　进行 DV 视频捕获

图 2.61　渲染项目

步骤 04　完成项目渲染后，可以自动进行 DVD 光盘的刻录，如图 2.62 所示。

图 2.62 进行 DVD 光盘刻录

步骤 05 刻录完成后，自动弹出光盘，并出现光盘刻录成功的提示对话框，取出光盘，单击【确定】按钮。

在执行刻录前或刻录后，都可以单击【选项】按钮，在快捷菜单中选择【转到「影片向导」】命令或【转到「会声会影编辑器」】命令，来决定是否关闭 DV 转 DVD 向导，单击【是】按钮，则关闭 DV 转 DVD 向导并转到影片向导或会声会影编辑界面进行继续编辑，如图 2.63 所示。

图 2.63 设置操作界面之间的转换

2.4 捕获视频

使用软件自带的素材和电脑上已经存在的素材毕竟不能完全满足影片制作的要求，毕竟使用非线性编辑软件的主要目的是制作属于自己的影片。在相当多的时候，都需要使用它们对来自摄像机或其他捕获设备的影像进行捕获，以获得更多的直接来源。

2.4.1 DV 与电脑的连接

对于拍摄的影片，不可能总是直接在 DV 机上播放或将 DV 机连接到电视机上直接播放。这就需要将相关的影像通过专门的软件捕获到电脑上，将拍摄的 DV 素材导入电脑中的术语叫做“采集”，然后经过制作直接输出为视频文件在电脑上播放或将其刻录到各类光盘上进行传播，以求达到更广泛的流传。

尽管可以使用高端的视频采集卡或非编卡将数码摄像机与电脑相连，并直接从 DV 上采集视频，但这种卡的价格都非常高，不适于家庭或小型工作室使用，也没有那种必要。一般情况下，都是将数码摄像机通过 IEEE 1394 连线连接到电脑的 IEEE 1394 卡上，然后通过非线性编辑软件进行视频采集的。

对于普通的台式机来说，一般都不带有 IEEE 1394 接口(现在也有极少一部分主板上带有该接口)，需要购买专门的 IEEE 1394 卡插到电脑的主板上。现在流行的 1394 卡一般使用 6Pin 接口，但有的卡上也提供了 4Pin 接口，如图 2.64 所示。

图 2.64　IEEE 1394 卡

另外，现在许多电视卡也提供了 IEEE 1394 接口，如图 2.65 所示。

因为进行视频编辑对电脑配置的要求较高，所以一般不建议使用笔记本电脑进行视频采集和编辑，但也有一部分人使用配置较高的笔记本电脑进行视频处理。在笔记本电脑上，配备的 IEEE 1394 接口都是 4Pin 的，如图 2.66 所示。

数码摄像机上的 IEEE 1394 接口均为 4Pin 接口，如图 2.67 所示。

因此连接它与电脑的 IEEE 1394 连线有两种，一种是两头都是 4Pin 的，一种是一头为 4Pin、另外一头是 6Pin 的，如图 2.68 所示。

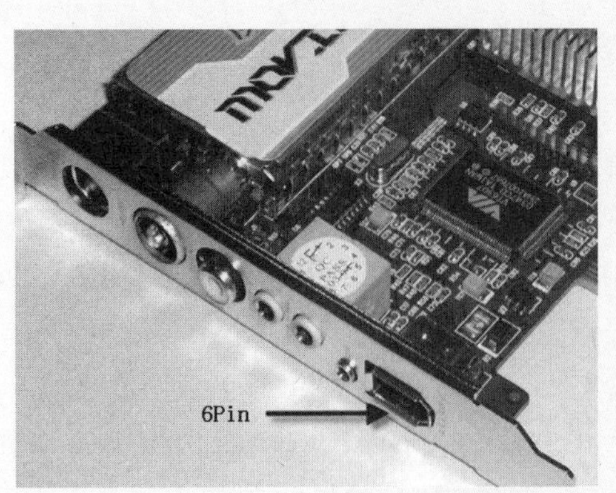

图 2.65　电视卡上的 1394 接口

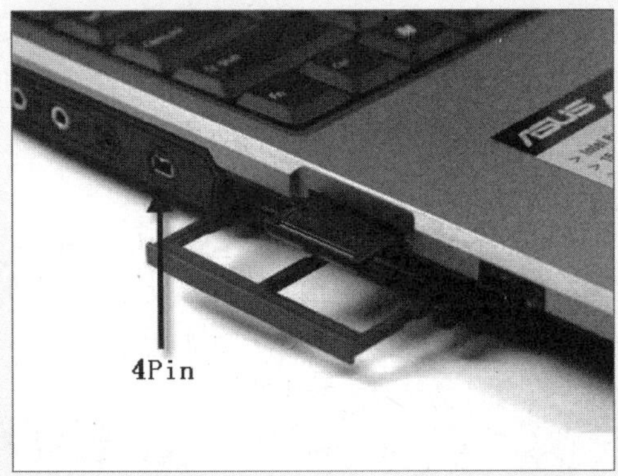

图 2.66　笔记本电脑上的 IEEE 1394 接口

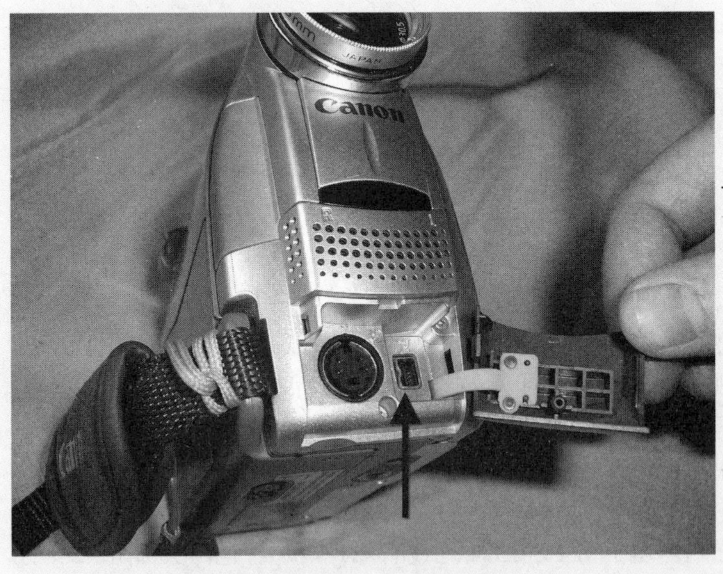

图 2.67　摄像机上的 IEEE 1394 接口

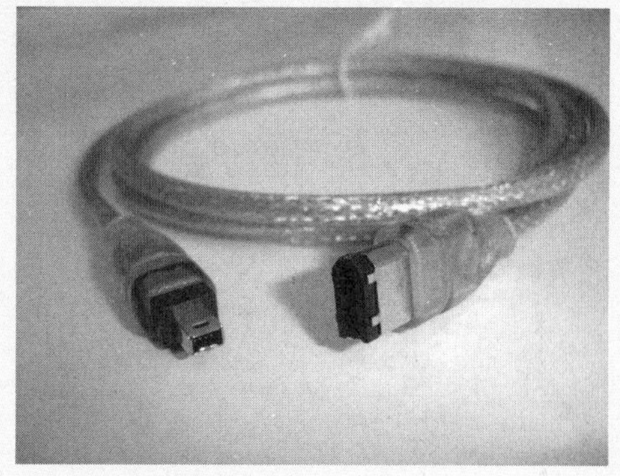

图 2.68　两种类型的 IEEE 1394 连线

使用 IEEE 1394 连线将电脑与 DV 摄像机连接起来。

2.4.2　磁带 DV 影片捕获

将电脑与 DV 摄像机连接，启动会声会影，在启动界面中单击【影片向导】按钮，进入会声会影影片向导操作界面。打开 DV 摄像机到“播放(VCR)”状态。单击【捕获】按钮或按 Alt+A 组合键，打开【捕获设置】操作界面，如图 2.69 所示。

图 2.69　【捕获设置】界面

在启动界面中单击【会声会影编辑器】按钮，会进入会声会影编辑器的【编辑】操作界面。单击【捕获】按钮，进入【捕获】操作界面，如图 2.70 所示。

提　示

本节将就在会声会影编辑器中进行视频捕获展开讲解，关于会声会影编辑器的详细讲解请参考第 3 章的相关内容。

图 2.70　【捕获】操作界面

在【捕获】操作界面中，左侧的选项面板上共有 4 个与捕获有关的选项：捕获视频、DV 快速扫描、从 DVD/DVD-VR 导入和从移动设备导入。

1. 捕获视频

步骤 01　在会声会影编辑器中，选择【文件】|【参数选择】命令或按键盘上的 F6 键，打开【参数选择】对话框，切换到【捕获】选项卡，进行相应的捕获参数设置，如图 2.71 所示。

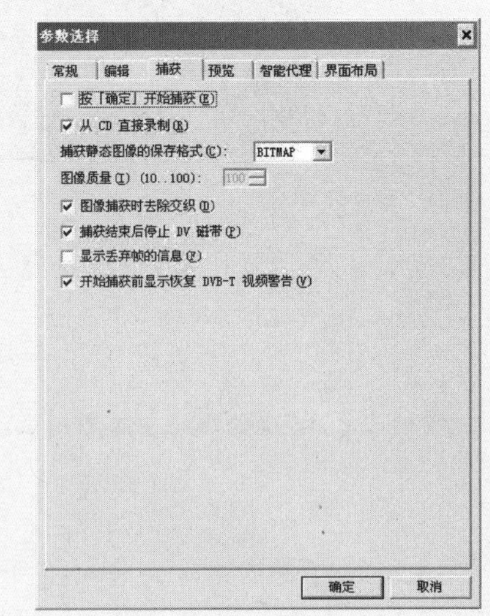

图 2.71　【捕获】选项卡

- 【按「确定」开始捕获】：在一般情况下，进行视频捕获时，直接按下【开始捕获】按钮，就可以对视频进行捕获。但如果选中本复选框，其结果是在按下【开

始捕获】按钮时，捕获并不进行，而是弹出一个对话框，只有单击对话框中的【确定】按钮时才会开始视频捕获。一般情况下，不选中本复选框。

- 【从 CD 直接录制】：允许直接从 CD 录制音频曲目。
- 【捕获静态图像的保存格式】：有时候，会在捕获外部视频或播放其他视频时，捕获当前帧图像为静态图像，另行保存。在本选项中可以设置捕获静态图像的保存格式，共有两种选择：BITMAP(BMP)和 JPEG。采用 BMP 格式，可以获得更好的图像质量；采用 JPEG 格式，可以减小图像的大小。如果选择 JPEG 格式，本选项下面的【图像质量】选项就被激活，在它后面的文本框中可以输入一个 10～100 之间的数。其代表图像的压缩比率，数值越大，质量越好，空间压缩的也较少；反之质量越差，但占用空间减小。一般情况下，采用 70 的压缩质量，图像的质量损失和占用空间都比较理想。
- 【图像捕获时去除交织】：下载文件时使用固定的图像分辨率，而非采用交织型图像的渐进式图像分辨率。在捕获时，一般会选中该复选框。
- 【捕获结束后停止 DV 磁带】：选中本复选框，可以在捕获过程中单击【停止捕获】按钮后，DV 磁带的播放也随之停止，这更有利于 DV 磁带与视频捕获的位置对应。在捕获时一般会选中该复选框。
- 【显示丢弃帧的信息】：在捕获过程中，【捕获】操作界面的【信息】栏会显示丢弃帧的多少。这很重要，如果在捕获过程中产生丢弃帧，会在视频播放时产生跳跃感，而选中该复选框，可以对丢弃帧进行监控。在视频捕获过程中，最好选中该复选框。
- 【开始捕获前显示恢复 DVB-T 视频警告】：从数字电视捕获 DVB-T 视频，如果在视频捕获过程中，出现信号损坏的问题，会声会影 11 会给予提示。一般会选中该复选框。

设置完成后，单击【确定】按钮，关闭【参数选择】对话框。

步骤 02　在【捕获】操作界面中，单击【捕获视频】按钮，打开【视频捕获】选项面板，如图 2.72 所示。

图 2.72　【视频捕获】选项面板

- 【区间】：显示正在捕获的视频的长度，这几组数字分别对应小时、分钟、秒和帧。也可以在【区间】中预先指定数值，捕获指定时间长度的视频。在捕获视频时，【区间】中同步显示当前已经捕获的视频的时间长度。我国采用的是 PAL 制式，帧速率为 25 帧/秒，因此在“帧”位上所能设置的最大数值为 24 帧。
- 【来源】：显示所连接的摄像机的名称和类型。

- 【格式】：显示捕获后的视频保存格式。会声会影是一个能够捕获各种格式视频的非线性编辑软件，而在不使用压缩卡的情况下，能够使用这一功能的非线编软件并不多，这也算作是它的一个特点。单击其后面的下拉三角形按钮，在下拉列表中可以选择视频保存的格式，如图 2.73 所示。

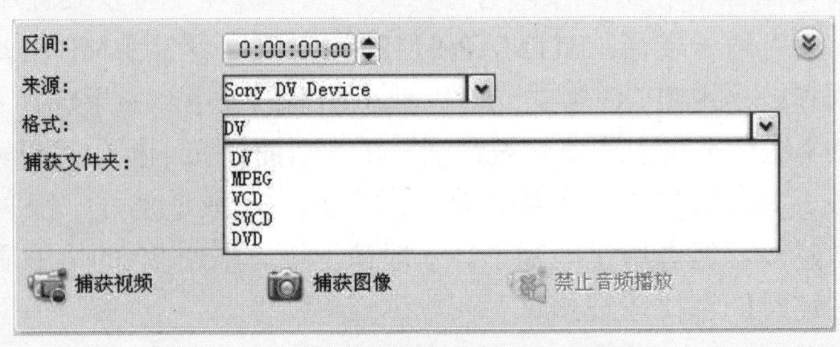

图 2.73　选择捕获视频的保存格式

- 【捕获文件夹】：用于指定捕获的视频文件的保存位置。建议设置到 C 盘以外有足够大剩余空间的磁盘分区。
- 【按场景分割】：选中该复选框，在进行视频捕获时，会声会影可以根据录制的日期、时间以及录制带上任何较大的变化、相机移动、亮度变化，自动侦测将视频文件分割成单独的素材，插入到项目中。但按场景分割功能在捕获 MPEG 文件时不可用，只有在捕获 DV 格式文件时，才处于可用状态。
- 【选项】：单击该按钮，在打开的快捷菜单中执行相应命令，可以打开与捕获驱动程序相关的对话框，如图 2.74 所示。

  执行【捕获选项】命令，打开对应的对话框。选中【捕获到素材库】复选框，将在捕获视频后，在素材库中添加一个当前捕获素材的缩略图链接，以备今后快速存取。对于某些格式，可以选择【捕获音频】复选框或设置【捕获帧速率】，如图 2.75 所示。

图 2.74　【选项】下拉菜单

图 2.75　【捕获选项】对话框

  执行【视频属性】命令，打开对应的对话框，进行选择，如图 2.76 所示。Microsoft 对 DV avi 文件定义了两种格式：DV type-1 文件中视频和音频数据是同一个数据流；DV type-2 文件中视频和音频分别在两个数据流中。DV type-2 文件比 DV type-1 文件稍微大一些。DV type-1 的优点是 DV 数据无需处理，保存为与原始相同的格式；DV type-2 的优点是可以与不是专门用于识别和处理 DV type-1 文件的视频软件相兼容。

步骤 03　设置完成后，单击【捕获视频】按钮开始捕获。此时该按钮变为【停止捕获】

按钮 停止捕获，单击【停止捕获】按钮，即可完成视频的捕获。捕获后的视频保存在捕获文件夹中，并且在右侧的【视频】素材库中显示出素材缩略图，如图 2.77 所示。

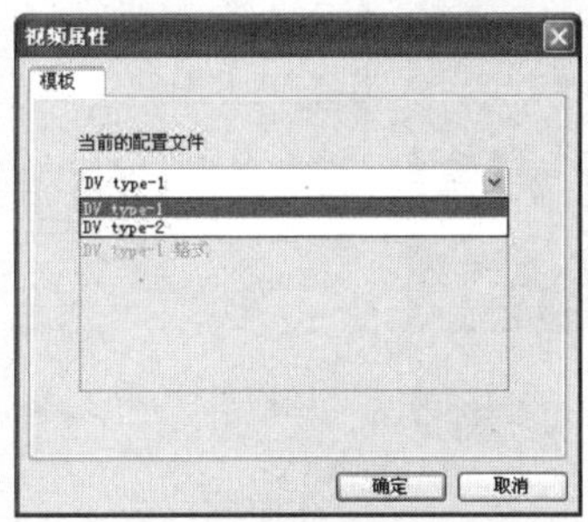

图 2.76　【视频属性】对话框

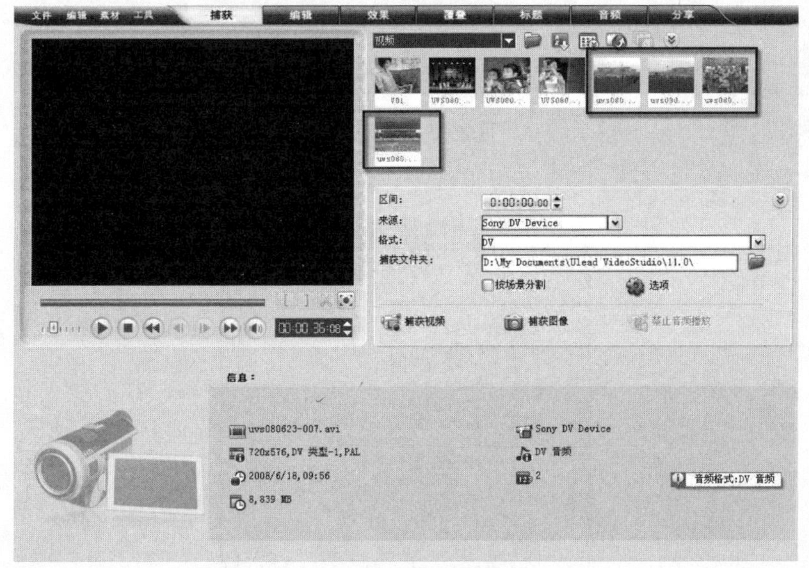

图 2.77　捕获视频

在视频捕获过程中，【禁止音频播放】按钮处于激活状态，单击该按钮，可以在捕获时不播放视频的声音，但并不影响对声音的捕获。

步骤 04　单击【捕获图像】按钮，可以将当前帧捕获为静态图像，图像的格式为在步骤 01 的【参数选择】对话框中设置的图像格式。捕获后的图像保存在捕获文件夹中，并且在右侧的【图像】素材库中显示出素材缩略图，如图 2.78 所示。

捕获结束后，单击 « 按钮，将捕获视频选项面板隐藏。

2. 从 DVD/DVD-VR 导入

单击【从 DVD/DVD-VR 导入】按钮，打开【浏览文件夹】对话框进行 DVD 视频光盘的选择，如图 2.79 所示。

图 2.78 捕获图像

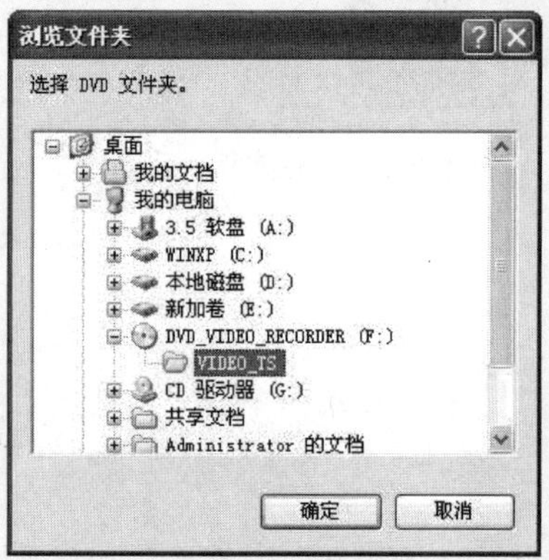

图 2.79 【浏览文件夹】对话框

提 示

关于本部分的内容请参考 2.2.1 节中的相关内容。

3. DV 快速扫描

单击【DV 快速扫描】按钮，打开【会声会影 DV 快速扫描和捕获向导】对话框，如图 2.80 所示。

本对话框中的各选项与【DV 转 DVD 向导】中的选项基本相同，只是多了【捕获文件夹】选项，在【捕获格式】中增加了捕获格式。

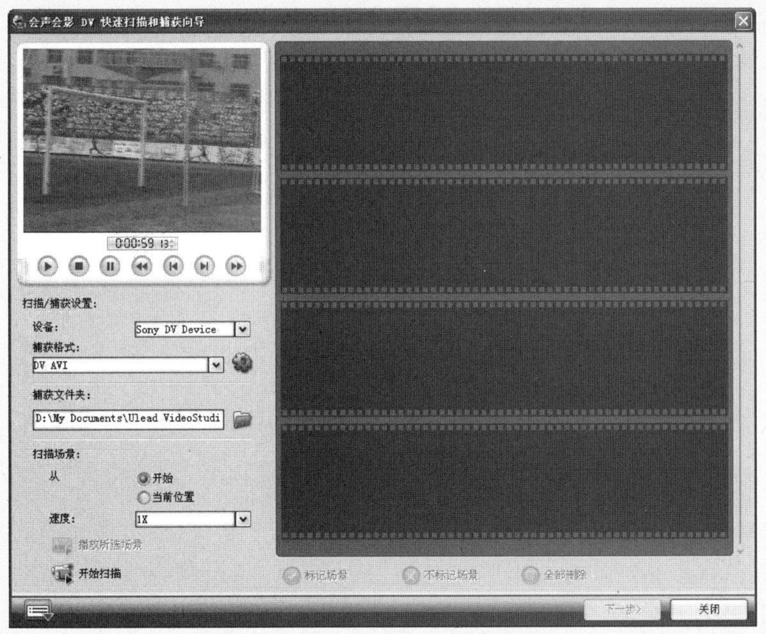

图 2.80　【会声会影 DV 快速扫描和捕获向导】对话框

提　示

关于本部分的其他选项的设置，请参考 2.3.1 小节的相关内容。

单击【捕获文件夹】文本框后面的【打开】按钮，打开【浏览文件夹】进行捕获文件夹的重新定位。

打开【捕获格式】对应的下拉列表，在列表中选择捕获格式，如图 2.81 所示。

确定了捕获格式后，单击后面的【显示捕获选项】按钮，打开对应的对话框进行属性设置。选择 VCD 格式时，对应的属性设置对话框如图 2.82 所示。

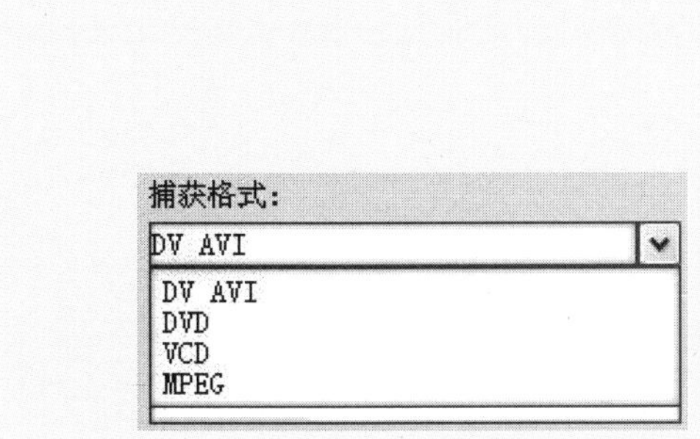

图 2.81　捕获格式选择

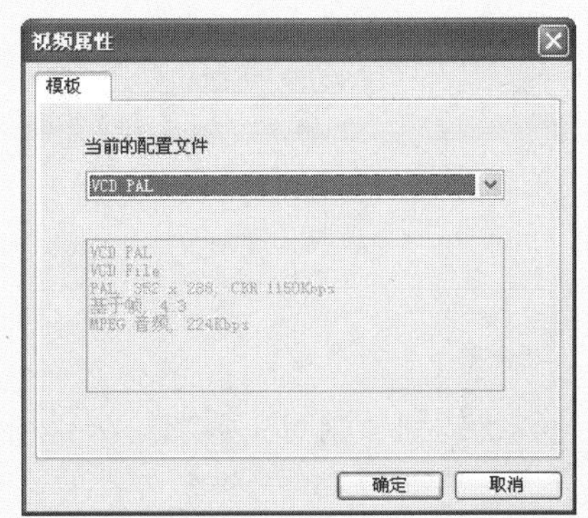

图 2.82　VCD 对应的属性设置

设置完成后，单击【开始扫描】按钮扫描场景，可多次重复操作。然后单击【下一步】按钮，弹出如图 2.83 所示的确认对话框。

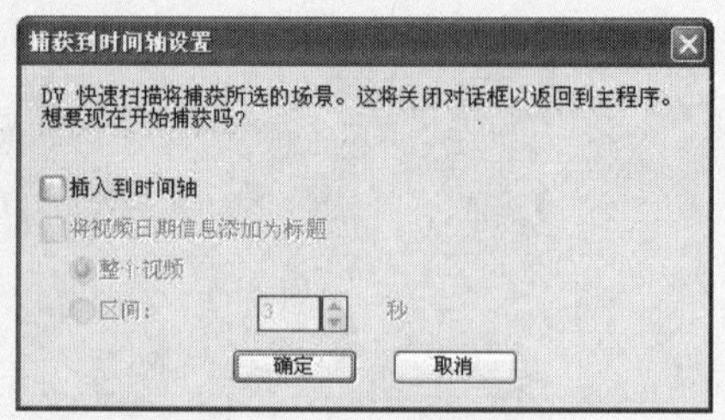

图 2.83　确认对话框

单击【确定】按钮开始视频捕获。捕获后的视频片段的预览图显示在【视频】素材库列表中。

2.4.3　硬盘 DV 导入视频

如今的 DV 市场迎来了硬盘时代，硬盘 DV 就像我们手中的 U 盘一样即插即用，只需要一根 USB 线就可以很方便地将电脑与硬盘 DV 连接，将录制的节目存储到电脑中或者直接利用配套的 DVD 刻录设备将碟片刻出。

步骤 01　通过 USB 线将硬盘 DV 与计算机连接。

步骤 02　打开 DV，并将 DV 切换到与计算机相连模式。

步骤 03　打开【我的电脑】，打开硬盘 DV 所在盘符，如图 2.84 所示。

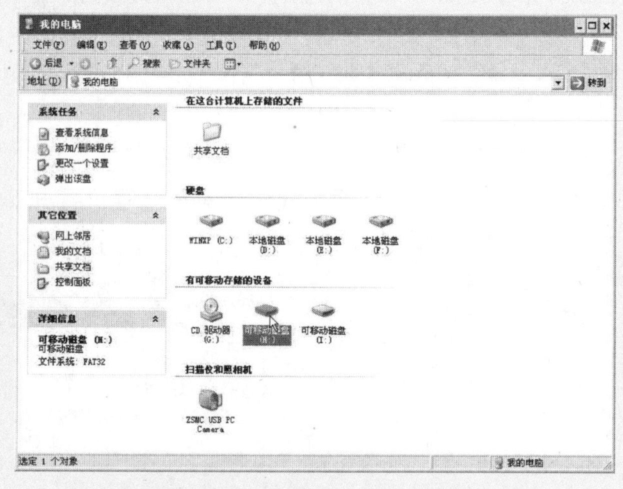

图 2.84　打开硬盘 DV 所在盘符

步骤 04　找到录制的视频文件，复制到本地磁盘。

步骤 05　启动会声会影编辑器，导入视频，进行编辑。

第 3 章

入门与提高丛书

编辑影片

本章要点：

通过上一章的学习，已经对会声会影 11 有了初步的认识，但这只是会声会影 11 的一些简化功能，如果想对作品进行更加专业化的编辑，还要进入会声会影编辑器模式对作品精雕细琢。

本章主要内容包括：

- ▲ 会声会影编辑器介绍
- ▲ 合理设置会声会影编辑器
- ▲ 编辑视频素材
- ▲ 编辑图像素材
- ▲ 编辑 Flash 动画

3.1 会声会影编辑器介绍

会声会影编辑器作为该软件最主要的操作界面，各版本在显示内容上基本相似，但每一版本都会发生一些改变，变得更加合理，另外，随着版本的不断升级，会声会影编辑器各步骤的功能也不断增加，它的功能越来越全面，越来越向操作简单化、技术全面化、功能专业化发展了。

3.1.1 编辑器界面简介

启动会声会影 11，在启动界面中单击【会声会影编辑器】按钮，打开会声会影编辑器的【编辑】操作界面，如图 3.1 所示。

图 3.1 会声会影编辑器的【编辑】操作界面

在会声会影编辑器的操作界面中，共分为 7 个部分，分别是步骤面板、菜单栏、选项面板、预览窗口、导览面板、素材库和时间轴。

1. 步骤面板

步骤面板在操作界面最上面的居中位置，如图 3.2 所示。该面板包括 7 个按钮，分别对应会声会影编辑器的 7 个步骤。单击不同的按钮，可以进入不同步骤的操作界面。各按钮的排列次序是按照会声会影的基本操作步骤安排的，在实际操作中，可以依次单击各按钮进行编辑。

图 3.2 步骤面板

2. 菜单栏

菜单栏位于操作界面的左上角，如图 3.3 所示，包括【文件】、【编辑】、【素材】和【工具】4 个下拉菜单。

图 3.3　菜单栏

3. 预览窗口

预览窗口位于操作界面的左侧，如图 3.4 所示。它可以显示当前的项目、素材、视频滤镜、效果或标题等，也就是说对视频进行的各种设置要在这里显示出来，并且有些视频内容要在这里进行编辑。

4. 导览面板

导览面板主要用于控制预览窗口中显示的内容，如图 3.4 所示，可以提供用于回放和对素材进行精确修整的按钮。在捕获步骤中，也可用于对 DV 摄像机进行设备控制。

图 3.4　预览窗口和导览面板

5. 素材库

素材库用于保存和管理各种媒体素材，如图 3.5 所示。素材库中的素材种类主要包括视频、图像、音频、色彩、转场、视频滤镜、标题、装饰、Flash 动画等。

图 3.5 素材库

6. 选项面板

如图 3.6 所示，不同步骤和不同素材对应的选项面板不同，它主要包含用于对所选素材定义设置的控件、按钮和其他信息。

图 3.6 项目选项面板和视频素材对应的选项面板

7. 时间轴

时间轴位于整个操作界面的最下方，如图 3.7 所示。时间轴用于显示项目中包含的所有素材、标题和效果，它是整个项目编辑的关键窗口。

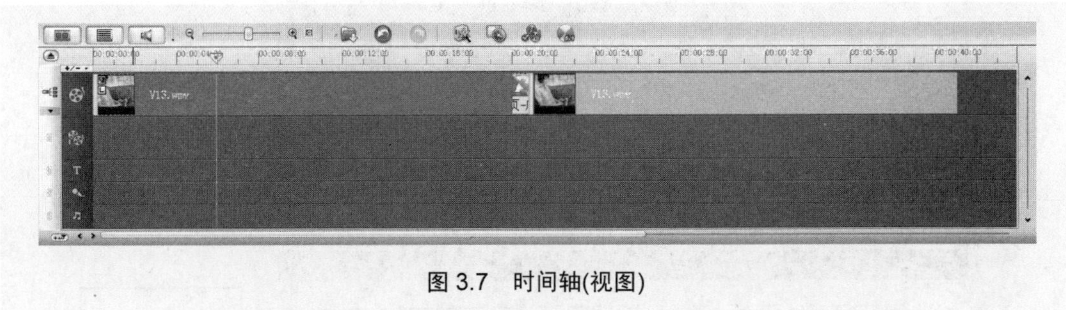

图 3.7 时间轴(视图)

3.1.2 步骤面板简介

会声会影编辑器采用步骤式操作，按下步骤面板上的某个按钮，可以跳转到相应的步骤操作界面。会声会影共分为 7 个步骤，分别是捕获、编辑、效果、覆叠、标题、音频和分享。其面板如图 3.2 所示。

1. 【捕获】按钮

单击【捕获】按钮，进入【捕获】操作界面，如图 3.8 所示。

图 3.8　【捕获】操作界面

在这里可以选择【捕获视频】、【DV 快速扫描】、【从 DVD/DVD-VR 导入】或【从移动设备导入】方式。

- 单击【捕获视频】按钮，可从外部连接设备(模拟设备或数字设备)中捕获视频，并保存为不同的视频格式。
- 单击【DV 快速扫描】按钮，可以打开【会声会影 DV 快速扫描和捕获向导】对话框，进行 DV 快速扫描，并进行直接捕获。
- 单击【从 DVD/DVD-VR 导入】按钮，可以打开【浏览文件夹】对话框，进行 DVD 片段的选择，以导入 DVD 章节。
- 单击【从移动设备导入】按钮，可以打开【从硬盘/外部设备插入媒体文件】对话框，从 SONY PSP、Apple iPOD 以及基于 Windows Mobile 的智能手机、PocdetPC/PDA、PSD 等移动设备中导入媒体文件。

2. 【编辑】按钮

单击【编辑】按钮，可以打开【编辑】操作界面，如果没有选中任何素材，则会显示整个项目的基本情况，如图 3.1 所示。如果选中某个素材，则会显示选中素材的一些信息，如图 3.9 所示。

在该操作界面中，可以完成可视化素材的主要编辑过程。如对视频素材进行区间设置、声音设置、翻转视频、色彩校正、回放速度设置、分割音频、按场景分割、多重修整视频、使用视频滤镜、素材变形等，对图像素材进行区间设置、旋转、色彩校正、重新采样设置、使用视频滤镜、素材变形等。

3. 【效果】按钮

单击【效果】按钮，进入【效果】操作界面。在该界面中可以为上一步骤导入的素材之间添加转场效果，如图 3.10 所示。

图 3.9 【编辑】操作界面

图 3.10 【效果】操作界面

所谓的转场效果其实就是一些过渡方式，可以通过从【效果】素材库中选择转场效果，然后利用拖动的方式将效果添加到时间轴上的各素材之间。并可以通过选项面板上的各转场效果对应的参数，控制其在影片中的表现形式。

4. 【覆叠】按钮

单击【覆叠】按钮，进入【覆叠】操作界面。在该操作界面中，可以将视频、图像等可见素材添加到时间轴(时间轴视图下的)覆叠轨中，完成覆叠素材的添加，制作成画中画或具有边框的效果，如图 3.11 和图 3.12 所示。

图 3.11 将视频素材添加到覆叠轨

图 3.12 将边框素材添加到覆叠轨

在覆叠轨中除了可以像在【编辑】操作界面中编辑素材外，还可以进行一些专门的设置，如进入和退出的运动方式、使用遮罩和色度键等。

5. 【标题】按钮

单击【标题】按钮，可以进入【标题】操作界面。在该操作界面中，可以为视频添加标题，使用文字说明视频所要表达的主题或内容，帮助观众理解视频，如图 3.13 所示。

在标题的设置过程中，可以使用【多个标题】或【单个标题】的添加方法在预览窗口中添加不同的标题。并可以设置标题的属性，如区间、字体、字号、对齐、加粗、下划线、边框、阴影、透明度、文字背景、对齐方式等。另外在【动画】选项卡中设置了八大类，上百种不同的动画形式，可以对选中的标题文字进行动画设置，使文字在显示过程中富于动感。

图 3.13 在【标题】操作界面中添加文字

6. 【音频】按钮

单击【音频】按钮，可以进入【音频】操作界面。在该操作界面中，可以为项目添加旁白、背景音乐等。另外专门设置了时间轴的音频视图，可以在音频视图上进行音量调节、声道控制、混音设置等，如图 3.14 所示。

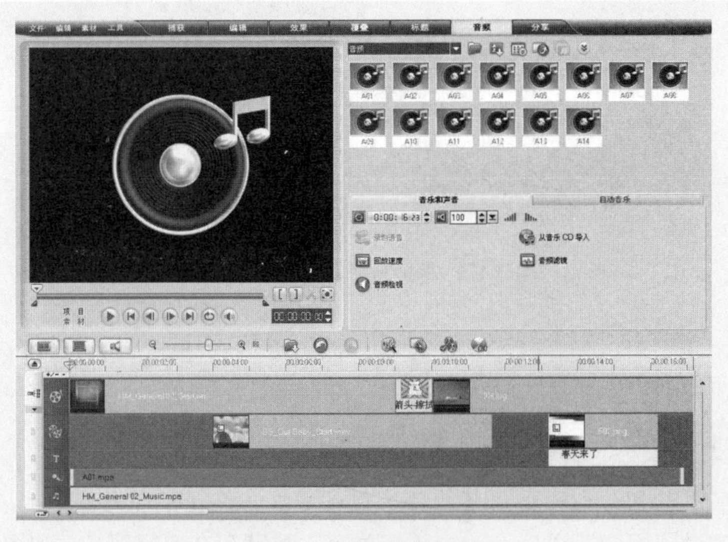

图 3.14 添加音频文件

另外，会声会影使用了 SmartSound Quicktrack 技术，可以添加自动音乐，这种音乐可

以自动为项目添加符合时长的、连贯的音乐，而不需要手动进行复杂的设置，这是一种高级的音频设置功能，使用它可以使会声会影的音频处理能力有质的提高，如图 3.15 所示。

图 3.15　使用【自动音乐】功能

7. 【分享】按钮

制作会声会影项目文件的目的毕竟不是为了只在会声会影中进行欣赏，那是不现实的。输出项目文件或素材，能够与所有感兴趣的人分享制作的快乐，才是最重要的。前面所有的步骤都是为这一步服务的。单击【分享】按钮，可以进入【分享】操作界面。在该操作界面中，可以进行一些项目文件或选中素材的输出操作。到了这一步，也就意味着整个项目文件基本完成了。

会声会影 11 视频输出方式包括【创建视频文件】、【创建声音文件】、【创建光盘】、【导出到移动设备】、【项目回放】、【DV 录制】和【HDV 录制】，如图 3.16 所示。

图 3.16　【分享】操作界面

3.1.3 菜单栏说明

会声会影 11 主要使用图形化、步骤化的操作，大部分操作都可以通过在所要改变的内容上单击鼠标右键，在弹出的快捷菜单中执行相应的命令来完成，如图 3.17 所示。

图 3.17 在选中内容上右击打开快捷菜单，以执行相应操作

但也有部分内容并不能通过这些操作全部完成(如整个项目的一些整体性的设置等)，这就需要使用菜单栏中的命令执行相应的操作。会声会影 11 的菜单栏和其他软件的菜单栏的功能并没有很大不同，但也有自己的特点。

1. 文件菜单

在【文件】菜单中，可以进行会声会影项目的新建、打开、保存等操作，也可以进行项目属性、参数设置等项目全局性的设置，也可以进行素材的重新链接、将媒体文件添加到时间轴或素材库等操作。打开的文件菜单如图 3.18 所示。

2. 编辑菜单

在【编辑】菜单中，可以对操作步骤进行“撤销”和“还原”的操作，以防止一些项目设计过程中的误操作。可对选中的素材进行“复制”、“粘贴”或“删除”等操作，以节省编辑的时间。【编辑】菜单如图 3.19 所示。对于几个常用的编辑命令，在最初的操作中可能会经常使用，但在操作熟练以后，一般使用快捷键进行相应的操作，其对应的快捷键均为 Ctrl+字母键的方式。

3. 素材菜单

在【素材】菜单中，主要提供了一些对素材进行修整、保存、导出、查看属性的一些操作，如图 3.20 所示。其中各命令中的相应操作一般都可以在各操作界面中完成，比较特殊的是【保存修整后的视频】命令，使用该命令可以对修整或多重修整后的素材进行换名保存，而不对原来的素材进行修改。

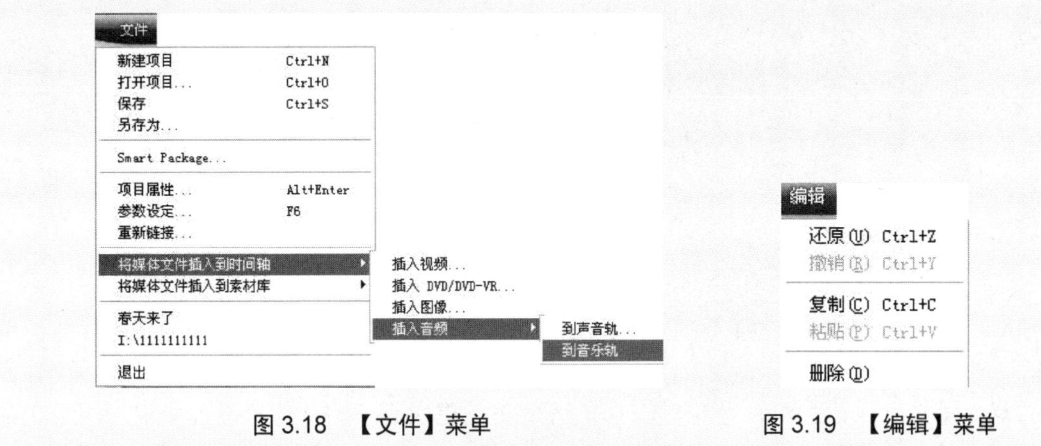

图 3.18　【文件】菜单　　　图 3.19　【编辑】菜单

4. 工具菜单

【工具】菜单包括启动会声会影 11 的其他形式、设备及捕获外挂的程序修改、成批转换、创建光盘、下载、打印等方面的操作，另外还提供了一些影片制作过程中的管理器的设置方面的操作命令。应该说，【工具】菜单的正确使用可以对会声会影 11 的项目编辑起到很重要的作用。【工具】菜单如图 3.21 所示。

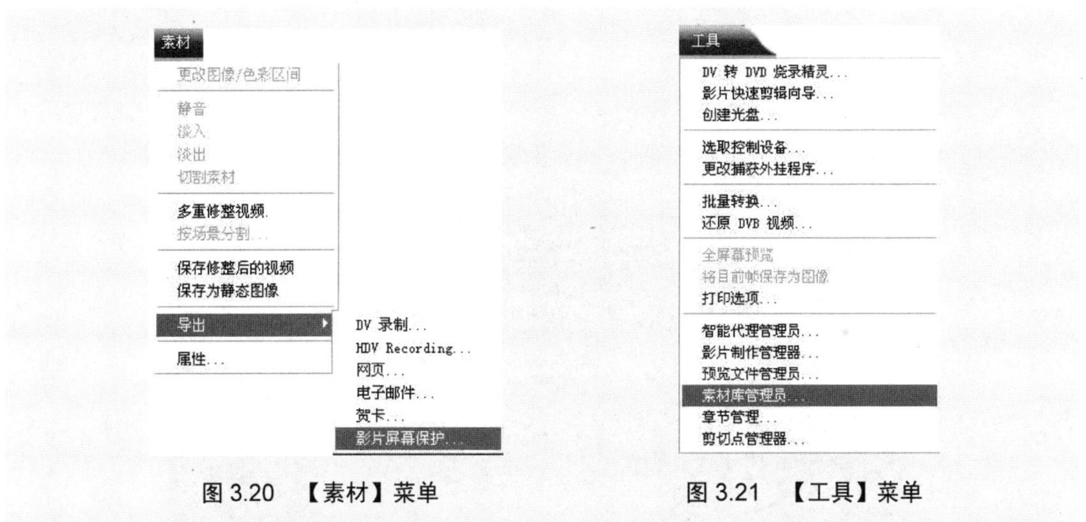

图 3.20　【素材】菜单　　　图 3.21　【工具】菜单

3.1.4　预览窗口和导览面板

预览窗口和导览面板是协同工作的，使用导览面板上的各种按钮可以控制预览窗口中的帧内容，如图 3.4 所示。导览面板中的各命令如图 3.22 所示。

- 【项目】：单击它，可以选中整个项目，在预览窗口中显示的是整个项目的预览画面。
- 【左修整拖柄】：拖动该三角形的修整拖柄，可以改变当前项目或素材的起始位置。
- 【飞梭栏】：用于确定当前帧显示的画面。

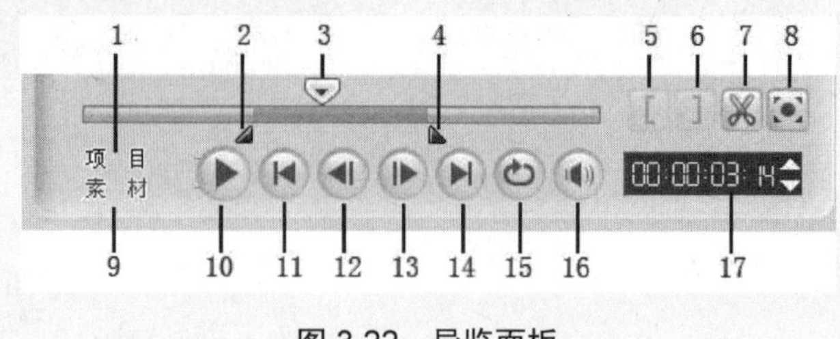

图 3.22 导览面板

- 【右修整拖柄】：拖动该三角形的修整拖柄，可以改变当前项目或素材的结束位置。
- 【开始标记】：单击该按钮，可以在飞梭栏所在的帧位置设置标记，用于在项目中设置预览的开始帧位置，或标记要修整素材的起始位置。对应的快捷键是 F3，它和左修整拖柄的作用相同。
- 【结束标记】：单击该按钮，可以在飞梭栏所在的帧位置设置标记，用于在项目中设置预览的结束帧位置，或标记要修整素材的终止位置。对应的快捷键是 F4，它和右修整拖柄的作用相同。
- 【分割视频】：将当前显示的素材分割为两个视频时适用。它可以以飞梭栏所指向的当前帧为界，将选中的素材分割为两个部分。如果是时间轴中的素材，将会保留前一部分，如果是素材库中的素材，会将两段分割后的素材显示在素材库中。
- 【扩大预览窗口】：单击该按钮，可以将当前预览窗口扩展到最大屏幕显示。其他部分中保留步骤面板(处于非激活状态)和导览面板，如图 3.23 所示。

图 3.23 最大化预览窗口效果

- 【素材】：用于将当前预览窗口中的内容显示为某个选中素材，而不是整个项目文件。
- 【播放】：单击该按钮，可以播放选中的项目或素材。
- 【起始】：单击该按钮，可以回到对应的项目或素材的第一帧画面。
- 【上一帧】：单击一次该按钮，可以使当前预览窗口中的帧画面向前移动一帧。
- 【下一帧】：单击一次该按钮，可以使当前预览窗口中的帧画面向后移动一帧。
- 【终止】：单击该按钮，可以回到对应的项目或素材的最后一帧画面。
- 【重复】：按下该按钮，可以使当前选中的素材或项目重复播放。
- 【系统音量】：单击该按钮，可以打开当前音量调节器，拖动滑动条右侧的滑块，可以调整电脑扬声器的音量，如图 3.24 所示。

图 3.24　调节系统音量

- 【时间轴】00:00:02 13：显示飞梭栏指向的项目或素材当前帧的时间位置。在此处重新输入一个时间码，可直接跳到项目或选定素材的对应位置。

3.1.5　时间轴视图模式

项目时间轴简称时间轴，是会声会影最主要的编辑窗口，一个项目所有的编辑操作基本上都在这里完成。在时间轴中，可以添加或修整素材，设置转场效果、进行覆叠和文字设置、进行音频文件的添加和修整等。时间轴共有 3 种视图模式，分别是故事板视图、时间轴视图和音频视图。

提　示

在正常情况下，项目时间轴应该称作项目时间轴窗口，而三种视图方式应该分别叫做项目时间轴窗口的故事板视图、时间轴窗口的时间轴视图、时间轴窗口的音频视图。为了方便，在本书中，将它们分别简称为故事板视图、时间轴视图和音频视图。

1. 故事板视图

会声会影编辑器在打开时会进入【编辑】操作界面。在该界面中，时间轴窗口在默认情况下显示为故事板视图，在该视图中，只能显示视频轨中的素材，包括视频或图像等可见素材和用于过渡的转场效果，如图 3.25 所示。

如果故事板视图中的素材过多，会出现不能完全将素材显示出来的情况，这时会在故事板的下方出现滑动条，拖动滑动条上的滑块，可以调整显示在故事板视图中的素材。滑块的大小与素材的多少有关，素材越多，滑块越小；素材越少，滑块越大。单击左右向的【微调】按钮，可以一次向左或向右移动一个素材的位置。

图 3.25　故事板视图

故事板中的各素材预览图和转场效果预览图的大小在素材较多时不能完全显示，即使有滑块和微调按钮的协助，也仍然会使用户在操作中感到不习惯，毕竟显示的内容有限。这时候，可以单击故事板视图左上方的【扩大】按钮，将扩大故事板视图的范围，以便更好地观察故事板视图中的各素材的情况，如图 3.26 所示。

图 3.26　扩大故事板区域后的操作界面

这时候，选项面板关闭，只保留项目名称栏；预览窗口和导览面板显示在操作界面的右下角；导览面板只保留【播放】和【停止】两个按钮。如果素材太多以至于仍然不能在扩大后的故事板视图中显示出来，在其右侧会出现纵向的滑动条。

单击【最小化】按钮，可以将故事板视图恢复到预置状态。

2. 时间轴视图

在故事板视图中，视频轨上的各素材的排列次序和占用区间都能很明显地显示出来，但对各素材间的区间对比关系等内容不能显示。而在时间轴视图中，各素材间的区间关系则显示得很明显。另外由于时间轴视图中显示 5 条轨道，因此，时间轴视图比故事板视图的应用更广泛。

单击故事板视图左侧的【时间轴视图】标签，可以在【编辑】或【效果】操作界面中将故事板视图切换为时间轴视图，而在【覆叠】、【标题】、【音频】和【分享】四个操作界面中，都默认显示为时间轴视图，如图 3.27 所示。

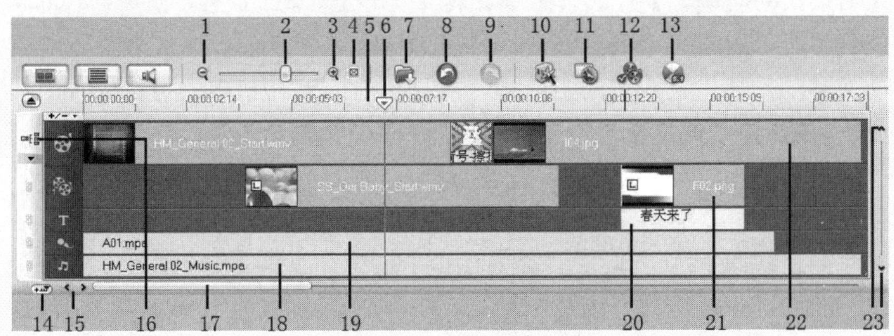

图 3.27　时间轴视图

- 【缩小】按钮：缩小时间轴上素材显示比例，这样可以在窗口中看到更多的素材。
- 【缩放滑动条】：拖动滑动条上的滑块，可以改变时间轴上素材的时间单位的比例。向左拖动滑块，在窗口中显示的素材变多，向右拖动滑块，在窗口中显示的素材变少。
- 【放大】按钮：放大时间轴上素材显示比例，这样可以在窗口中看到较少的素材，但显示的素材内容更清楚。
- 【将项目调到时间轴窗口大小】按钮：单击该按钮，可以将整个项目调整到时间轴窗口的大小，使所有素材能够在窗口中全部显示出来。

以上几个按钮合称缩放控件，当鼠标放在该位置时，可以用滚轮鼠标在上面直接缩放显示区域。

- 【时间轴标尺】：以“时：分：秒：帧”的形式显示项目时间码的增量，可以帮助决定素材和项目的长度。用滚轮鼠标同样可以在上面直接缩放显示区域。
- 【飞梭栏】：也称当前时间指针，用于确定当前帧的位置，在预览窗口中显示选中素材或整个项目当前帧的预览。
- 【插入媒体文件】按钮：单击该按钮，可以打开一个快捷菜单，执行其中的命令，可以将视频、图像或音频直接添加到对应的轨道上。
- 【还原】按钮：恢复到本次操作以前的状态。
- 【撤销】按钮：可以重复被撤销的操作。
- 【智能管理】按钮：捕获和编辑高清视频文件时，将自动产生低分辨率的代理文件进行编辑。完成后，再将效果应用到高画质影片上，努力降低编辑过程中资源的占用率，提高剪辑效率。
- 【批量转换】按钮：可以将多个视频文件成批转换为指定的视频格式。
- 【覆叠轨管理器】按钮：用于增加轨道，会声会影 11 提供了 7 条大轨，极大地增强了画面叠加与运动的方便性。
- 【5.1 环绕声】按钮：会声会影 11 对杜比 5.1 声道的支持应该说是一个非常重

要的功能。如果拍摄时录制了 5.1 声道的音频，会声会影 11 会还原现场音效，并可通过环绕音效混音器、变调滤镜做最完美的混音调整，让观众感受到置身于剧院般的音效。

- 【自动滚动时间轴】开关按钮：如果该按钮处于状态，在预览时间轴上的素材或项目时，若素材或项目在时间轴窗口中显示不全面，时间轴会随着飞梭栏的移动而移动，使正在播放的当前帧始终处于时间轴窗口中的可见位置。如果该按钮处于状态，即使素材或项目在预览窗口中显示不全面，在播放到其后面部分时也不会显示出当前帧的内容，也就是说在预览时，时间轴窗口中的内容不发生位置移动。
- 【时间轴微调】按钮：在时间轴上的内容显示不全时，单击该处的左箭头按钮，时间轴上的影像会向前移动一小段距离；单击右箭头按钮，则向后移动一小段距离。
- 【连续编辑】按钮：单击该按钮，可以启动或关闭连续编辑功能，并且在启动时还可以启动需要进行连续编辑的轨道，应用非常灵活。启用连续编辑，可以使在修改素材时，不同轨道上的素材的相对位置不发生变化，以防止不同轨道间的素材不对位情况的发生。
- 【轨道滑动条】：如果时间轴视图中的素材较多，在一屏上显示不全，则在轨道滑动条上会出现滑块，拖动该滑块，可以改变对应素材的显示位置。
- 【音乐轨】：可以将音频文件添加到轨道上。如果添加 SmartSound 自动音乐，则会将素材直接添加到音乐轨上。
- 【声音轨】：它的使用和音乐轨相似，也会将音频文件添加到声音轨道上，但如果是录制的旁白，录制完成后会自动添加到声音轨，而不能添加到音乐轨。
- 【标题轨】：在飞梭栏确定起始位置后，在预览窗口中输入标题文字，完成后，标题素材会添加到标题轨。
- 【覆叠轨】：可以在该轨道上添加覆叠素材，包括视频、图像、Flash 动画等。
- 【视频轨】：可以在该轨道上添加视频或图像、色彩等素材，并可以在素材之间添加转场效果，对添加的素材进行编辑、使用特效等。
- 【向上滚动】、【向下滚动】：如果时间轴视图添加了新的轨道，在一屏上不能完整显示，则会出现滑块，拖动它，可以查看各轨道上的素材。

3. 音频视图

在时间轴的上方，单击【音频视图】标签，可以打开时间轴的音频视图。同时整个操作界面也会发生变化，即关闭选项面板上的部分内容，打开混音面板，如图 3.28 所示。

在音频视图中，可以使用音量调节线上的音量拖柄调节音频素材或包含音频的视频素材的音量。在音频视图中，省略了时间轴视图中的标题轨。因为以上 4 个轨道中的素材都可以含有音频，而在标题轨中是不会存在音频的。在这里要注意的是，虽然标题轨被隐藏了，但并没有删除，它的内容仍然会显示在预览窗口中。

图 3.28　音频视图下的操作界面

3.2　合理设置会声会影编辑器

虽然不进行手动设置，会声会影编辑器也会对影片进行编辑并指导最后的输出，但在会声会影项目创建之前进行一些属性设置或编辑操作是很有必要的，有些设置会使用户在项目制作过程中节省大量的时间，减少大量枯燥的工作。

3.2.1　基本操作流程

本小节主要讲解在项目操作过程中的一些基本操作流程以及技巧。

1. 保存项目

启动会声会影编辑器之后，会自动创建一个项目文件，可直接对该项目文件进行编辑。如果一气呵成，可以对项目文件不进行命名保存等设置。但为了防止在项目的制作过程中出现不正常现象，如突然断电或死机、项目文件一次编辑不完等，最好将文件命名保存。

在启动会声会影编辑器之后，选择【文件】|【保存】命令或按下键盘上的 Ctrl+S 组合键，会打开【另存为】对话框，在【保存在】下拉列表框中选择或创建一个文件夹，在【文件名】下拉列表框中输入一个文件名称，如在这里输入“第一个会 11 项目文件”，在【保存类型】下拉列表框中只有一种选择，即“会声会影 11 项目文件(*.VSP)”，如图 3.29 所示。如果认为有必要添加一些说明信息，可以在【主题】文本框和【描述】列表框中输入一些文字，设置完毕后，单击【保存】按钮，完成对项目文件的保存。

保存后，可以对项目进行编辑，在编辑过程中，为了防止出现意外情况，可以每隔一段时间就按一次 Ctrl+S 组合键对项目文件进行保存。即使不进行手动保存，会声会影 11 在经过设置后，也会隔一段时间自动保存一次，在将来项目非法关闭后，仍然能够进行恢复。

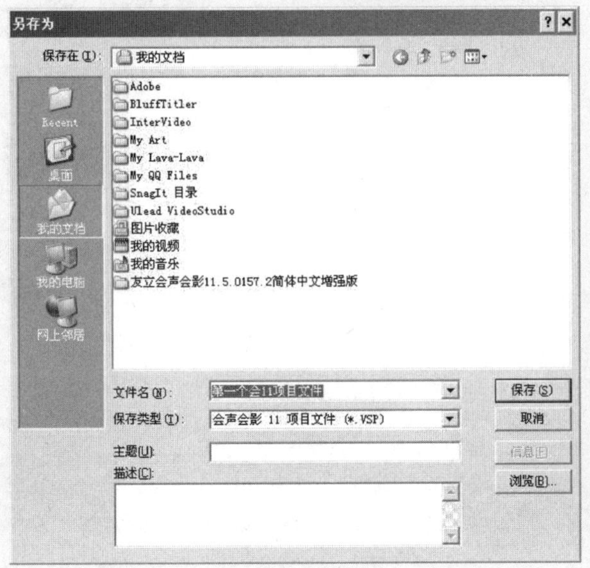

图 3.29 【另存为】对话框

在项目文件的编辑过程中，如果希望将项目保存为一个新的名称，可选择【文件】|【另存为】命令，打开【另存为】对话框重新命名保存为一个新的项目文件。

2. 创建新项目

如果在编辑某个项目文件时，要创建一个新的项目，可以选择【文件】|【新建项目】命令或按下键盘上的 Ctrl+S 组合键，创建一个新的项目。如果当前正在编辑的项目还没有及时保存，会弹出一个提示保存当前项目的对话框，如图 3.30 所示。

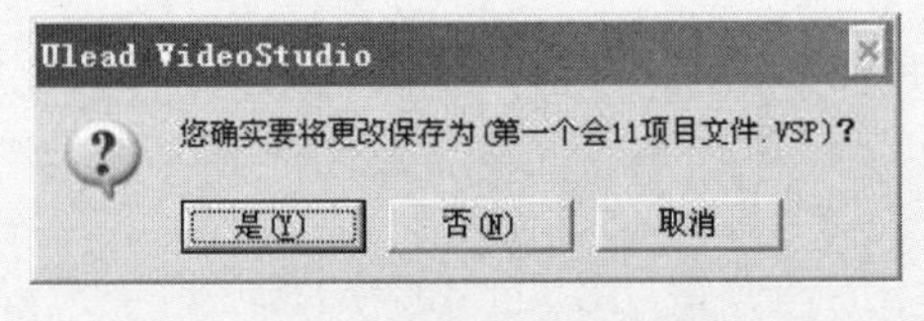

图 3.30 询问保存当前项目的对话框

提 示

会声会影编辑器每次只能编辑一个项目文件，因此在打开已经存在的项目文件之前，如果有正在编辑且未保存的项目文件，同样会弹出如图 3.30 所示的对话框，询问是否保存正在编辑的项目文件。

执行合适的命令后，会创建一个新的项目文件。

3. 打开项目文件

如果想打开已经保存过的项目文件，直接单击该文件就会启动会声会影编辑器，将项

目文件打开。如果会声会影编辑器已经处于打开状态，选择【文件】|【打开项目】命令或按下键盘上的 Ctrl+O 命令，可以打开【打开】对话框，选择需要打开的项目文件，如图 3.31 所示。单击【打开】按钮，即可在会声会影编辑器中打开该项目文件。

图 3.31　【打开】对话框

4. 关闭项目文件

会声会影编辑器有 4 种方式，可以提示保存并关闭项目文件，退出程序。

- 选择【文件】|【退出】命令。
- 直接单击操作界面右上角的【关闭】按钮。
- 单击操作界面左上角的会声会影图标或在标题栏任意处右击，选择“关闭”命令。
- 按下键盘上的 Alt+F4 组合键。

3.2.2　项目属性设置

用户更习惯于打开会声会影编辑器直接进行项目文件的制作，而在最后的【分享】步骤中进行项目输出的一些设置，然后直接输出项目文件，而对在项目开始之前的一些项目属性的设置视而不见，这是不合适的，毕竟“磨刀不误砍柴工”的古训是有道理的。

在会声会影中创建一个新文件后，选择【文件】|【项目属性】命令或按下键盘上的 Alt+Enter 组合键，即可打开【项目属性】对话框，如图 3.32 所示。

1. 项目文件信息

【项目文件信息】选项组主要提供一些关于本项目文件的基本信息。

- 【文件名】：包括项目文件保存的完整路径及文件名称。

- 【文件大小】：显示当前项目文件的大小。
- 【版本】：会声会影使用的版本。
- 【区间】：当前项目文件在时间轴上占用的区间长度(时长)。
- 【主题】：用于输入本项目文件所要表示的主题，是一种辅助信息。
- 【描述】：对本项目文件的一些描述性语言。在这里显示或输入的主题和描述信息和保存项目文件时显示在【另存为】对话框中的内容相同。在这里可以进行添加或二次修改。

2. 项目模板属性

在【项目模板属性】选项组内显示的是一些本项目文件的基本设置。在【编辑文件格式】下拉列表框中显示项目使用的视频文件格式，共有两种选择，分别是 MPEG files 和 Microsoft AVI files。在项目的设置中，可以任选其一。选中某个文件格式后，下面的列表框中会显示其设置的内容，用户可以根据显示内容决定是否对设置进行修改。

MPEG files 和 Microsoft AVI files 两种文件格式对应的【项目选项】对话框中的【常规】和【会声会影】选项卡中的设置内容基本相似。只是在 MPEG files 对应的【项目选项】对话框中多了【压缩】选项卡，而在 Microsoft AVI files 对应的【项目选项】对话框中有 AVI 选项卡。

单击【项目属性】对话框下方的【编辑】按钮，可以打开【项目选项】对话框进行设置。

1) 【会声会影】选项卡

【会声会影】选项卡如图 3.33 所示。在该选项卡中共有两个选项。在一般情况下，【电视制式】下拉列表框处于非激活状态。这种情况主要是来自于会声会影 11 安装时的设置和本对话框中【常规】选项卡中的【帧速率】选项的设置。在 Microsoft AVI files 文件格式对应的帧速率下拉列表中选择某些帧速率(如选择 23.976 帧/秒或 15 帧/秒)，这里对应的【电视制式】下拉列表框有可能被激活。

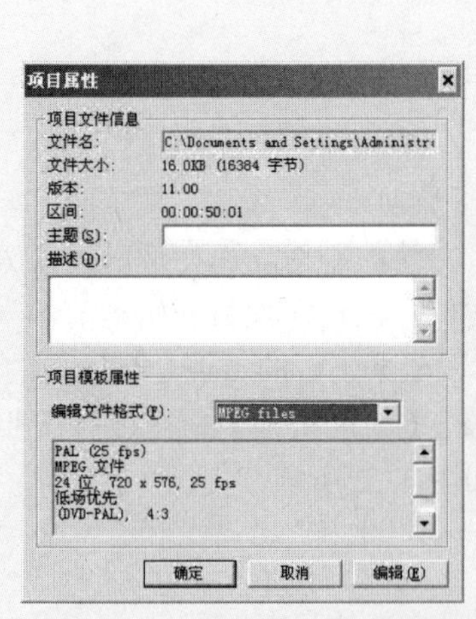

图 3.32 【项目属性】对话框

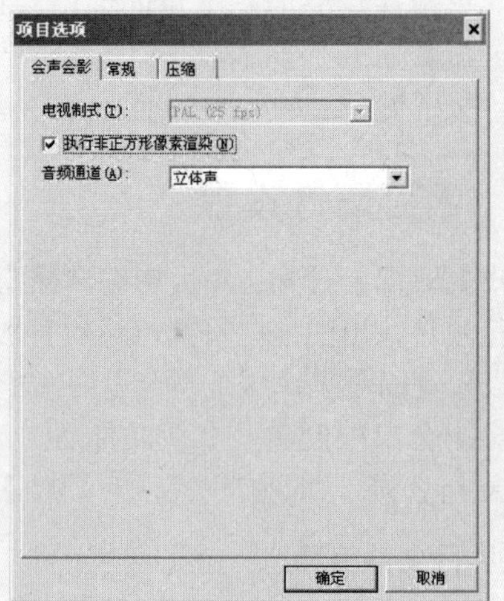

图 3.33 【会声会影】选项卡

【执行非正方形像素渲染】：选中该复选框，可以在预览视频时执行非正方形像素渲染。非正方形像素的支持有助于避免失真并保留 DV 和 MPEG2 内容的实际分辨率。通常，正方形像素适合于电脑监视器的宽高比，而非正方形像素最适合用于在电视屏幕上查看。可根据主要的显示模式的介质来决定要采用的方法。本书采用默认的设置方式。

2)　【常规】选项卡

【常规】选项卡如图 3.34 所示。

- 【数据轨】：指定是否创建视频文件、仅视频轨或包含音频轨。在这里，只有“音频和视频”一种选择。
- 【帧速率】：指定最终视频文件所使用的帧速率。帧速率的单位为“帧/秒”，表示每秒过多少帧图像。
- 【帧类型】：在将视频作品保存为基于场或基于帧之间选择。基于场的视频可以将每一帧的视频数据保存为两个不同的信息场，分为高场优先和低场优先两种，在国内一般默认设置为低场优先。如果仅在电脑上回放视频，您应该将作品保存为基于帧的视频。
- 【帧大小】：选择预置的帧尺寸或自定义视频文件的帧尺寸。其横向和纵向的尺寸单位均为像素。
- 【显示宽高比】：从可支持的像素宽高比列表中选择。通过应用正确的宽高比，可以使图像在预览时正确地显示，这可以避免图像上出现失真的动画和透明度。对于 MPEG 文件，一般宽高比是可以选择的，而对于 AVI 视频一般采用“来源帧尺寸”。

本书采用默认的设置方式。

3)　【压缩】选项卡

只有 MPEG files 文件格式对应的【项目选项】对话框中才有【压缩】选项卡。该选项卡中的选项用于设置 MPEG 文件的一些压缩参数，如图 3.35 所示。

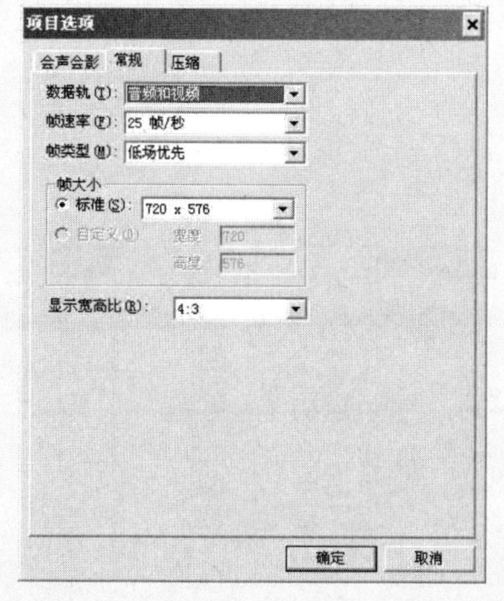

图 3.34　【常规】选项卡

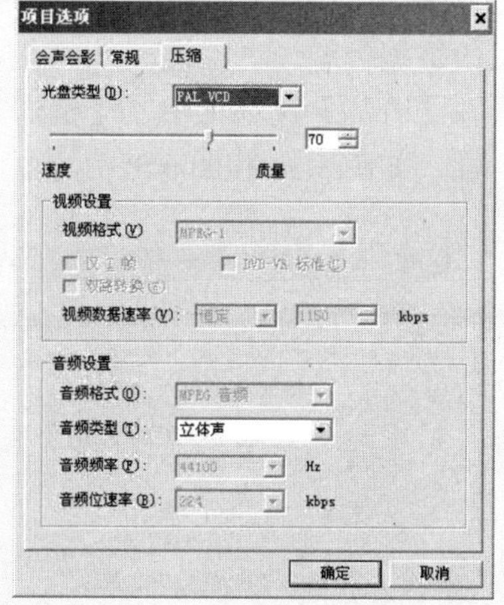

图 3.35　【压缩】选项卡

- 【光盘类型】：设置输出的 MPEG 文件适合的光盘类型。这里我们选择 PAL VCD。在下面的滑动条上拖动滑块可以设置项目生成的速度与质量比，向左拖动滑块，生成视频的速度会更快，向右拖动滑块，生成视频的质量会更好一些。当文件全部编辑好，准备分享输出的时候，最好改成 100，这样形成的视频文件会更清晰。

- 【视频设置】：设置视频适合的标准和视频数据速率等。
- 【音频设置】：设置生成的视频中包含的音频的格式、类型及频率等。

4) AVI 选项卡

只有在【项目属性】对话框的【编辑文件格式】下拉列表框中选择 Microsoft AVI files 选项时，其对应的【项目选项】对话框中才有该选项卡，如图 3.36 所示。

- 【压缩】：在其下拉列表框中可以选择视频压缩方案，不同的电脑上安装的编码的多少不同，如图 3.37 所示。

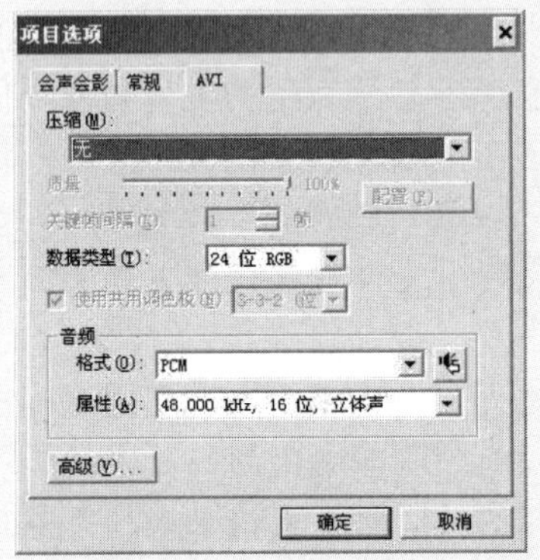

图 3.36　AVI 选项卡

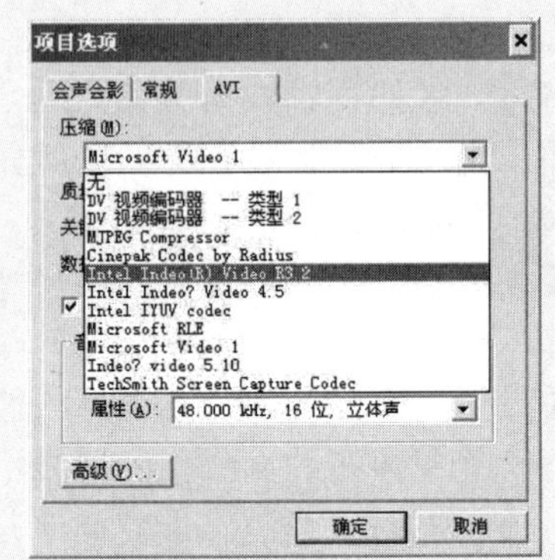

图 3.37　选择压缩编码

- 【质量】：设置视频压缩的质量比率。不同方案的质量设置不同。
- 【关键帧间隔】：设置采用某种视频压缩方案后的关键帧间隔。
- 【数据类型】：从下拉列表中选择当前视频压缩方案中可用的数据类型。一般有 8 位 RGB、16 位 RGB 和 24 位 RGB 三种，大部分视频压缩方案都采用 24 位 RGB 的数据类型。
- 在【音频】选项组中，【格式】和【属性】下拉列表框用于设置音频的格式和属性，如图 3.38 和图 3.39 所示。

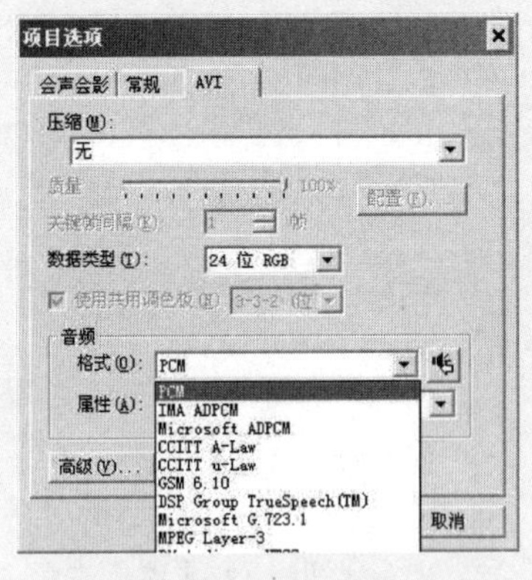

图 3.38　设置音频格式

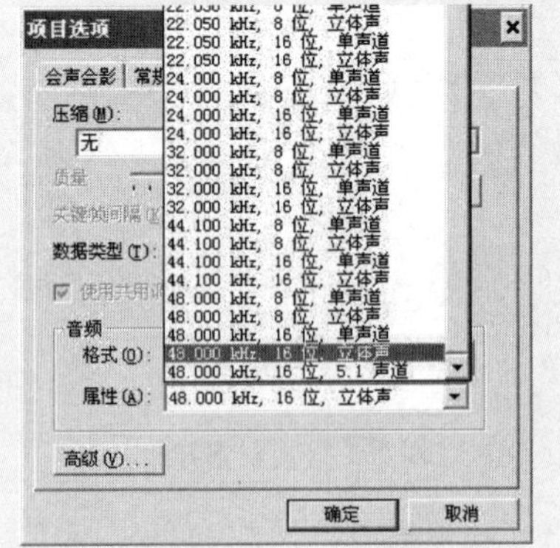

图 3.39　设置音频属性

- 【高级】：单击该按钮，可以打开【高级选项】对话框，在此为保存的选项指定额外的设置。

3.2.3　预置参数设置

执行【文件】|【参数选择】命令或按下键盘上的 F6 键，可以打开【参数选择】对话框，对项目制作中的一些预置参数进行设置。在该对话框中，共有 6 个选项卡，分别是【常规】、【编辑】、【捕获】、【预览】、【智能代理】和【界面布局】。

1. 【常规】选项卡

【常规】选项卡主要是设置一些常用的参数，本书提倡采用如下的设置方式，如图 3.40 所示。

- 【撤消】：用于定义可以进行撤销操作的最大级数。在会声会影编辑器中进行操作时，很有可能会不满意制作的效果，有时候希望后退几步重新进行编辑，这就需要进行撤销的操作。在本选项后面的文本框中输入 1～99 之间的数值，用于定义撤销操作的最大级数。在实际操作过程中，如果希望撤销多于该级数的操作，是不可能的。所以在设置时需要设置一个稍大的数值，但如果设置的数值太大，又会占用过多的内存，影响软件的运行速度，所以要根据自己的习惯进行设置。在默认情况下，系统使用撤销级数为 10 级。
- 【背景色】：若将本对话框中的【编辑】选项卡中的【图像重新采样选项】设置为“保持宽高比”，则在会声会影编辑器中导入图像素材时，图像就会按照原宽高比显示，有可能不会充满整个屏幕。另外，在【编辑】操作界面中，如果将导入图像对应的【图像】选项卡中的【重新采样选项】设置为“摇动和缩放”，也有可能将图像不能覆盖的部分显示为背景色。单击该选项后面的颜色块，可以弹出一个颜色选择框，选择背景色，如图 3.41 所示，本图采用的是会声会影默认的设置。背景色可以在预置颜色中选择，也可以打开友立色彩选择器或 Windows 色彩选择器进行选择。

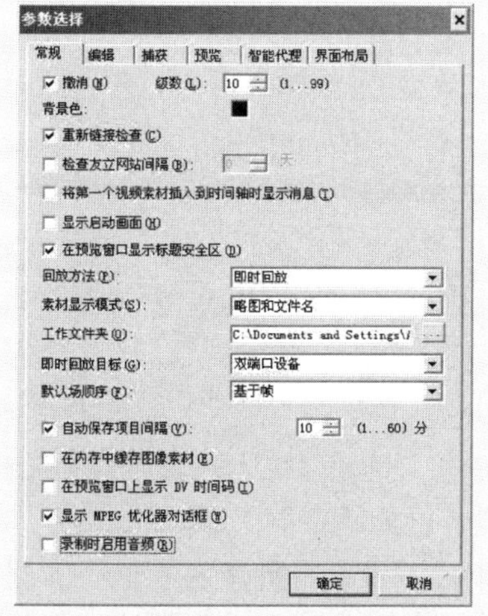

图 3.40　【常规】选项卡

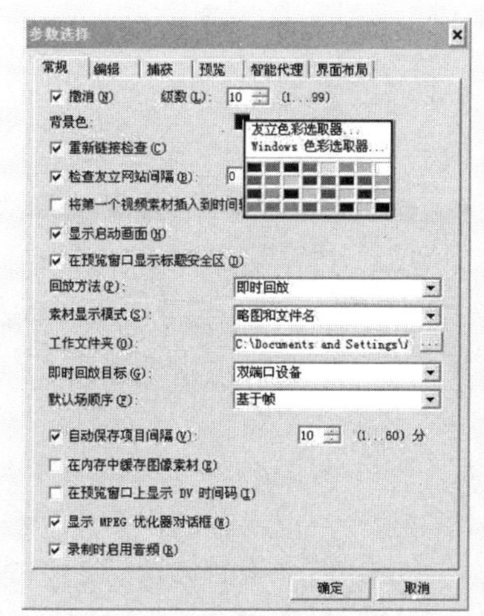

图 3.41　设置背景色

- 【重新链接检查】：在会声会影各操作界面右侧的素材库或下面的时间轴中显示的图像或视频素材并没有导入进入，而是用链接的方式显示在这里，这样做最大的好处是可以节省大量的空间，并且可以提高速度，但也有它的弊端，即如果素材所在的位置发生了变化或直接将素材删除了，就会失去链接，找不到素材。这种情况下，如果已经选中【重新链接检查】复选框，会出现一个要求重新链接的对话框，如图 3.42 所示。

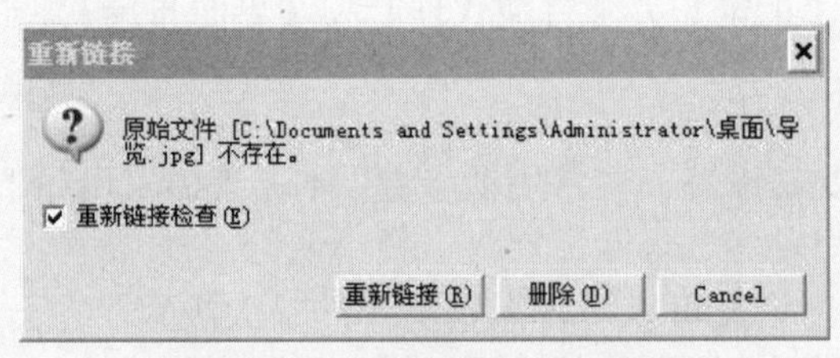

图 3.42 【重新链接】对话框

单击【重新链接】按钮，会出现【重新链接文件】对话框，重新查找或替换原来的素材文件，如图 3.43 所示。

图 3.43 【重新链接文件】对话框

如果单击图 3.42 中的【删除】按钮，可以将显示在素材库或时间轴上的素材的缩略图删除，也就等于将会声会影中引用的素材的链接删除了。

如果未选中【重新链接检查】复选框，在会声会影中链接的素材不能找到源素材时，会直接在预览窗口和时间轴上显示为黑色，素材库中的预览画面仍然存在但有▣标记，该素材对应的选项面板上的内容不能被激活，如图 3.44 所示。

图 3.44 未选中【重新链接检查】复选框时丢失链接的界面

- 【检查友立网站间隔】：选中该复选框并输入后面的天数后，会声会影就会每隔所输入的天数自动检测友立公司的网站，以获得更新数据以及其他重要信息。
- 【将第一个视频素材插入到时间轴时显示消息】：在捕获或将第一个视频素材插入到项目时，会声会影将自动检查此素材和项目的属性。选中本复选框，如果文件格式、帧大小等属性不一致，会弹出一个询问对话框，以决定选择是否将项目自动调整为与素材属性相匹配的设置。如果需要查看项目设置与素材属性有何不同，可单击【详细信息】按钮，打开其扩展面板进行对照，如图 3.45 所示。修改项目的设置可以让会声会影执行智能渲染，但若为了适应该素材，将修改整个项目设置，有时候并不合适，因此，是否修改项目设置，要根据实际情况而定。

图 3.45 提示是否更改项目设置与视频素材属性匹配

- 【显示启动画面】：选中此复选框，在会声会影 11 初次启动时，会显示启动画面，共有三种操作方式可供选择。如果不选中该复选框，会声会影 11 在下次启动时会直接进入会声会影编辑器界面，而不会进入其他两个界面。

- 【在预览窗口显示标题安全区】：由于电脑显示和电视显示的不同，有时在电脑中设计的字幕能够正常显示，但在电视上播放时会溢出电视屏幕。为此，会声会影设置了一个标题安全区。选中本复选框，就可以在操作进行到【标题】步骤时在预览窗口中显示标题安全区了。标题安全区是预览窗口中的一个矩形框，确保文字位于此标题安全区内，可以使整个文字能够正确地显示在电视屏幕上，如图 3.46 所示。

图 3.46　标题安全区显示和不显示时的画面对比

- 【回放方法】：用来设置项目预览的方法，有时也用来对时间轴上的素材进行预览。在此下拉列表框中，如果选择【即时回放】选项，可以快速预览项目的变化，而无需创建临时的预览文件，但回放有可能会显得不连贯，这主要取决于硬件的速度和处理文件的复杂程度。如果选择【高质量回放】选项，会先将项目渲染成临时预览文件，然后进行播放，回放是流畅的，但用此模式第一次渲染会使用较长的时间。在“高质量回放”模式中，会声会影会使用智能渲染技术，仅渲染项目中有变化的部分，如转场、标题和效果，而不会渲染整个项目。智能渲染可以在生成预览时节省时间。
- 【素材显示模式】：该下拉列表框主要用来设置时间轴上素材的显示模式。共有三种选择，分别为【仅略图】、【仅文件名】和【略图和文件名】。

  在使用【仅略图】方式下，可以更好地观看帧画面的情况以及影片或素材的位置，其对应的时间轴视图如图 3.47 所示。

图 3.47　仅略图方式下的时间轴视图

在使用【仅文件名】方式下，适用于对视频非常熟悉的环境，其对应的时间轴视图如图 3.48 所示。

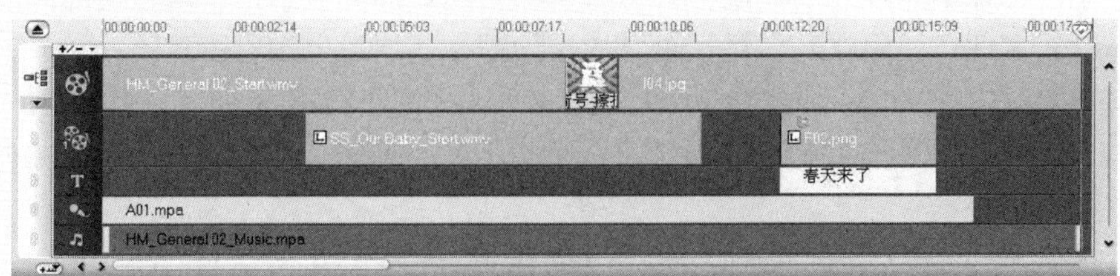

图 3.48　仅文件名方式下的时间轴视图

在使用【略图和文件名】方式下，可以兼顾前两者的优点，在默认情况下，时间轴视图使用这种方式显示，如图 3.49 所示。

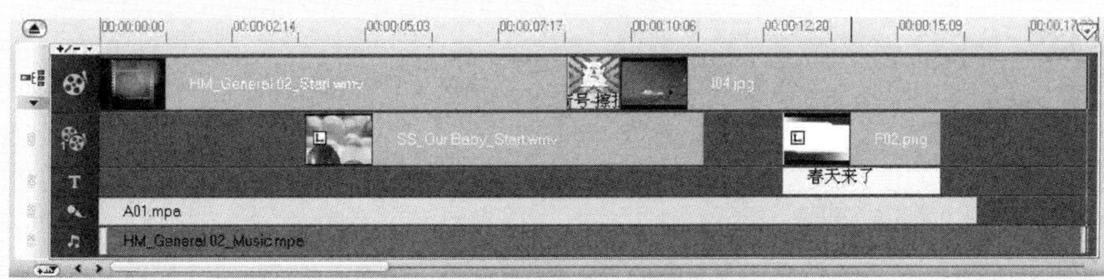

图 3.49　略图和文件名方式下的时间轴视图

- 【工作文件夹】：用于保存编辑完成的项目和捕获素材的文件夹。在默认情况下，会设置“C:\Documents and Settings\Administrator\My Documents\Ulead VideoStudio\11.0\”文件为默认文件夹(在这里假设 C 盘为操作系统所在的磁盘)，但这样并不是最合适的选择，因为会声会影所捕获的视频一般都很大，所以一般会将工作文件夹设置在其他磁盘上。
- 【即时回放目标】：选取回放项目的目标设备，如预览窗口、摄像机等。如果电脑上配备了双端口的显示卡，可以同时在预览窗口和外部显示设备上回放项目。
- 【默认场顺序】：DVD/SVCD 是基于场的，在我国 PAL 制是高场优先，所以在制作 DVD/SVCD 光盘时，这里要选择高场优先，否则可能造成 DVD/SVCD 机播放时发生跳帧或画面上下抖动现象。制作 VCD 时要选择基于帧，否则可能造成画面清晰度下降，模糊不清。如果视频仅用于电脑回放，请选取“基于帧”。
- 【自动保存项目间隔】：如果不设置自动保存时间，当电脑遇到死机等问题或会声会影在操作中发生非法操作造成非法退出时，再次打开项目文件，会提示是否恢复自动保存的项目内容，这样可以最大限度地防止文件的丢失，在本选项中可以指定自动保存当前活动项目的时间间隔，可设置在 1～60 分钟之间。
- 【在内存中缓存图像素材】：在电脑内存中保存图像素材，以便更好地编辑和回放。但这样做也同样会使会声会影占用更多的磁盘空间，造成处理速度变慢。
- 【在预览窗口上显示 DV 时间码】：在回放 DV 视频时，会在预览窗口中显示它的时间码。这要求电脑的显示卡必须是 VMR(Video Mixing Render)兼容的。

- 【显示 MPEG 优化器对话框】：“MPEG 优化”是会声会影 11 新增的一项非常实用的功能。“MPEG 优化”的官方说法是“全自动分析时间轴上的影片素材，给予转文件编码设定的建议，让您可以保有影片最高质量，并以最快的速度完成影片转文件”。根据我们测试总结的结果是，在项目中编辑影片素材时，如果只是在影片中的某一小段添加特效，利用最佳化程序，只会处理“你编辑过的片段”，而原始区段(即你没有编辑的部分)并不会花时间转档，这样可以让转档的时间大大减少。

  选中本复选框后，如果对一段 MPEG 文件进行一些编辑操作后将其创建生成视频文件，若选择 MPEG 格式，则会弹出【MPEG 优化】对话框，如图 3.50 所示，当选择“确定”后软件将只对优化器中红色部分的片段进行渲染，绿色部分将不再花费太多的时间进行渲染，确实在很大程度上提高了渲染速度，为用户节省了非常多的时间。当然如果项目内容是 DVD(mpeg2)格式，但修剪的影片格式是 wmv，还是要经过转档的过程，并不算是优化处理的步骤。

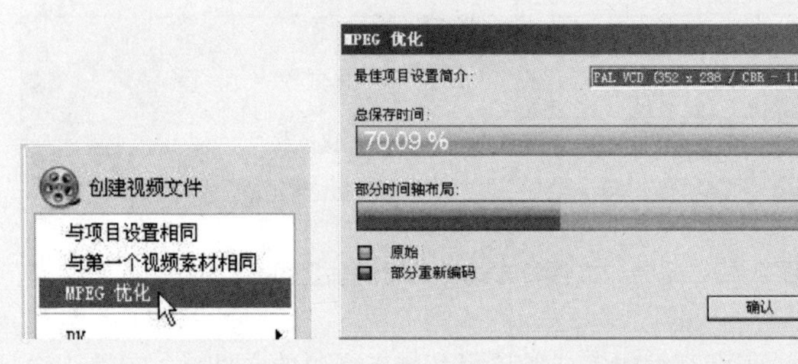

图 3.50 【MPEG 优化】对话框

2. 【编辑】选项卡

在本选项卡中，主要提供了一些视频和音频编辑过程中的处理设置，其面板如图 3.51 所示。

- 【应用色彩滤镜】：选择本复选框，可将会声会影的调色板限制在 NTSC 或 PAL 滤镜色彩空间的可见范围内，以确保所有色彩均有效。如果仅用于电脑监视器显示，可不选择此复选框。一般情况下，在国内选择 PAL。
- 【重新采样质量】：用于为所有的效果和素材指定质量。质量越高，生成的视频质量越好，但渲染的时间也越长。如果准备用于最后的输出，可选择【最佳】选项。要进行快速操作，请选择【好】选项。
- 【图像重新采样选项】：本选项的设置非常重要，用于选取图像重新采样的方法。在它对应的下拉列表框中共有【保持宽高比】和【调到项目大小】两种选择，如图 3.52 所示。

  选择【保持宽高比】选项，可以保持原始图像素材的宽高比不变，对图像素材显示的真实性有利，但其不能覆盖的部分，会以背景色显示，效果如图 3.53(a)所示。选择【调到项目大小】选项，可以使图像素材充满屏幕，但会使图像变形，这对一些对宽高比要求较高的素材的显示不利，如一些人像素材，其效果如图 3.53(b)

所示。

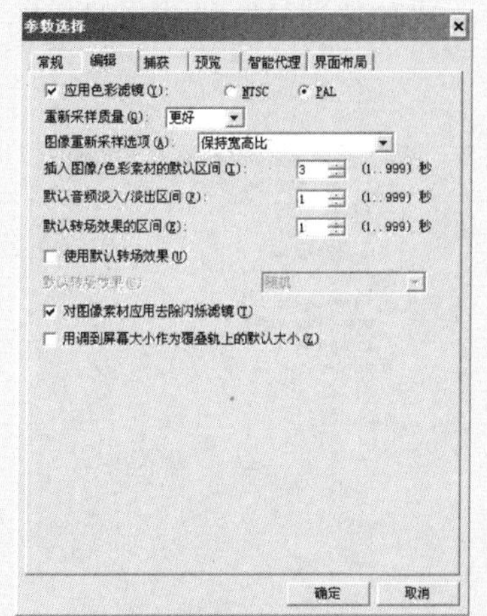

图 3.51　【编辑】选项卡

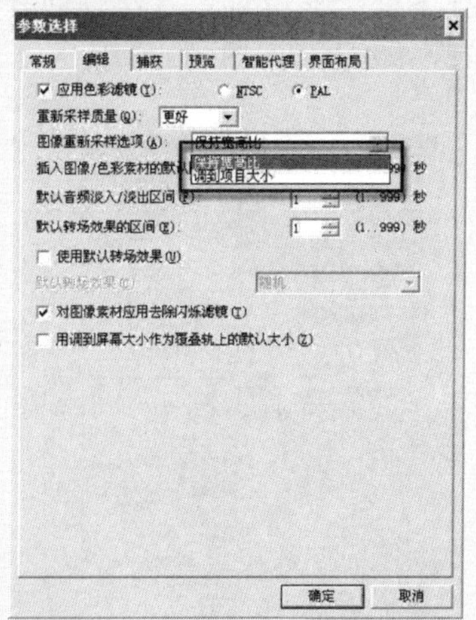

图 3.52　【图像重新采样】选项

(a) 选择【保持宽高比】效果

(b) 选择【调到项目大小】 效果

图 3.53　选择【保持宽高比】和选择【调到项目大小】效果比较

- 【插入图像/色彩素材的默认区间】：为所有要添加到视频项目中的图像和色彩素材指定默认的素材长度。虽然在素材插入到时间轴后区间仍然可以调整，但调整起来需要花费大量的时间，如果各素材的区间变化不大，可以在这里对它们插入到时间轴的区间进行设置。此区间的时间单位是秒。
- 【默认音频淡入/淡出区间】：用于设置音频淡入和淡出的区间。在此输入的值是音频素材淡化完成的时间总量。
- 【默认转场效果的区间】：指定应用到视频项目中所有素材上的转场效果的区间，时间单位是秒。在这里要注意的是会声会影的转场效果区间的定义方法与 Premiere 等非线性编辑软件的区间定义方法不同。
- 【使用默认转场效果】：选择此复选框后，【默认转场效果】下拉列表框被激活，从中可选择一种效果，如图 3.54 所示，以后编辑的素材之间都将采用这个默认的转场效果。

3. 【捕获】选项卡

在本选项卡中主要进行一些视频捕获的设置，包括在捕获时对外接捕获设备的一些控制的相关设置，如图 3.55 所示。

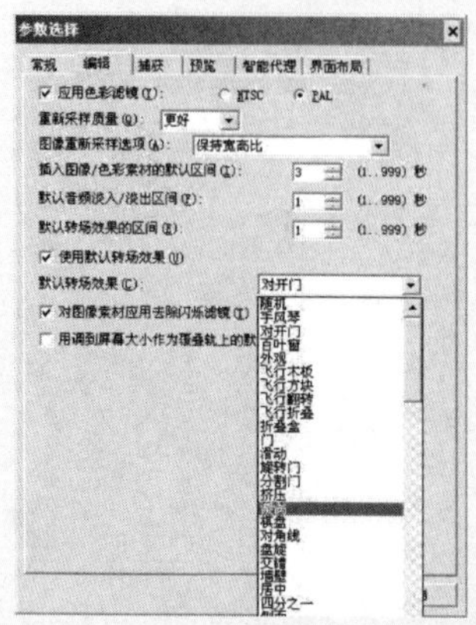

图 3.54 选择一种转场效果

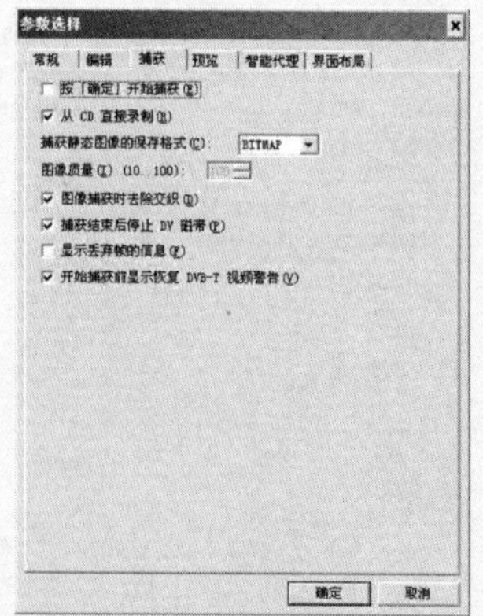

图 3.55 【捕获】选项卡

提 示

关于本部分内容已在 2.2.3 节中进行了详解。

4. 【预览】选项卡

本选项卡用于设置一些关于项目预览的内容，如图 3.56 所示。

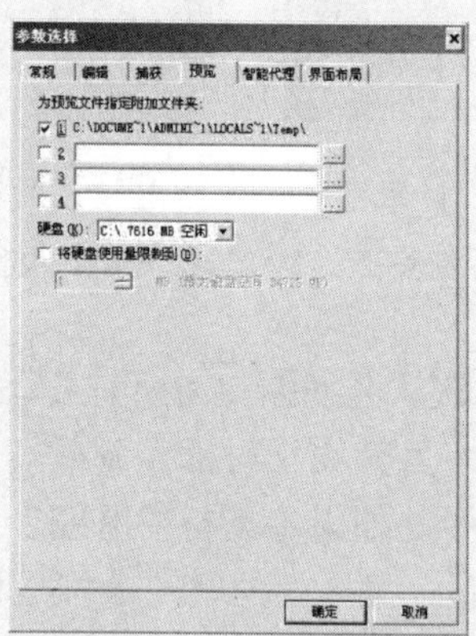

图 3.56 【预览】选项卡

- 【为预览文件指定附加文件夹】：指定会声会影用于保存预览文件的文件夹。显示的文件夹是在 AUTOEXEC.BAT 文件中 SET TEMP 命令指定的文件夹。如果有其他的驱动器或磁盘分区，也可以指定其他的文件夹。
- 【硬盘】：在其后面的下拉列表框中显示各硬盘分区中剩余的磁盘空间。
- 【将硬盘使用量限制到】：指定为使用会声会影所分配的内存。如果仅使用会声会影 11，并想使其达到最佳的运行状态，可选择最大允许值。如果还想在后台运

行其他程序，可以将该值限制到一半。如果不选该选项，会声会影将通过系统的内存管理来控制内存的使用和分配。

5. 【智能代理】选项卡

智能代理是会声会影 11 新增加的重要功能。如图 3.57(a)所示。

【启用智能代理】选项：选中此复选框，然后在【当视频大小大于此值时，创建代理】下拉列表框中指定启用智能代理的条件，如图 3.57(b)所示。单击【代理文件夹】右侧的…按钮，在弹出的对话框中指定代理文件的存储路径。

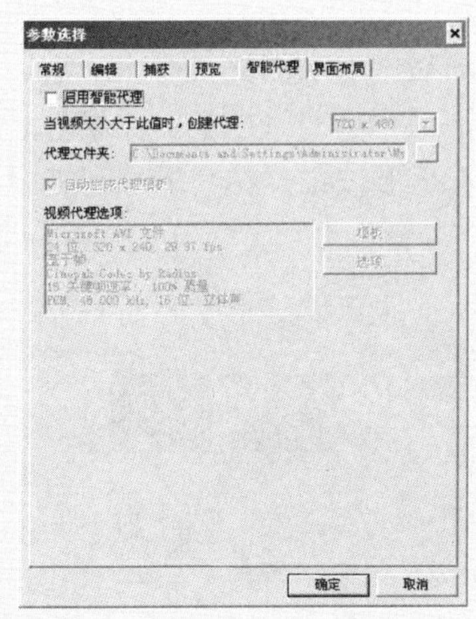

(a) 【智能代理】选项卡

(b) 指定启用智能代理的条件

图 3.57　【智能代理】选项卡及指定启用智能代理的条件

6. 【界面布局】选项卡

界面布局选择是一个不错的功能，如图 3.58 所示。可以选择不同的布局使预览窗口、素材库、选项控制面板的位置符合自己的操作习惯，使影片剪辑工作更加得心应手。

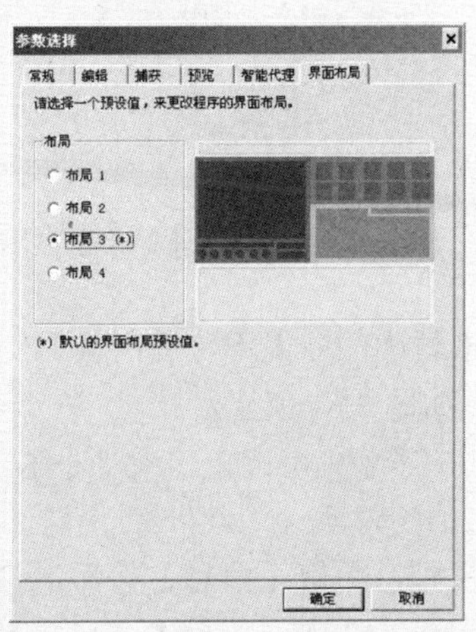

图 3.58　【界面布局】选项卡

3.3 编辑视频素材

视频素材是会声会影最主要的素材来源，对它的编辑也显得格外丰富和重要。

3.3.1 添加和删除视频素材

本小节主要讲解视频素材的一些基本操作方法。

1. 将视频素材添加到素材库

步骤 01 会声会影编辑器进入【编辑】操作界面后，在右侧的素材库中显示【视频】类素材，如图 3.59 所示。显示素材种类的区域称为【画廊】。如果当前素材种类不是“视频”，单击“画廊”右侧的下拉三角形按钮，在其下拉列表中选择【视频】选项即可，如图 3.60 所示。

图 3.59 【视频】素材库

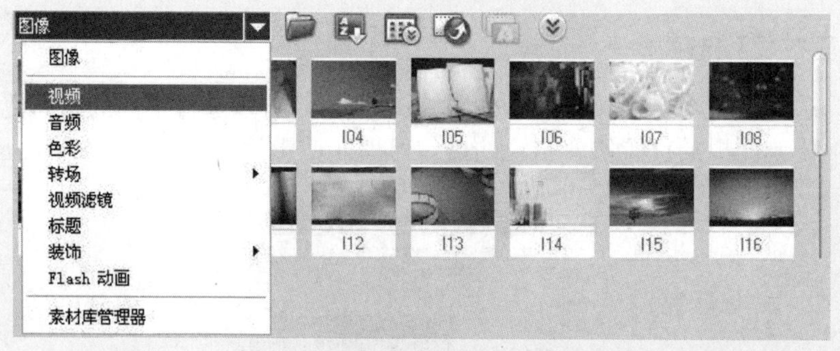

图 3.60 重新打开【视频】素材库

步骤 02 在打开【视频】素材库的前提下，单击其右侧的【加载】按钮，弹出【打开视频文件】对话框，如图 3.61 所示。

如果需要对视频有一定的了解，可以单击对话框右上角的【查看】按钮，选择“缩略图”方式，如图 3.62 所示。

步骤 03 选择需要导入的视频，单击【信息】按钮，打开【属性】对话框，对素材的一些属性进行查看，如图 3.63 所示。单击【场景】按钮，可以对视频进行场景分割的相关设置，如图 3.64 所示。

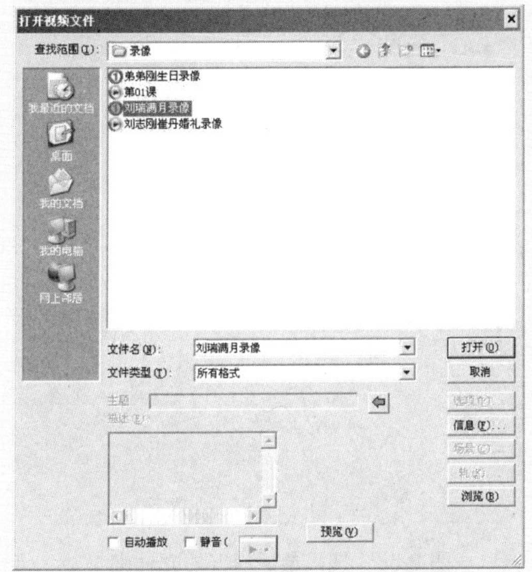

图 3.61　【打开视频文件】对话框

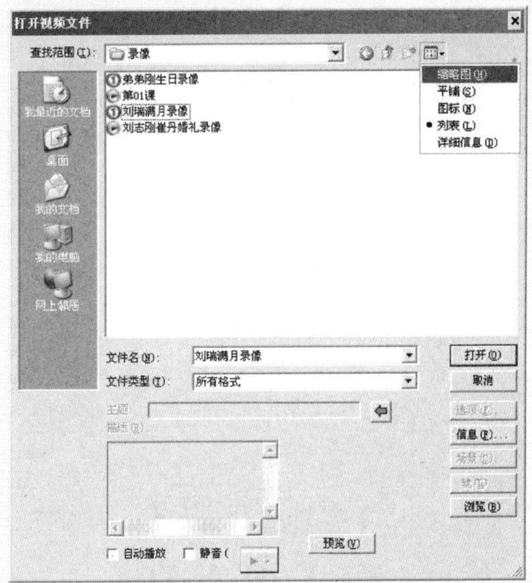

图 3.62　改变素材的查看方式

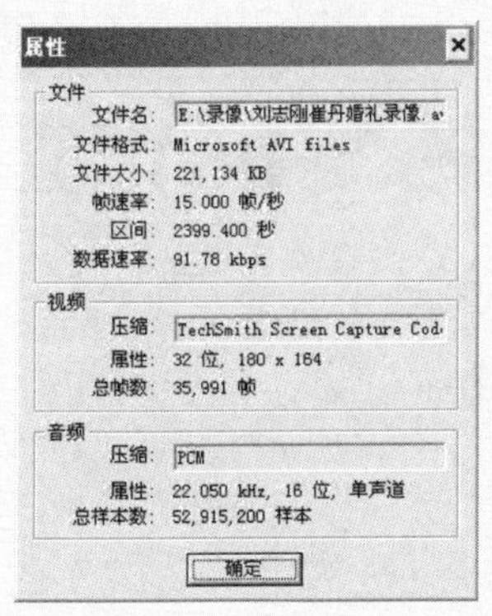

图 3.63　查看素材属性

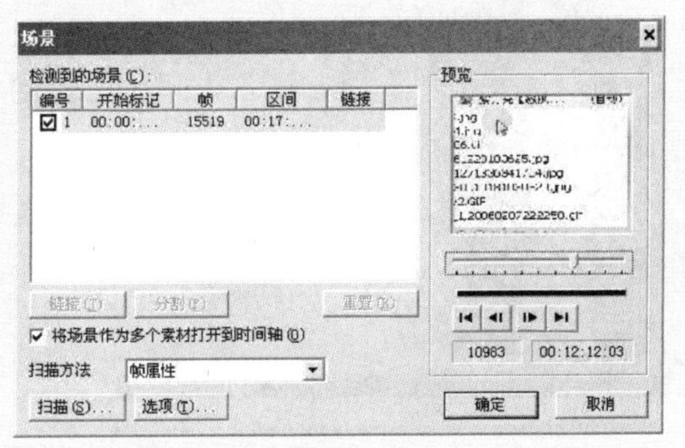

图 3.64　对素材设置场景分割

步骤 04 单击图 3.61 所示对话框下方的【预览】按钮，可以打开素材的预览窗口，单击下面的【播放】按钮▶，可以对视频素材进行预览，如图 3.65 所示。

提 示

如果选中【自动播放】复选框，则选中素材后可以直接在预览窗口中预览视频；如果选中【静音】复选框，可以在预览视频时静音，但音频并不会因为在这里设置了静音而在导入后也静音，这里设置的只是在预览时静音而已。

步骤 05 单击⇦按钮，可以打开最近导入素材的文件夹，进行素材的快速定位选择，如图 3.66 所示。

步骤 06 对导入的素材确认后，单击【打开】按钮，将其导入【视频】素材库中，同时该素材会在预览窗口中显示其第一帧画面，如图 3.67 所示。

图 3.65　打开预览窗口

图 3.66　选择最近打开的文件夹

图 3.67　将视频素材导入【视频】素材库

提　示

如果需要同时导入多个素材，可在【打开视频文件】对话框中使用框选的方法或按住 Shift 或 Ctrl 键，选中多个素材，将其一起导入，如图 3.68 所示。在导入多个视频素材时，本对话框中的预览、信息、场景等功能失效。

步骤 07 单击【打开】按钮，出现【改变素材序列】对话框，如图 3.69 所示。在某一视频素材的名称上按下鼠标上下拖动，鼠标变为双向箭头，将素材拖动到目标位置，当出现一条黑线时，释放鼠标，素材的位置调整成功，如图 3.70 所示。

步骤 08 单击【确定】按钮，将多个素材导入【视频】素材库中，此时各素材均处于选中状态，但在预览窗口中并没有其中某个素材的预览显示，如图 3.71 所示。

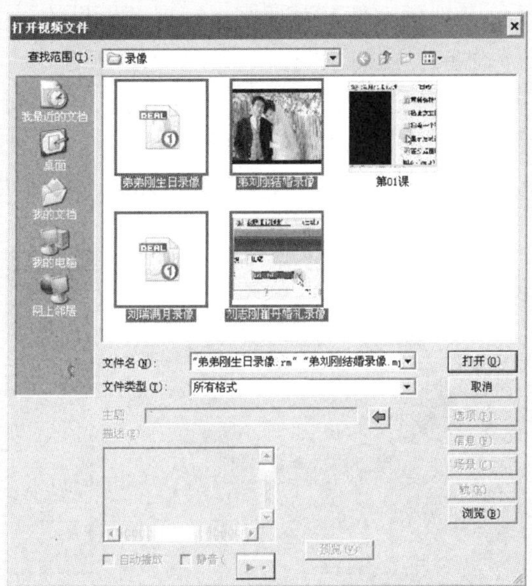

图 3.68　选择多个导入视频素材

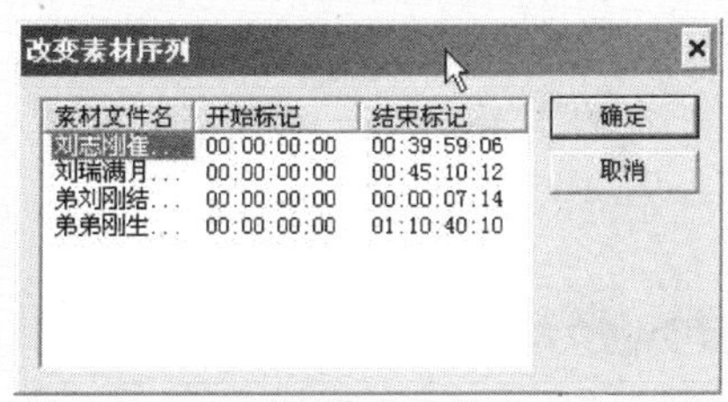

图 3.69　【改变素材序列】对话框

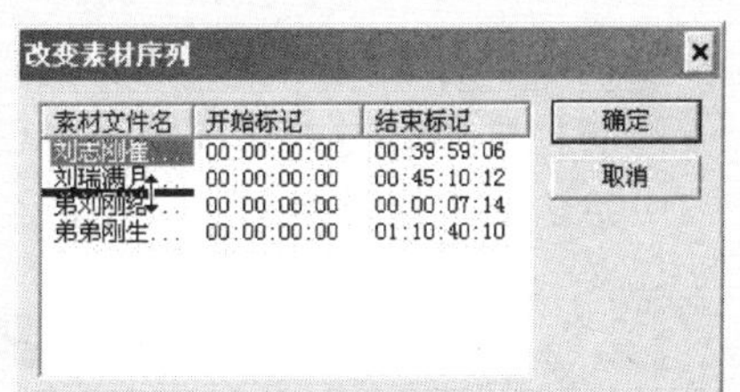

图 3.70　改变素材顺序

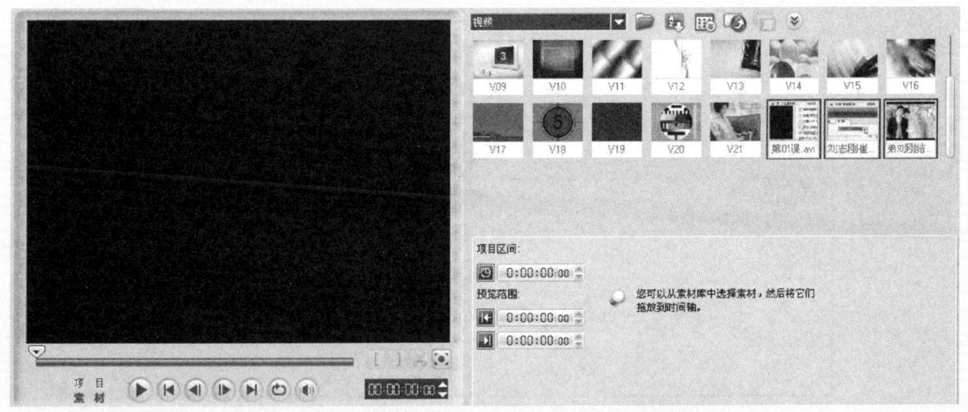

图 3.71　将多个视频素材导入素材库中

除了使用单击【加载】按钮的方法打开【打开视频文件】对话框导入视频素材外，在【视频】素材库的空白位置右击，在弹出的快捷菜单中选择【插入视频】命令，同样可以打开【打开视频文件】对话框进行视频素材的导入，如图 3.72 所示。

除了使用从外部设备采集的素材和电脑上已经存在的视频素材外，还可以将 DVD/DVD-VR 中的某些章节导入会声会影中使用，在右键快捷菜单中选择【插入 DVD/DVD-VR】命令，打开【浏览文件夹】对话框，选择已经放入了 DVD 视频光盘的 DVD 光盘驱动器或其下面的 VIDEO_TS 文件夹，如图 3.73 所示。

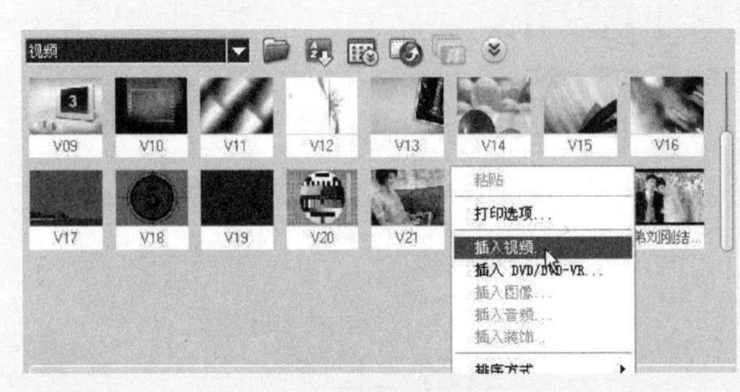

图 3.72　右键快捷菜单

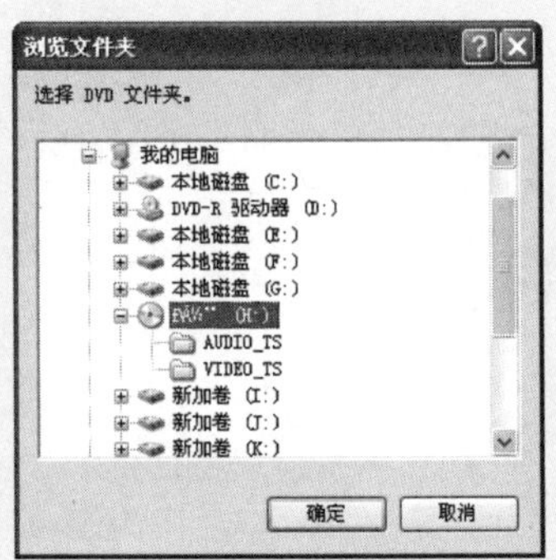

图 3.73　选择 DVD 光盘

步骤 09　单击【确定】按钮，打开【导入 DVD】对话框，在其左侧的列表框中选择章节，由于光盘读取速度较慢，要稍等一段时间方可正常显示。选中章节后，在右侧的预览窗口中可以预览选中章节，对于需要导入的章节，在其前面的章节方框中单击，将其选中，单击【导入】按钮，开始导入，如图 3.74 所示。

图 3.74　导入选中章节

步骤 10　在导入过程中，单击【停止导入】按钮，可以停止章节的导入。由于 DVD 中的章节文件较大，要等一段时间，才可以将其对应的素材文件导入【视频】素材库。导入后的素材如图 3.75 所示。

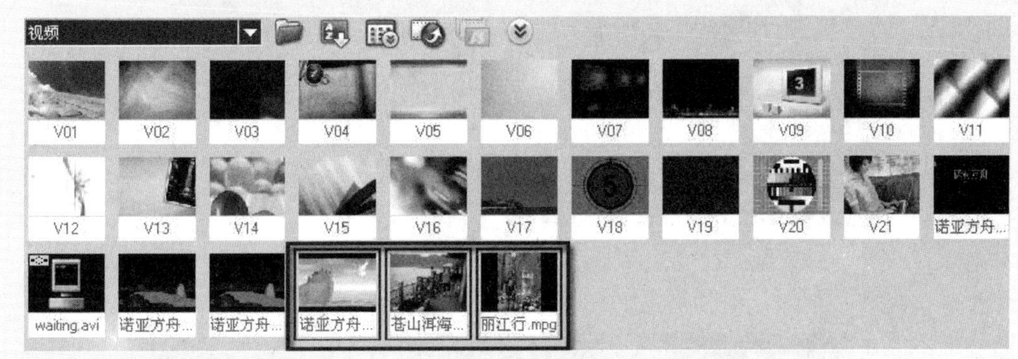

图 3.75　导入到【视频】素材库中的 DVD 章节

步骤 11　在导入后的 DVD 章节上右击，在打开的快捷菜单中选择【属性】命令，打开【属性】对话框，在这里显示素材的一些信息，在【文件名】文本框中显示的是带路径的文件名称，表明文件已经被复制到会声会影的工作文件夹中了，其文件格式为 MPEG-2，如图 3.76 所示。

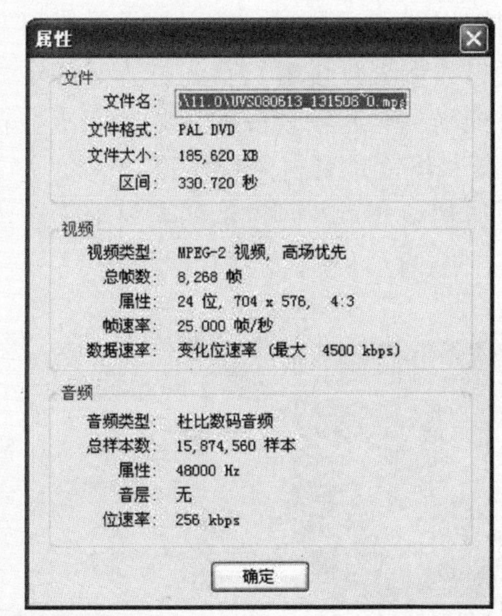

图 3.76　导入 DVD 章节的属性

2. 将视频素材添加到时间轴

将视频素材添加到时间轴有多种方法。

1)　将视频素材添加到故事板视图

在【视频】素材库中选择某个素材(也可按住 Ctrl 或 Shift 键选择多个素材)，将其拖动到故事板视图的某个位置，当出现一条竖线时，释放鼠标，如图 3.77 所示，素材就被添加到该位置了。

图 3.77　使用拖动的方法向故事板视图中添加素材

2)　向时间轴视图中添加视频素材

使用拖动的方法向时间轴视图和音频视图中添加视频素材的方法基本相似，在这里以向时间轴视图中添加视频素材为例进行讲解。首先打开时间轴视图，然后在【视频】素材库中将需要添加的视频素材拖动到时间轴视图的视频轨或覆叠轨上，在拖动到轨道上时，会出现一个土黄色的方块，其长度就是素材的长度。

释放鼠标后素材就被添加到该处了，刚添加的素材处于选中状态，其上下为虚线，两侧为黄色的修整拖柄，如图 3.78 所示。

图 3.78　向时间轴视图中添加视频素材

值得一提的是，向覆叠轨添加视频素材，其开始位置是可以自由调整的，如果向视频轨添加视频素材，向最后面添加时，不管将添加的素材添加到离原有的最后一个素材多远，都会被捕获，也就是说视频轨中的素材之间不能有空隙，而在覆叠轨是可以的。如果想在视频轨中的两个素材之间添加素材，应将要添加的素材拖动到原有素材之间后，释放鼠标，第二个素材自动向后移动。而在覆叠轨上，如果向有间隔的两个素材之间添加的素材比间隔的区间大，会被自动分割，只保留前半部分，如果两个素材之间没有间隔，则不可能向它们中间添加新素材。

3)　使用快捷菜单向轨道中添加视频素材

除了使用拖动的方法外，还可以使用右键快捷菜单在时间轴上添加素材。在素材库中需要添加的素材上右击，在打开的快捷菜单中执行【插入至】命令子菜单中的命令，可将视频素材添加到时间轴的对应轨道上，如图 3.79 所示。

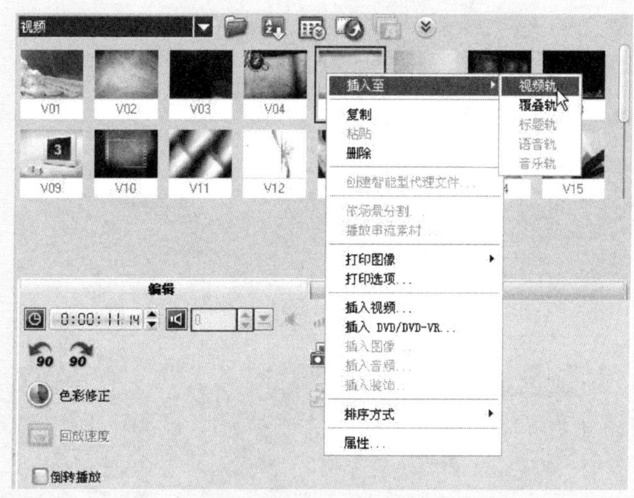

图 3.79　使用快捷菜单向轨道中添加视频素材

使用这种方法添加素材时，素材只能添加到对应轨道的最后一个素材的后面。

4)　直接向时间轴中添加视频素材

使用先将素材导入到素材库，然后再向时间轴上添加素材的方法，会导致素材库中的文件过多，查找和使用起来非常不便，另外，有些素材可能只使用一次，但使用之后它的链接仍然显示在素材库中，没有必要，因此，在很多情况下，希望能将素材添加到时间轴上，并且在【视频】素材库中不显示其链接。会声会影考虑到用户的需求，特意设计了这种功能，以避免再将所有视频都链接到素材库，造成将来删除的不便。

单击故事板视图上方的【插入媒体文件】按钮，弹出一个快捷菜单，选择其中的【插入视频】命令，打开【打开视频文件】对话框，如图 3.80 所示。

选择视频文件将其插入到时间轴中，其插入方法与使用【加载】按钮导入视频文件相同，唯一的差别是视频文件会直接插入到时间轴中，而不是将其导入到【视频】素材库中，如图 3.81 所示。

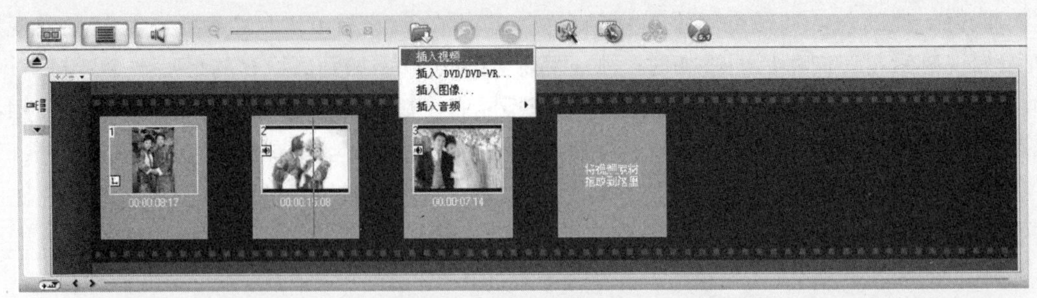

图 3.80　单击【插入媒体文件】按钮打开快捷菜单

图 3.81　直接插入到时间轴上的视频并未导入到素材库

另外，在时间轴的任意空白位置右击鼠标，同样会打开导入素材文件的快捷菜单，如图 3.82 所示。

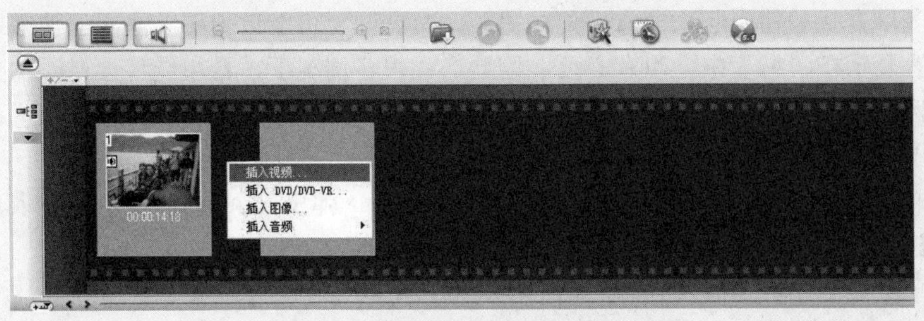

图 3.82　在时间轴上右击打开快捷菜单

选择其中的【插入视频】或【插入 DVD/DVD-VR】命令，同样会将视频素材不经过素材库直接导入到时间轴中。但值得注意的是，直接插入到时间轴的视频文件只能插入到视频轨的最后，而不管在哪个位置右击鼠标。

在时间轴视图中，使用直接添加素材的方法时，要注意添加轨道的选择。因为在会声会影 11 中最多可以同时有 7 条轨道，不正确地选择轨道，会造成视频插入的混乱。在插入视频素材前，一定要先在对应的轨道图标上单击，保证本轨道被选中，如图 3.83 所示。

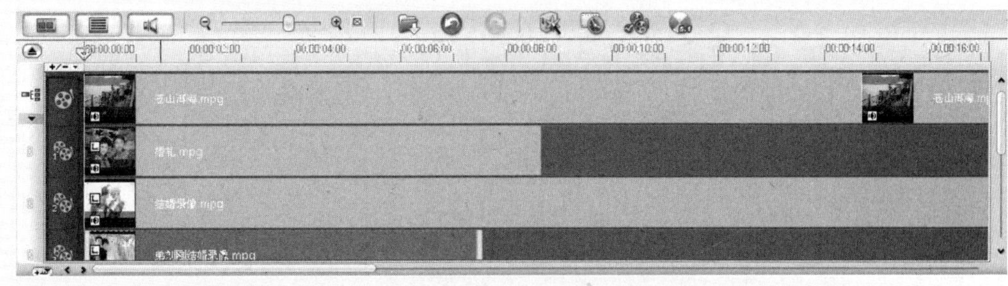

图 3.83　选择需要添加视频素材的轨道

3. 删除视频素材

删除素材分为只是将素材库或时间轴中的素材链接删除和将原始素材删除两种情况。

1)　从素材库或时间轴中删除素材链接

首先在【视频】素材库中或时间轴上选中素材，然后选择菜单栏中的【编辑】|【删除】命令，就可以将该素材链接删除了。

如果是在【视频】素材库中选中一个或多个素材，单击其右上角的【选项】按钮，在弹出的快捷菜单中选择【删除】命令，也可以将素材库中的素材删除。如果在时间轴中插入了某一素材，那么在删除素材库中的对应素材时对时间轴中的素材的使用并不产生影响。

也可以在【视频】素材库或时间轴中右击需要删除的素材，在打开的右键快捷菜单中执行【删除】命令将该素材链接删除，如图 3.84 所示。

图 3.84　删除视频素材链接

2) 将素材源文件删除

使用 1)中的方法并不能将素材的源文件删除，只是删除了素材在会声会影中的链接。要想彻底删除素材，必须在对应的文件夹中将素材删除。查找素材的保存位置，可以在选中素材右键快捷菜单中选择【属性】命令，在打开的【属性】对话框中查看相关信息。

如果素材的源文件已经删除、移动或更名，而在素材库或时间轴上并没有将链接删除，在打开保存的文件时，会出现【重新链接】对话框，如图 3.85 所示。

图 3.85 【重新链接】对话框

单击【重新链接】按钮，可以打开【重新链接文件】对话框，重新定位文件，如图 3.86 所示。

图 3.86 【重新链接文件】对话框

重新链接的文件不一定是原来的文件，但其区间必须大于等于原文件的区间，不然不能导入。

如果单击【忽略】按钮，或在【重新链接文件】对话框中单击【取消】按钮，会出现一个提示对话框，提示某些素材没有被重新链接。

没有正确链接的素材的缩略图在时间轴中会以上白下黑的方式显示，而在【视频】素材库中的缩略图仍存在，并在其上出现标记，如图 3.87 所示。这也说明在源素材和会声会影进行链接时，保存了缩略图。

图 3.87　失去链接的视频素材

在素材库中单击失去链接的素材，会弹出【重新链接】对话框，可以对素材进行重新链接或删除，如图 3.88 所示。

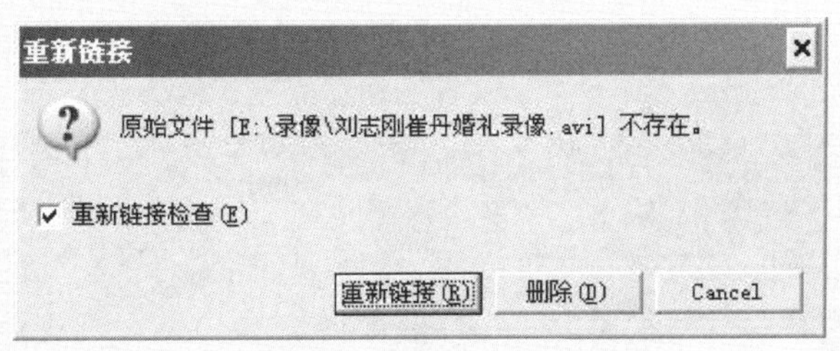

图 3.88　【重新链接】对话框

4. 视频素材的排序

在本节开始时已经讲过，如果同时导入多个素材，会出现【改变素材序列】对话框，如图 3.68 所示，在这里可以重新调整导入素材的顺序。其实在将素材导入之后同样也可以改变素材的顺序。

1)　在素材库中对视频素材进行排序

在素材库中默认存在的素材文件，是按名称正向排列的。后面添加的素材会按照添加的先后次序进行排列。单击素材库上方的【选项】按钮，打开其下拉菜单，如图 3.89 所示。

执行【按名称排序】命令，素材会按照起始字母从小到大的顺序进行排列，再次执行该命令，又会反向排列，如此循环往复。

执行【按日期排序】命令，素材会按照其添加的先后次序进行排列。

图 3.89 【排列次序】下拉菜单

排列完成后，拖动某一素材改变其位置，素材会保留修改后的位置。

在素材库中对素材进行排序，除了便于查找素材外，还可以在选中多个素材将其插入到时间轴中时保持素材的先后顺序。

2) 在时间轴中对素材进行排序

在时间轴中一次插入多个素材，其次序主要依据在素材库中或直接添加时【改变素材序列】对话框中素材的次序。

提 示

如果是从素材库向时间轴添加单个素材，可以将其拖动到对应的位置；如果要改变时间轴中已经存在的素材的位置，可以采用拖动的方法进行重新定位，当素材移动到目标位置并出现一条竖线时，释放鼠标按键即可，如图 3.90 所示。

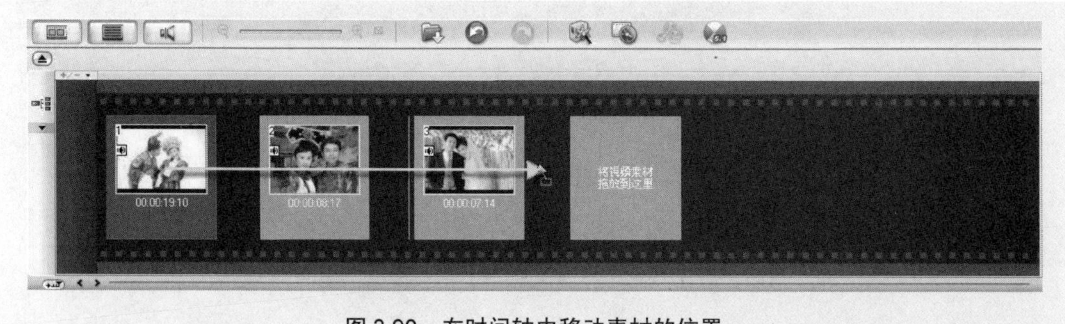

图 3.90 在时间轴中移动素材的位置

3.3.2 修整视频素材

不经过修整直接使用现有的素材进行项目制作当然是最好的，可以省去大量的编辑时间，但因为使用的素材并不一定正好满足项目制作的要求，因此在相当多的情况下，都需要对素材进行修整，对于视频素材的修整显得更多见一些。

1. 将素材分割为两段

对视频最简单的修整，就是从一个视频中截取一段作为使用的素材。分为两种情况：一种是将素材分割为两段，选择其中的一段，另外一种就是截取现有的素材的中间部分。下面先介绍将素材分割为两段的操作。

1) 将素材库中的素材分割为两段

在【视频】素材库中选中某个素材，同时在预览窗口中显示该素材，拖动飞梭栏到需要分割素材的位置(为了更准确定位，可以借助导览面板上的微调按钮，如【上一帧】和【下一帧】)，如图 3.91 所示。

图 3.91 确定分割素材的位置

单击【剪辑素材】按钮，素材会被直接分割为两段，两段的预览图显示在素材库中，如图 3.92 所示。

图 3.92 修剪后的素材被添加到素材库中

分割后的素材名称都用源素材的原始名称命名，而不使用素材库中素材链接的名称。分割后的两个素材的名称相同，说明它们并没有被真正分割开，而只是在素材的某一帧上做了标记，如图 3.93 和图 3.94 所示。

图 3.93 第一段素材预览

图 3.94　第二段素材预览

如果希望将分割后的素材保存为新文件，可以在素材库中选中该素材，然后选择菜单栏上的【素材】|【保存修整后的视频】命令，稍等片刻，素材被保存到工作文件夹并显示在素材库中，此时的素材名称与源素材不同，在源素材的后面加了“-1”的后缀，而在预览窗口中，素材被分割的标记已消失，如图 3.95 所示。

图 3.95　将修整后的素材保存为新素材

2)　将时间轴中的素材分割为两段

将时间轴中的素材分割为两段的方法与 1)中的方法相同，只是在这种情况下分割的两个素材，不会被添加到【视频】素材库中，只是将分割后的两个素材按照先后次序显示在时间轴中，修整前后的素材变化如图 3.96 和图 3.97 所示，注意对比两图中素材的区间。

图 3.96　对素材进行分割定位但并未分割的状态

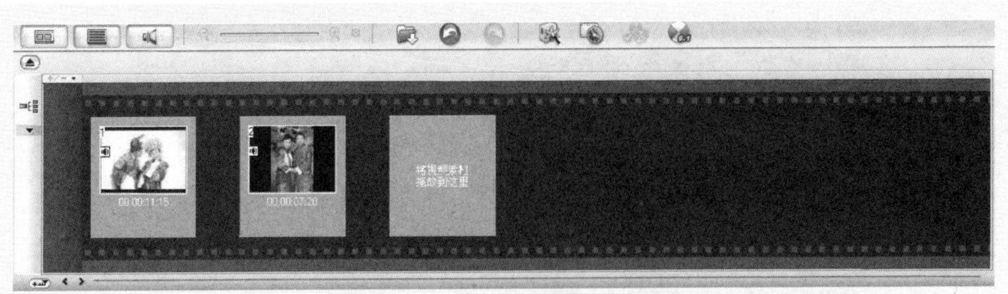

图 3.97　对素材进行分割后的状态

2. 选取视频素材的中间部分

在基本的修整操作中，还包括选取视频素材中间部分的情况，它同样可以在素材库和时间轴中进行修整，在这里以在素材库中为例进行讲解。

步骤 01 一般情况下，为了便于素材的多次使用，不提倡在链接素材上直接进行修整，而是先将其复制，在复制的链接上进行修整。

选中某个素材，选择【编辑】|【复制】命令，或直接在选中素材的右键快捷菜单中选择【复制】命令或按下键盘上的 Ctrl+C 组合键，将素材复制到剪贴板。然后选择【编辑】|【粘贴】命令，或直接在选中素材的右键快捷菜单中选择【粘贴】命令，或按下键盘上的 Ctrl+V 组合键，将素材链接复制到素材库。在选中素材的名称上单击，将其修改为一个新的名称，以便与原素材区分。例如将 V14 素材复制后，将其命名为“V14 副本”的情况如图 3.98 所示。

图 3.98　复制素材链接

步骤 02 拖动飞梭栏到需要保留部分的开始帧，单击【开始标记】按钮或按下键盘上的 F3 键，将该处定义为视频保存部分的开始帧。

步骤 03 拖动飞梭栏到需要保留部分的结束帧，单击【结束标记】按钮或按下键盘上的 F4 键，将该处定义为视频保存部分的结束帧。修整后的素材如图 3.99 所示。

步骤 04 拖动修整后的素材到时间轴的相应位置，就只保留了修整后的部分。这种操作可以多次应用。

提 示

如果先将素材从【视频】素材库拖动到时间轴，再在时间轴中对其进行修整，其方法与上面相同，但不会对素材库中的素材造成影响。

图 3.99　修改后的素材

3. 按场景分割

在前面的讲解中，不管是将素材分割为两段，还是保留素材的中间部分，都是手动完成的，手动修整素材虽然很好，但费时费力。会声会影提供了“按场景分割”功能，能自动将选中的素材根据场景的变化进行分割。

步骤 01　在【视频】素材库中选中某个视频素材，其对应的选项面板上的【视频】选项卡中的【依场景分割】按钮处于激活状态，如图 3.100 所示。

图 3.100　选中素材

步骤 02　单击【依场景分割】按钮，出现【场景】对话框，如图 3.101 所示。

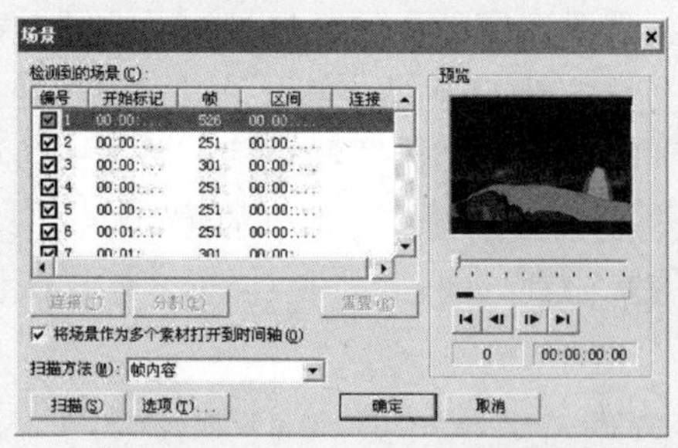

图 3.101　按场景分割

步骤 03　分割场景首先要确定扫描方法。会声会影共提供了两种扫描方法：DV 录制时间扫描和帧内容。在【扫描方法】下拉列表框中选择扫描方法。选择【DV 录制时间扫描】选项可以按照拍摄的日期和时间检测场景；选择【帧内容】选项可以检测场景的变化，如动画改变、镜头切换、亮度变化等，然后将它们分割成单独的视频文件。如果对 AVI 视频文件进行分割，可以选择两种扫描方法中的任一种；如果对 MPEG 文件进行分割，只能按照【帧内容】进行扫描。

步骤 04　确定了扫描方法后，需要进行场景扫描敏感度的设置。单击【选项】按钮，打开【场景扫描敏感度】对话框，如图 3.102 所示。

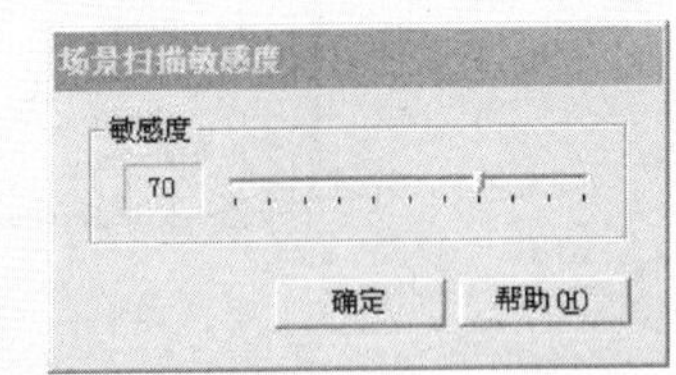

图 3.102　【场景扫描敏感度】对话框

拖动滑动条上的滑块，可以调整敏感度的大小。敏感度设置越高，场景检测越准确，细微的场景变化就会造成场景分割。在默认情况下，敏感度设置为 70，这应该是一个比较合理的设置。

步骤 05　设置完毕后，单击【扫描】按钮，进行场景扫描，并且将场景进行分割，分割后的各场景显示在列表框中，包括各场景的编号、开始标记、帧、区间等，如图 3.103 所示。

步骤 06　单击扫描后的场景，会在右侧的预览图中显示其画面，并在下面的滑动条上显示其所在的位置。

步骤 07　场景自动扫描的结果依赖于电脑，比较机械，有可能会造成不当的分割。利用【链接】和【分割】按钮，可以将分割后的场景进行合并或重新分割。

选中某个场景，【连接】按钮被激活，单击该按钮，可以将选中场景与前一个场景合并，合并后的场景会在列表中的【连接】栏中显示出连接场景的个数，如图 3.103 中显示的是第一个场景与其下面 3 个场景连接的情况。

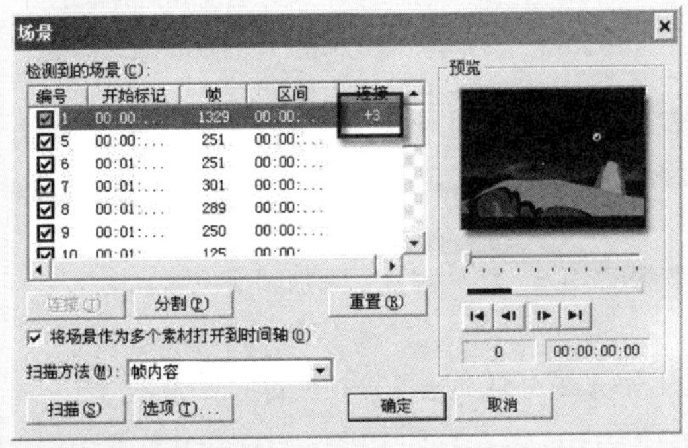

图 3.103　对场景进行连接

提 示

如果对连接的场景结果不满意，可以选中该场景，然后单击【分割】按钮，将其恢复到连接前的状态。如果对整个分割不满意，可以单击【重置】按钮，将其恢复到未进行分割前的状态。

步骤 08 并不是所有检测到的场景都需要保留，对于需要保留的场景，可保留场景列表框中的该场景前的对号，而对于不保留的场景，可将对号去掉，如图 3.104 所示。

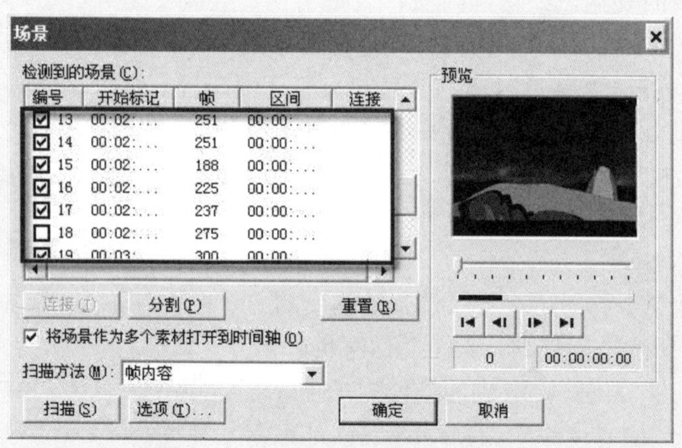

图 3.104 选择需要保留的场景

步骤 09 如果不选中【将场景作为多个素材打开到时间轴】复选框，单击【确定】按钮后，会直接关闭对话框。这样能保持场景扫描的结果，但并不能在素材库中表现出来。因此在进行场景检测后，一般需要选中该复选框。此时单击【确定】按钮，关闭对话框，并将选中的场景添加到素材库中，添加后的分割素材反色显示，如图 3.105 所示。

图 3.105 将分割素材添加到【视频】素材库

使用以上方法添加的素材并不取代素材库中的原始素材。

提 示

在时间轴中对选中的视频素材进行场景分割，其方法与对素材库中的视频素材进行场景分割的方法相同，只是分割后的素材会代替原始素材，其分割前后的对比如图 3.106 和图 3.107 所示。

图 3.106　分割前的视频素材

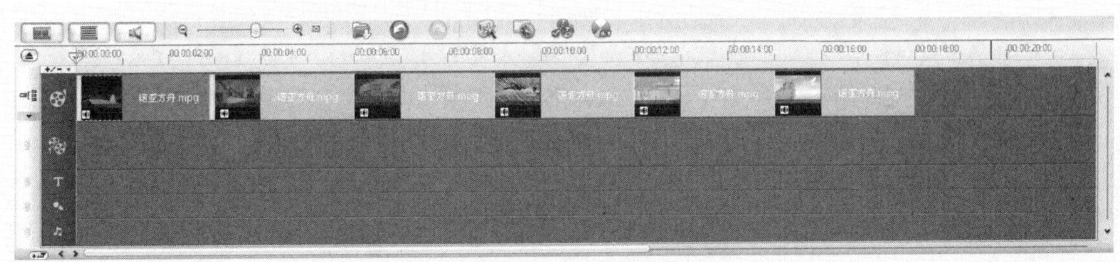

图 3.107　分割后的视频素材

4. 多重修整视频素材

对于素材库中的素材，虽然可以进行简单修整或按场景分割，但不能手动对其进行复杂的修整，如手动截取其中的多个片段等。而对于时间轴上的素材，却可以进行多重修整。

步骤 01　把要进行分割的视频导入时间轴，此时【多重修剪视频】按钮被激活，单击该按钮，进入【多重修剪视频】对话框，如图 3.108 所示。

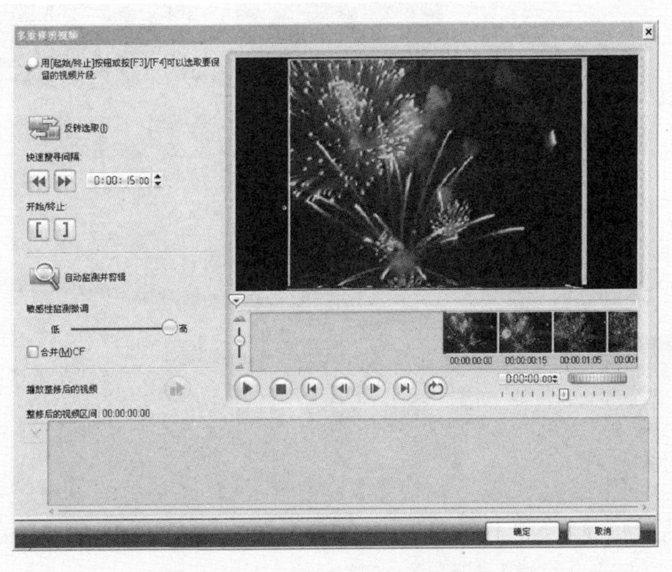

图 3.108　【多重修剪视频】对话框

步骤 02　对素材进行预览，以查找其选取片段的起始点和终止点。对视频素材进行预览的方法很多，用户可以根据实际情况进行选择。

- 使用【快速搜索间隔】选项中的按钮进行快速搜索：在【快速搜索间隔】选项中有两个按钮和一个区间微调框。修改区间微调框中的区间值，可以设置每单击一下按钮视频向前或向后跳转的区间。单击【向前搜索】按钮或按下 F6 键，可以每次向前跳转固定的区间；单击【向后搜索】按钮或按下 F5 键，可以每次向后跳转固定的区间。其跳转的区间大小由区间微调框中的数值来确定。
- 使用导览面板上的按钮进行预览：使用导览面板上的各个按钮，可以在播放视频过程中进行起始点或终止点的搜索。使用这种方法，搜索得来的起始点或终止点最为准确。
- 拖动飞梭栏或飞梭轮进行预览：拖动飞梭栏或飞梭轮可以较自由地预览视频文件，以确定起始点或终止点的大略位置。
- 拖动穿梭滑动条上的滑块进行预览：拖动穿梭滑动条上的滑块，可以向前或向后以不同的速度进行视频预览。其速度在-32 速到 32 速之间。

步骤 03 在确认了起始点后，单击【开始标记】按钮或按下 F3 键，可以确定片段的起始位置；单击【结束标记】按钮或按下 F4 键，可以确定片段的终止位置。重复本步操作，可以选取多个片段。选取片段的范围可以在预览窗口下面的时间条上显示出来，并且将选取的视频片段添加到下面的时间轴中，如图 3.109 所示。

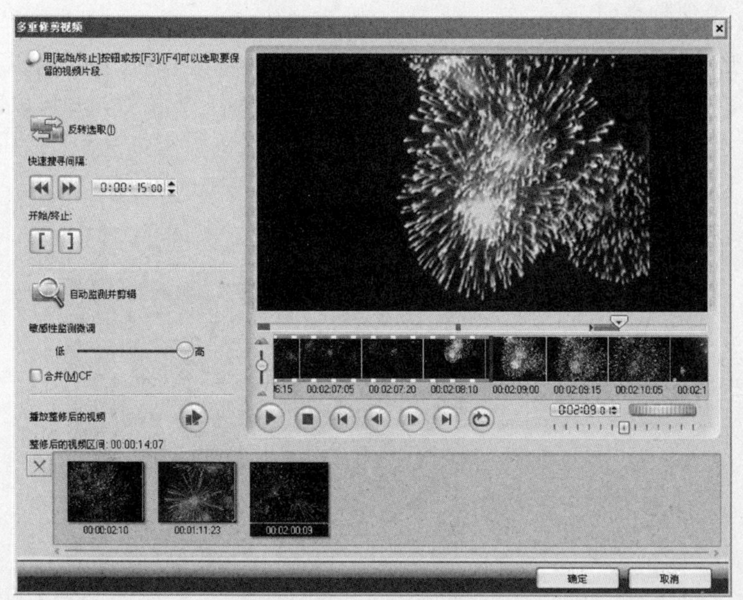

图 3.109　选取多个视频片段

步骤 04 单击【仅播放修整后的视频】按钮，对修整后的素材进行预览。如果对某个修整后的视频区间不满意，可以在时间轴中将其选中，然后单击时间轴左上角的【删除选中的素材】按钮将其删除。

步骤 05 也可以先确定需要删除的片段，然后单击【反转选取】按钮，反转选取素材片段，如图 3.110 所示。

图 3.110　反转选取素材片段

步骤 06　对时间轴中显示的素材满意后，单击【确定】按钮，关闭【多重修剪视频】对话框，回到会声会影编辑器的【编辑】操作界面，此时选取的多个视频片段就会添加到时间轴上了，如图 3.111 所示。

图 3.111　在时间轴上添加多个修整后的视频片段

3.3.3　色彩校正

1. 使用色彩校正功能

如果在拍摄 DV 时，忘记调整白平衡功能或录制的影像色彩不正，往往会造成拍摄出来的画面，出现图像过暗或画面过亮的情况。为了弥补这些问题，会声会影特地集成了色彩校正功能。通过对素材画面参数的简单调整，可以非常轻松地把影片的画面变得清晰艳丽。与此同时，还可以通过色彩校正功能，制作出多种画面效果。

一般情况下，对时间轴上的素材进行色彩校正，只对本素材起作用。对素材库中的素材进行色彩校正后，再将其拖动到时间轴上，会对所有素材起作用，但并不影响在色彩校正前从素材库中拖动到时间轴中的素材色彩。

由于对素材进行色彩校正会影响素材的显示，所以如果对素材库中的素材进行色彩校正，一般要在素材库中创建一个副本进行设置，而对时间轴中的素材进行调整则不用。

在时间轴或素材库中选中某个素材，在其对应的【视频】选项卡中单击【色彩修正】按钮，打开对应的选项设置区域，在该区域中对选中视频或图像可以进行白平衡、自动调整色调、色调、饱和度、亮度、对比度、Gamma 值的设置，如图 3.112 所示。

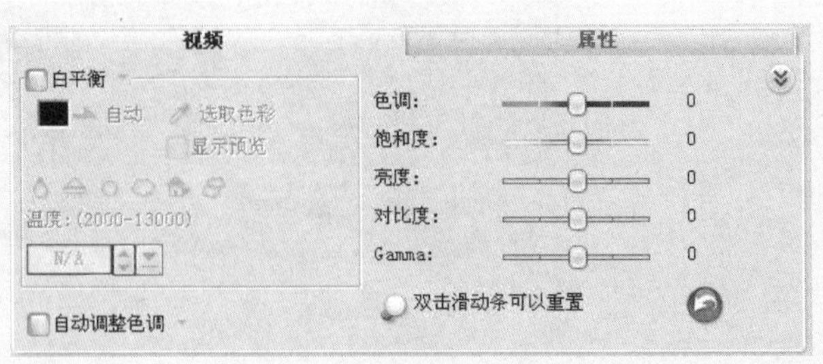

图 3.112　色彩校正设置区域

- 【白平衡】：在拍摄过程中，很多初学者会发现荧光灯的光看起来是白色的，但用 DV 拍摄出来却有点偏绿。同样，如果在白炽灯下，拍出图像的色彩就会明显偏红。人的眼睛之所以把它们都看成白色的，是因为人眼进行了自我适应。如果能够使拍摄出的图像色彩和人眼所看到的色彩完全一样就好了。会声会影 11 新增的白平衡功能，就能够解决这个困扰。白平衡通俗的理解是指对在各种不同的光线条件下拍摄的素材，以白色作为参考进行调整，把失真的白色还原为白色，从而使其他颜色随之正常的一个功能。其目的是要让所有的颜色都恢复正常。
  - 将需要调整的视频素材拖放到视频轨上，单击【色彩修正】按钮，选中【白平衡】复选框，如图 3.113 所示。这时会发现预览窗口的画面发生了变化，会声会影自动对其进行了调整。如图 3.114 和图 3.115 所示，是调整前后的对比。

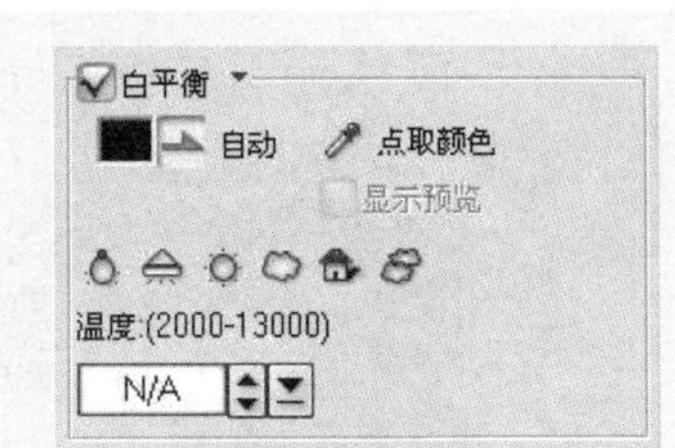

图 3.113　白平衡设置区域

图 3.114　白平衡调整前

图 3.115　自动调整白平衡后

◆ 如果对会声会影自动调整的结果不满意，可以单击【点取颜色】按钮，选中【显示预览】复选框，将鼠标指针移动到预览画面，在我们认为应该是白色的部分单击，纠正的结果也就随之显示出来。在预览画面不同的位置单击，对比确定最终的正常颜色，如图 3.116 所示。

图 3.116　通过两个预览窗口的比较来确定最终结果

除了以上所介绍的方法外，也可以利用场景模式、色温和自动调整色调进行校正。

◆ 场景模式校正。选项面板上的分别对应钨光、荧光、日光、云彩、阴影和阴暗等场景，按下相应的按钮，将以此为依据进行智能白平衡修正。但此选项面板上的任何一项都不能和【点取颜色】同时使用。

◆ 色温校正。选项面板上的温度也就是色温。色温的计算单位为 K，不同的数值下，人类眼睛所感受到的颜色变化不同。例如，在 2800K 时，发出的色光和灯光相同，我们便说灯的色温是 2800K。只需将色温调整到环境光源的数值，程序就会据此校正画面色彩。

◆ 【自动调整色调】：选中它，可以对已经做了颜色纠正的图像再进行明亮度的调整，如图 3.117 所示。

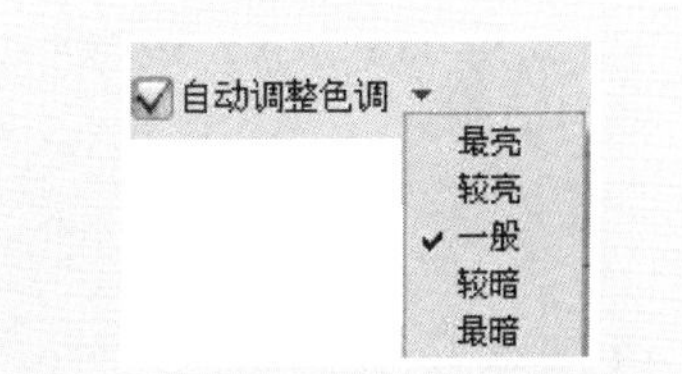

图 3.117　【自动调整色调】复选框

● 【色调】：色调分为冷暖两种。调整本选项右侧的滑块，画面的色彩会发生变化。将其数值分别设置为-50 和 50 时的色调画面对比结果如图 3.118 所示。

● 【饱和度】：饱和度指的是图像颜色的彩度，调整饱和度即调整图像的彩度，把饱和度降低为-100 时，则会变成一个灰色图像，增加饱和度会增加其彩度。将饱和度分别设置为-100 和 100 时的画面对比结果如图 3.119 所示。

● 【亮度】：亮度是指画面的明亮程度。类似电视机的亮度调整一样。如果将明度调至最低会接近黑色，调至最高会接近白色。将亮度分别设置为-100 和 100 时的画面对比结果如图 3.120 所示。

(a) 色调=-50

(b) 色调=50

图 3.118 色调效果对比

(a) 饱和度=-100

(b) 饱和度=100

图 3.119 饱和度效果对比

(a) 亮度=-100

(b) 亮度=100

图 3.120 亮度效果对比

- 【对比度】：其值越小，色彩对比越小；其值越大，色彩对比越强烈。将对比度分别设置为-100 和 100 时的画面对比结果如图 3.121 所示。

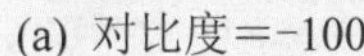

(a) 对比度=-100

(b) 对比度=100

图 3.121　对比度效果对比

- Gamma：这里的 Gamma 值并不是对屏幕进行的设置，而是对素材片段进行的设置，与通常看到的 Gamma 值的设置有所不同。在这里的感觉是，Gamma 越低，画面会发暗，而 Gamma 值越高，画面越亮。将 Gamma 值分别设置为-100 和 100 时的画面对比结果如图 3.122 所示。

(a) Gamma=-100

(b) Gamma=100

图 3.122　不同 Gamma 值效果对比

值得一提的是，即使对素材进行了色彩校正，也只能在预览窗口看到效果，而在素材库和时间轴中的缩略图上都不会显示效果。

2. 使用视频滤镜

除了使用色彩校正功能对素材进行简单调色外，还可以使用视频滤镜对素材进行调色。视频滤镜有几十种，其中与调色有关的滤镜分别为单色、反转、亮度和饱和度、色彩平衡、色相与饱和度、双色调、自动调配、自动曝光等。素材的色彩校正功能，可以应用于素材库和时间轴中的素材，而滤镜功能只能应用于时间轴中的素材。

在时间轴中选中某个素材，在其对应的选项面板中切换到【属性】选项面板，同时素材库变为【视频滤镜】素材库，如图 3.123 所示。

图 3.123　切换到视频滤镜的【属性】选项卡

提 示

本小节就几个有特色的调色用视频滤镜进行简单的讲解，视频滤镜的具体用法将在本章有关视频滤镜中进行详细讲解。

1)　“单色”滤镜

在【视频滤镜】素材库中，在“单色”滤镜上按下鼠标左键将其拖动到时间轴的素材上，素材的左侧出现一个滤镜标志，同时在【属性】选项卡的滤镜列表中出现该滤镜名称。在该滤镜被选中的前提下，单击右侧的下拉三角形按钮，在打开的列表中选择一种预置的滤镜效果，该效果就会被应用到素材上，其效果同时显示在预览窗口中。应用第一个预置滤镜效果的结果如图 3.124 所示。

图 3.124　在素材上应用预置的“单色”滤镜效果

如果对预置的滤镜效果不满意，可单击【自定义滤镜】按钮，打开【单色】对话框，单击其下面的颜色块，重新选择颜色，如图 3.125 所示。

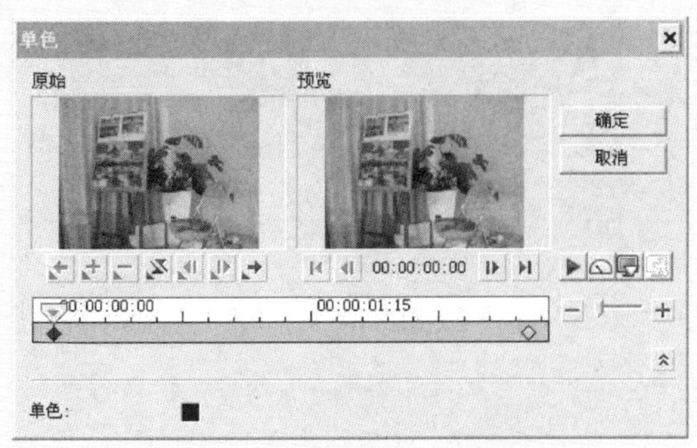

图 3.125　【单色】对话框

2)　“色彩平衡”滤镜

从【视频滤镜】素材库中将“色彩平衡”滤镜拖动到时间轴的素材上，在其对应的【属性】对话框中单击右侧的下拉三角形按钮，在打开的列表中单击预置的滤镜效果，可以在预览窗口预览当前帧的效果，双击该预置效果就会将其应用到素材上。选中第六个预置滤镜效果的结果如图 3.126 所示。

图 3.126　在素材上应用预置的“色彩平衡”滤镜效果

单击【自定义滤镜】按钮，打开【色彩平衡】对话框进行色彩设置，在本对话框中共有【红色】、【绿色】、【蓝色】3 个选项用于色彩设置，如图 3.127 所示。

3)　“亮度和对比度”滤镜

将“亮度和对比度”滤镜效果应用于素材后，其对应的预置效果有 8 种，对应的【亮度和对比度】对话框如图 3.128 所示。在该对话框中，不仅可以对主通道进行亮度、对比度、

Gamma 值的设置，还可以分别对红色、绿色、蓝色 3 种通道进行设置。

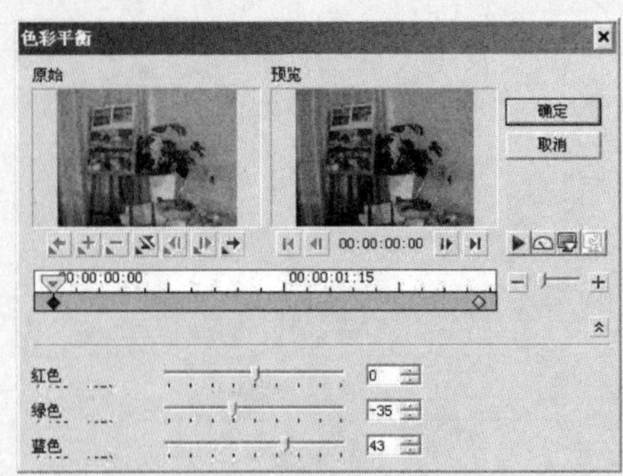

图 3.127　【色彩平衡】对话框

图 3.128　【亮度和对比度】对话框

4)　“色相与饱和度”滤镜

将“色相与饱和度”滤镜效果应用于素材后，其对应的预置效果有 8 种，对应的【色相与饱和度】对话框如图 3.129 所示。在本对话框中，共有【色相】和【饱和度】两个选项用于设置。

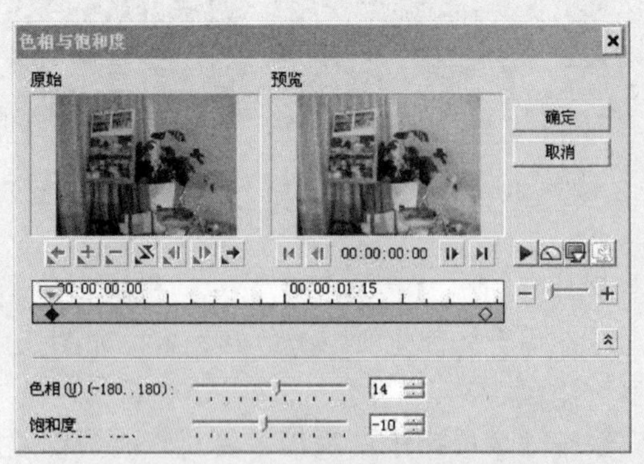

图 3.129　【色相与饱和度】对话框

5)　“双色调”滤镜

将“双色调”滤镜效果应用于素材后，其对应的预置效果有 6 种，对应的【双色套印】对话框如图 3.130 所示。在本对话框中，共有【启用双色范围】、【保留原始色彩】和【红/橙色滤镜】3 个选项用于设置。

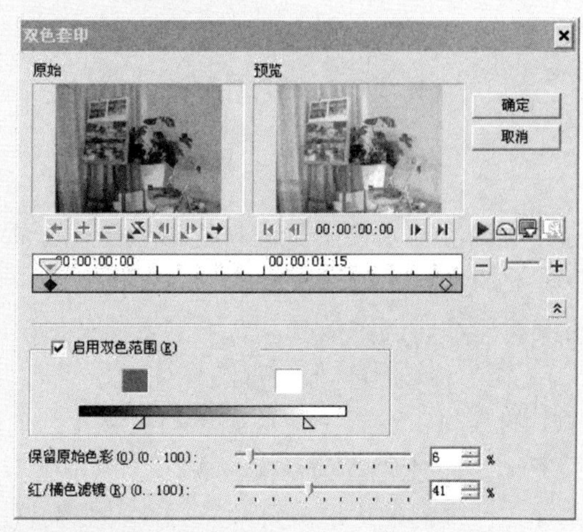

图 3.130　【双色套印】对话框

6)　“反转”滤镜

“反转”滤镜的作用是将素材的颜色进行反转，它只会出现一种结果，即【预置滤镜效果】中的结果。其对应的【自定义滤镜】按钮虽然能打开【反转】对话框，但并不能设置任何效果。

7)　“自动调配”和“自动曝光”滤镜

“自动调配”和“自动曝光”两种特效，是会声会影编辑器根据侦测到的视频信息，对素材自动进行调整和曝光处理，不牵扯到手动设置，其对应的【属性】选项卡中的【预置滤镜效果】处于未激活状态。单击对应的【自定义滤镜】按钮虽然能打开相位的对话框，但其中并无参数设置，该对话框只是起到一种对比和预览的作用。

3.3.4　素材变形

在会声会影的编辑器中，视频素材的变形来自两种情况，一种是素材方向的变化，一种是素材形状的变化。相对来讲，在视频轨上对视频素材使用素材变形的场合并不多，对覆叠轨上的素材进行素材变形的情况就显得非常普遍。

1. 素材方向变化

素材方向的变化来自旋转视频。会声会影 11 的旋转视频很简单，不能任意角度进行旋转，只能按 90° 的倍数进行旋转。

从素材库或时间轴上选择一个视频素材，会在预览窗口中显示其效果。单击其对应的【视频】选项卡中的【逆时针旋转】按钮或【顺时针旋转】按钮，可以每次旋转 90°。例如，对素材库中的素材 V21 进行逆时针旋转 3 次得到的预览效果如图 3.131 所示。

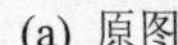
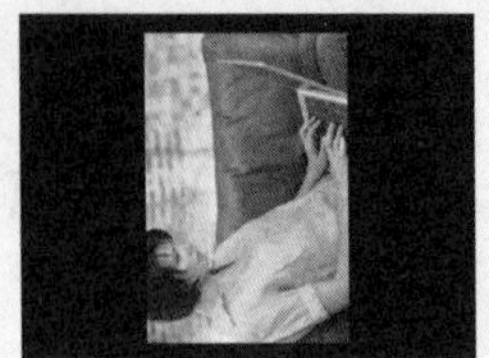

(a) 原图　(b) 逆时针旋转 90° 一次　(c)逆时针旋转 90° 二次　(d)逆时针旋转 90° 三次

图 3.131　逆时针旋转

2. 素材的形状变化

会声会影提供了素材变形功能，主要用于素材的形状变化。素材变形可用于素材库和时间轴上的视频轨和覆叠轨上的素材。关于覆叠轨上的素材变形，将于本书第 5 章进行详细讲解，在这里主要介绍素材库和时间轴的视频轨上的素材变形(也就是故事板视图中显示的素材)。

对于【视频】素材库中的素材，一般不在原始素材链接上进行变形，其原因主要是如果在原始素材链接上进行变形，即使将本项目文件关闭，也不能取消该素材的变形结果，从而给将来素材在其他项目文件中的使用造成麻烦。因此，对素材库中的素材进行变形时，需要在原始素材的基础上制作一个副本，在副本上进行变形操作。在素材库中进行的素材变形可以在时间轴中多次引用，但对于时间轴上的素材进行变形只应用于该素材位置。

在素材库或时间轴上选中素材，在其对应的选项面板上切换到【属性】选项卡，选中【素材变形】复选框，此时在预览窗口的素材四周会出现一个可调节的矩形虚线框，如图 3.132 所示。

图 3.132　选中【素材变形】复选框

在预览窗口中的素材上右击，打开其快捷菜单，如图 3.133 所示。

在默认情况下，视频显示为【默认大小】，用户可以根据需要选择合适的大小和位置。如选择【原始大小】命令，并且选择【停靠在底部】|【居中】命令的结果如图 3.134 所示。执行【调整到屏幕大小】命令的结果如图 3.135 所示。如果对变形不满意，可以选择【默认大小】命令恢复原状，进入重新调整。

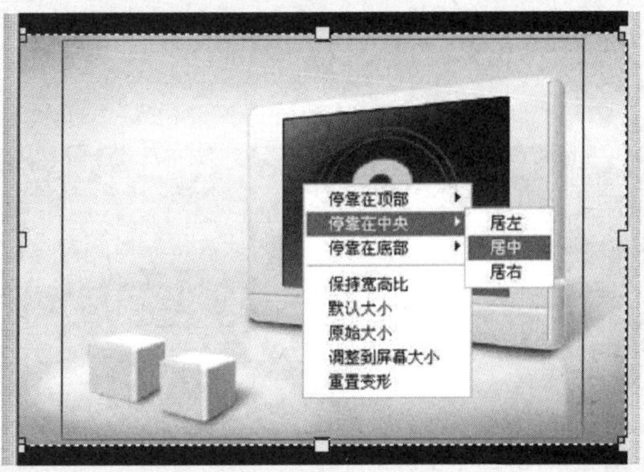

图 3.133　右键快捷菜单

图 3.134　素材变形

图 3.135　调整到屏幕大小

除了可以使用右键快捷菜单对素材进行变形外，还可以手动调整素材的形状。将鼠标指针放置在四周的黄色矩形块上，当鼠标指针变为双向箭头时，按下鼠标左键拖动，可以改变素材的大小，这种调整比使用右键快捷菜单进行素材变形更加自由，如图 3.136 所示。

图 3.136　手动调整素材的大小

在进行手动调节的过程中，一般会选中【属性】选项卡上的【显示网格线】复选框 显示网格线，以便较精确地定位，如图 3.137 所示。

图 3.137　网格线协助定位

由于需求不同，网格线的显示也应不同。选中【显示网格线】复选框，在预览窗口中显示网格线后，单击【显示网格线】复选框右侧的按钮，打开【网格选项】对话框，进行【网格大小】、【线条类型】和【线条色彩】选项的设置。如果选中【对齐网格】复选框，在素材居中部分按下鼠标左键拖动，素材右上角拖动到网格线的边缘时，会被网格线捕捉，这样更利于定位。在【网格选项】对话框中进行如图 3.138 所示的设置后，变形后的素材在预览窗口中的显示结果如图 3.139 所示。

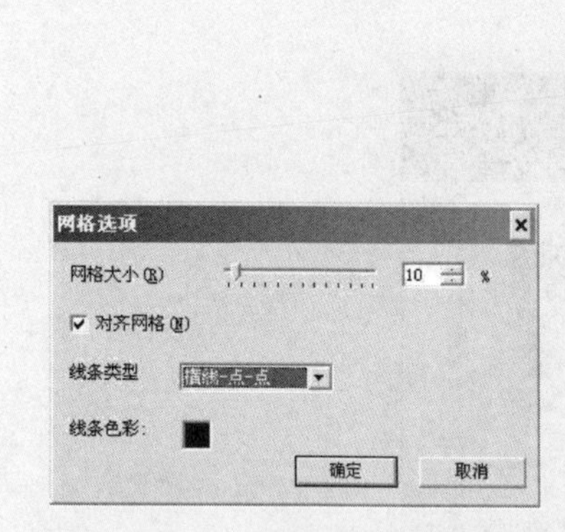

图 3.138　【网格选项】对话框

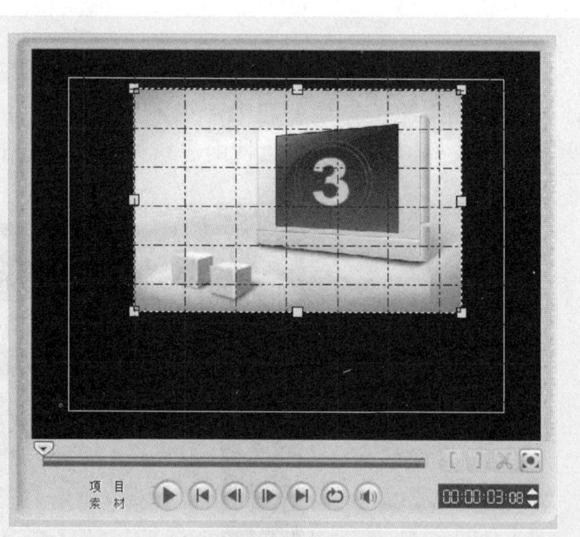

图 3.139　素材在预览窗口中的效果

如果将鼠标指针放置在素材的变形框的四个角的内部的绿色方块部分，鼠标指针会变为下角带小方块的三角形，拖动角上各点，进行素材的不规则变形，此时素材的外边框和素材边缘线分开，如图 3.140 所示。

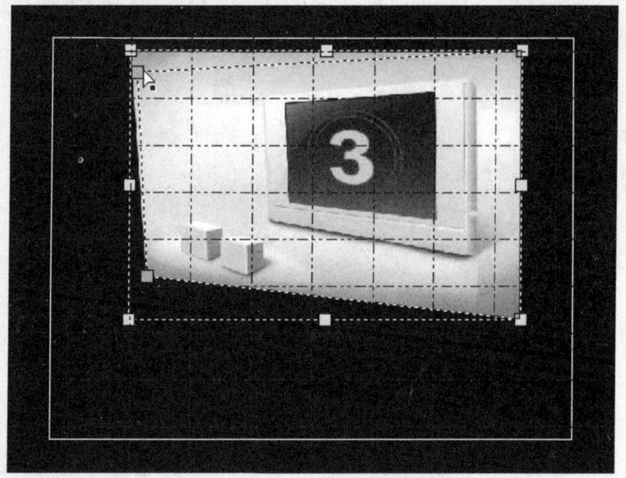

图 3.140　手动调整素材形状(注意鼠标指针的形状变化)

如果对调整结果不满意，除可继续调整外，还可在素材上右击，在打开的快捷菜单中执行【重置变形】命令，使素材变为与其外边框相同的形状。

3.3.5　音频控制

对于视频素材来说，有些是不带有音频、只带有视频的，有些是同时带有音频和视频的。对于含有音频的视频素材，可以进行音频控制。

选中某段视频，如果该视频对应的【视频】选项卡上的音频设置部分 均处于非激活状态，则提示此视频不带有音频，反之则在视频素材中带有音频。并且在时间轴中，带有音频的视频素材其左侧带有一个喇叭形标志，如图 3.141 所示。

图 3.141　带有音频的视频素材

在含有音频的视频素材被选中后，其对应的【视频】选项卡中的【素材音量】 微调框中可以输入一个 0～500 之间的数字，用来设置音量的大小，其数值越小音量越小。音量为 100，表示音量为原始大小；音量为 0，表示静音；音量为 500，表示音量为原始音量的 5 倍。单击右侧的微调按钮，可以对素材的音量进行细微调整。单击右侧的下三角按钮，可打开一个音量调节滑动条，拖动滑块也可以调整素材音量的大小，如图 3.142 所示。

图 3.142　音量调节滑动条

单击【静音】按钮，可以暂时屏蔽选中素材中的声音，使其不起作用，但并不是将其中的音频删除。

单击【淡入】或【淡出】按钮，可以使视频中的音量在开始时由小变大或在结束时由大变小。

在时间轴上选中带有音频的视频素材，单击【视频】选项卡中的【分割音频】按钮，时间轴(如果是处于故事板视图状态)会自动切换到时间轴视图，在声音轨上自动添加一段音频，其名称与视频轨上的素材名称和格式均相同。此时视频轨上的视频的喇叭标志上被加上一个停用标志，如图 3.143 所示。

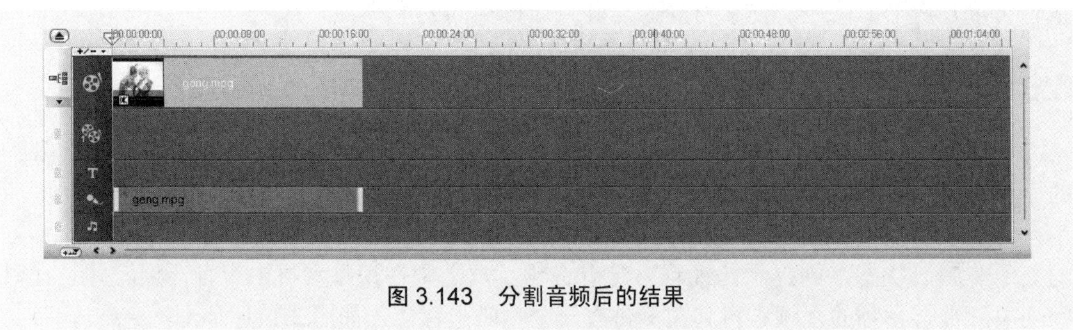

图 3.143　分割音频后的结果

分割后的视频和音频可以分开调整，如移动位置、进行长度修整等。

值得注意的是，此时视频轨上的素材虽然暂时没有音频，但并不是将音频删除了。选中视频轨上的素材，单击对应【视频】选项卡上处于按下状态的【静音】按钮，视频轨上的素材的音频将恢复。

3.3.6　控制回放速度

为了保持视频的原汁原味，基本上不需要调整视频的回放速度。但有一些极端的情况却是例外，需要进行回放速度的调整。如足球赛进球或犯规后的慢镜头重放、为体现儿童的天真活泼而进行的快镜头速进等。另外慢快镜头的使用在影视剧中被大量应用，如武林高手对决时招式的快速变化、释放暗器时暗器的慢镜头运动路径和人物的躲避动作等。会声会影通过回放速度的调整，也可以做出类似的效果。

视频的回放速度控制只对时间轴上的素材起作用，对素材库中的素材无效。

在时间轴中选择一个素材，在其对应的【视频】选项卡中单击【回放速度】按钮，打开【回放速度】对话框，如图 3.144 所示。

在对话框的最上面显示原始素材的时间长度。在【速度】微调框中输入一个 10～1000

的数值，来重新设置素材播放的速度。其数值小于 100%，将以慢动作形式回放，如果将其速度设置为 10%，素材将以慢十倍的速度播放；其数值大于 100%，将以快镜头回放，如果将其速度设置为 1000%，素材将以原素材十倍的速度前进。拖动【速度】微调框下面的滑动条也可以调整回放速度。

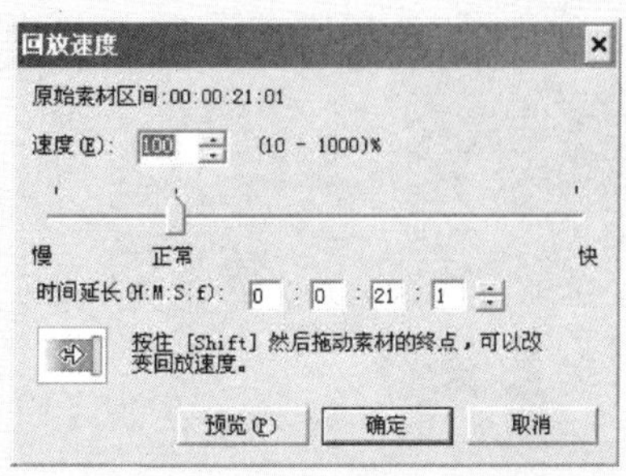

图 3.144　【回放速度】对话框

除了可以在【速度】微调框中调整速度百分数和拖动滑动条外，还可以在【时间延长】选项后面输入具体的时间值(时：分：秒：帧)进行时间值的精确调整。

调整回放速度后，单击【预览】按钮，可以预览调整后的效果。

在时间轴视图中，按住 Shift 键的同时，在选中素材的两侧的修整拖柄上按下鼠标左键拖动，可以手动改变素材的回放速度，如图 3.145 所示。

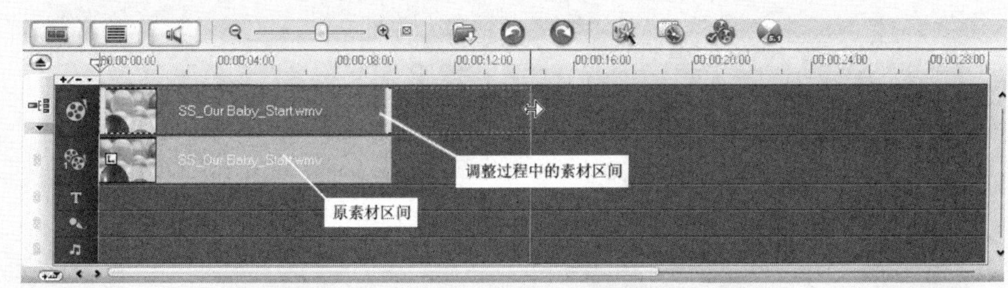

图 3.145　在时间轴视图中调整回放速度

使用【回放速度】对话框对视频素材的速度调整只适合于正向播放，如果希望视频倒放，可选中时间轴上视频素材对应的【视频】选项卡中的【翻转视频】复选框。

3.3.7　视频滤镜

在制作视频影片时，如果能给影片加上一些特效，将会给人带来很强的视觉冲击和良好的欣赏效果。会声会影提供的丰富的视频滤镜可以轻松实现这些效果。

1. 添加视频滤镜

在时间轴上选中某个素材，单击其对应的【属性】选项卡或在【画廊】下拉列表框中选择【视频滤镜】选项，都可以切换到【视频滤镜】素材库，如图 3.146 所示。

单击某一视频滤镜，可以在预览窗口中显示其第一帧效果，单击【播放】按钮，可以对滤镜效果进行预览，如“波纹”滤镜默认选择的预览效果如图 3.147 所示。

图 3.146　切换到【视频滤镜】素材库

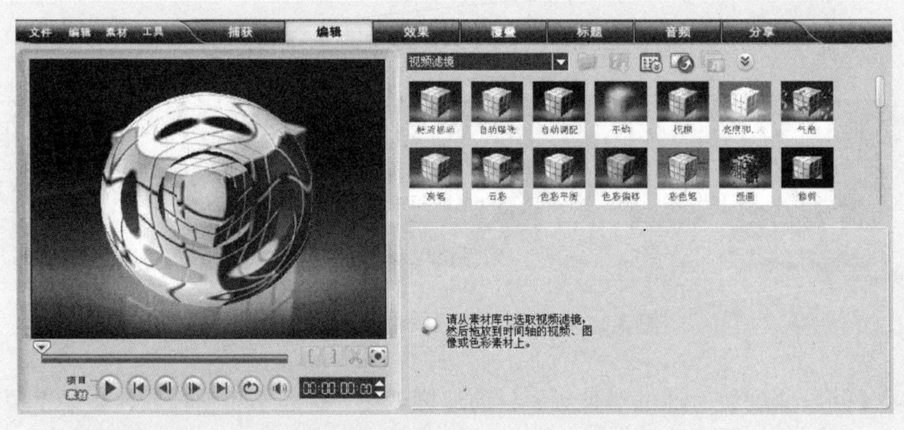

图 3.147　在预览窗口中预览滤镜效果

在素材库中的某种视频滤镜上按下鼠标左键，将其拖动到时间轴上，就可以完成视频滤镜的添加。添加滤镜后，在素材的左侧会出现一个滤镜添加标志，并且在素材对应的【属性】选项卡的滤镜列表中显示出滤镜的名称，如图 3.148 所示。

如果选中【替换上一个滤镜】复选框，则对素材只能使用一个滤镜，在滤镜列表中只显示一个滤镜。如果希望将已经添加的滤镜效果删除，单击滤镜效果列表右侧的【删除】按钮×即可。为了设置的方便，会声会影已经预置了多种滤镜效果。如果使用的是预置滤镜效果，在滤镜下面的预置滤镜区中会显示其效果，单击其右侧的下拉三角形按钮，打开预置效果列表，在其中的某种效果上单击或双击，会将该效果应用于素材上，如图 3.149 所示。

图 3.148　在素材上添加视频滤镜

图 3.149　选择预置滤镜效果

2. 自定义视频滤镜

除了使用预置的滤镜效果外，还可以自定义滤镜效果。如果在使用自定义滤镜之前，已经选择了一种预置效果，则自定义滤镜的各项设置在选中的预置效果的基础上进行调整；如果没有选择预置效果，自定义滤镜则以第一种预置滤镜为基础进行调整。

在这里以使用“波纹”滤镜的第一种预置效果进行滤镜设置为例进行讲解。单击【自定义滤镜】按钮，打开对应的对话框，如图 3.150 所示。

- 【原图】区：在它的预览窗口中显示原素材的图像，但也有一些与滤镜相关的信息，如在图 3.150 中显示的十字形波纹中心。在该预览窗口的下面有一些按钮，用于设置关键帧。

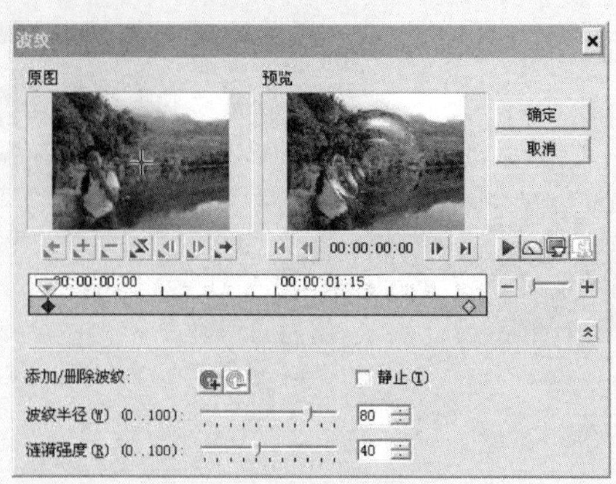

图 3.150　自定义滤镜对应的对话框

- 【预览】区：在它的预览窗口中可以预览应用滤镜后的效果，其下面的按钮和时间主要用于当前帧的定位和确认。在其右侧的 4 个按钮，主要用于预览设置。【播放】按钮用于控制预览效果的播放。【播放速度】按钮用于设置预览播放的速度，单击该按钮，可以在其下拉列表中的 4 个播放速度中选择一种。【启用设备】按钮用于启用和本预览窗口中同时播放的设备。只有在按下【启用设备】按钮后，【更换设备】按钮才处于激活状态。单击该按钮，打开【预览回放选项】对话框，在这里可以将预览设置在对话框的预览窗口、项目的预览窗口和设备(如 DV 摄像机)上进行播放，可以一次选择多个预览位置，如图 3.151 所示。

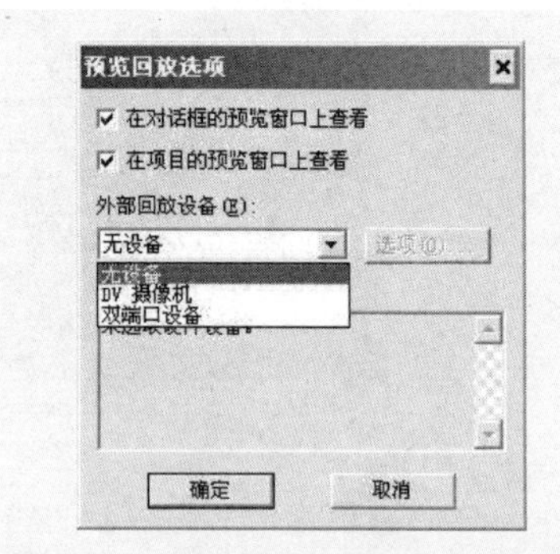

图 3.151　【预览回放选项】对话框

- 时间轴：主要用于设置关键帧，同时也具有一定的控制预览的功能。单击其右侧的【缩小】和【放大】按钮或拖动滑动条上的滑块，可以缩小或放大时间轴的范围，以便更好地定位帧位置。关键帧在时间轴上显示为菱形块。

在最下面的扩展区域，用于设置具体的参数。

例如，若要给人和景物做一个倒影的效果，并且希望有两个波纹，操作如下。

步骤 01　为了更清楚地看到新添加的波纹位置及效果，提前将原有波纹的中心点从【原图】窗口的中心移动到一侧。首先在时间轴上单击开始关键帧，使其变为红色，然后移动【原图】窗口中的波纹中心的位置。使用同样的方法移动结束关键帧中波纹中心的位置，两个波纹中心的位置并不一定相同，如图 3.152 所示。

步骤 02　确定一个需要添加关键帧的位置，如果该位置已经有关键帧，可以直接设置，如果在该处并没有设置关键帧，可单击【原图】窗口下面的【添加关键帧】按钮在该处先添加一个关键帧。

步骤 03　确定关键帧位置后，单击【添加/删除波纹】后面的【添加波纹】按钮，可

以在该处添加一个新的波纹，新波纹的中心位于窗口的正中央，如图 3.153 所示。

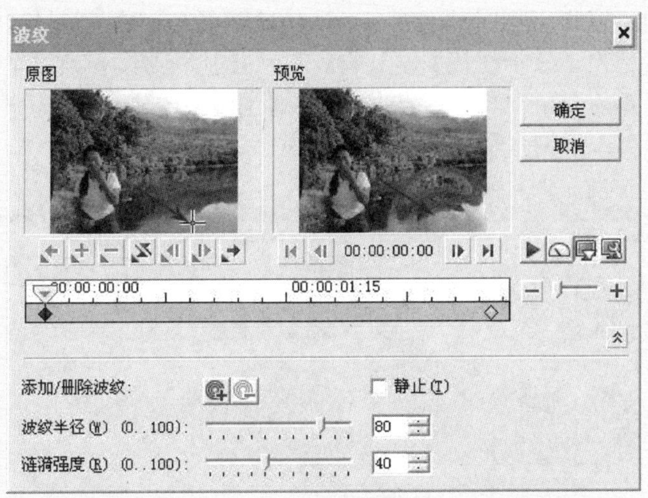

图 3.152　调整开始关键帧上波纹中心的位置

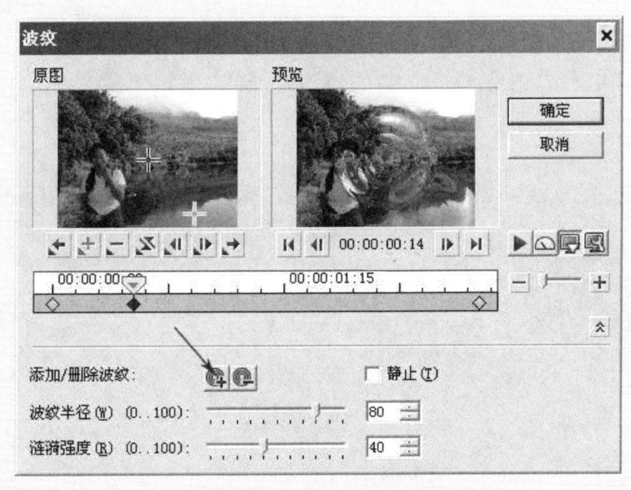

图 3.153　添加新的波纹

步骤 04　在默认情况上，添加的【波纹半径】的值为 80，【涟漪强度】的值为 40。拖动两选项右侧的滑块或在其右侧的微调框中输入一个 0～100 的数字，可以改变其数值。如果希望在后面不再进行关键帧的设置，可选中【静止】复选框。

步骤 05　使用同样的方法添加多个关键帧，并对波纹的各项参数进行设置。

步骤 06　在设计过程中，使用【删除关键帧】按钮，可以将当前关键帧删除。使用【翻转关键帧】按钮，可以将各关键帧反转过来。

步骤 07　设计完成后，单击【确定】按钮完成自定义视频滤镜的设置。

对于不同的视频滤镜，其【原图】区、【预览】区、时间轴都基本相同，所不同的就是最下面扩展区域的各项参数设置。

3. 多个滤镜的同时应用

在会声会影中可以为素材同时添加多个视频滤镜，方法是在素材对应的【属性】选项卡中，取消选中【替换上一个滤镜】复选框。再从【视频滤镜】素材库中连续选择多个滤镜将其添加到时间轴的素材上。各滤镜的效果在【属性】选项卡中显示出来，如图 3.154 所示。在一个素材上可以应用多个视频滤镜。

图 3.154　在同一素材上添加多个滤镜

单击滤镜列表右侧的【上移滤镜】按钮▲或【下移滤镜】按钮▼，可以调整在同一素材上应用视频滤镜的顺序。滤镜应用的顺序不同，其效果也不同。如将图 3.154 中的视频滤镜次序变换后，预览效果如图 3.155 所示。

图 3.155　变换次序后的效果

3.3.8　视频滤镜分类介绍

会声会影 11 包括了几十种视频滤镜，在本书中根据视频滤镜的作用不同可分为如下几类。

1. 调色类视频滤镜

对于调色类视频滤镜，已经在 3.3.3 小节中进行了简单介绍，主要包括单色、反转、亮度和饱和度、色彩平衡、色相与饱和度、双色调、自动调配、自动曝光等滤镜。

2. 绘画类视频滤镜

绘画类视频滤镜主要用于将画面处理成某种绘画类风格的作品，包括彩色笔、漫画、水彩、炭笔、油画、肖像画等视频滤镜。

1)　“彩色笔”滤镜

“彩色笔”视频滤镜共预置了 10 种效果，单击【自定义滤镜】按钮，打开【彩色笔】对话框，在本对话框中，用于参数设置的选项只有【程度】一项，其数值越大，用笔的力度越大，如图 3.156 所示。

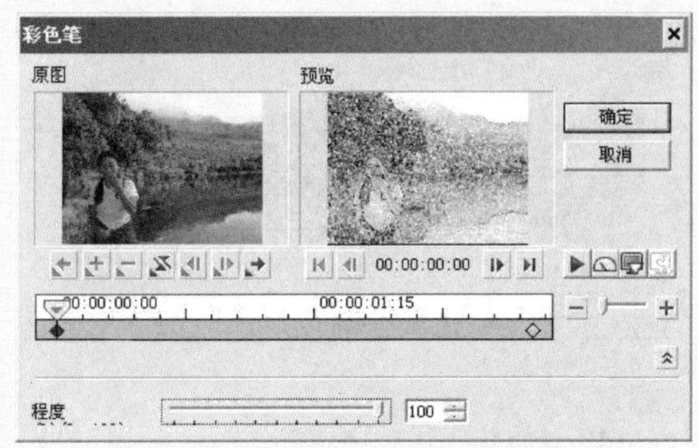

图 3.156　设置“彩色笔”滤镜

对于本滤镜来说，使用预置的效果就可以了，10 种预置效果基本覆盖了其【程度】选项取值的范围。值得注意的是，使用本滤镜，在设置较大的值时对黑色的控制不太好。

2)　“漫画”滤镜

“漫画”视频滤镜共预置了 8 种效果。在其对应的自定义设置的对话框中，可以就区域和笔画进行参数调整。它主要以大块的色彩和边缘的勾勒来完成效果。

在【区域】选项组，【样式】下拉列表框中共有两个选项：【平滑】和【平坦】。【平滑】选项会使各色块之间的过渡更自然，而【平坦】选项对各色块边缘的勾勒更加明显。【粗糙度】数值设置的越高，单个色块越大。两种样式的效果比较如图 3.157 所示。

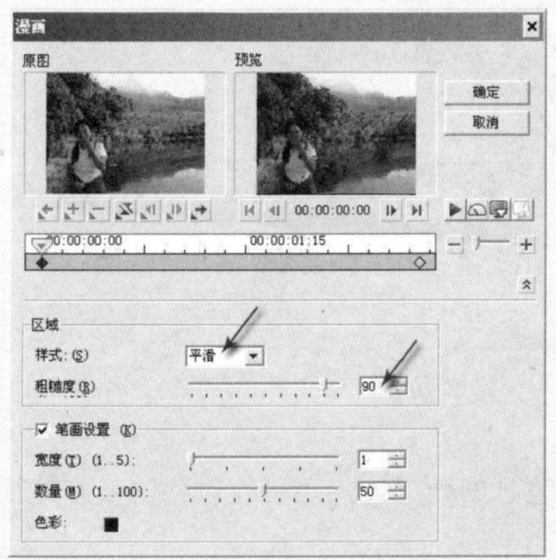

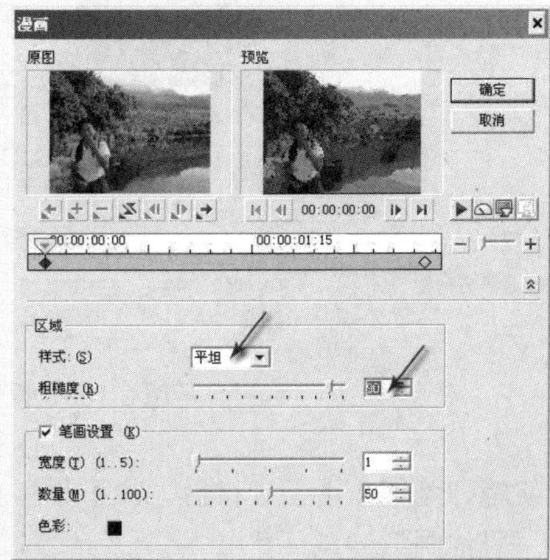

图 3.157　设置“漫画”滤镜

【笔画设置】选项组用于设置边缘的宽度和数量，也用于定义边缘的色彩。

3) “水彩”滤镜

“水彩”滤镜用于将素材显示为水彩画的效果，共预置了 11 种效果。在其对应的自定义设置的对话框中，共有两个选项：【笔刷大小】和【湿度】。首先要设置笔刷的大小，然后设置绘画的湿度，湿度越大，每一笔所覆盖的面积越大。【水彩】对话框中的设置如图 3.158 所示。

图 3.158　设置“水彩”滤镜

4) “炭笔”滤镜

“炭笔”滤镜用于为素材设置炭笔绘画的效果，共预置了 8 种效果，其中包括一种动态效果。在其对应的自定义设置的对话框中，共有 3 个选项：【平衡】、【笔画长度】和【程度】。【炭笔】对话框中的设置如图 3.159 所示。

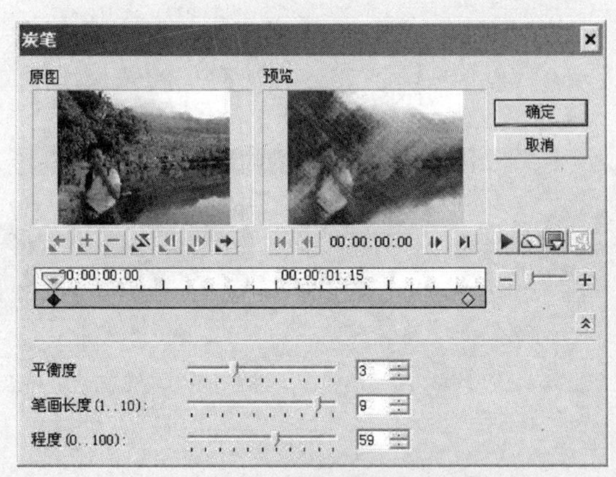

图 3.159　设置“炭笔”滤镜

“炭笔”滤镜应用于素材后，除了具有炭笔画的效果外，还带有风化的一些特征。

5) “油画”滤镜

“油画”滤镜用于为素材设置油画的效果，共预置了 8 种效果，其中包括 4 种动态效果。在其对应的自定义设置的对话框中，共有两个选项：【笔画长度】和【程度】。【油画】对话框中的设置如图 3.160 所示。

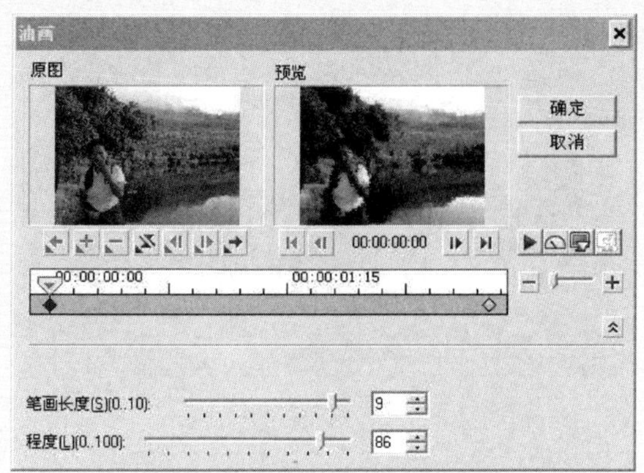

图 3.160　设置“油画”滤镜

6)　“肖像画”滤镜

“肖像画”滤镜用于为素材设置肖像画的效果，共预置了 8 种效果，其中包括两种动态效果。在其对应的自定义设置的对话框中，共有 3 个选项：【镂空罩色彩】、【形状】和【柔和度】。【镂空罩色彩】选项用于设置肖像四周的镂空罩的色彩。镂空罩的形状共分为 4 种：椭圆、圆形、正方形和矩形。【柔和度】用于设置镂空罩边缘的程度，其值越大，所占用的范围越大，其中间部分的柔化程度也就越高。【肖像画】对话框中的设置如图 3.161 所示。

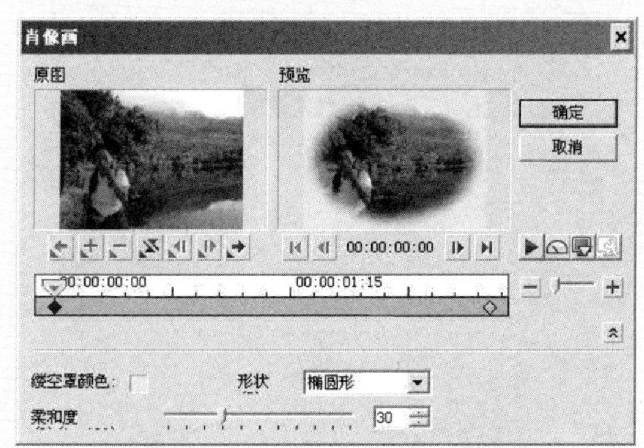

图 3.161　设置“肖像画”滤镜

3. 自然效果类滤镜

在会声会影 11 中提供了波纹、风、光芒、光线、涟漪、气泡、闪电、水流、星形、雨点、云彩、漩涡等自然效果类滤镜，用于模仿自然界的各种现象，对视频所处环境进行设置。其中“波纹”效果在 3.3.7 小节中已经做了详尽的讲解。

1)　“风”滤镜

“风”的效果主要用于体现对环境的处理，另外也在某种程度上体现速度的变化。在“风”滤镜对应的自定义对话框中，主要设置风的【方向】、【模式】和【程度】3 个选项。其中【模式】分为两种：强风和微风。而【程度】选项是在确定了风向和模式后，对风的

大小的微调。其对应的对话框如图 3.162 所示。

图 3.162　设置“风”滤镜效果

2)　“光芒”滤镜

“光芒”滤镜效果主要用于体现物体的发光设置，如太阳的光芒等，有时它也应用于卡通动画当中。“光芒”滤镜对应的自定义对话框如图 3.163 所示。

图 3.163　设置“光芒”滤镜效果

据笔者看来，“光芒”滤镜中设置的光芒假的感觉还是相当明显的，应当更适用于卡通片或作为一种标志来使用。

3)　“光线”滤镜

“光线”滤镜效果主要用于体现画面的某一部分被光线束照射的效果，有些像探照灯照射过的感觉。“光线”滤镜对应的自定义对话框如图 3.164 所示。

- 【添加/删除光线】：单击其右侧的灯泡按钮，可以添加或删除光线束。
- 【光线色彩】：用于设置光线的色彩。
- 【外部色彩】：用于设置光线束外部的色彩。
- 【距离】：用于设置光线覆盖的范围。

- 【曝光】：用于设置光源的曝光时长。
- 【高度】：用于设置光线束高度的变化。
- 【倾斜】：用于设置光线束倾斜的程度。
- 【发散】：用于设置光线束发散的范围。

图 3.164　设置“光线”滤镜效果

4)　“涟漪”滤镜

“涟漪”滤镜效果主要用于体现画面映在水中出现涟漪的效果，本滤镜特效与“波纹”滤镜有一定的相似之处，但又不尽相同，用户可以自行比较。在其对应的对话框中，其对应的选项有：【方向】、【频率】和【程度】。在【方向】选项组中，将涟漪的方向设置为“从中央”或“从边缘”，获得的效果完全不同。“涟漪”滤镜对应的自定义对话框如图 3.165 所示。

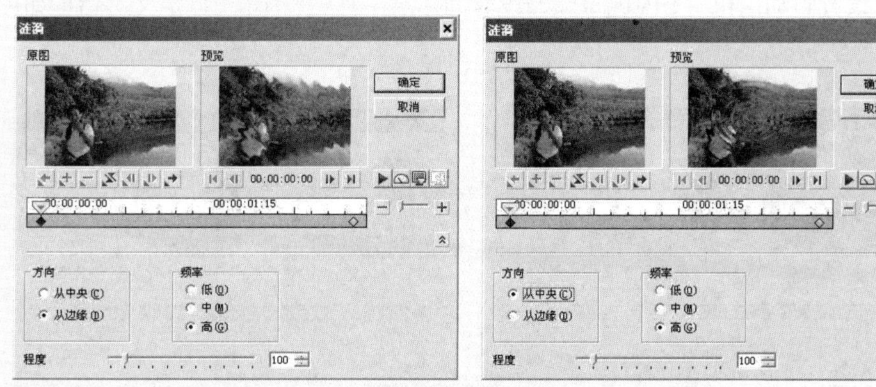

图 3.165　设置“涟漪”滤镜不同方向的效果

5)　“气泡”滤镜

从严格意义上来说，“气泡”滤镜不能算是自然效果类的滤镜。使用气泡效果，可以在画面上添加一些动态气泡，并且气泡模拟在光线照射下的反光和成像等感觉，效果非常不错。如果在动态照片影集或舞台剧中使用该效果，将大大增加画面的耐看程度。“气泡”

滤镜共提供了 6 种预置效果，在对应的自定义对话框中用于设置气泡的选项特别多，但并不麻烦。精心调整，可以设计出各种各样的气泡类型，其对话框如图 3.166 所示。

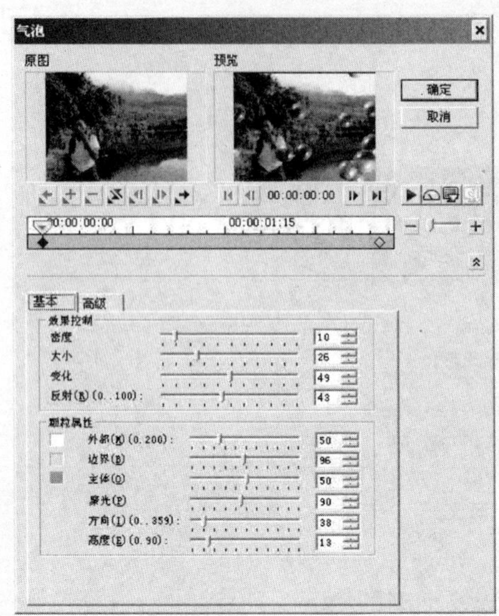

图 3.166 设置“气泡”滤镜效果

6) “闪电”滤镜

本视频滤镜用于模拟自然界中闪电划过天空的效果，共预置了 6 种效果。在其打开的自定义对话框中，闪电的设置非常全面，但如果没有特殊要求，很少对它们专门进行设置。在【原图】预览窗口中，十字形标志用于设置闪电的中心点，而绿色和蓝色方块用于设置闪电的开始和结束点，拖动两个小方块，可以改变闪电的倾斜度。另外，在【基础】选项卡中，可以设置自动闪电，令闪电每隔一段时间出现一次。“闪电”自定义对话框如图 3.167 所示。

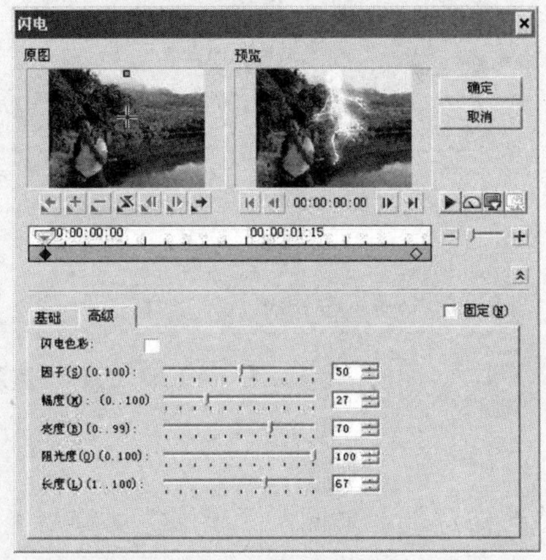

图 3.167 设置“闪电”滤镜效果

7)　“水流”滤镜

“水流”滤镜和“波纹”、“涟漪”两个滤镜虽然都是表现水中的变化，但它们的侧重点不同，“水流”滤镜主要模拟溪水或河水流过时画面的变化。它共预置了 5 种效果，在其自定义设置对话框中，只有【程度】一个调整选项，如图 3.168 所示。

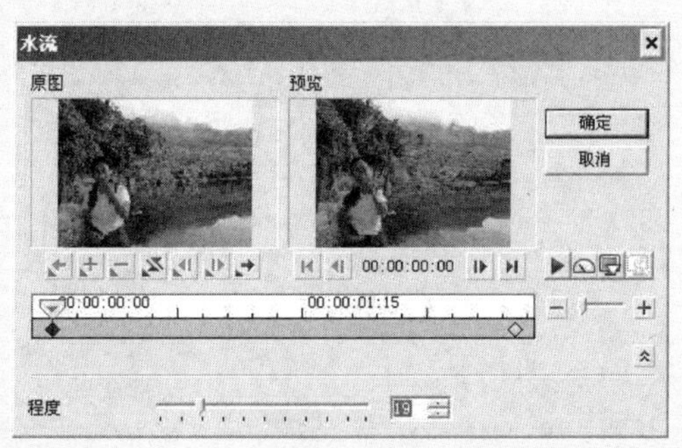

图 3.168　设置“水流”滤镜效果

8)　“漩涡”滤镜

“漩涡”滤镜虽然可以模拟水中出现的漩涡效果，但从实际意义上来说，这种模拟效果有很大的局限性，它更多地应用在比较简单的画面上，制作一些动感的背景。本滤镜共预置了 8 种效果，在其对应的自定义设置对话框中，共有两个选项：【方向】和【扭曲】，如图 3.169 所示。

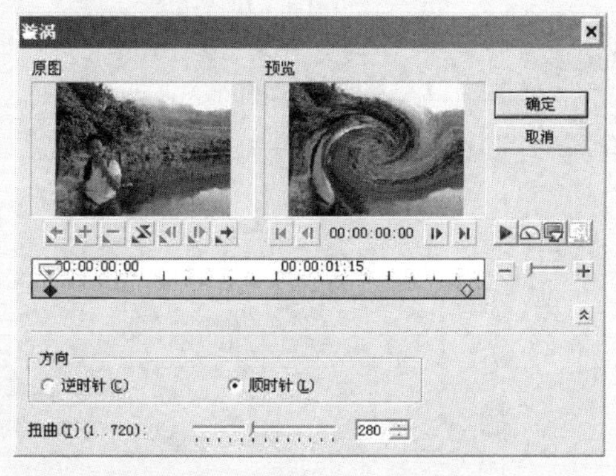

图 3.169　设置“漩涡”滤镜效果

9)　“雨点”滤镜

“雨点”滤镜效果是一个相当逼真的视频效果，可以模拟下雨的各种状态，其预置的 12 种效果在数量上虽然很多，但并不能满足应用，通过设置其自定义设置对话框中【基本】和【高级】两个选项卡中各个选项的参数，可以设计出丰富的雨天效果，如图 3.170 所示。

10)　“云彩”滤镜

云彩是很难模拟的一种自然现象，但在会声会影中也提供了这种视频滤镜。因为云彩主要用于设置视频的前景，所以它主要应用于覆叠轨的素材上。其对应的自定义设置对话框如图 3.171 所示。

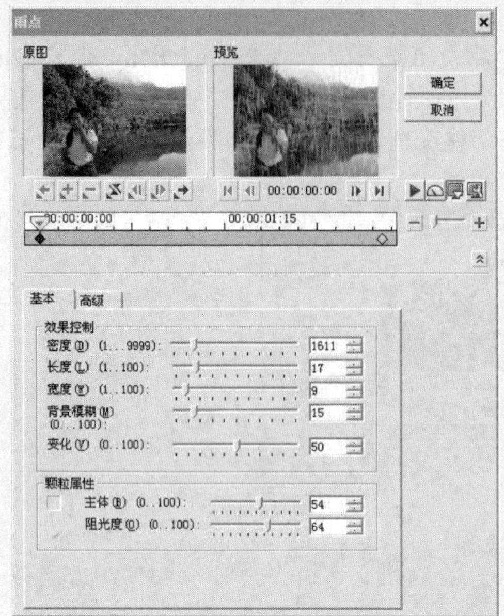

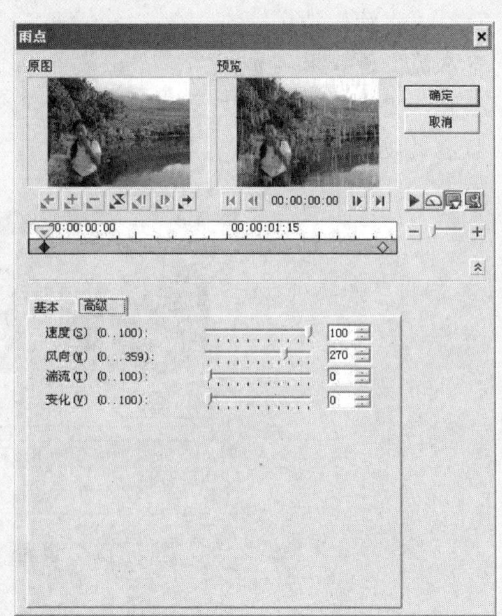

图 3.170 设置“雨点”视频效果

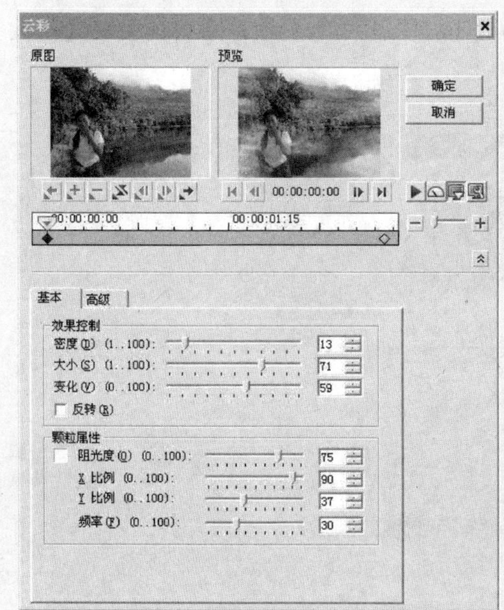

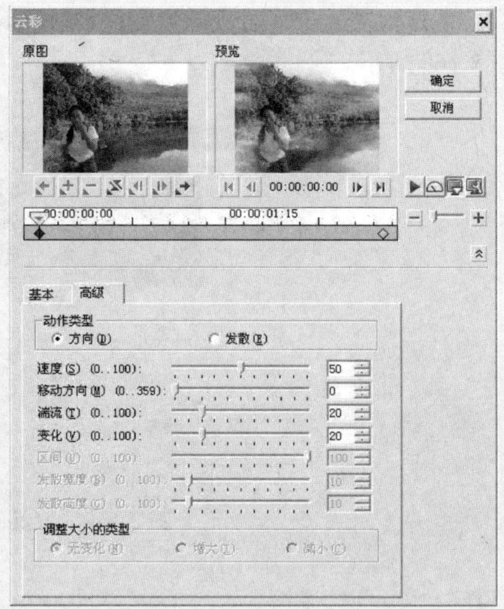

图 3.171 设置“云彩”视频滤镜

11) “星形”滤镜

“星形”滤镜效果主要模拟发光物体所发射的光芒，如星体、灯等光源。和“光芒”视频滤镜相比，它显得更加逼真，设置的参数和应用的范围也更大。它共预置了 8 种效果，可通过其对应的自定义设置对话框进行多项设置，如图 3.172 所示。

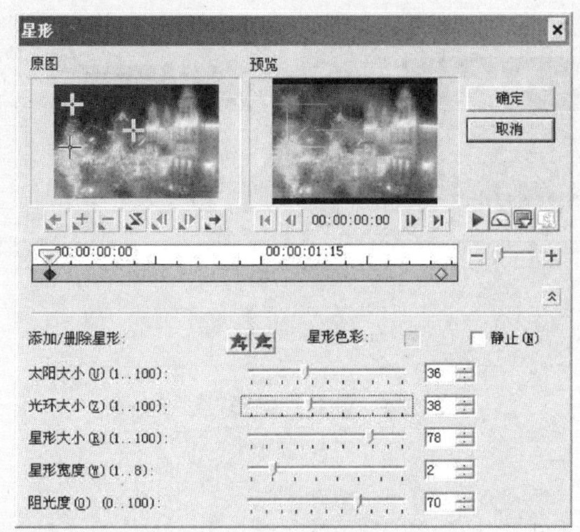

图 3.172　设置“星形”滤镜效果

4. 模糊和锐化类

对素材进行模糊处理，可以让图像较为柔和或制作梦幻的效果，亦可掩饰小的瑕疵，其功能类似于摄影用的柔焦镜。对素材进行锐化处理，可使焦距模糊的图像显得清晰，利用提高像素差来达到提高锐利化的效果。在这里将降噪、模糊、平均、锐化等归为此类。

1)　“去除雪花”滤镜

会声会影每个版本的升级总会新增几种视频滤镜，在此次的版本中也不例外。它有一点像“去除杂点”的功能，尤其在光线不足的地方，图 3.173 所示为加入“去除雪花”滤镜前后的对比图。

图 3.173　加入滤镜的前后效果比较

2)　“降噪”滤镜

严格地说，“降噪”滤镜不应该归为此类，但通过此滤镜的处理，可以去除素材中的杂色和噪点，因此将其归为此类视频滤镜中。它并没有预置效果，在其对应的自定义设置对话框中可进行程度、锐化、来源图像阻光度等选项的设置，选中【锐化】复选框与否其效果正好相反，如图 3.174 所示。

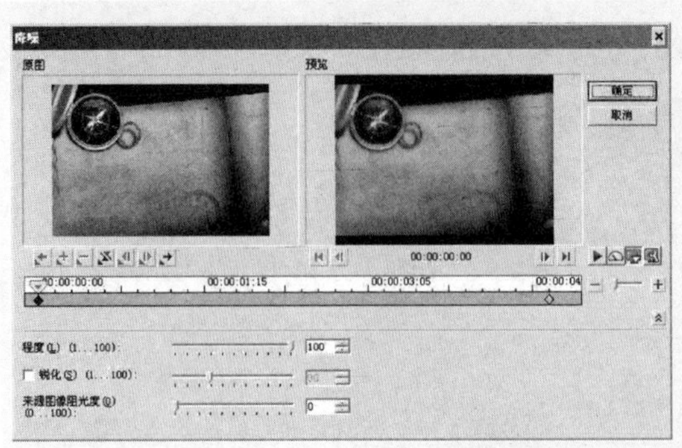

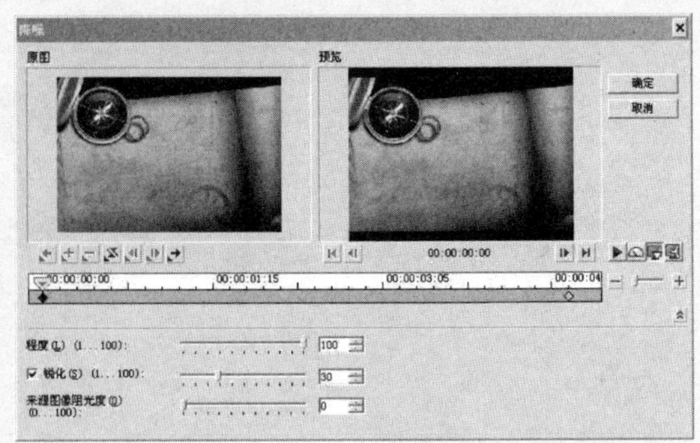

图 3.174 设置“降噪”滤镜效果

3) “模糊”滤镜

“模糊”滤镜用于表现一种较为柔和的效果，共预置了 5 种效果，其对应的自定义设置对话框中只有【程度】一个选项用于调整模糊的数值，其取值范围为 1～5。其设置对话框如图 3.175 所示。

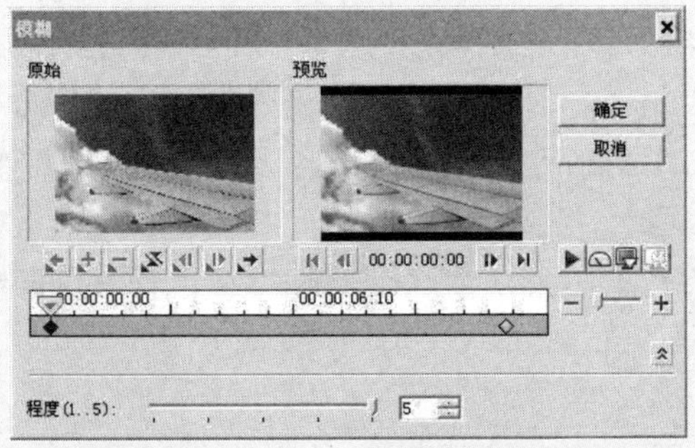

图 3.175 设置“模糊”滤镜效果

4) “平均”滤镜

“平均”滤镜会将视频按方块进行平均化处理，以获得一种模糊的、梦幻化的效果。该滤镜共预置了 6 种效果，在其打开的自定义设置对话框中只有【方格大小】一个选项，其设置的方格越大，画面越模糊，色彩越平均，梦幻感越强。相比“模糊”滤镜，它的模糊化更强。其对应的自定义设置对话框如图 3.176 所示。

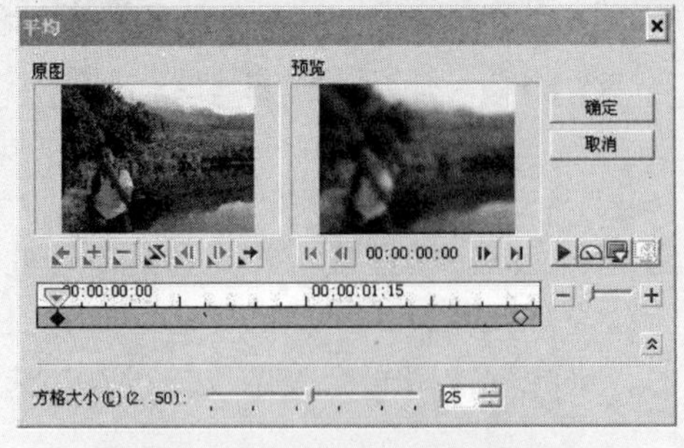

图 3.176 设置“平均”滤镜效果

5)　“锐化”滤镜

“锐化”滤镜可以使焦距模糊的图像显得清晰，利用提高像素差来达到提高锐利化的效果。它共预置了 6 种效果，包括 1 种动态设置和 5 种静态设置。在其对应的自定义设置对话框中，只有【程度】一个选项。如果不在不同的帧上设置关键帧并且程度值发生变化，则没有必要在自定义设置对话框中进行设置。其对应的自定义设置对话框如图 3.177 所示。

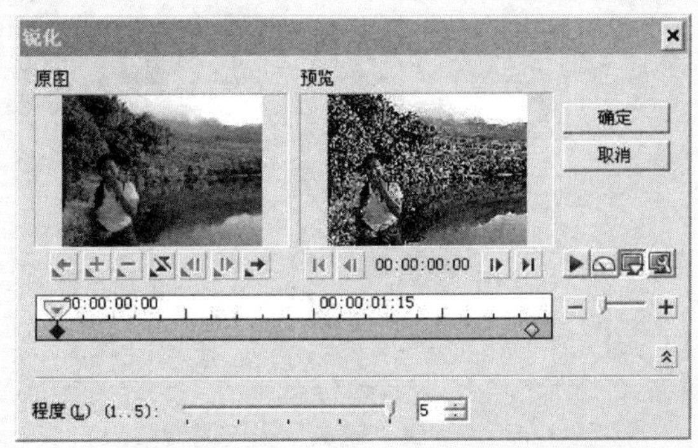

图 3.177　设置“锐化”视频滤镜效果

5. 镜头效果类

镜头效果类包括拍摄镜头或屏幕显示方面的一些滤镜，如发散光晕、镜头闪光、老电影、镜像、频闪动作、色彩偏移等。划归到调色类滤镜中的双色调、自动调配、自动曝光也可划归此类。

1)　“发散光晕”滤镜

“发散光晕”滤镜在效果上应该比“模糊”和“平均”滤镜更能产生梦幻般的效果。它共预置了 6 种效果。在对应的自定义设置对话框中需要对【阀值】、【光晕角度】和【变化】3 个选项进行设置，如图 3.178 所示。

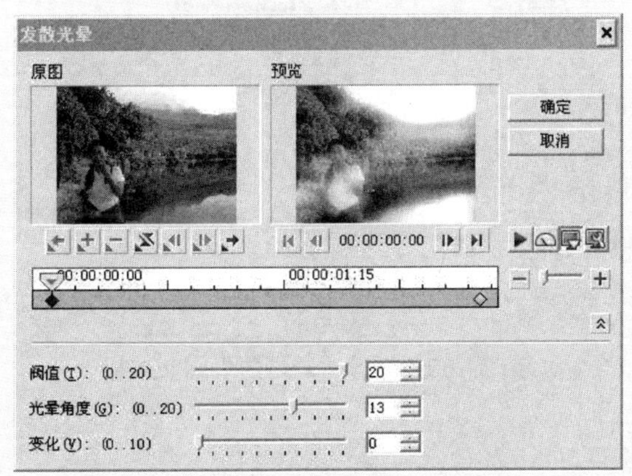

图 3.178　设置“发散光晕”滤镜效果

2)　“镜头闪光”滤镜

“镜头闪光”滤镜用于模仿摄像机拍摄光源周围造成的闪光效果，这种滤镜在视频后期处理中经常应用。它共预置了 6 种效果，其对应的自定义设置对话框中有多项设置。关键是要设置【镜头类型】，镜头类型分为两种，一种是“35mm 主要”，一种是“50～300mm 缩放”，在其他设置相同的情况下，两种镜头类型得到的效果截然不同，如图 3.179 所示。

图 3.179　设置“镜头闪光”滤镜效果

3)　“老电影”滤镜

本滤镜可以为拍摄的素材设置老式电影的效果，共预置了 4 种效果。其对应的自定义设置对话框中有多项设置，包括斑点、刮痕、震动、光线变化、替换色彩等，可以将素材处理得与老电影非常相似，达到以假乱真的地步，如电视连续剧《大染坊》的开始和结尾部分就经过这种处理。其对应的自定义设置对话框如图 3.180 所示。

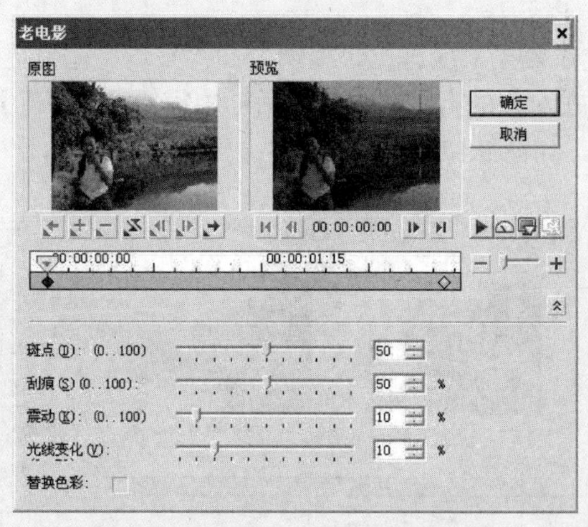

图 3.180　设置“老电影”滤镜效果

4)　“镜像”滤镜

应用“镜像”滤镜可以生成一种显示屏幕不稳定的效果，它共预置了 7 种效果。其对应的自定义设置对话框中只有【方向】和【镜像大小】两个选项，如图 3.181 所示。

5)　“频闪动作”滤镜

可以用来模拟在频闪光线下视频画面出现的幻影效果。它共有 6 种预置效果，在其对

应的自定义设置对话框中，【频闪设置】是最主要的选项。如图 3.182 所示，此时左右两预览图中的画面不同。

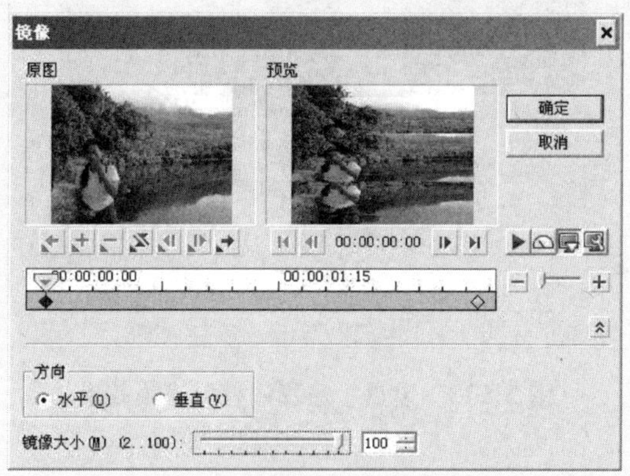

图 3.181　设置“镜像”滤镜效果

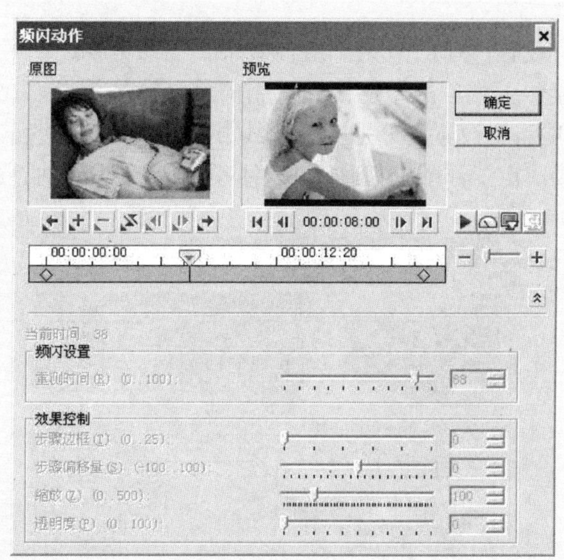

图 3.182　设置“频闪动作”滤镜效果

- 【重测时间】：设置频闪的重测时间间隔，从而使指定区间的画面重复。
- 【步骤边框】：调整由于幻影而产生的边框的重复数量，数值越大重复数量越多。
- 【步骤偏移量】：调整幻影边框的偏移程序，数值越大，偏移程度越明显。
- 【缩放】：设置画面的缩放变化效果。100 为原始尺寸的标准值。输入小于 100 的数值画面收缩显示；输入大于 100 的数值画面放大显示。

6)　“色彩偏移”滤镜

在影片中的色彩是以红色、绿色、蓝色 3 个通道组合而成的。使用“色彩偏移”滤镜，可以使视频中的 3 种通道产生不同程度的偏移。如图 3.183 所示，是红色和绿色通道产生偏移的效果。

图 3.183　设置“色彩偏移”滤镜效果

6. 其他类

除了以上 5 类视频滤镜外，在这里将剩余的滤镜归为其他类。

1)　“浮雕”滤镜

本滤镜可以为素材设置浮雕的效果。这种效果在当前电视剧的片头或片尾应用得非常多，如比较有名的《康熙王朝》的结尾部分采用的就是这种效果。在对应的自定义设置对话框中，共有 3 个选项需要设置，分别是【光线方向】、【覆盖色彩】和【深度】，其中【光线方向】选项直接决定了浮雕的风格。其对应的自定义设置对话框如图 3.184 所示。

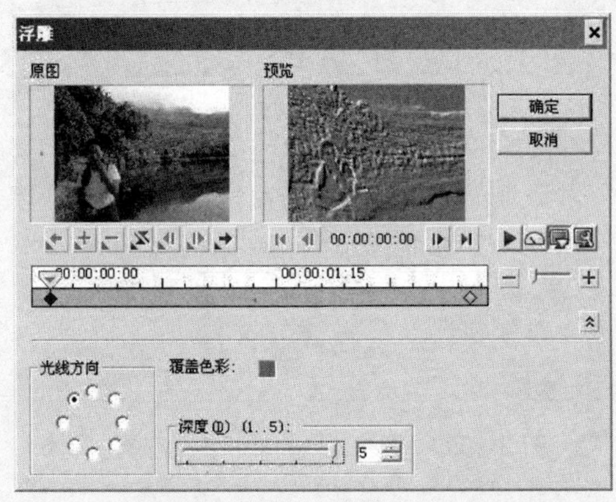

图 3.184　设置“浮雕”滤镜效果

2)　“幻影动作”滤镜

有许多后期制作软件能够为动态素材设置残影效果，虽然会声会影仍不能那样做，但它利用“幻影动作”滤镜却可以为素材添加幻影效果，这种效果不但可以在动态素材上使用，而且可以在静态素材上使用，也就是说它的应用更加广泛。它预置了 12 种效果。

在自定义设置对话框中，最主要的是【重复设置】选项组中的 3 个选项。【混合模式】用于设置幻影与原画面叠加的方式，在会声会影 11 中共有 5 种合并方式，如图 3.185 所示；【步骤边框】用于设置幻影的个数，【步骤偏移量】用于设置幻影的位置。

图 3.185　设置“幻影动作”滤镜效果

3)　“马赛克”滤镜

“马赛克”滤镜可以为素材设置马赛克瓷砖的效果。在新闻采访或一些需要当事人回避的电视镜头中，常使用此滤镜进行处理。本滤镜共有 8 种预置效果，在其对应的自定义设置对话框中，可以设置马赛克的宽度和高度，当然也可以在设置宽度后直接选中【正方形】复选框将马赛克块设置为正方形。其对应的自定义设置对话框如图 3.186 所示。

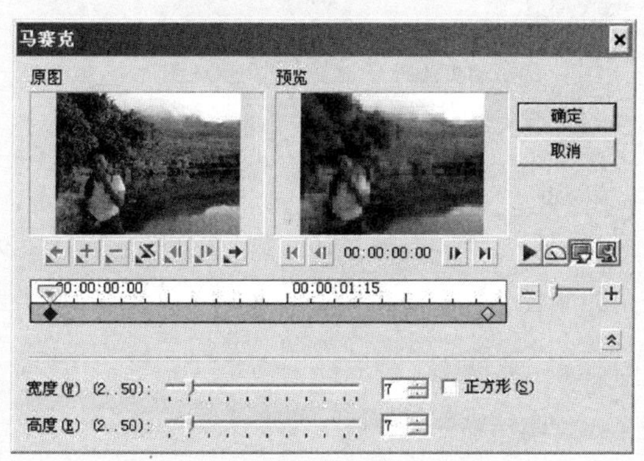

图 3.186　设置“马赛克”滤镜效果

4)　“视频摇动和缩放”滤镜

这是一个关于静态图像动态化的滤镜，具体用法将在 3.4 节中进行讲解。

5)　缩放动作

滚光效果是后期制作软件中一种常见的效果，经常用在企业广告的 LOGO 或影片标题上，有时也用在素材上。会声会影提供的“缩放动作”其实就是滚光效果的一种简单表现方式，之所以说它简单，是因为它并不提供中心点的变化，这不能不说是一个遗憾。它共

提供了 7 种预置效果。在它对应的自定义设置对话框中，共提供了相机和光线两种缩放模式，两种模式的效果如图 3.187 所示。

图 3.187　设置“缩放动作”滤镜效果

6)　“万花筒”滤镜

“万花筒”滤镜可以制作类似于万花筒中的显示效果，主要用来制作动态背景。它提供了 9 种预置效果，但使用预置效果的局限性很大。打开它的自定义设置对话框，首先在【原图】窗口中确定图案的中心位置，在圆圈中按下鼠标左键即可调整。然后调整【角度】和【半径】参数，在【预览】窗口中观看效果，如图 3.188 所示。

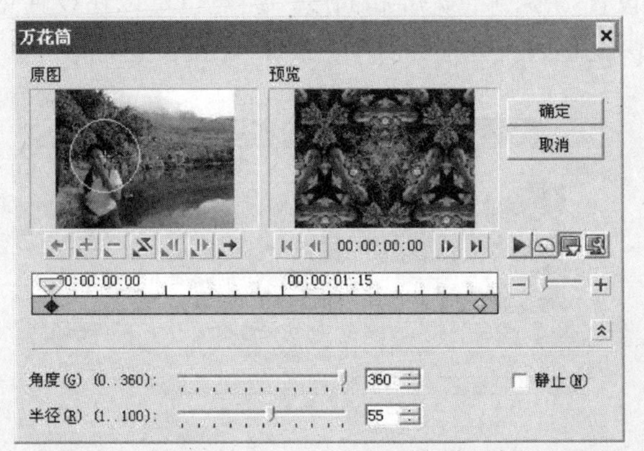

图 3.188　设置“万花筒”滤镜效果

7)　“往内挤压”滤镜

“往内挤压”滤镜就是将素材向中心位置挤压，使其产生内凹的形变。本滤镜共提供了 7 种预置效果。其对应的自定义设置对话框中只有【因子】一个选项，用于设置内凹的程度，如图 3.189 所示。

8)　“往外扩张”滤镜

“往外扩张”滤镜就是将素材由中心向四周扩张，使其产生外凸的形变。本滤镜共提供了 5 种预置效果。其对应的自定义设置对话框中只有【因子】一个选项，用于设置外凸的程度，如图 3.190 所示。

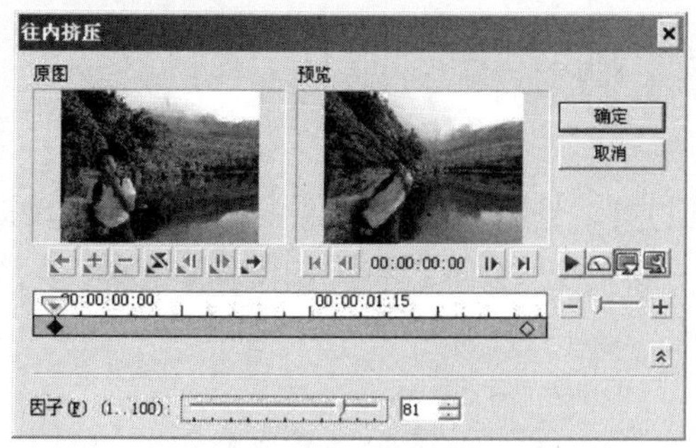

图 3.189　设置“往内挤压”滤镜效果

图 3.190　设置“往外扩张”滤镜效果

9)　“修剪”滤镜

“修剪”滤镜用于裁减素材，被裁剪的部分用某种颜色覆盖，从这方面来讲，这种滤镜称作“遮挡”更确切一些。它的典型应用就是把 4∶3 标准模式拍摄的影片，模拟出 16∶9 的影片效果。本滤镜共预置了 10 种效果，在其对应的自定义设置对话框中，可以先在【原图】窗口中选择保留部分的中心，然后通过调整【宽度】和【高度】的百分比确定保留部分，如图 3.191 所示。

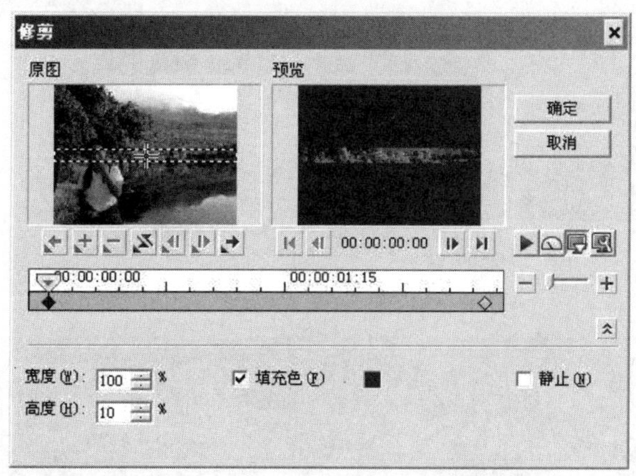

图 3.191　设置“修剪”滤镜效果

- 【宽度】：以百分比设置修剪宽度。100%为原始宽度表示不修剪。输入小于 100%的数值，则按比例修剪画面。
- 【高度】：以百分比设置修剪高度。100%为原始高度表示不修剪。输入小于 100%的数值，则按比例修剪画面。想制作 16∶9 的影片效果，将【高度】设置为 75%即可。
- 【填充色】：选中该复选框，将以指定的色彩覆盖被修剪的区域。单击右侧的颜色方框，可以定义覆盖被修剪的颜色。
- 【静止】：选中该复选框，修剪区域将固定，不能拖动【原图】窗口中的十字标记调整修剪的位置。

3.4 编辑图像素材

在视频轨和覆叠轨上除了可以使用视频素材外，还可以使用图像素材和 Flash 动画素材，这里所说的图像素材指的是广义上的图像素材，包括会声会影中的图像、色彩、装饰(对象、边框)。本节将就图像素材的使用进行讲解。

3.4.1 添加与删除图像素材

1. 图像的添加与删除

在素材库的【画廊】下拉列表框中选择【图像】选项，打开【图像】素材库，选中素材库中的素材，在预览窗口中预览图像，在选项面板上出现该素材对应的【图像】选项卡，如图 3.192 所示。

图 3.192 【图像】素材库

1) 将图像添加到素材库

单击素材库【画廊】下拉列表框右侧的【加载】按钮，或在【图像】素材库的空白位置右击，在打开的快捷菜单中选择【插入图像】命令，接着在打开【打开图像文件】对话框中选中一个或多个图像，如图 3.193 所示。单击【打开】按钮将其插入到【图像】素材库中，如图 3.194 所示。

2) 把图像添加到时间轴

从【图像】素材库中选中一个或多个素材，将其拖动到时间轴上，完成图像素材的添加，如图 3.195 所示。

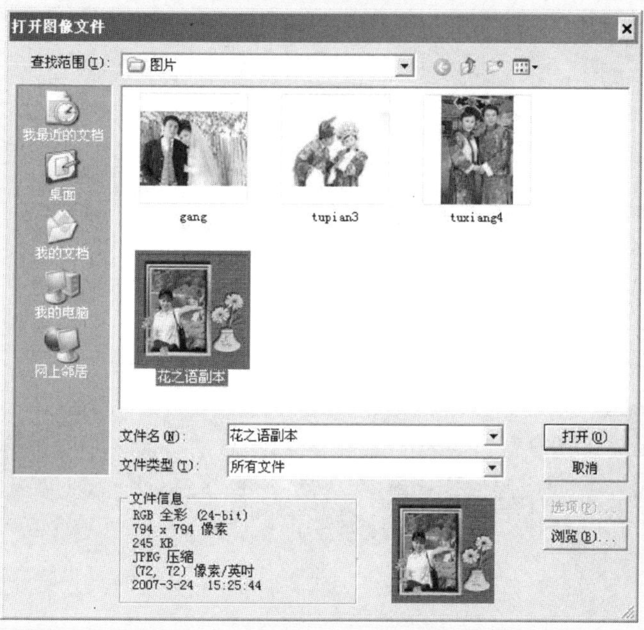

图 3.193　【打开图像文件】对话框

图 3.194　添加到【图像】素材库中的图像素材

也可以在素材库中的图像上右击，在打开的快捷菜单中选择【插入到】|【视频轨】或【覆叠轨】命令，将图像素材添加到时间轴窗口。

在添加图像素材之前，一般要选择【文件】|【参数选择】命令，在【编辑】选项卡中进行与图像相关的设置。具体内容可参考 3.3.3 小节。

如果只是修改某张图像在时间轴上的区间，可修改其对应的【图像】选项卡中的【区间】 0:00:03:00 微调框中的数值。

如果希望在时间轴上添加图像素材，可直接单击时间轴上方的【插入媒体文件】按钮或直接在时间轴的空白位置右击，在弹出的快捷菜单中选择【插入图像】命令，如图 3.196 所示，打开【打开图像文件】对话框，导入图像素材即可。

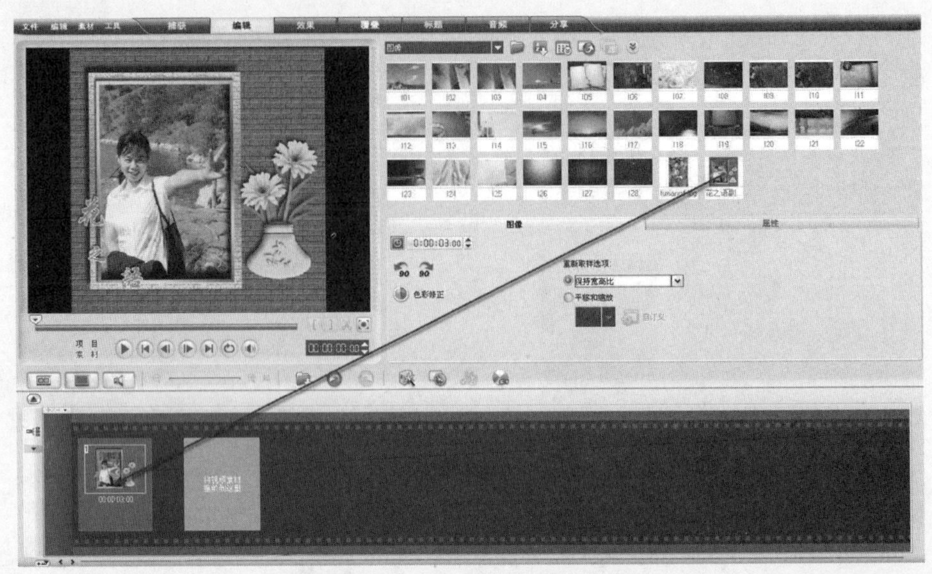

图 3.195　向时间轴添加图像

图 3.196　直接将图像素材插入到时间轴

3)　删除图像

在会声会影中，所谓的删除图像，其实只是删除图像的链接。如果要删除素材库中的图像，应先在素材库中选中图像，然后选择【编辑】|【删除】命令，或单击素材库中的【选项】按钮，在打开的下拉菜单中选择【删除】命令，或直接在素材上右击打开快捷菜单，选择【删除】命令。

4)　打印图像

选择【工具】|【打印选项】命令，或在【图像】素材库中的右键快捷菜单中选择【打印选项】命令，打开【打印选项】对话框，在里面设置打印的对齐方式和页边距，如图 3.197 所示。

设置完成后，在选中图像的右键快捷菜单中选择【打印图像】命令中的二级子命令，如图 3.198 所示。打开【打印】对话框，选择打印机进行打印。

5)　从视频中捕获图像

除了使用电脑或光盘上的图像外，会声会影还支持从视频中捕获图像。选择【视频】素材库或时间轴中的某一视频素材，拖动导览面板上的飞梭栏到需要捕获的帧画面，单击【视频】选项卡中的【保存为静态图像】按钮，就可以将当前帧画面以 BMP 或 JPEG 格式保存在工作文件夹中，并且在【图像】素材库中显示其缩略图，如图 3.199 所示。

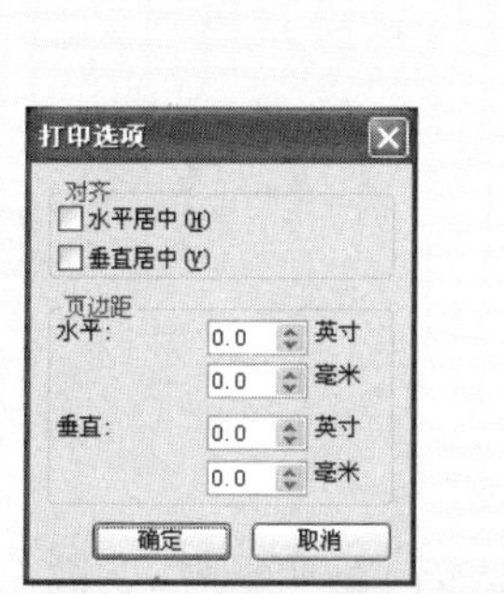

图 3.197　【打印选项】对话框

图 3.198　执行打印

图 3.199　将视频素材的当前帧保存为静态图像

2. 色彩的添加

在会声会影中，除了可以添加图像，还可以添加一些色彩素材。选择素材库的【画廊】下拉列表框中的【色彩】选项，打开【色彩】素材库，单击其中一种色彩，可在预览窗口中显示色彩的使用效果，在选项面板中显示【色彩】选项卡，如图 3.200 所示。

将【色彩】素材库中的色彩添加到时间轴的方法与添加其他素材的方法相同，只要将其拖动到时间轴中即可。

色彩素材的名称均以其 RGB 对应的值来命名，当然也可以像其他素材一样修改名称。如果希望修改当前选中色彩素材的颜色(包括【色彩】素材库或时间轴中的色彩素材)，可先选中素材，然后单击其对应的【色彩】选项卡上的【色彩选择器】选项左侧的颜色块，打开颜色选择框，选择一种颜色即可，如图 3.201 所示。

图 3.200　色彩素材

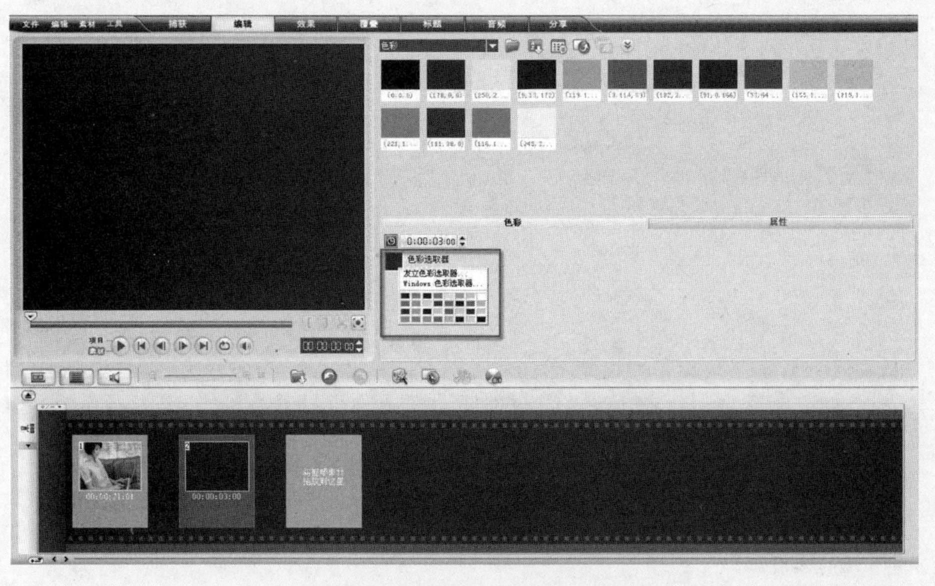

图 3.201　修改色彩素材的颜色

一般情况下，最好不修改【色彩】素材库中预置色彩素材的颜色，如果需要修改，可将为色彩素材制作一个副本进行修改。

在修改色彩素材的颜色时，也可以选择【友立色彩选取器】或【Windows 色彩选取器】命令，在打开的对话框中进行色彩调整。

在友立色彩选取器中，除了可以使用全色彩进行颜色选择外，还可以在某种色彩组中进行颜色选择，如图 3.202 所示。

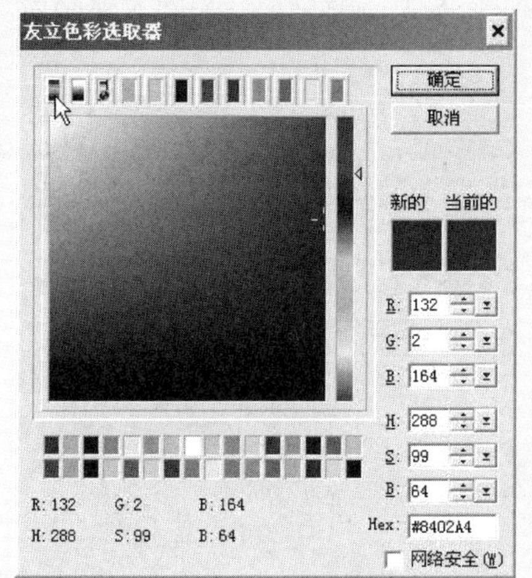

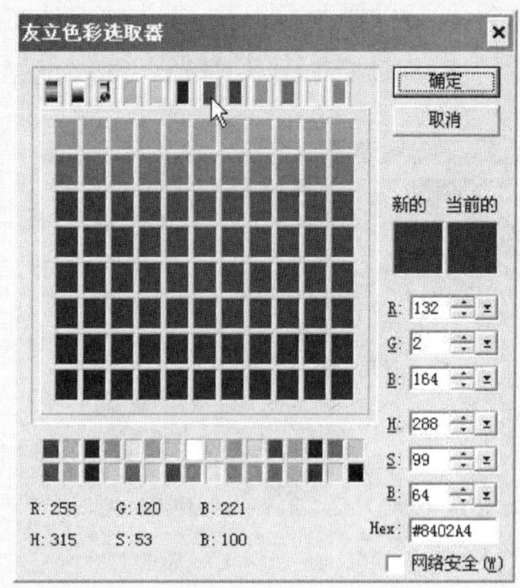

图 3.202　友立色彩选取器

在 Windows 色彩选取器中，除了可以使用一些基本颜色外，还可以使用自定义颜色，如图 3.203 所示。

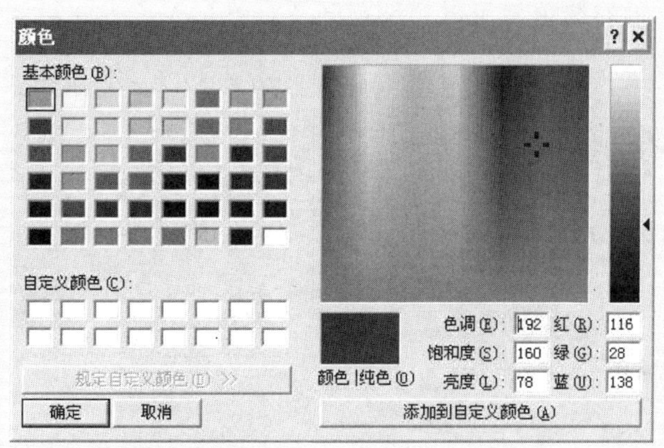

图 3.203　Windows 色彩选取器

如果希望将新的色彩素材添加到素材库中，可单击【画廊】下拉列表框右侧的【加载】按钮，打开【新建色彩素材】对话框，如图 3.204 所示。单击【色彩】选项右侧的颜色块或在 3 个微调框中输入红、绿、蓝 3 种色彩的值，设置完成后单击【确定】按钮，完成新色彩的添加。如果新添加的色彩超出了会声会影支持的范围，会弹出提示对话框，单击【确定】按钮确认即可，如图 3.205 所示。

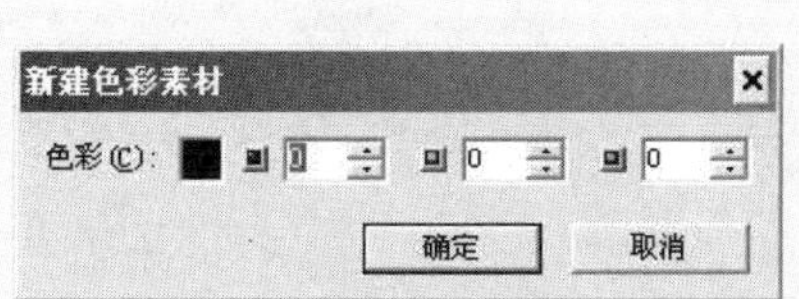

图 3.204　【新建色彩素材】对话框

图 3.205　色彩改变提示对话框

虽然色彩素材颜色单一，但它也支持素材变形和部分视频滤镜，如图 3.206 所示，就是在蓝色素材上添加了“镜头闪光”滤镜的效果。

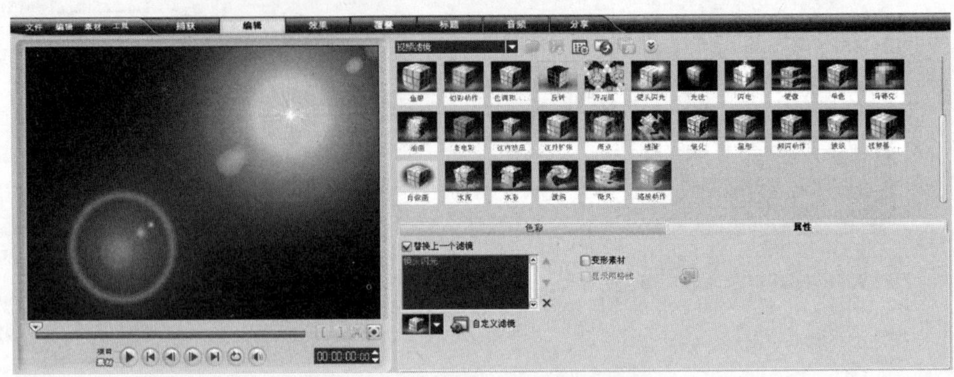

图 3.206　在色彩素材上添加滤镜

3. 装饰类素材的添加

“装饰”类素材分为两个小类：对象和边框。在素材库的【画廊】下拉列表框中选择【装饰】的二级菜单中的选项，可以分别打开【对象】或【边框】素材库，如图 3.207、图 3.208 所示。

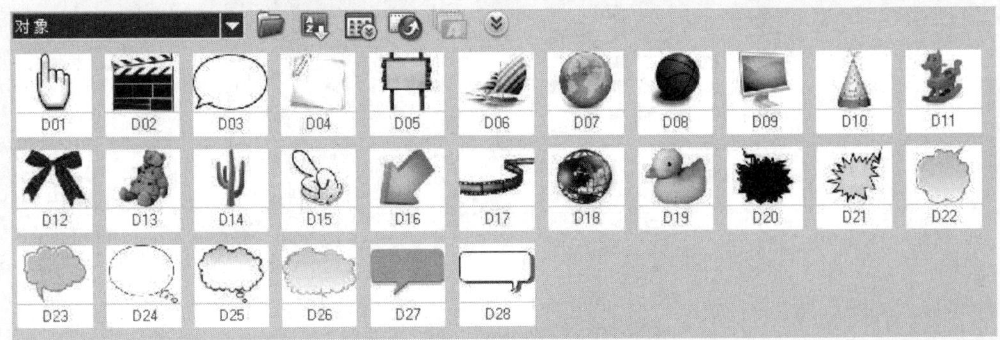

图 3.207　【对象】素材库

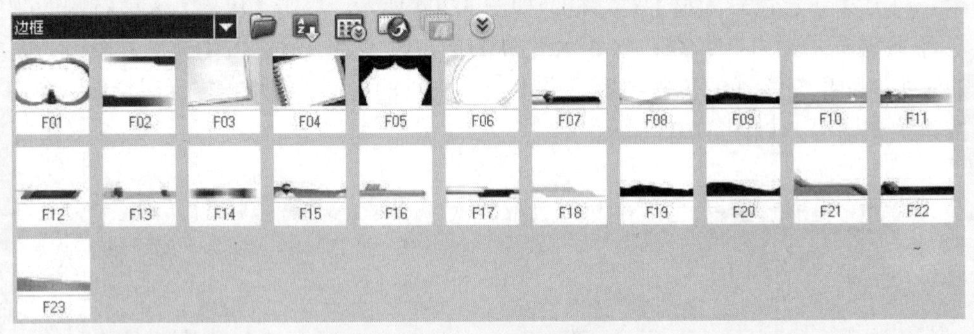

图 3.208　【边框】素材库

装饰类素材含有 8 位的 Alpha 通道，可以产生透明效果。预置的“装饰”类素材都保存在会声会影安装目录下的 Decoration 子文件夹中，其完整路径一般为 C:\Program Files\Ulead Systems\Ulead VideoStudio 11\Samples\Decoration。在预置的素材中，对象是以 PNG 格式保存的，而边框是以 TIFF 格式保存的，如图 3.209 所示。

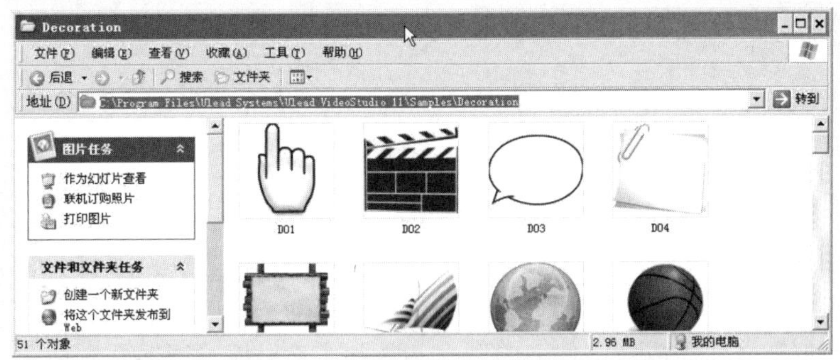

图 3.209　装饰类素材的格式

对含有 Alpha 通道的装饰类素材来说，如果将其插入到视频轨中，其透明部分显示为白色(有的素材也显示为其他颜色)，而如果将其添加到覆叠轨上，其含有 Alpha 通道的部分将透明显示，露出视频轨上的部分，如图 3.210 所示。

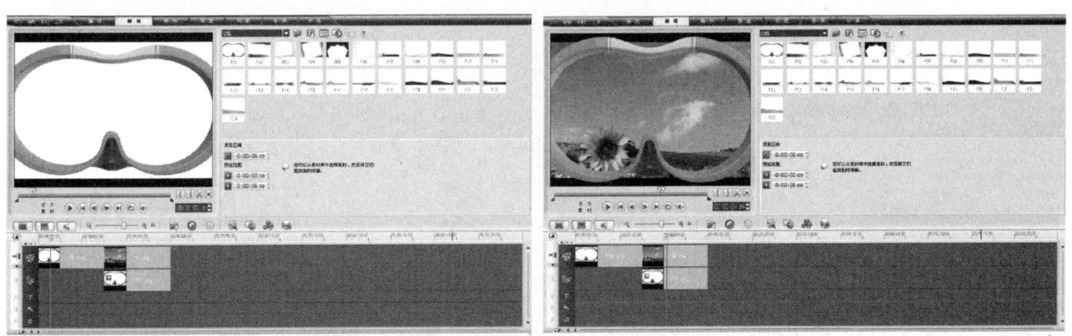

图 3.210　将边框素材添加到不同轨道的比较

4. 素材库管理器的使用

从【装饰】素材库的分级方法可以看到，对于某种素材库还可以进行详细分类。其实除了固定的分类外，会声会影还提供了自定义素材库的功能，它是通过素材管理器来实现的。素材库管理器可用于整理自定义的素材库文件夹。这些文件夹可以帮助用户保存和管理各种类型的媒体文件。

选择【工具】|【素材库管理器】命令或在素材库的【画廊】下拉列表框中选择【素材库管理器】选项，会打开【素材库管理器】对话框。在【可用的自定义文件夹】下拉列表框中共有 4 个文件夹，分别是视频、图像、音频和标题，如图 3.211 所示。在它们的下面可以再创建新的子文件夹。

例如希望创建一个图像文件夹，可在【可用的自定义文件夹】下拉列表框中选择【图像】选项，然后单击【新建】按钮，打开【新建自定义文件夹】对话框，定义文件名称，并对其进行适当描述，如图 3.212 所示。

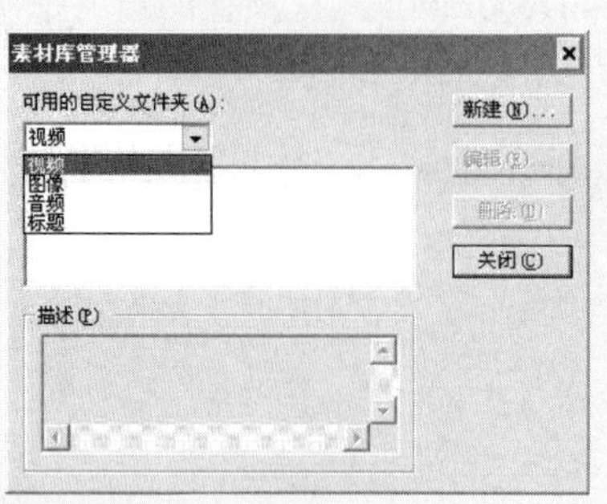

图 3.211　素材库管理器

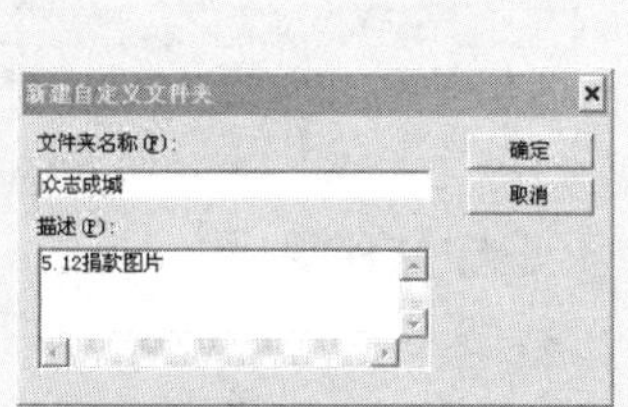

图 3.212　【新建自定义文件夹】对话框

单击【确定】按钮完成新文件夹的创建，回到【素材库管理器】对话框，如图 3.213 所示。

如果现在或将来对新添加的素材文件夹不满意，可选中该文件夹，单击【编辑】按钮，打开【重命名自定义文件夹】对话框进行修改，或直接单击【删除】按钮将文件夹删掉。

如果对创建的文件夹满意，直接单击【关闭】按钮。在素材库的【画廊】下拉列表框就添加了新创建的“众志成城”素材库，如图 3.214 所示。

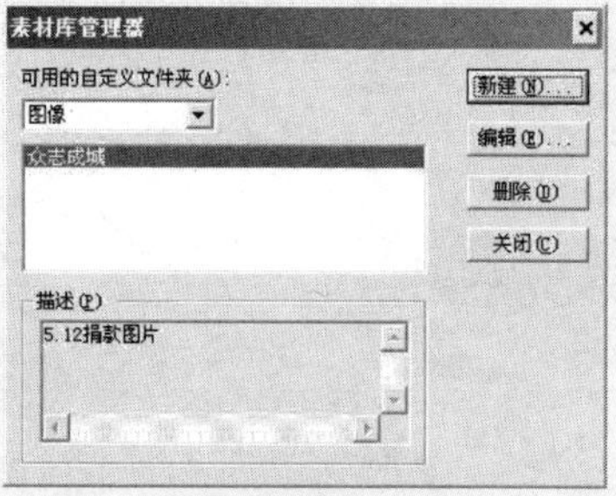

图 3.213　创建自定义文件夹

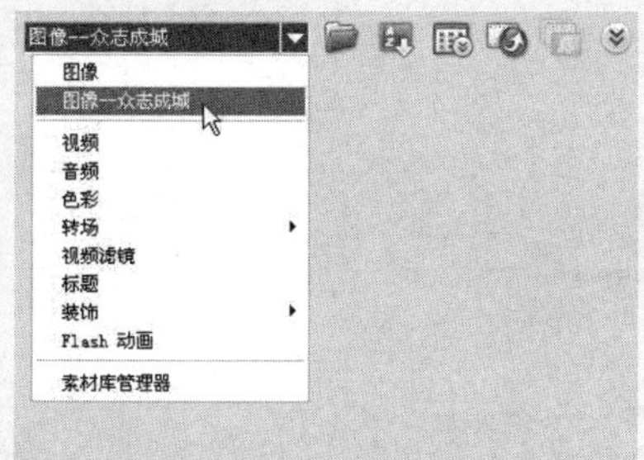

图 3.214　新添加的素材库类型

单击打开该素材库，该素材库显示为空，没有素材。使用添加图像的方法，为素材库添加素材，添加前后的素材库如图 3.215、图 3.216 所示。

图 3.215　没有添加图像的素材库

图 3.216　新添加了图像的素材库

3.4.2　摇动和缩放

对于图像类素材，其对应的【图像】选项卡中的选项与视频素材对应的【视频】选项卡中的选项相比有很大的差别，如图 3.217 所示。

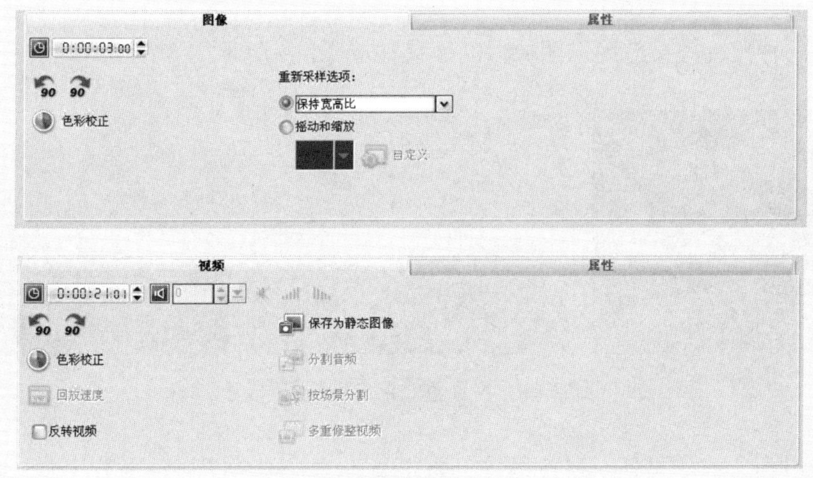

图 3.217　图像素材与视频素材对应选项卡的对比

在【图像】选项卡中，有特色的就是【重新采样选项】，它决定了图像的显示范围。

选择【保持宽高比】选项，可以使图像以原宽高比显示，不至于变形；选择【调到项目大小】选项，可以使图像充满屏幕，以防止背景色的显示。选中【摇动和缩放】单选按钮可以使用预置的图像显示方法或自定义显示图像的范围，在平淡无奇的纪录影片中，运用摇动和缩放作局部画面特写，可以让主题与效果更加突出。

对于图像显示的摇动和缩放效果，共有两种方法可以调整，一种是利用【图像】选项卡上的【摇动和缩放】单选按钮进行调整，另一种是通过在图像上使用“摇动和缩放”滤镜来完成。相比之下，使用前一种方法更方便些，使用后一种方法调整更加自由。

1. 使用摇动和缩放选项

在时间轴上选中素材后，在其对应的【图像】选项卡中选中【摇动和缩放】单选按钮，单击【预置效果】右侧的下拉三角形按钮，打开预置效果列表，在列表中共预置了 16 种效果，如图 3.218 所示。

图 3.218　选择预置的摇动和缩放效果

将其中一种预置效果应用于图像后的效果如图 3.219 所示。

图 3.219　将预置效果应用于图像素材

除了使用预置的效果外，还可以进行自定义设置。单击【自定义】按钮，打开【摇动和缩放】对话框，如图 3.220 所示。

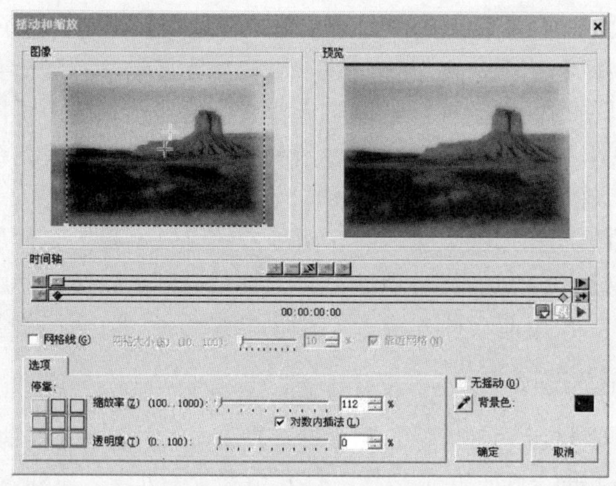

图 3.220　【摇动和缩放】对话框

在【图像】窗口中有一个矩形虚线框，其框选的部分即是在右侧【预览】窗口中显示的部分。红色十字形标志是矩形框的中心。

在调整显示内容的区域之前，可选中【网格线】复选框并设置【网格大小】选项，作为显示内容定位的参考。选中【靠近网格】复选框，可在【图像】窗口中移动中心十字标志，中心十字靠近网格时被捕获，如图 3.221 所示。

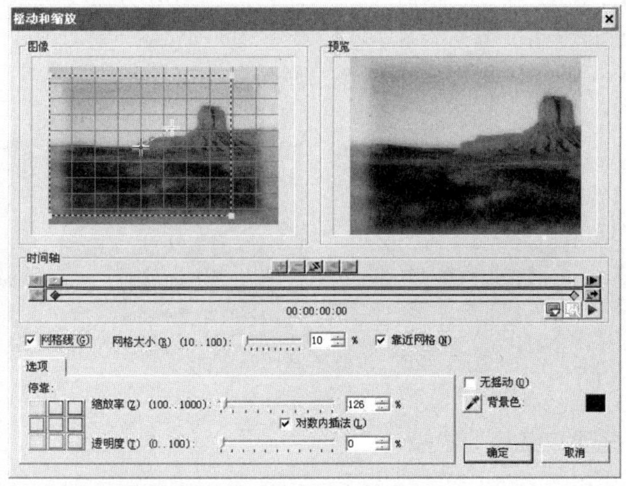

图 3.221　显示中心被网格线捕获

下面是时间轴，默认情况下一般有开始和结束两个关键帧，也可以添加新的关键帧。就是拖曳时间轴上的滑块到需要的位置，这时时间轴上的按钮被激活，单击它就可以添加关键帧了。之后拖曳图像画面上的红十字来改变画面中心的位置。拖曳虚线框上的黄色点可以改变线框的大小。拖曳当前关键帧标志来改变关键帧的位置。如果觉得不合适也可以单击按钮，将新添加的关键帧删除。可以添加多个关键帧来完成预想的效果。单击按钮可以将所有关键帧位置做对称改变，如图 3.222 所示。

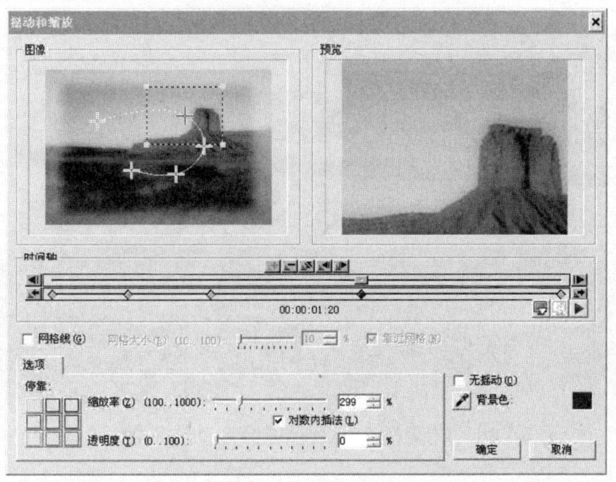

图 3.222　添加多个关键帧

- 【停靠】：用于设置显示区域停靠的位置，在它下面的 9 个方格分别代表原图的分割的区域，使用这种定位方法，可以更准确地进行定位，但这种方法又过于死板，不如在【图像】窗口中手动调整自由。
- 【缩放率】：用于调整画面的缩放比率，与拖动选取框的控制点的作用相同，可以设置为 100%～1000%之间的数值。
- 【透明度】：用于设置当前选中区域到背景色的透明程度。如设置背景色为红色，则当前区域的透明度分别设置为 0、25、50、75 的效果如图 3.223 所示。
- 【背景色】：用于设置显示区域超出图像范围时的填充颜色。

   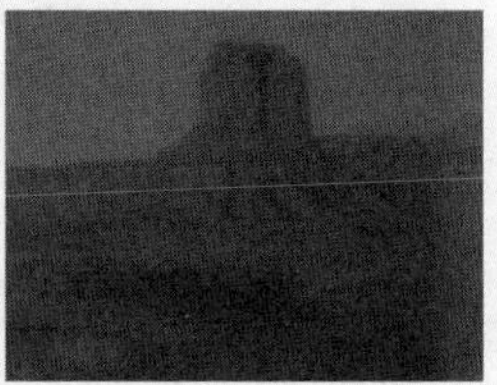

图 3.223　设置不同透明度的效果

2. 使用“视频摇动和缩放”滤镜

“视频摇动和缩放”滤镜是一种更自由的摇动和缩放设置方式。图像的“摇动和缩放”功能只限于对图像素材进行摇动和缩放设置。而使用“视频摇动和缩放”视频滤镜，既可以将其应用于时间轴上的图像素材，也可以应用于时间轴上的视频素材。

从【视频滤镜】素材库中选中“视频摇动和缩放”滤镜，将其拖动到时间轴上的视频或图像素材上，如图 3.224 所示。

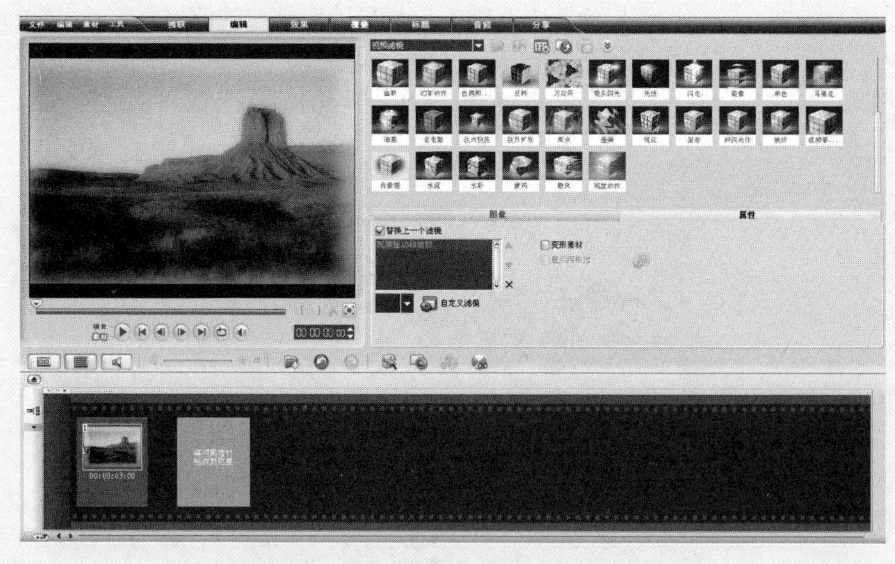

图 3.224　在素材上应用“视频摇动和缩放”滤镜

该滤镜没有预置效果，单击【自定义滤镜】按钮，打开【视频摇动和缩放】对话框，

设置视频的摇动和缩放效果，如图 3.225 所示。

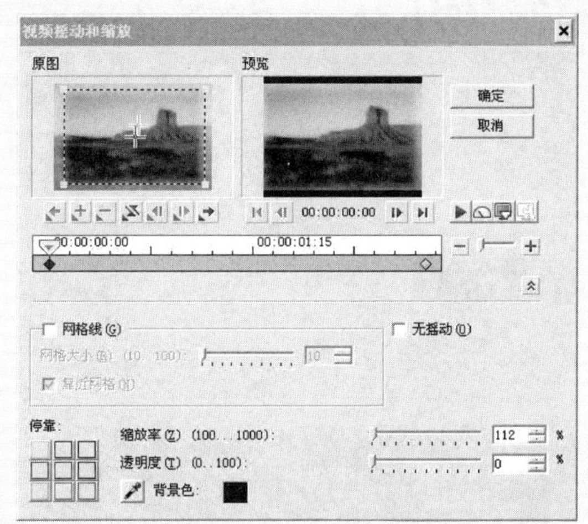

图 3.225　设置“视频摇动和缩放”滤镜效果

3.5　编辑 Flash 动画

Flash 动画已经成为网络动画的标准，与之兼容，可以拥有更丰富的素材来源。从会声会影 9 开始增加了对 Flash 素材的支持。会声会影不仅支持 Flash 的动画功能，对它的透明也提供很大的支持，使得在覆叠轨使用的素材更加丰富多彩。但对 Flash 动画的支持，在一些方面还不是很完善，如对含有 ActionScript 语句和元件的影片的支持还有一定的问题。

在素材库的【画廊】下拉列表框中选择【Flash 动画】选项，打开【Flash 动画】素材库，如图 3.226 所示。

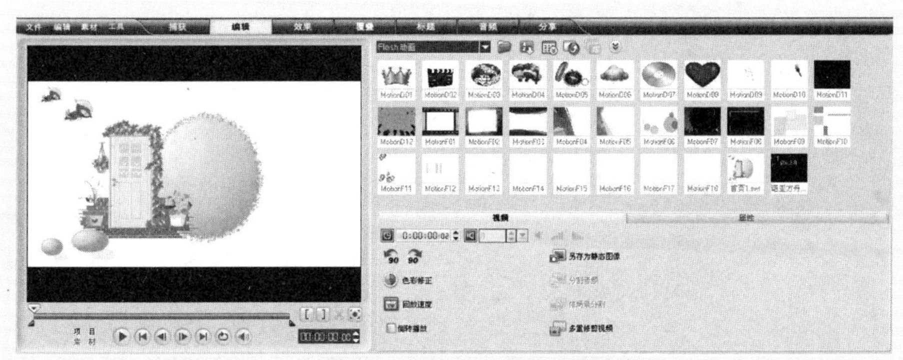

图 3.226　【Flash 动画】素材库

Flash 动画的操作方法和视频素材的操作方法基本类似。只是没有【分割音频】功能，甚至 Flash 动画中的音频在会声会影中根本不能使用。另外，也没有【按场景分割】功能，如图 3.227 所示。

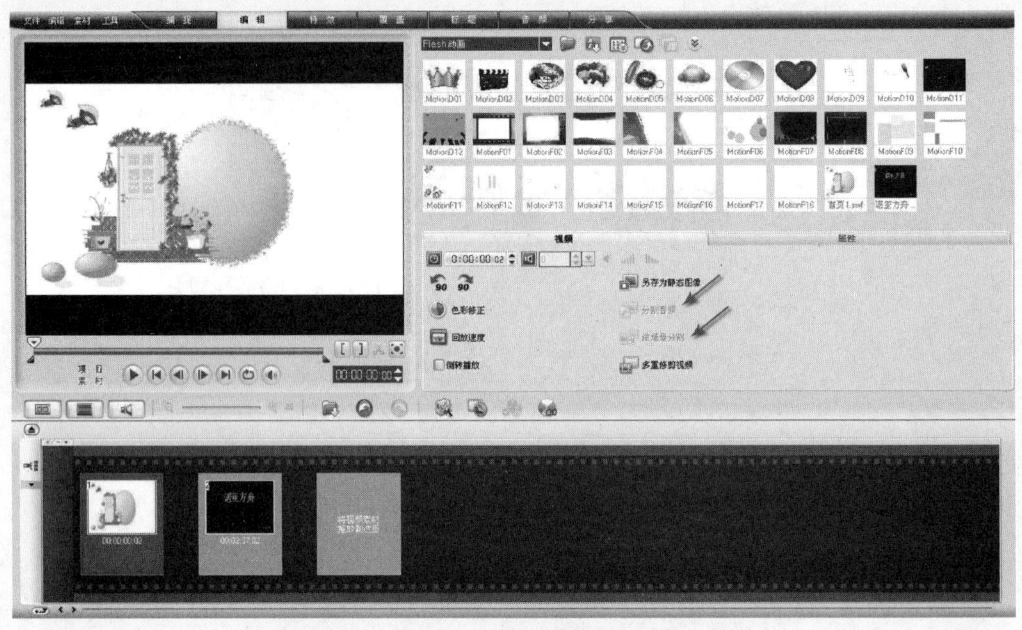

图 3.227　Flash 动画对应的【视频】选项卡

如果希望从外部向【Flash 动画】素材库中添加素材，可以通过【加载】按钮打开【打开 Flash 文件】对话框选择素材，也可以在素材库的【画廊】下拉列表框中选择【视频】选项，用插入视频的方法来添加 Flash 动画，如图 3.228 所示。但不能在素材库中使用右键快捷菜单进行导入。

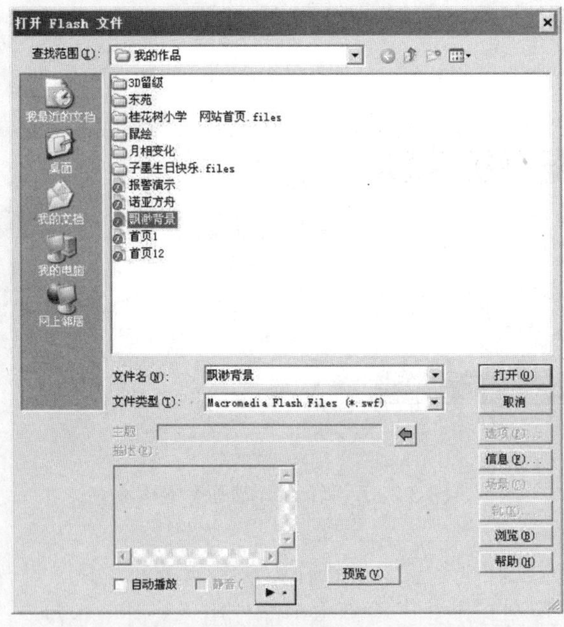

图 3.228　向素材库中添加 Flash 动画

也可以将 Flash 动画直接导入时间轴。在时间轴上单击【插入媒体文件】按钮或直接在视频轨上右击，弹出一个快捷菜单，选择其中的【插入视频】命令，打开【打开视频文件】对话框，在【文件类型】下拉列表框中有 Flash 文件这一选项，如图 3.229 所示。

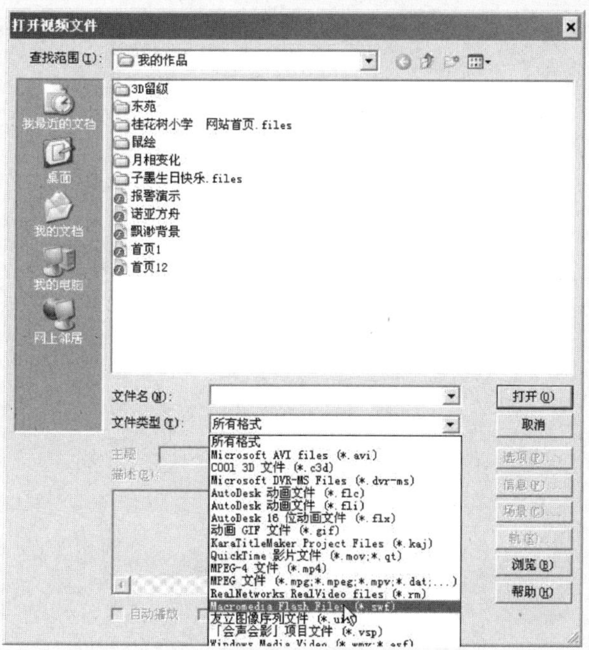

图 3.229　选择 Flash 文件类型

在文件列表中选中 Flash 文件，单击【打开】按钮将其导入时间轴即可。

第 4 章

设置转场效果

本章要点：

在制作影片时，视频素材之间最简单的连接方式是直接跳转，转场效果用于将两个相邻的视频素材如何相互融合在一起，让观众感受到视频之间过渡自然、流畅，更好地表达主题，增强作品的艺术感染力，使其成为一个呈现现实、交流思想、表达感情的整体。在运用摄像机拍摄时，也可以利用它的特效功能获得转场效果。但目前较为常用的方法是用软件制作，这样更加简单方便。

本章主要内容包括：

- ▲ 转场效果的添加与设置
- ▲ 转场效果分类介绍

4.1　转场效果的添加与设置

会声会影 11 提供了 15 类 100 多种转场效果。另外，会声会影还可以使用其他外挂的转场效果，如 Hollywood FX(好莱坞)。

单击【效果】按钮，切换到【效果】操作界面，在素材库的【画廊】下拉列表框中选择一个类别，单击一个转场缩略图，选中的转场将在预览窗口中显示出来，在预览窗口拖动飞梭栏可对转场效果进行预览，如图 4.1 所示。预览窗口中的 A 和 B 分别代表转场效果所连接的两个素材。

图 4.1　【效果】操作界面

4.1.1　设置转场参数

在使用转场效果之前，为了避免将来设置的麻烦，一般要对转场效果的一些参数进行确认。选择【文件】|【参数选择】命令或按下键盘上的 F6 键，打开【参数选择】对话框。在【编辑】选项卡中，如果选中【使用默认转场效果】复选框，【默认转场效果】下拉列表框会处于激活状态，在其下拉列表中可以设置一种默认的转场效果。还需要设置【默认转场效果的区间】微调框，也就是设置转场效果的持续时间，这是非常必要的，如图 4.2 所示。

这样，当用户将素材添加到项目中时，会声会影自动在两段素材之间添加了转场效果。除了为节省时间、项目的转场效果要求不是很严格的情况外，一般不使用默认的转场效果。因为这种方式虽然方便，但是约束太多，不能更好地控制效果。

在【效果】操作界面中，素材库中显示的是某一类转场效果。在素材库的【画廊】下拉列表框中列出了会声会影支持的转场效果类别，如图 4.3 所示。

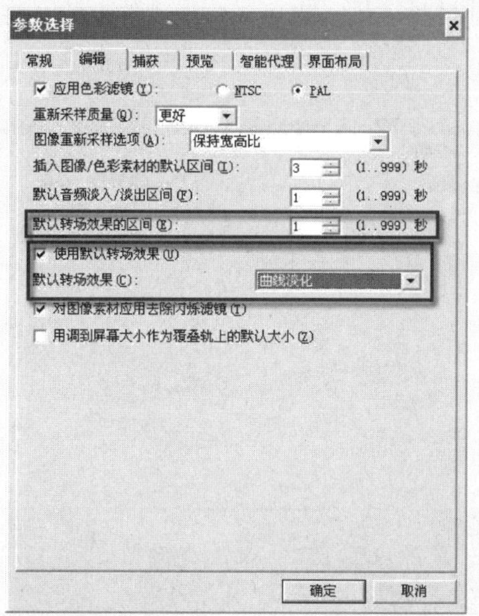

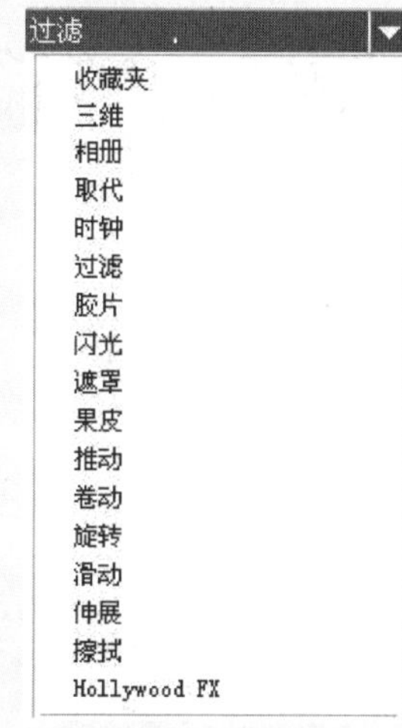

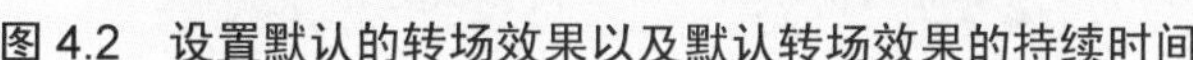
图 4.2　设置默认的转场效果以及默认转场效果的持续时间

图 4.3　转场效果分类列表

4.1.2　添加转场效果

添加转场效果是会声会影最容易实现的部分，可以快速地、按自己的意愿修改预设的转场，来实现影片的艺术创作。

将某一【转场】素材库中的转场效果拖动添加到故事板视图的两素材间的小方块上，完成转场效果的添加，单击导览面板上的飞梭栏，在预览窗口中观看转场效果，如图 4.4 所示。在故事板视图下添加转场更为直观。

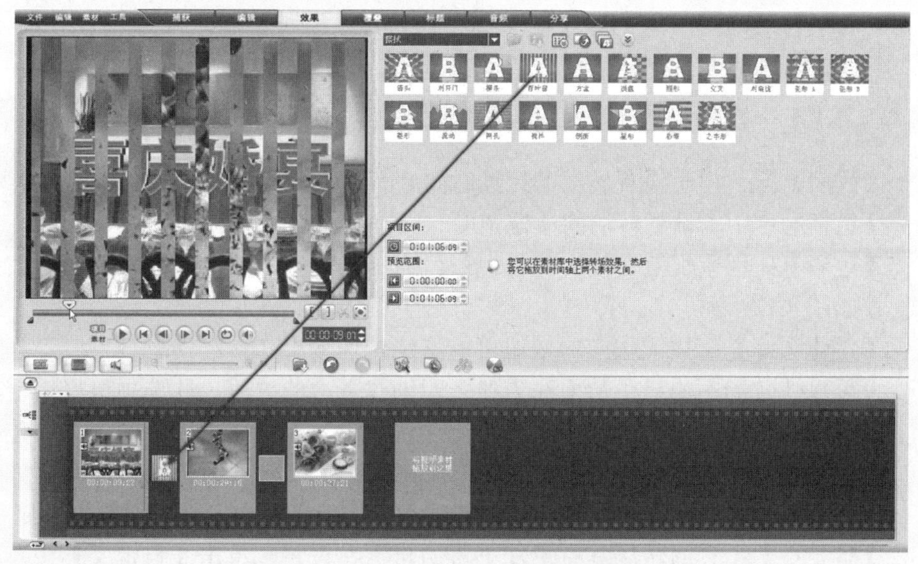

图 4.4　向故事板视图中添加转场效果

如果要向时间轴视图中的视频轨上添加转场效果，也可采取拖动的方法，将转场效果拖动到两素材之间，如图 4.5 所示。

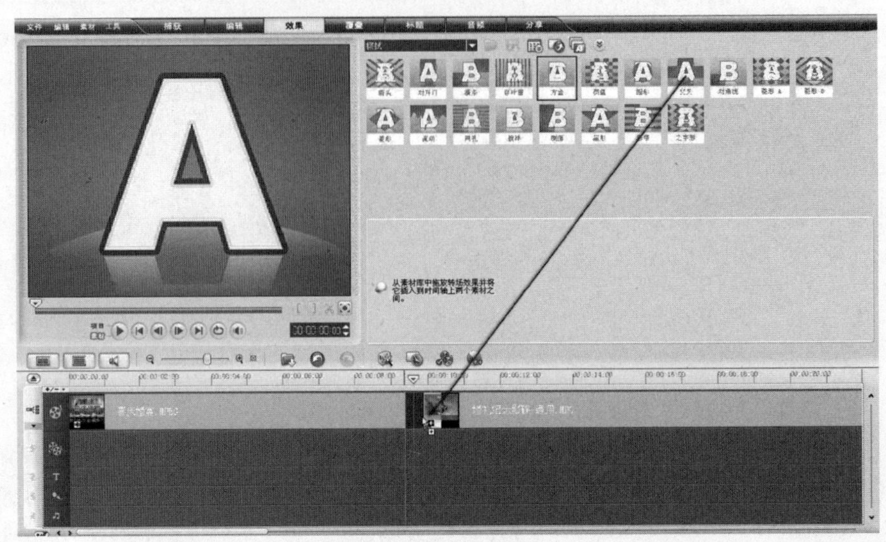

图 4.5　向时间轴视图中的两素材之间添加转场效果

添加转场效果后，在它对应的窗口右侧的选项面板上重新设置转场的属性，如图 4.6 所示。

图 4.6　设置转场的属性

- 【区间】：用于设置转场的持续时间。
- 【边框】：用于设置转场的边框宽度。
- 【色彩】：用于设置转场的边框色彩。为转场设置了边框和色彩的前后效果的比较如图 4.7 所示。
- 【柔化边缘】：按下相应的按钮可以指定转场效果和素材的融合程度。强柔化边缘可以使转场不明显，从而在素材之间创建平滑的过渡。此选项最好用于不规则的形状和角度。一般情况下，分为无柔化边缘、弱柔化边缘、中等柔化边缘和强柔化边缘 4 种情况，其效果对比如图 4.8 所示。
- 【方向】：用于设置转场的运动方向。不同的转场效果，方向设置也不尽相同。
- 【自定义】：有的转场具有更加丰富的自定义设置，单击【自定义】按钮，可以打开其对应的自定义对话框。

图 4.7　设置转场边框及颜色

图 4.8　柔化边缘效果比较

并不是每一种转场效果的选项面板上都包括以上各选项，可以根据转场的不同进行不同的设置。

4.1.3　替换和删除转场效果

对当前转场效果不满意时，从【转场】素材库中将一个效果拖动到当前转场所在的位置，即可将原转场效果替换。

在已经存在的转场效果处右击，在弹出的快捷菜单中选择【删除】命令将其删除，如图 4.9 所示，也可在时间轴上选中转场效果，然后按 Del 键 。

图 4.9　删除当前转场效果

如果在时间轴上某素材的一侧或两侧有转场效果，将该素材删除时，会弹出询问对话框，提示删除素材会将临近的转场效果一并删除。单击【确定】按钮，完成操作，如将图 4.9 中的素材删除后的效果如图 4.10 所示。

图 4.10　删除素材后也一并删除邻近的转场效果

4.1.4　“收藏夹”功能

这是一个便民的新功能，由于会声会影 11 中转场效果非常多，用户可能经常使用的只有几个而已。在转场效果的缩略图上可以随时按下鼠标右键，从弹出的快捷菜单中选择【添加到收藏夹】命令，将它加入到收藏夹中，如图 4.11 所示。

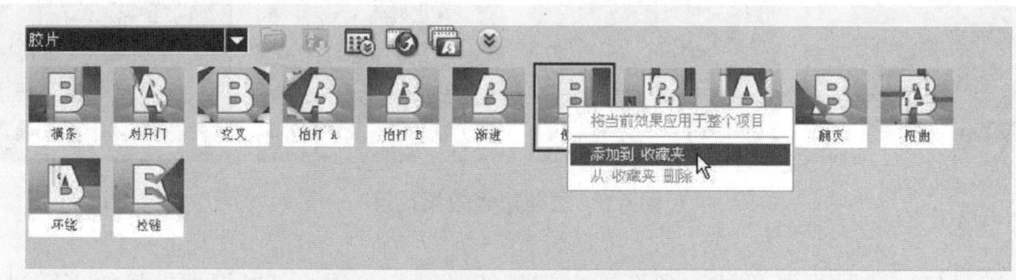

图 4.11　将转场效果添加到收藏夹中

在素材库列表中选择【收藏夹】选项，就可以查找并使用个人常用的特效了，如图 4.12 所示。

图 4.12　使用收藏夹中的转场效果

4.2　转场效果分类介绍

会声会影 11 提供了超过 100 种类似好莱坞风格的转场效果，用户可以实现经常在电视上看到的各种特效。

4.2.1　【三维】效果组

【三维】效果组中包含 15 种三维转场效果，能够在两素材中间添加三维效果，具有较好的立体感，给人很强的视觉冲击力，如图 4.13 所示。

图 4.13　【三维】效果组

其中的“飞行折叠”转场效果，如图 4.14 所示。

图 4.14　“飞行折叠”转场效果

“漩涡”转场效果，如图 4.15 所示。

图 4.15　“漩涡”转场效果

4.2.2　【相册】效果组

这类转场可以创建类似于相册翻动的效果。该效果组的设置比较复杂，对电脑配置的要求比较高。对于利用静态人物或风光照片制作电子相册特别合适。【相册】效果组中的各转场效果均不能应用【边框】和【色彩】选项，在【柔化边缘】中只能应用“无柔化边缘”和“弱柔化边缘”。该效果组共包含 15 种转场效果，如图 4.16 所示。

图 4.16　【相册】效果组

在将某一相册转场效果应用到时间轴上的两素材之间后，单击选项面板上的【自定义】按钮，打开【翻转-相册】对话框，如图 4.17 所示。

图 4.17 【翻转-相册】对话框

在【翻转-相册】对话框中，共分为 3 个区：预览、布局、选项面板。

- 【预览】区：用于预览相册转场的设定效果。在预览时，并不显示相册连接的两素材，而是将两素材用 A 和 B 表示。
- 【布局】区：用于选择相册的外观。相册共分为 6 种布局，如图 4.17 所示。
- 选项面板区：共有相册、背景和阴影、页面 A、页面 B 4 个选项卡。各选项的意义如下。
  - 【相册】选项卡。

    【大小】：用于设置相册的显示大小。

    【相册封面模板】：用于设置相册的封面。除可以使用默认列表中的相册封面模板外，还可以自定义相册封面。

    【位置】：用于定义相册的位置。

    【方向】：用于定义相册的方向。
  - 【背景和阴影】选项卡。【背景和阴影】选项卡如图 4.18 所示。各选项意义如下。

    【模板背景】：用于设置相册放置的背景。除可以使用默认列表中的模板背景外，还可以自定义背景图片。

    【阴影】：用于设置相册在背景的阴影的位置和边缘的柔化程度。
  - 【页面 A】选项卡。

    【页面 A】选项卡和【页面 B】选项卡的设置方法相同，只是设置的对象不同而已，如图 4.19 所示。在该选项卡中，可以设置相册页面模板或自定义相册页面，并且可以设置素材 A 的大小和位置，效果可在右侧的预览区域中进行预览。

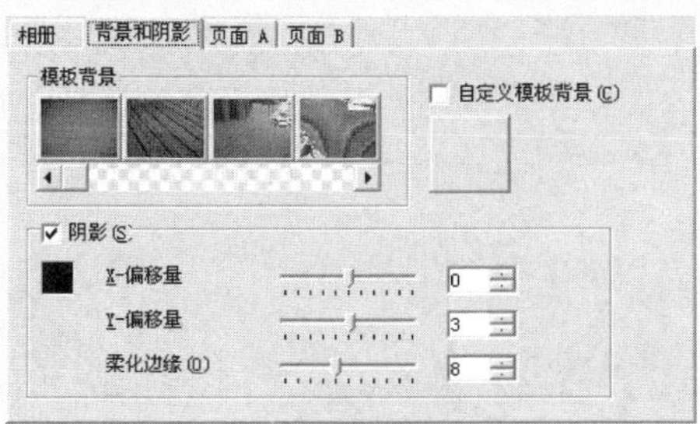

图 4.18　【背景和阴影】选项卡

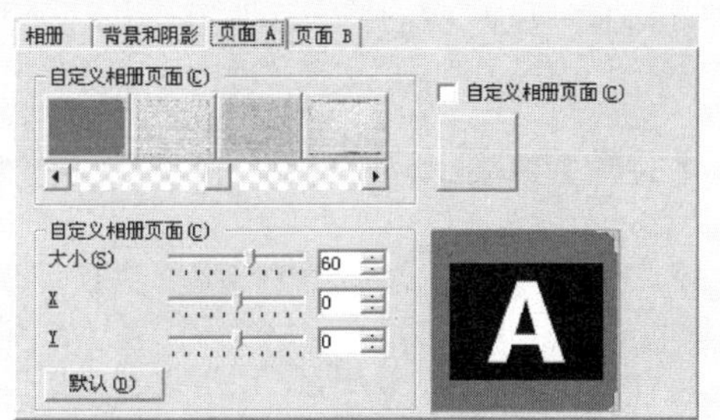

图 4.19　【页面 A】选项卡

设置完成后，单击【确定】按钮，关闭【翻转-相册】对话框，将设置的转场效果应用于两素材之间，其效果如图 4.20 所示。

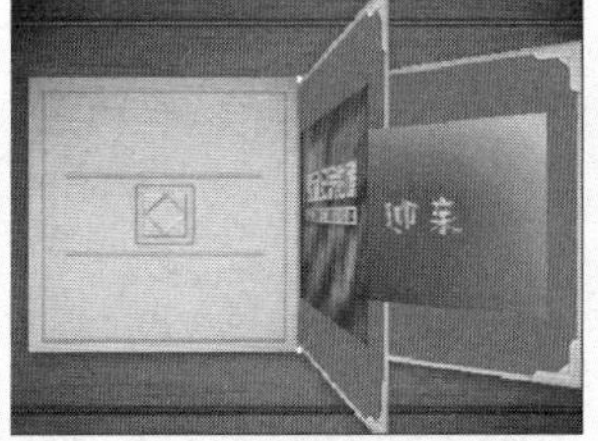

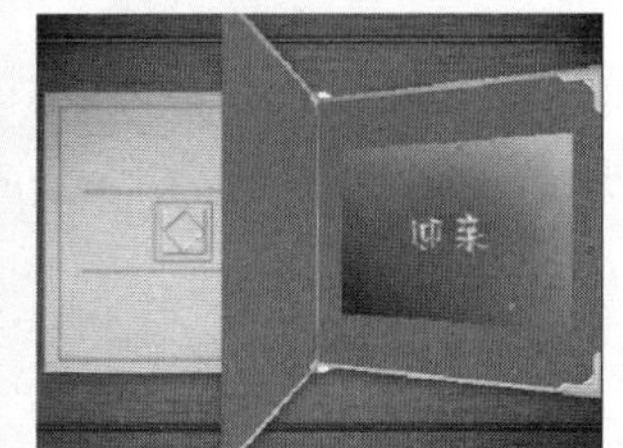

图 4.20　“相册”转场效果

4.2.3　【取代】效果组

该效果组可以使后一素材以棋盘、对角线、盘旋、交错、墙壁的方式逐步取代前一素材。这种取代有一定的次序。本效果组共含有 5 种转场，如图 4.21 所示。

图 4.21　【取代】效果组

其中的“棋盘”转场效果如图 4.22 所示。

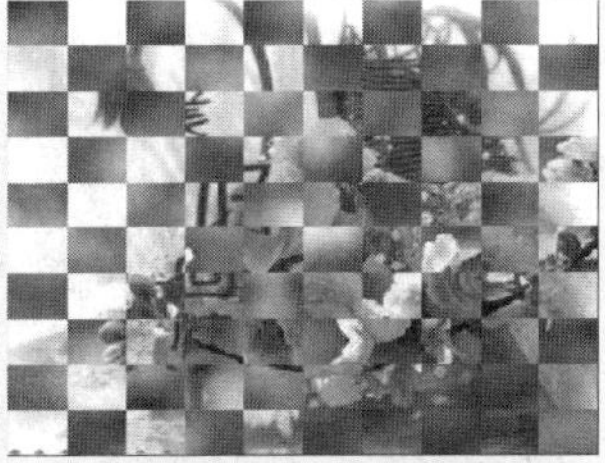

图 4.22　“棋盘”转场效果

4.2.4 【时钟】效果组

【时钟】效果组模拟时钟的旋转效果进行转场变换，共包括 7 种转场，如图 4.23 所示。

图 4.23 【时钟】效果组

在素材间应用“转动”转场的效果如图 4.24 所示。

图 4.24 “转动”转场效果

4.2.5 【过滤】效果组

本效果组共包括 20 种转场效果，主要为一些淡化效果，包括影视作品中最常用的“交叉淡化”效果和特色型效果“遮罩”，如图 4.25 所示。

图 4.25 【过滤】效果组

应用“交叉淡化”转场的效果如图 4.26 所示。

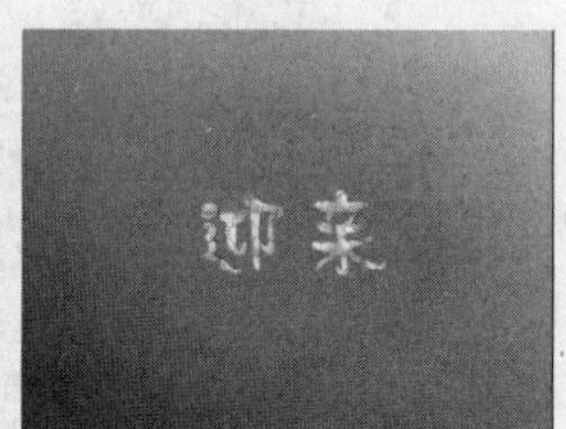

图 4.26 “交叉淡化”转场效果

在两素材之间添加“遮罩”效果后，操作界面如图 4.27 所示。

图 4.27　在素材间添加“遮罩”转场效果

遮罩的画面切换功能，是把原有的画面瞬间以一种物体的轮廓镶嵌在新的画面之中，然后随着物体的运动，原有的画面逐渐移出新画面的一种转场效果。如使用树叶、星星等遮罩外形来遮掩原有的画面，通过设置它们的飞出位置，可以产生更为连贯新颖的视觉效果。

在使用遮罩效果之前，还可以自定义遮罩画面的轮廓。在选项面板上单击【打开遮罩】按钮，在弹出的对话框中选择一幅图像，如图 4.28 所示。用于遮罩的图像最好为灰度图，虽然也可以使用彩图，但将其作为遮罩图使用时，也会将其处理为灰度图。这样，就可以简单地制作出所需要的各种外形轮廓的遮罩。使用时，只需要像给两段素材之间添加普通的转场效果那样，将需要的遮罩效果的图标，拖拽到两段素材之间即可。

图 4.28　导入遮罩图像

单击【打开】按钮，将其作为遮罩图像导入进来，如图 4.29 所示。

图 4.29　遮罩预览

其对应的预览效果如图 4.30 所示。

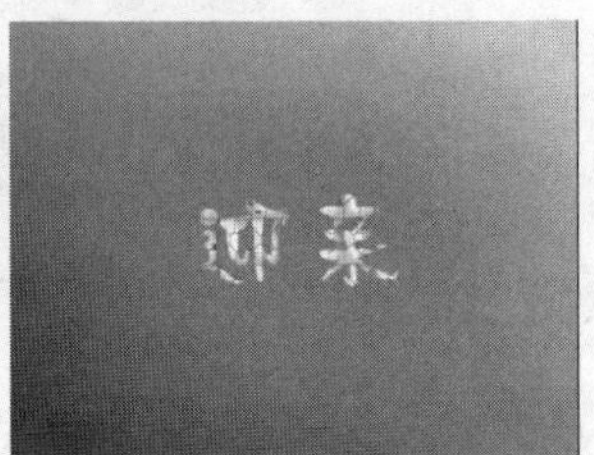

图 4.30　“遮罩”转场效果

4.2.6　【胶片】效果组

【胶片】效果组用于模拟底片翻转的效果，前一素材是以翻页或者卷动的方式运动。本效果组包括 13 种转场，如图 4.31 所示。

图 4.31　【胶片】效果组

应用“拉链”转场的效果如图 4.32 所示。

图 4.32　“拉链”转场效果

4.2.7　【闪光】效果组

本效果组共含有 14 种预置效果，如图 4.33 所示。“闪光”转场，让影片能以更加新颖专业的方式过渡，从而建立优异的视觉效果，视频之间的转场流畅自然。

图 4.33　【闪光】效果组

在闪光效果对应的选项面板中，单击【自定义】按钮，打开【闪光-闪光】对话框，如图 4.34 所示。各选项意义如下。

- 【淡化程度】：设置遮罩柔化边缘的厚度。
- 【光环亮度】：设置灯光的强度。
- 【光环大小】：设置灯光覆盖区域的大小。
- 【对比度】：设置两个素材之间的色彩对比度。
- 【当中闪光】：选中此复选框，将为融解遮罩添加灯光。
- 【翻转】：选中此复选框，将翻转遮罩的效果。

图 4.34　【闪光-闪光】对话框

是否选中【当中闪光】复选框的当前帧画面如图 4.35 所示。

图 4.35　选中【当中闪光】复选框前后的效果对比

如果选中【翻转】复选框，可将闪光画面翻转，是否选中【翻转】复选框的当前帧画面如图 4.36 所示。

图 4.36　选中【翻转】复选框前后的效果对比

4.2.8　【遮罩】效果组

本效果组的转场效果相当出色，应该说，这些转场效果的增加，大大增强了会声会影在转场方面的市场竞争力。该转场效果组主要是将不同的图案(如心形、树叶、球形)作为遮罩，并辅以各种设置完成的，共预置了 42 种转场，如图 4.37 所示。

图 4.37　【遮罩】效果组

该处的“遮罩”转场与【过滤】效果组中的“遮罩”转场的区别：在此处的“遮罩”转场中，遮罩会沿着一定的路径运动；而【过滤】效果组中的“遮罩”转场仅仅是通过遮罩简单地取代。

将某一“遮罩”转场效果添加到时间轴的两素材之间，单击【自定义】按钮，可打开如图 4.38 所示的对话框，对遮罩进行重新定义(选择不同“遮罩”转场效果，其对应的遮罩对话框将不相同)其中各选项意义如下。

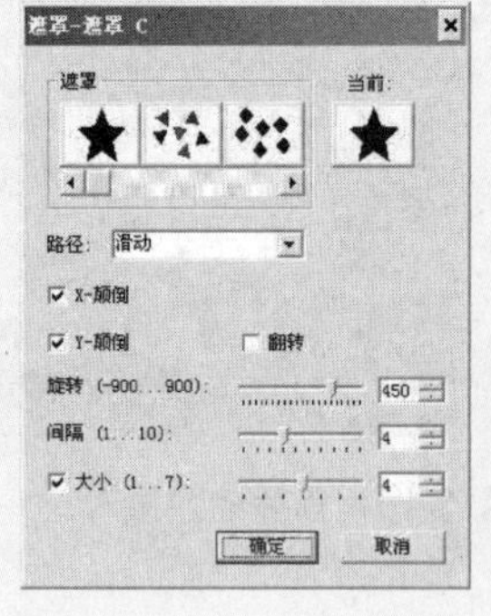

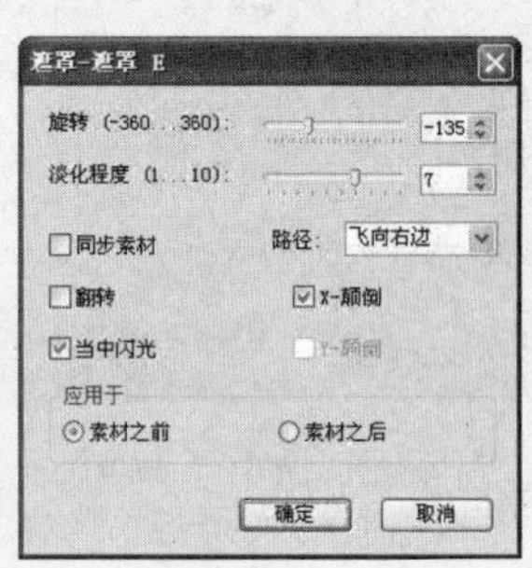

图 4.38　遮罩对话框

- 【遮罩】：为转场选择用于遮罩的图像。

- 【当前】：单击【当前】选项下面的图标，弹出【打开】对话框，在电脑中选择一张 BMP 图像作为遮罩图像。
- 【路径】：选择转场期间遮罩移动的方式，包括波动、弹跳、对角等多种不同的类型。
- 【X/Y 颠倒】：翻转遮罩的路径方向。
- 【同步素材】：将素材的动画与遮罩的动画相匹配。
- 【翻转】：翻转遮罩的效果。
- 【旋转】：指定遮罩旋转的角度。
- 【淡化程度】：设置遮罩柔化边缘的厚度。
- 【大小】：设置遮罩的大小。

将其中一个遮罩效果应用于两素材之间的效果，如图 4.39 所示。

图 4.39　“遮罩”效果预览

4.2.9　【果皮】效果组

本效果组用于模仿果皮剥落的效果，包括对开门、交叉、翻页等 6 种转场类型。在显示出后一个素材的过程中，前一个素材的翻转面显示为金色、不透明，与【胶片】效果组翻转时的效果相反，如图 4.40 所示。

图 4.40　【果皮】效果组

应用“翻页”转场效果的完整过程如图 4.41 所示。

图 4.41　“翻页”转场效果

在【果皮】转场选项面板上，可以自定义卷动区域的色彩。

4.2.10 【推动】效果组

【推动】效果组可以使后一素材以整个或分块推入预览窗口，而将前一素材推出预览窗口，这类转场与“取代”转场类似，它共包含 5 种转场，如图 4.42 所示。

图 4.42 【推动】效果组

应用“运动和停止”转场的效果如图 4.43 所示。

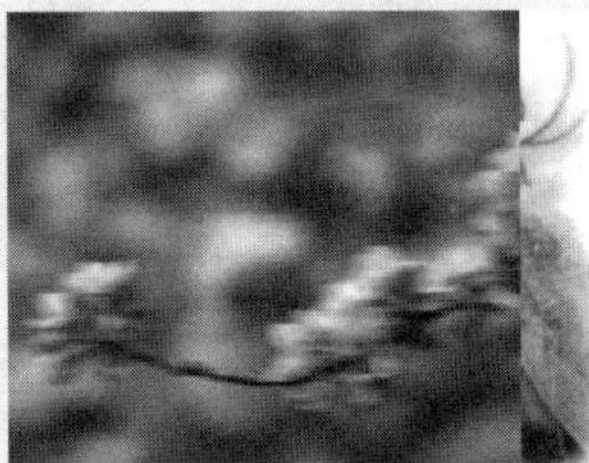

图 4.43 “运动和停止”转场效果

4.2.11 【卷动】效果组

【卷动】效果组模仿卷动的效果将前一素材卷起，以露出后一素材的一组转场效果，共有 7 种效果，如图 4.44 所示。

图 4.44 【卷动】效果组

应用“横条”转场的效果如图 4.45 所示。

图 4.45 “横条”转场效果

4.2.12　【旋转】效果组

【旋转】效果组的特征是模拟后一素材以旋转、运动或缩放的方式取代前一素材。共包含 4 种效果，如图 4.46 所示。

图 4.46　【旋转】效果组

其中，最为常用的是“旋转”转场，效果如图 4.47 所示。

图 4.47　“旋转”转场效果

4.2.13　【滑动】效果组

【滑动】效果组是利用前面的素材整个或分部分滑出显示后面的素材，或利用后面的素材整个或分部分滑入遮挡前面的素材的方式完成转场，共有 7 种转场效果，如图 4.48 所示。

图 4.48　【滑动】效果组

应用“彩条”转场的效果如图 4.49 所示。

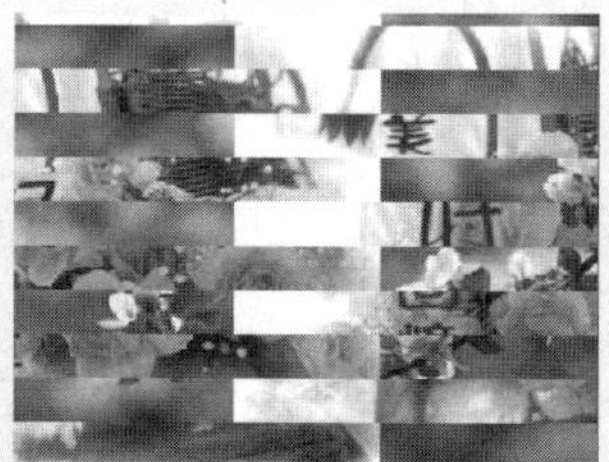

图 4.49　“彩条”转场效果

4.2.14 【伸展】效果组

【伸展】效果组的特征是前一素材运动的同时发生缩放变化，并逐渐被后一素材伸展覆盖，共包含 5 种转场效果，如图 4.50 所示。

图 4.50 【伸展】效果组

其中“交叉缩放”是一种独特而又常用的效果，如图 4.51 所示。

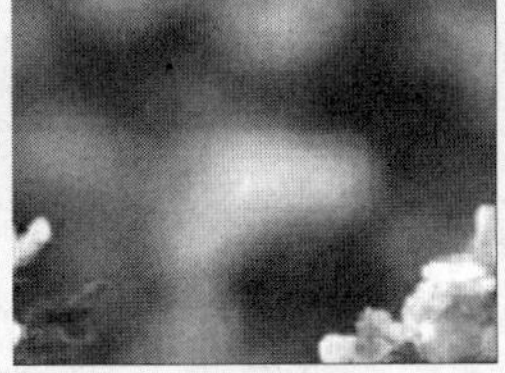

图 4.51 “交叉缩放”转场效果

4.2.15 【擦拭】效果组

本效果组类似于“取代”转场，用于模仿擦拭的效果，共包含 19 种效果，如图 4.52 所示。

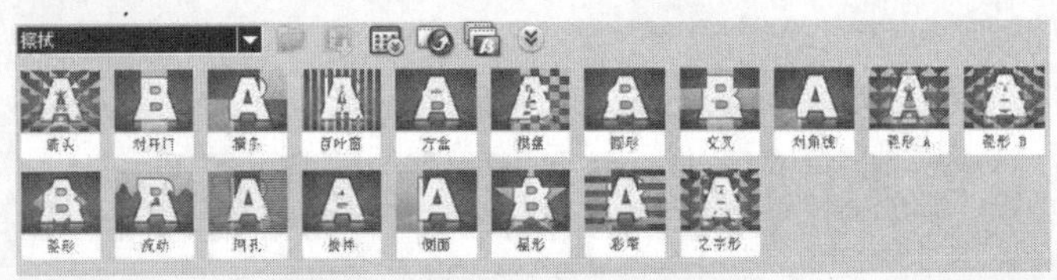

图 4.52 【擦拭】效果组

其中，“流动”、“搅拌”、“百叶窗”、“网孔”转场效果较为独特。“百叶窗”转场过程的显示效果如图 4.53 所示。

图 4.53 “百叶窗”转场效果

第 5 章

入门与提高丛书

覆叠功能

本章要点：

会声会影 11 具有多达 6 条覆叠轨，可以创建画中画和蒙太奇效果。覆叠功能可以让视频重叠播放，为视频添加影片抠像或遮罩效果，另外还可以在覆叠轨中添加边框、Flash 动画等，让整个作品更显生动。

本章主要内容包括：

- ▲ 覆叠素材添加与编辑
- ▲ 覆叠素材应用滤镜
- ▲ 覆叠功能创意设计
- ▲ 遮罩与色度键
- ▲ 启用连续编辑

5.1　覆叠素材添加与编辑

覆叠的概念是所有视频合成的基础，所谓的覆叠指的是多层影像相叠时表现出来的样子，会声会影进行到覆叠步骤时，工作区会自动切换成时间轴视图模式，覆叠轨在视频轨下方，当素材放置在覆叠轨时该素材称为覆叠素材。

5.1.1　将素材库中的文件加入到覆叠轨

故事板视图中添加完素材并在素材间应用转场后，单击【覆叠】按钮，打开【覆叠】操作界面。在打开界面的同时，素材库由原来的【转场】素材库变为【视频】素材库，时间轴由故事板视图变为时间轴视图，如图 5.1 所示。

图 5.1　【覆叠】操作界面

默认情况下，时间轴视图共有 5 条轨道，其中有两条是放置视频的轨道：视频轨和覆叠轨。视频轨为主轨道，覆叠轨为辅助轨道。

从素材库中选择视频或图像，将其拖动到时间轴视图中覆叠轨的任意位置，释放鼠标左键，完成向覆叠轨加入素材，如图 5.2 所示。

添加覆叠素材后，会在预览窗口中显示覆叠后的效果，并且打开素材对应的【属性】选项卡，如图 5.3 所示。

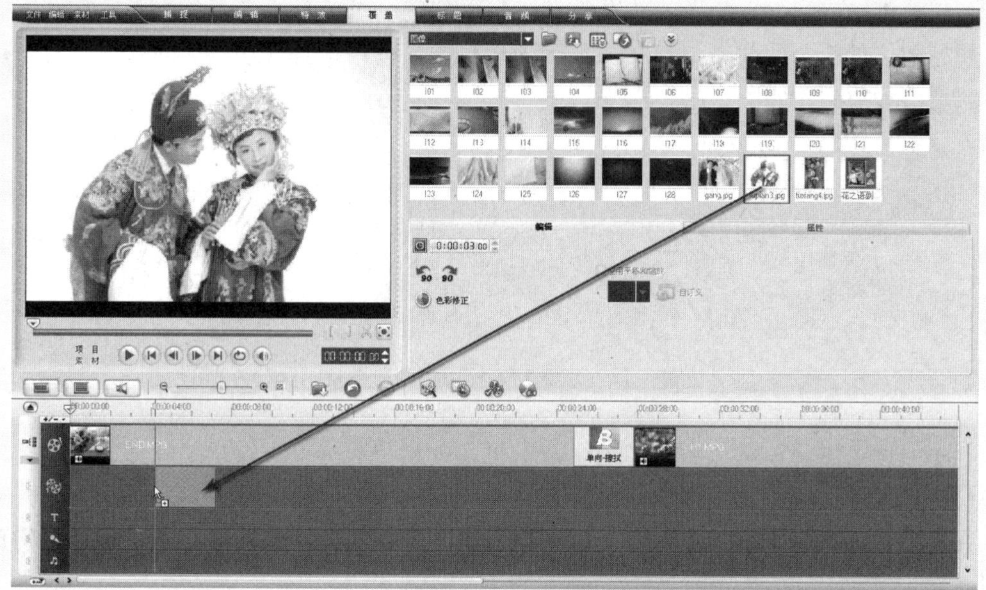

图 5.2 将素材添加到覆叠轨

图 5.3 添加覆叠素材后的效果

5.1.2 将文件直接加入到覆叠轨

除了可以从素材库中向时间轴视图中的覆叠轨添加素材外，还可以将硬盘或光盘等存储设备上的素材直接向覆叠轨添加。

首先激活覆叠轨，可以采用在覆叠轨的轨道标志上单击或选中覆叠轨中的素材的方法将其激活。

然后单击时间轴上方的【插入媒体文件】按钮，或直接在覆叠轨上右击打开快捷菜单，执行相应的命令，将素材直接添加到覆叠轨中。使用这种方法添加的素材，总是被添加到轨道的最后面，如图 5.4 所示。

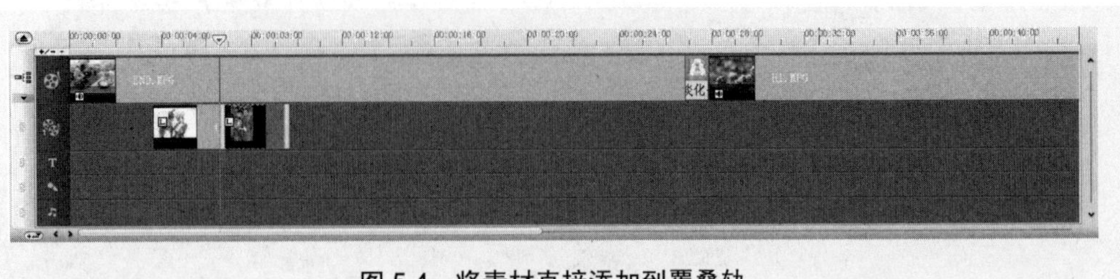

图 5.4　将素材直接添加到覆叠轨

如果对覆叠素材所处的位置不满意，可以在素材上按下鼠标左键来回拖动，将其移动到目标位置，在预览窗口中预览覆叠的第一帧画面。

在覆叠轨的素材上右击，在弹出的快捷菜单中选择【删除】命令，即可将选中的覆叠素材删除。

5.1.3　认识【覆叠】选项面板

覆叠步骤所对应的选项面板分为【编辑】选项卡和【属性】选项卡，【编辑】选项卡用来编辑覆叠素材，【属性】选项卡用来设置覆叠素材的动画效果。

1.【编辑】选项卡

【编辑】选项卡主要用于对覆叠素材进行一些相应的设置和调整。如图 5.5 所示。

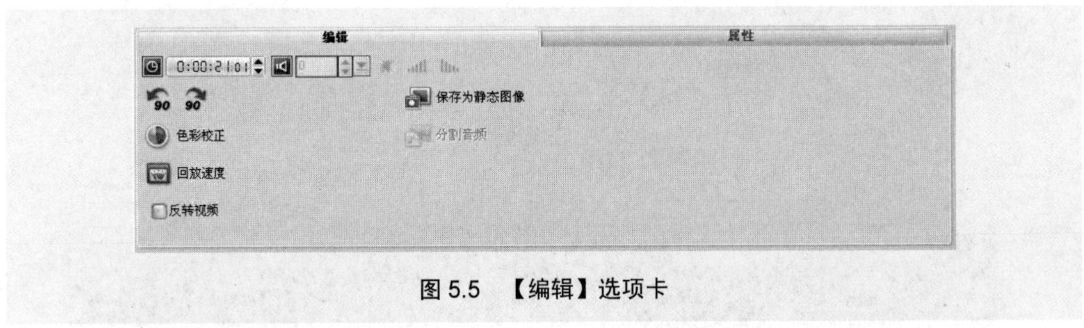

图 5.5　【编辑】选项卡

- 【区间】：以"时：分：秒：帧"的形式显示所选素材的时间长度。可以通过修改时间码的值来调整此长度。
- 【素材音量】：调整覆叠视频素材的音频部分。如果时间轴视图素材的缩略图上显示标志，表示此素材包含有声音。详细参数设置参见 3.3.5 小节中的相关内容。
- 【静音】：单击按钮，可以使视频素材中的声音暂时屏蔽，但并不是将音频删除。
- 【淡入】、【淡出】：单击或，可以使视频中的音量在开始时由小变大或在结束时由大变小。选择【文件】|【参数选择】命令，打开【参数选择】对话框，在【编辑】选项卡中调整【默认音频淡入/淡出区间】微调框中的数值，可以设置淡入/淡出时间长度，如图 5.6 所示。

- 【旋转】：单击按钮，视频素材逆时针旋转 90°；单击按钮，视频素材顺时针旋转 90°。

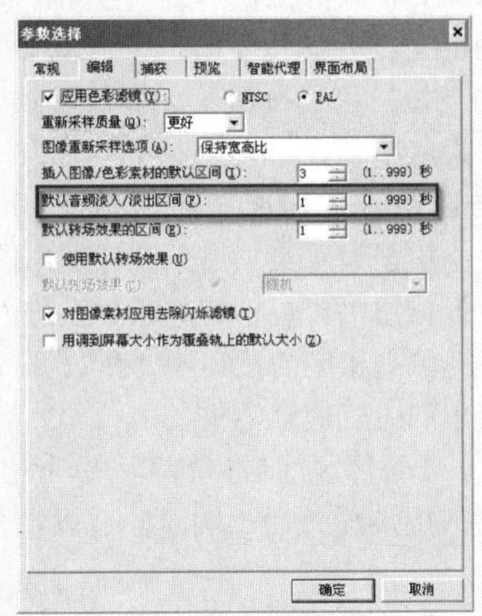

图 5.6　调整淡入/淡出区间

- 【色彩校正】：用来调整素材的色彩。详细参数设置参见 3.3.3 小节中的相关内容。
- 【回放速度】：用来设置视频素材的快速播放或慢速播放。
- 【反转视频】：选中此复选框，可以反向播放视频。
- 【保存为静态图像】：可将视频当前帧保存为图像文件并放置到【图像】素材库中。
- 【分割音频】：可将视频中的音频分割出来并放置到声音轨上。

2. 【属性】选项卡

【属性】选项卡用来设置覆叠素材的动画效果并且可以为覆叠素材添加滤镜效果。如图 5.7 所示。

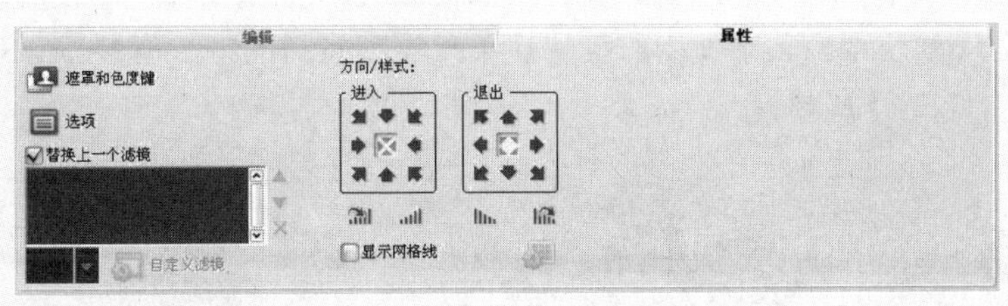

图 5.7　【属性】选项卡

- 【遮罩和色度键】：可以设置覆叠素材的透明度和覆叠选项。各项参数请参见 5.4 节的相关内容。
- 【选项】：可以进行素材的定位和大小调整，调整的方法请参考本书第 3.3.4 小节。
- 【替换上一个滤镜】：如果选中此复选框，将新滤镜应用到素材上时，将替换原先已应用的滤镜。如果希望在素材上应用多个滤镜，应取消选中此复选框。其下方为已用滤镜列表，显示已经应用到素材的所有视频滤镜列表。

- 上/下移滤镜：单击▲或▼按钮，可以调整视频滤镜在列表中的位置，使当前所选滤镜提前或延后应用。
- 删除滤镜：选中已添加的视频滤镜，单击✕按钮，将已经添加的滤镜删除。
- 预设滤镜：如果使用的是预置滤镜效果，在滤镜下面的【预设滤镜】区会显示其效果，单击其右侧的下拉三角形按钮，打开预置效果列表，在其中某种效果上单击或双击，会将该效果应用于素材上。
- 【自定义滤镜】：单击此按钮，在打开的对话框中可以自定义视频滤镜属性。
- 【进入】、【退出】：用于设置素材进入或者退出的方向，共分为 9 个方向。如果选中居中的【静止】按钮，可以使覆叠素材在进入预览窗口时静止不动。
- 【淡入】、【淡出】：单击相应的按钮或，在素材进入或退出时以淡入的方式逐渐显示或者以淡出的方式逐渐消失。
- 【暂停区间前旋转】、【暂停区间后旋转】：单击相应的按钮或，可以在覆叠画面进入或退出时应用旋转效果，同时，可以在预览窗口下方设置旋转之前或者之后的暂停区间。
- 【显示网格线】：在调整视频或图像的位置、大小时，可以使用网格线作为参考。选中此复选框，可以在预览窗口中显示网格线。单击【网格线选项】按钮，在弹出的对话框中可以调整网络大小、线条类型以及线条的颜色等网格线属性。

5.1.4 覆叠素材变形与运动

在影片编辑和创作的过程中，出于对画面视觉效果的考虑，用户非常希望对画面特别是子画面进行特殊的变形处理。会声会影 11 很好地满足了用户的这一要求。并且通过单击其对应的【属性】选项卡中的【方向/样式】区的按钮，配合时间线上的暂停区域设置，可以使覆叠素材运动起来。

1. 覆叠素材的变形

在时间轴视图中的覆叠素材上右击，打开对应的快捷菜单，在里面进行素材的定位和大小调整，如图 5.8 所示。关于使用右键快捷菜单调整素材的方法请参考 3.3.4 小节。

图 5.8 使用右键快捷菜单调整素材的大小和位置

除了可以执行快捷菜单命令进行调整外，还可以手动调整覆叠素材的形状和位置，将鼠标指针放置在选中的覆叠素材上拖动，可以调整其位置；将鼠标指针放置在边缘的黄色方块上，可以进行素材大小的调整；将鼠标指针放置在四角的绿色素材上，当鼠标指针变为箭头时，可以调整素材的形状。其效果如图 5.9 所示。

图 5.9　素材变形

在素材的调整过程中，可以使用网格线进行辅助定位。选中覆叠素材对应的【属性】选项卡中的【显示网格线】复选框，可以在预览窗口中显示网格线，如图 5.10 所示。

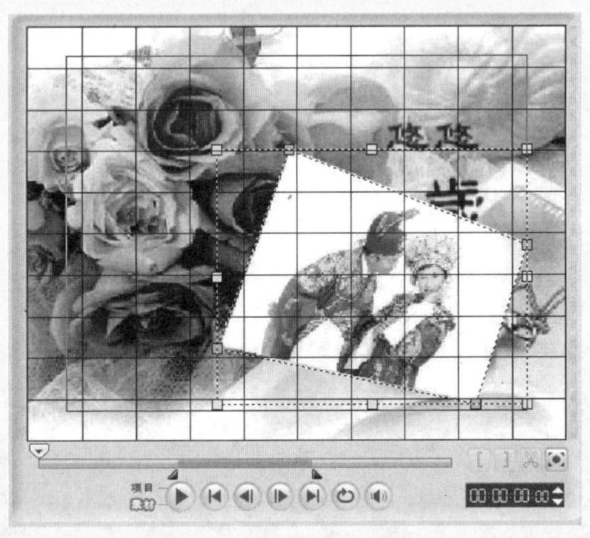

图 5.10　网格线辅助定位

2. 覆叠素材运动

在预览窗口下方的导览面板的时间线上，有一段蓝色的区域，该区域为在进入和退出之

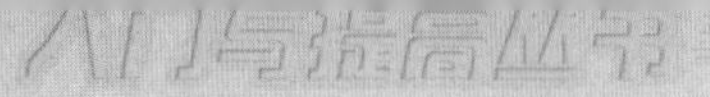

间素材停留在预览窗口的时间，称作“暂停区间”，如图 5.11 所示。调整“暂停区间”两侧的三角形修整拖柄，可以改变暂停区间的长度。如果将两拖柄设置在同一帧上，蓝色线条消失，此时在覆叠素材运动过程中不产生停顿。值得注意的是，“暂停区间”所在的位置不一定在时间线的中间，如果进入和退出设置的时间不相同，可造成素材运动的不同速。

图 5.11　覆叠素材暂停区间

当【方向/样式】区的设置如图 5.12 所示时，其对应的效果如图 5.13 所示。

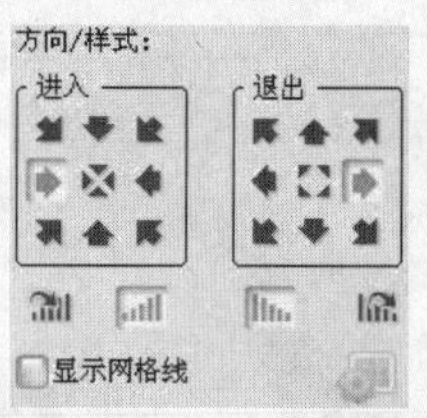

图 5.12　设置【方向/样式】区

图 5.13　覆叠素材运动预览

3. 覆叠素材旋转运动

除了直线方向的移动以外，在会声会影 11 中还可以使覆叠素材旋转运动。

其操作步骤如下。

步骤 01　在视频轨和覆叠轨上分别添加视频素材或图像素材。

步骤 02　在【属性】选项面板的【方向/样式】区中设置覆叠素材的进入、退出方向并根据需要指定淡入、淡出效果。同时，单击和按钮为进入和退出应用旋转效果。

步骤 03　调整“暂停区间”长度，空白的区域就是覆叠素材进入和退出旋转运动的时间，如图 5.14 所示。

图 5.14　设置覆叠素材暂停区间

步骤 04　当【方向/样式】区的设置如图 5.15 所示时，其对应的效果如图 5.16 所示。

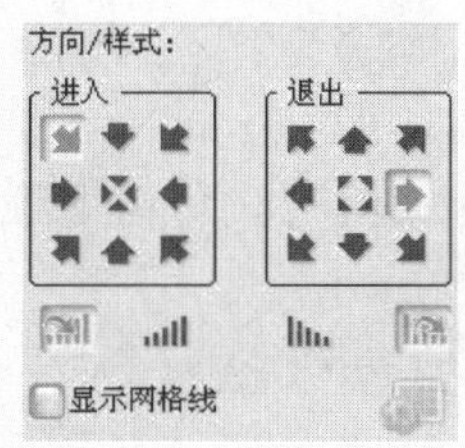

图 5.15　设置【方向/样式】区

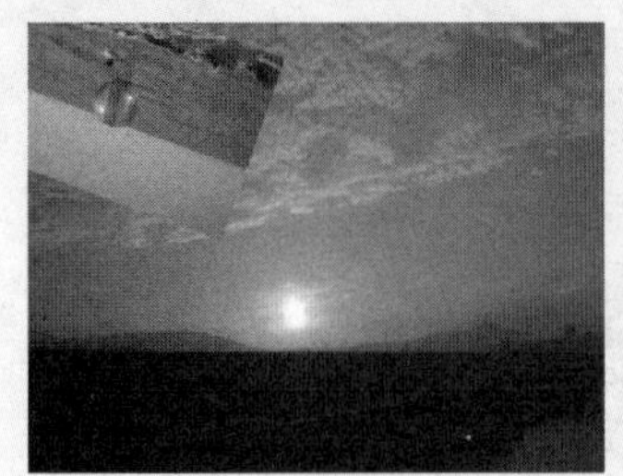

图 5.16　覆叠素材旋转运动预览

5.2　覆叠素材应用滤镜

为了使画面更加精美，会声会影可以对覆叠素材应用滤镜，以加强小画面的效果。

5.2.1　在覆叠素材上添加视频滤镜

将素材库切换到【视频滤镜】素材库，拖动一个视频滤镜缩略图到覆叠轨的素材上，如图 5.17 所示。

图 5.17　向覆叠素材上添加视频滤镜

在覆叠素材上调整和设置视频滤镜的方法与在视频轨上应用视频滤镜相同。

5.2.2　使用覆叠素材模拟转场效果

会声会影 11 的转场效果已经足够多，但使用其他方法也可以设计出更有特色的过渡效果。使用覆叠素材并在素材上使用视频滤镜，可以模拟出相当漂亮的转场效果。

步骤 01　在视频轨上添加两段素材，素材之间无需添加转场效果。

步骤 02　将一段视频素材或一幅图像添加到覆叠轨上，并将其位置调整到视频轨上两素材之间，不要将其区间设置得过长，一般在 3 秒左右，如图 5.18 所示。

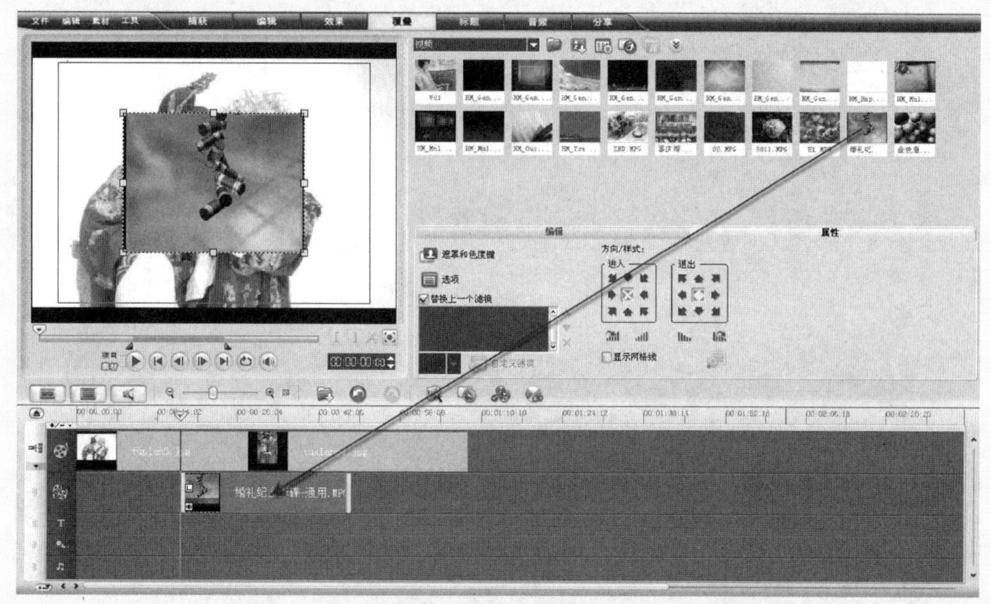

图 5.18　添加素材

步骤 03　在预览窗口中的覆叠素材上右击，在弹出的快捷菜单中选择【调整到屏幕大小】命令，然后再次打开快捷菜单，选择【保持宽高比】命令，如图 5.19 所示。

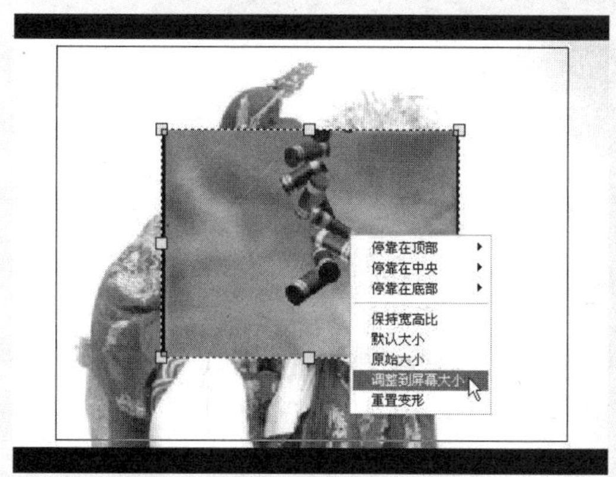

图 5.19　调整覆叠素材的显示大小

步骤 04　打开【视频滤镜】素材库，从中选择“肖像画”滤镜将其拖动到覆叠素材上。然后在【方向/样式】区中按下【淡入】和【淡出】按钮，如图 5.20 所示。

步骤 05　切换到【编辑】选项卡，选中【应用摇动和缩放】复选框，在效果列表中选择一种效果，完成整个转场效果的制作，如图 5.21 所示。整个过程的预览效果如图 5.22 所示。

图 5.20　为覆叠素材添加滤镜并为覆叠素材设置属性

图 5.21　设置摇动和缩放

图 5.22　预览效果

5.2.3　模拟水中倒影效果

步骤 01　准备一张图像素材，在 Photoshop 中打开该图像，选择【图像】|【旋转画布】|【垂直旋转画布】命令，将图像翻转，并将其另存为一幅图像。

步骤 02　将两图像添加到【图像】素材库中，并将两者分别拖动到时间轴视图的视频轨和覆叠轨上，如图 5.23 所示。

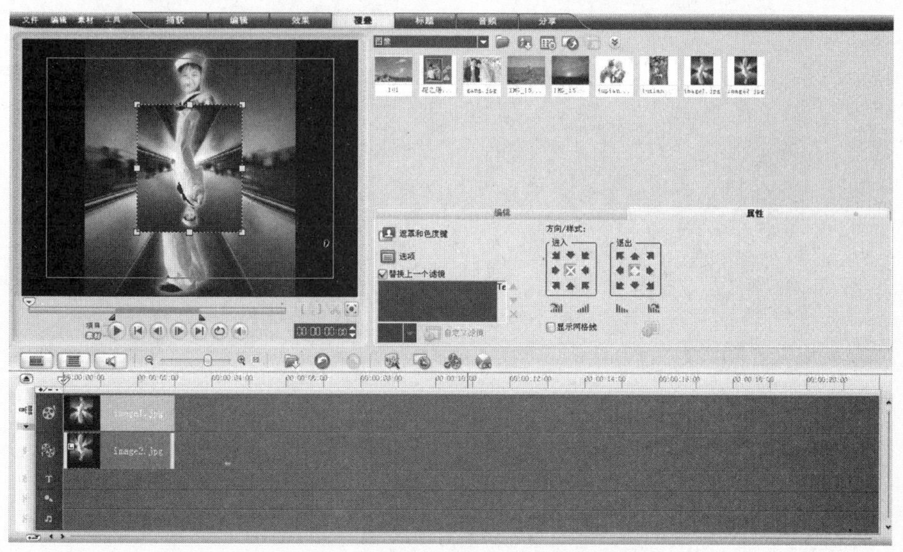

图 5.23　向时间轴视图中添加素材

步骤 03　选中视频轨上的素材，打开其对应的【属性】对话框，选中【素材变形】复选框，在预览窗口上调整其大小及位置，如图 5.24 所示。

图 5.24　调整视频轨上素材的大小及位置

步骤 04 选中覆叠轨上的素材，在预览窗口上调整其大小及位置，其最终位置如图 5.25 所示。

图 5.25　覆叠图像的位置

步骤 05 将素材库切换到【视频滤镜】素材库，从中选择“水流”滤镜，将其拖动到覆叠素材上，如图 5.26 所示。在【预置滤镜】列表中选择第三种预置效果。

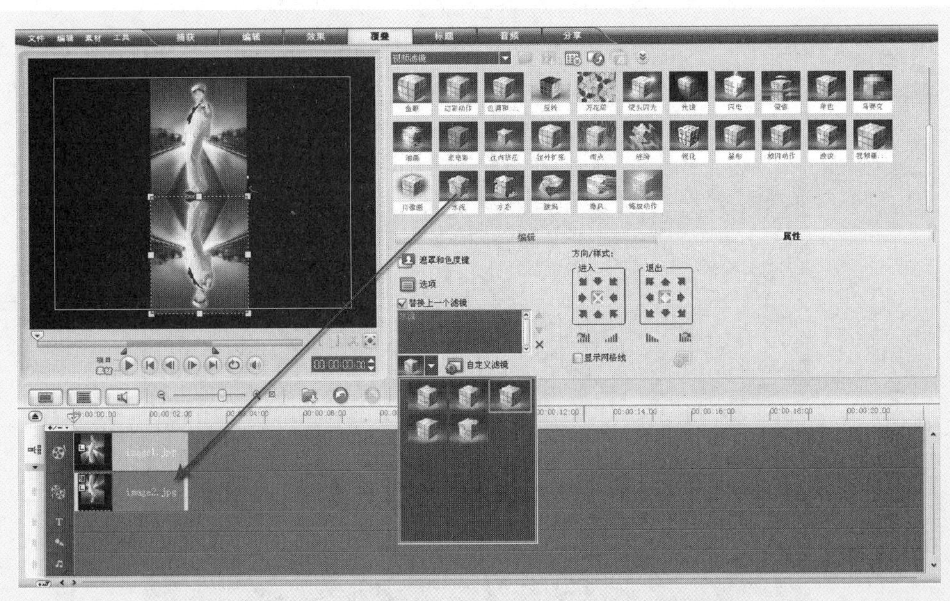

图 5.26　为覆叠素材添加“水流”滤镜

步骤 06 因为图像和倒影之间颜色相同，虽然作为覆叠素材的倒影已经产生了动的感觉，但在对比度上不够，显示不出倒影是在水中。取消选中覆叠素材对应的【属

性】选项卡中的【替换上一个滤镜】复选框，然后拖动“亮度和对比度”滤镜到覆叠素材上，如图 5.27 所示。

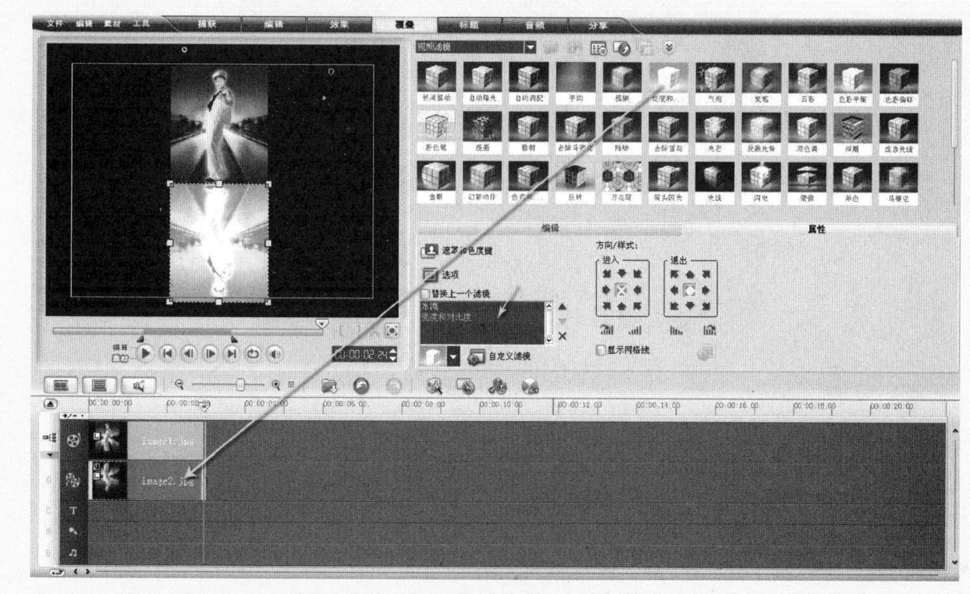

图 5.27　为覆叠素材添加第二个滤镜

步骤 07　因为“亮度和对比度”滤镜的预置效果不能满足制作的要求，所以单击【自定义滤镜】按钮，打开其对应的【亮度和对比度】对话框，将【通道】设置为【主要】，将开始关键帧和结束关键帧对应的亮度值设置为 20，对比度设置为-30，如图 5.28 所示。单击【确定】按钮，完成滤镜的自定义设置。整个过程的预览效果如图 5.29 所示。

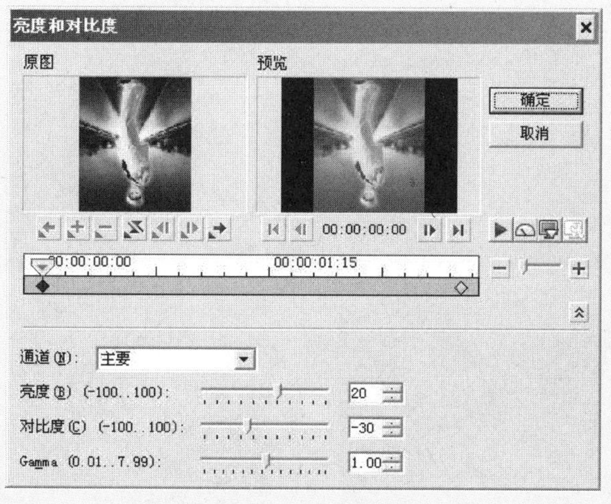

图 5.28　设置“亮度和对比度”

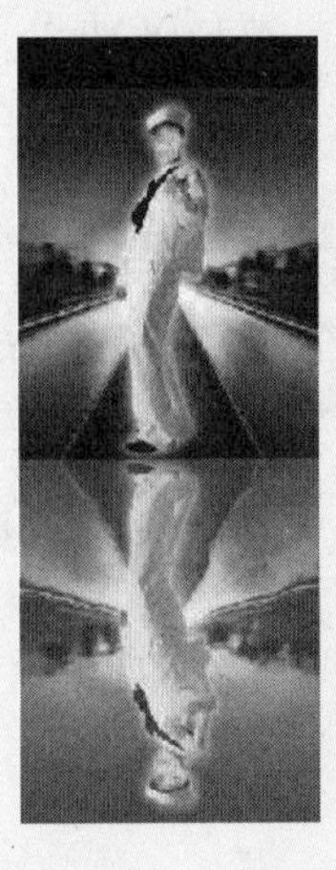 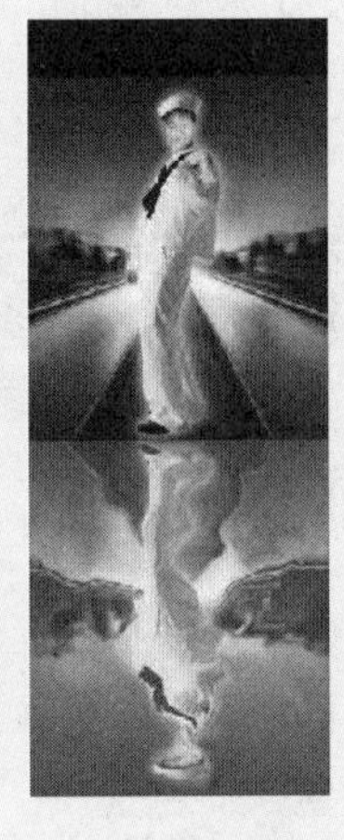 

图 5.29　预览效果

5.3　覆叠功能创意设计

覆叠功能在影片中最常用到，它可以使影片在同一时间内向观众传送出更多、更炫目、更全面的视觉信息。

5.3.1　画中画效果

在项目中使用覆叠素材，主要是为了获得一种画中画的效果，如图 5.16 所示。有时，也会将覆叠素材和视频轨中的对应素材设置为相同，然后将视频轨中的素材进行色彩校正，两者叠加后会获得一种虚幻的效果，如图 5.30 所示。

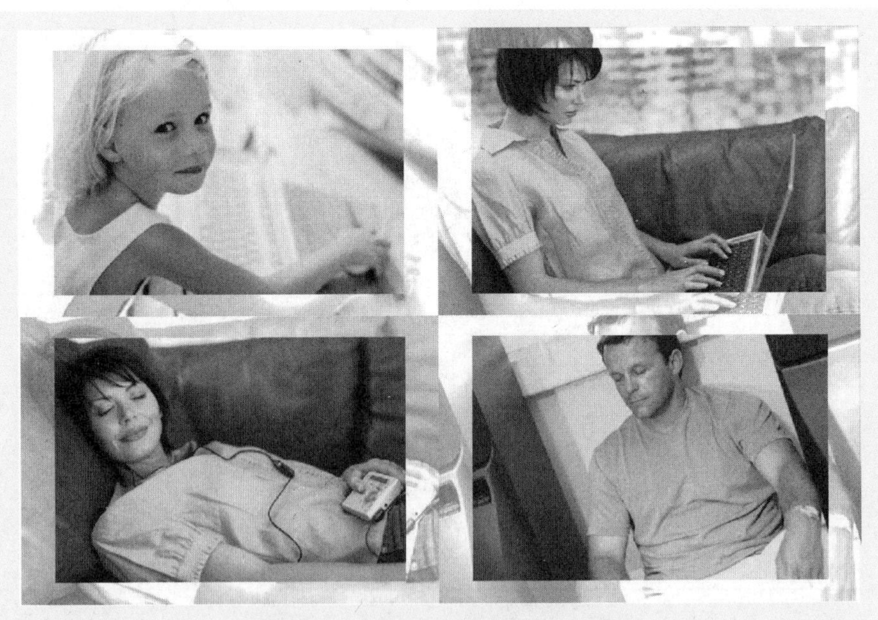

图 5.30　视频轨和覆叠轨同素材叠加

除此之外，在覆叠轨上还可以添加一些带有 Alpha 通道的图像素材或 Flash 动画素材。

5.3.2 添加对象

有些图像格式本身带有 Alpha 通道，提供图像透明功能。在会声会影中的预置的“装饰”类素材库(包括对象库和边框库)中的素材就都具有 Alpha 透明功能。

在素材库的【画廊】下拉列表框中选择【装饰】|【对象】选项，打开【对象】素材库，将素材库中的素材拖动到覆叠轨上，完成对象素材的添加，素材中的 Alpha 通道自动变为透明，如图 5.31 所示。

图 5.31 在覆叠轨上添加对象素材

在预览窗口中调整对象的大小和位置，以获取满意的效果。

值得注意的是，在会声会影中使用的对象均为 PNG 格式，在默认情况下，其对应的文件夹所在的完整路径为 C:\program files\ulead systems\ulead videostudio 11\samples\decoration。如果将“装饰”类素材库中的素材放置在覆叠轨上，它对应的【编辑】选项卡中的【色彩校正】和【应用摇动和缩放】两个选项均不能激活，这与将普通的图像添加到覆叠轨上的情况不同。

5.3.3 添加边框

除了可以添加 PNG 格式的对象素材外，还可以添加“边框”素材。打开【边框】素材库，从素材库中选中一个边框素材将其拖动到时间轴的覆叠轨上，在预览窗口中显示添加边框后的效果，如图 5.32 所示。

添加后的边框素材覆盖在视频轨的素材之上，呈全屏显示。用作边框的素材为 720×480 像素的 TIFF 格式图像，其默认的保存位置是 C:\program files\ulead systems\ulead videostudio 11\samples\decoration。

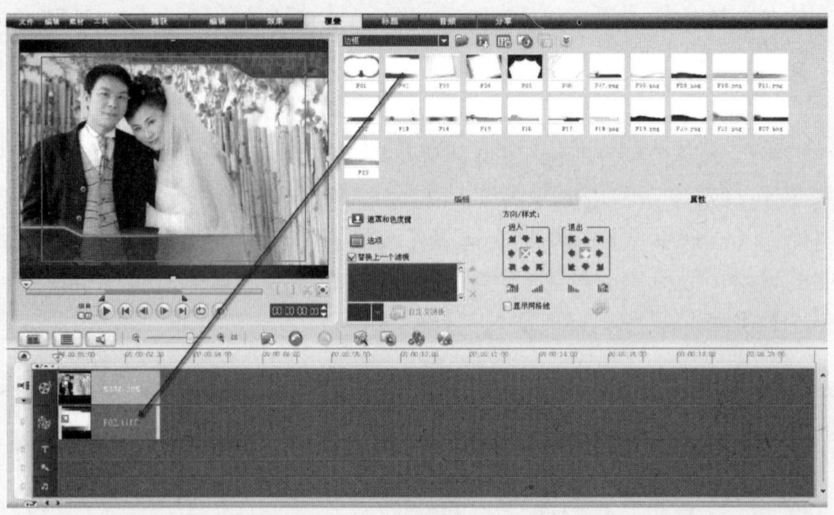

图 5.32　向覆叠轨上添加边框素材

5.3.4　添加 Flash 动画

对象和边框使用的都是图像文件，它们都带有 Alpha 通道。虽然能够产生透明效果，并且在它们对应的【属性】选项卡的【方向/样式】区可以设置移动，但毕竟移动的方式是很有限的，不能算是真正的动画，只能算是位置移动而已。虽然在覆叠轨上可以添加视频文件，但又局限于其透明设置。而作为网络动画标准的 Flash 动画，既可以很轻松地设置透明，又兼有动画的性质，将其放置在覆叠轨上，其效果当然不同。

打开【Flash 动画】素材库，从库中选择某个或某几个 Flash 动画素材将其拖动到时间轴视图的覆叠轨的适当位置，如图 5.33 所示。

图 5.33　将 Flash 动画添加到覆叠轨

在预览窗口中，Flash 动画显示在中间位置，周围有矩形变形框。在矩形框上右击，在打开的快捷菜单中选择【调到屏幕大小】命令，拖动导览面板或时间轴视图中的飞梭栏，在预览窗口观看覆叠效果，在窗口中添加了蝴蝶飞舞的画面，如图 5.34 所示。

图 5.34　Flash 动画的覆叠效果

5.3.5　多轨视频覆叠

会声会影 11 提供了 1 个视频轨和 6 个覆叠轨，用户可以自由选择需要的覆叠轨数，在同一画面上显示更多的素材及信息，使画面的变化感增强，大大加强了画面的活泼感。

只有在时间轴视图模式下覆叠轨管理器按钮才处于激活状态，单击时间轴上方的按钮，打开【覆叠轨管理器】对话框，如图 5.35 所示，选中覆叠#2、覆叠#3、……就可以在覆叠#1 下方添加新的覆叠轨，如图 5.36 所示。

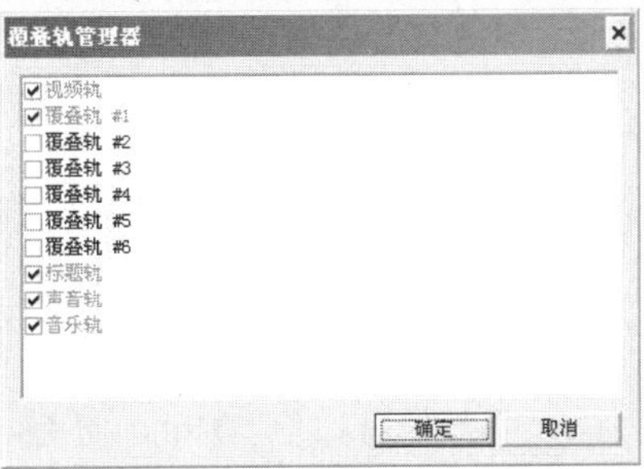

图 5.35　打开覆叠轨管理器

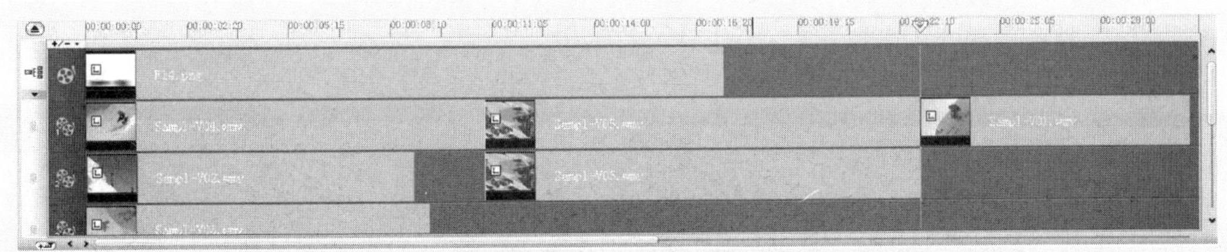

图 5.36　添加多个覆叠轨的效果

当覆叠轨数较多的时候，在时间轴视图上无法看到素材分布的状况，给编辑造成不便。会声会影 11，终于倾听民意，所有的覆叠轨都可以展开，方便用户调整各素材的相对位置。还是在时间轴视图模式下，单击时间轴上方的扩大按钮，就可以展开所有轨道，如图 5.37 所示。

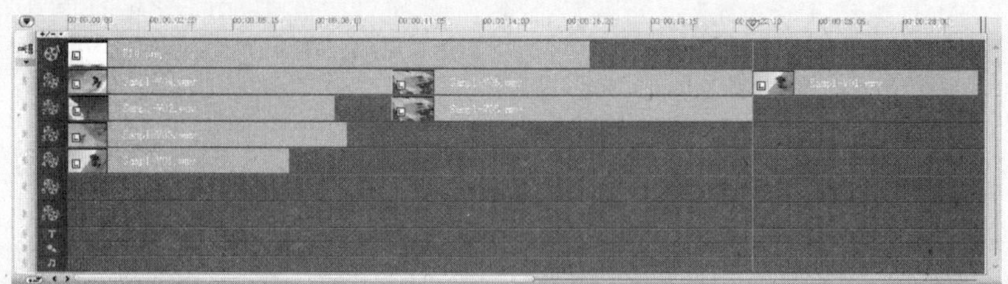

图 5.37　完全展开的覆叠轨

多轨覆叠的应用效果如图 5.38 所示。

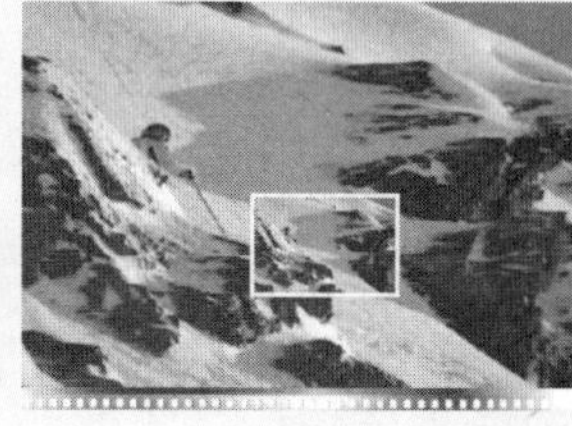

图 5.38　多轨覆叠的应用效果

5.4　遮罩与色度键

遮罩和色度键是从会声会影 9 开始增加的一大亮点之一，虽然它仍然不能与专业非线性编辑软件的功能相比，但和以前的版本相比已经取得了质的进步。

5.4.1　在覆叠素材上设置透明和边框

并不是每一种添加到覆叠轨上的素材都具有 Alpha 通道，而有时候不使用透明功能又很难达到预期的效果，因此需要对素材进行与透明有关的设置。

对于添加到覆叠轨中的素材，单击【属性】选项卡上的【遮罩和色度键】按钮，打开【覆叠选项】扩展窗口，如图 5.39 所示。

图 5.39　【覆叠选项】扩展窗口

在【透明度】文本框中输入 0～99 之间的数值或单击微调按钮，可以调整整个覆叠素材的透明度，也可以按下右侧的下拉三角形按钮，在弹出的调节线上进行拖动调整。使用拖动调整的好处在于随着透明度数值的变化，预览窗口中的图像的透明度也同步变化。不同透明度的效果比较如图 5.40 所示。

透明度=0

透明度=40

透明度=80

图 5.40　为覆叠素材设置不同的透明度

在【边框】文本框中输入 0～10 之间的数值或单击后面的微调按钮，可以调整整个覆叠素材的边框宽度，也可以单击右侧的下拉三角形按钮，在弹出的调节线上进行拖动调整。单击右侧的颜色块会弹出颜色选取器，用于设置边框的颜色，如图 5.41 所示。

图 5.41　设置边框的颜色与宽度

不同的边框宽度效果的比较如图 5.42 所示。

边框宽度=2

边框宽度=5

边框宽度=10

图 5.42　设置不同的边框宽度

5.4.2 色度键的使用

在许多非线性编辑软件中，都具有抠像的功能，尤其是一些专业级的软件，如 Premiere 等。而影视后期处理软件，如 After Effect 等，抠像能力更强。从会声会影 9 开始也适应发展的要求，添加了使用色度键进行抠像的功能。使用这一功能可以更好地将覆叠素材在某种色彩范围内设置为透明，效果相当不错。

下面以一个小实例来讲解色度键的使用方法。

步骤 01 在视频轨和覆叠轨上分别添加视频素材或图像素材。如图 5.43 所示。

图 5.43 向时间轴视图中添加素材

步骤 02 选中视频轨上的素材，在其对应的【属性】选项卡中选中【素材变形】复选框，然后在预览窗口中右击，在打开的快捷菜单中选择【调到屏幕大小】命令，使素材充满屏幕。

步骤 03 在时间轴视图中选中覆叠轨上的素材，在按住 Shift 键的同时，在素材右侧的修整拖柄上按下鼠标左键拖动，调整素材的回放速度，使其区间与视频轨上素材的区间相同，如图 5.44 所示。

图 5.44 调整覆叠素材的回放速度

步骤 04 在预览窗口中调整覆叠素材的大小及位置。

步骤 05 单击覆叠素材对应的【属性】选项卡中的【遮罩和色度键】按钮，打开其【覆叠选项】扩展面板。选中【应用覆叠选项】复选框，【类型】下拉列表框自动被激活，同时下拉列表框中的【色度键】选项自动被选中。会声会影自动判断覆叠遮罩的色彩，并将其【相似度】设置为70，如图5.45所示。

图5.45 应用色度键进行扣像

步骤06 单击【相似度】右侧的颜色块，可以打开色彩选取器进行抠像颜色的选择。但在实际操作中很少使用色彩选取器确定抠像颜色，而是在按下吸管工具后，在预览窗口中选择颜色。在这里仍然使用会声会影自动选择颜色，但将其相似度的值设置为70(在确定相似度的值时，可以使用微调按钮进行细微调整，同时在预览窗口中预览效果)，最终效果如图5.46所示。

图5.46 改变【相似度】值后的效果

如果背影颜色太多的话，会声会影将无法实现这个功能。

步骤 07 如果有必要，可以调整【宽度】和【高度】值，以改变覆叠素材的范围。

5.4.3 遮罩帧的使用

除了使用色度键对素材中的对象进行抠像处理以外，还可以使用遮罩帧对画面进行遮罩，以显示覆叠素材画面中的一部分内容。

在【覆叠选项】扩展面板中，选中【应用覆叠选项】复选框，在激活的【类型】下拉列表框中选择【遮罩帧】选项，打开遮罩帧的设置区域，在下面的列表中自动使用第一种遮罩图像，如图 5.47 所示。

视频轨中素材

覆叠轨中素材

图 5.47　遮罩帧设置及预览区域

在本区域中，【相似度】虽然也能自动判断颜色，但与【遮罩帧】的设置无关。在下面的遮罩图像列表中，显示各种遮罩图像的预览画面。在会声会影 11 中共预置了 21 幅遮罩图像，均为 8 位的 BMP 灰度图像，保存在 C:\Program Files\Ulead Systems\Ulead VideoStudio 11\Samples\Image 文件夹中。

在列表中单击某一幅遮罩图像，在预览窗口中覆叠素材的遮罩就会发生变化，如图 5.48 所示。

图 5.48　更换遮罩帧图像

从表面上来看，使用遮罩帧进行覆叠素材的遮罩似乎与在覆叠轨上使用装饰(对象和边框)极为相似，但两者其实有质的区别。

用作覆叠素材的装饰(对象和边框)素材，它们本身具有 Alpha 通道，可以使素材的某一部分产生透明的效果。但它会以整幅图像的方式出现。而在覆叠素材上使用遮罩帧图像，是借助外部图像来完成覆叠素材的透明。如边框素材用作覆叠素材并设置从左到右的运动时，效果如图 5.49 所示，而将遮罩帧画面应用于覆叠素材后，设置覆叠素材从左到右的运动效果如图 5.50 所示。

图 5.49　运动的边框类遮罩素材效果

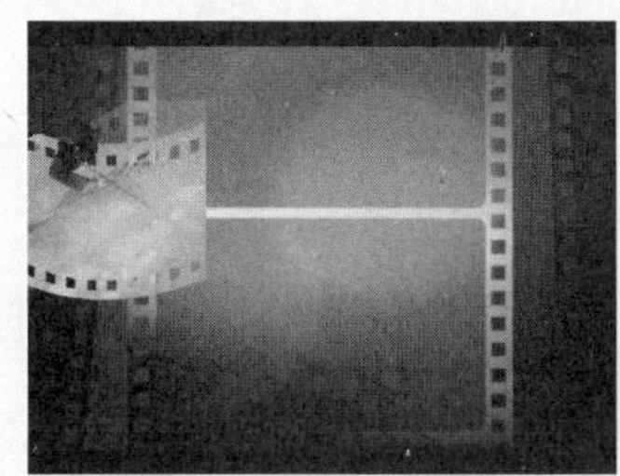

图 5.50　运动的应用遮罩帧的素材效果

5.5 启用连续编辑

在项目中向视频轨和覆叠轨中添加素材后，根据项目制作的需要，需要经常增删素材，造成画面的移动，尤其是原来覆叠轨上的素材和视频轨上的素材需要对齐的部分无法对齐，原来的许多工作都成为无用功，需要对素材的位置进行重新调整，花费了大量的时间。其实在会声会影中已经设置了连续编辑功能，连续编辑的作用是把视频轨和覆叠轨素材位置"捆绑"起来，这样，视频轨加入新素材后，就不会破坏原来素材之间的相对位置关系。在多层素材的调整过程中，可以将该功能打开。

在时间轴的 3 种视图的左上角均有一个【启用/禁用连续编辑】按钮，在这里以时间轴视图为例进行讲解。

单击【启用/禁用连续编辑】按钮，可以在连续编辑的启用和禁用两种状态下切换，在启用连续编辑后，按钮下面各轨道的方框中的链条标志处于激活状态，说明该轨道可用于连续编辑，如图 5.51 所示。

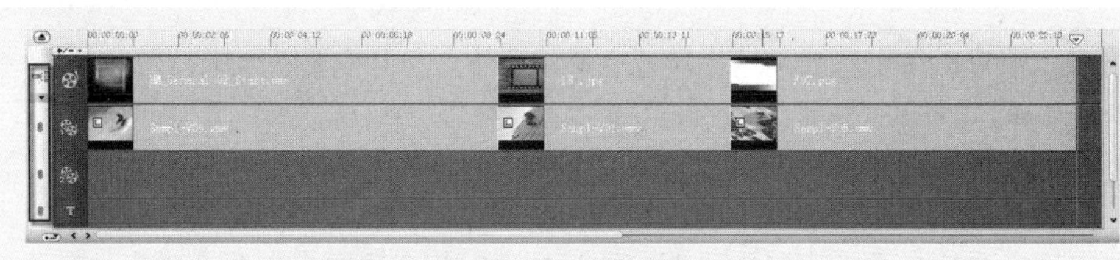

图 5.51 启用连续编辑

在禁用连续编辑后，按钮下面各轨道方框中的链条标志处于非激活状态，说明在编辑某一轨道的素材时，其他轨道上的素材的位置不会受到影响，如图 5.52 所示。

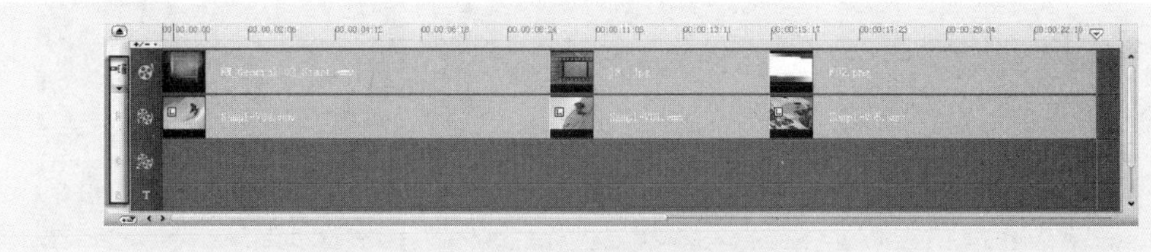

图 5.52 禁用连续编辑

在禁用连续编辑功能时，删除图 5.52 视频轨上的 18.jpg 素材，则其后的视频轨上的 F02.png 素材会前移，而覆叠轨上的素材不受影响，如图 5.53 所示。

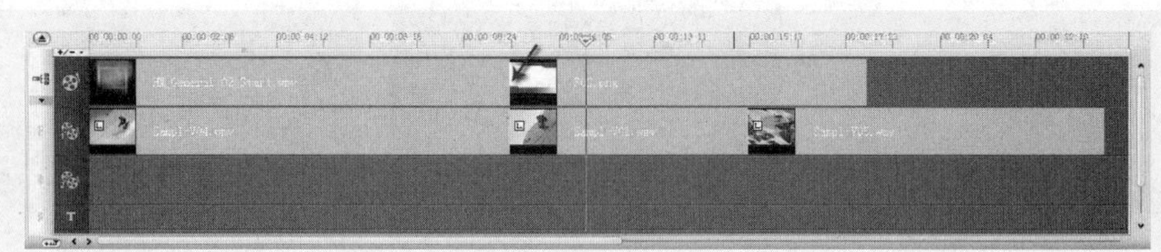

图 5.53 在禁用连续编辑的情况下删除素材

在启用连续编辑后，删除 18.jpg 素材，因为在覆叠轨上的 Samp1-V01.wmv 与该素材有重叠部分，所以会出现如图 5.54 所示的询问对话框。

图 5.54 询问在相关的素材会被删除的前提下是否继续操作

单击【是】按钮，Samp1-V01.wmv 被同时删除，而 F02.png 和 Samp1-V05.wmv 会同时前移，如图 5.55 所示。

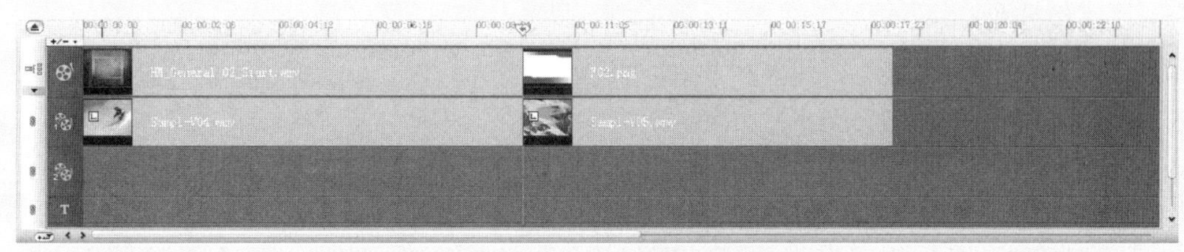

图 5.55 在启用连续编辑的情况下删除素材

以上只是在视频轨和覆叠轨上添加素材，因为只牵扯到两条轨道，所以直接启用或禁用连续编辑功能就可以了。但在新的覆叠轨、标题轨、声音轨和音乐轨上添加了素材后，情况就会变得比较复杂，如有的轨道之间需要进行连续编辑，有的轨道上的内容不需要受连续编辑的影响，这时就需要进行连续编辑的单独设置。

在启用连续编辑的前提下，单击链条标志，可以使该轨道中的素材在启用和禁用之间切换，如图 5.56 所示，是在其他轨道启用连续编辑时，标题轨和声音轨禁用连续编辑的情况。

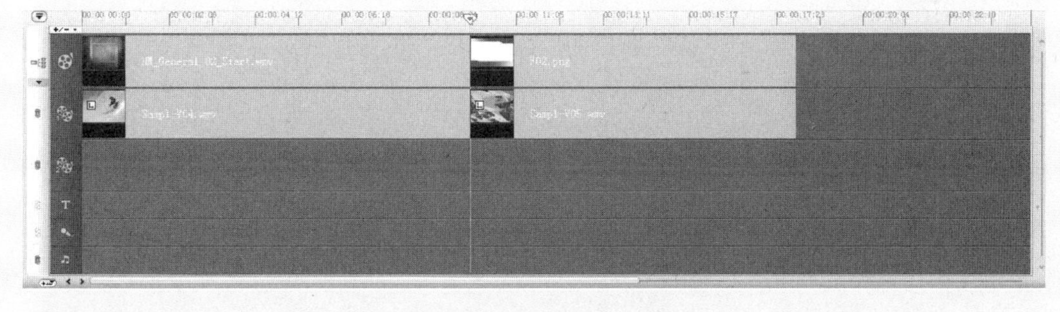

图 5.56 部分轨道启用连续编辑功能

除了使用上面的方法外，还可以单击【启用/禁用连续编辑】按钮下的下拉三角形按钮按钮，在打开的快捷菜单中设置连续编辑，如图 5.57 所示。

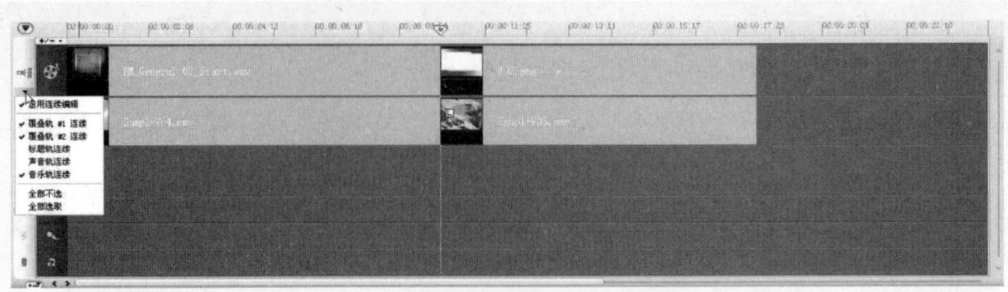

图 5.57　使用快捷菜单设置连续编辑

第 6 章

标题与字幕制作

本章要点：

在项目的制作过程中，后期常会加入一些标题或字幕，标题可以使项目的立意更加清晰，而几乎任何一部影视作品都离不开字幕。某些时候文字比音画更有说服力，更能有效地帮助观众理解影片，增加影片的感染力，起到强化主题的作用。使用会声会影，可以在很短的时间内为项目添加文字性的内容，利用会声会影自带的标题功能，可以制作出比较专业的标题和字幕效果。

本章主要内容包括：

- ▲ 在影片中添加预置标题
- ▲ 修饰标题和字幕
- ▲ 单个标题和多个标题
- ▲ 制作动画标题

6.1 在影片中添加预置标题

会声会影预置了丰富的标题模板，可以方便地为影片添加生动的标题和字幕。会声会影的文字动画功能非常突出，并且每种动画方式都提供了自定义选项，可以让文字按多种方式产生动画，用户可以将这些效果直接应用到标题中。

6.1.1 创建并编辑预置标题

在【编辑】操作界面完成视频的修整，并在【效果】操作界面中为素材间添加转场效果后，如果有必要可以在【覆叠】操作界面中添加覆叠素材，然后就可以进入【标题】操作界面进行文字的编辑了。

步骤 01 单击【标题】按钮进入【标题】操作界面，在【标题】素材库下方显示标题对应的【编辑】选项卡，在预览窗口中显示"双击这里可以添加标题"的提示。

步骤 02 在【标题】素材库中共预置了 21 个标题模板，选中某个标题模板，可以把它直接拖曳到标题轨上，如图 6.1 所示。

图 6.1 向时间轴视图中添加预设标题

步骤 03 此时，标题轨上新添加的标题处于选中状态，双击预览窗口中的标题，使之处于编辑状态，如图 6.2 所示。

步骤 04 重新输入新的文字后，选中需要修改的文字，可以在【编辑】选项卡上更改标题的字体、大小、颜色等属性，如图 6.3 所示。

步骤 05 不管是否选中素材，只要将鼠标指针放置到预览窗口的标题上，按下鼠标左键，鼠标指针均会变为手形，拖动鼠标指针，可以重新定义标题的位置，选中【编辑】选项卡中的【显示网格线】复选框以协助定位，如图 6.4 所示。

图 6.2　处于编辑状态的标题

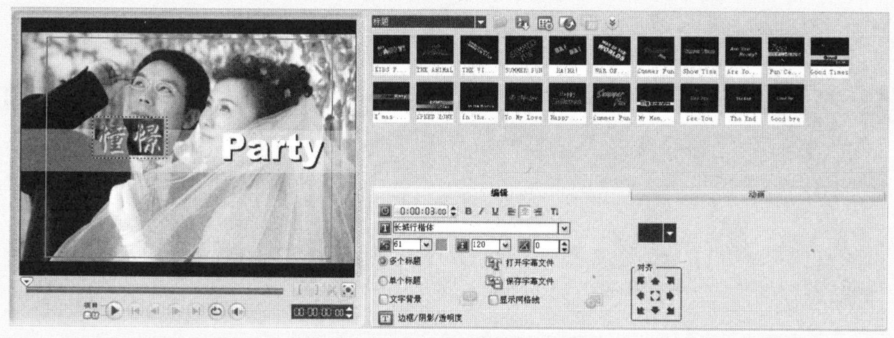

图 6.3　修改预设标题属性

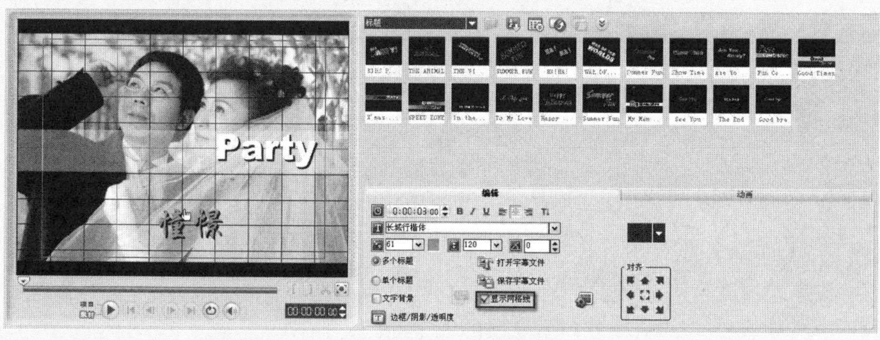

图 6.4　调整标题位置

步骤 06 在选中标题的四周通常有两个虚线框。内部虚线框为标题大小调节虚线框，拖动虚线框四周的黄色控制点，可以调整文字的大小；外侧的是阴影调节虚线框。阴影调节框的右侧有一个矩形方块，为阴影修整拖柄，拖动该拖柄，可以调整阴影的大小，有时也可以调整阴影的方向；将鼠标指针置于四角的紫色控制点上，鼠标指针变成↻形状，按住鼠标左键并拖动，可以旋转文字，如图 6.5 所示。

图 6.5　调整标题及其阴影的大小

提 示

并不是所有的标题都存在阴影调节框，阴影的种类也有多种，关于这方面的讲解请参考本章第 6.2.3 节。

步骤 07 依据素材的显示过程，拖动标题两侧的修整拖柄，可以改变标题区间，如图 6.6 所示。

图 6.6　调整标题的区间

步骤 08 【标题】素材库中预置的标题均以“多个标题”的形式存在，用同样的方法可以修改屏幕上的其他标题，如图 6.7 所示。

在标题外的任意位置单击，取消标题的编辑状态。在标题轨上拖动标题，可以调整与其他素材对应的位置。

图 6.7　修改其他标题

6.1.2　设置标题安全区

计算机中制作的视频文件在输出为视频之后，如果将其应用于电视播放，由于计算机和电视的显示范围不同，在电视播放时，有可能会使视频的部分内容不能完全显示。如果将标题在计算机中设置的过于充满预览窗口，有可能在电视播放时溢出屏幕。为此，会声会影专门设置了一个标题安全区，将标题文字放置在标题安全区内，可以保证其输出后在电视屏幕上正常显示。

按下键盘上的 F6 键或选择【文件】|【参数选择】命令，打开【参数选择】对话框，在【常规】选项卡内选中【在预览窗口中显示标题安全区】复选框，如图 6.8 所示，在预览窗口中出现一个矩形实线框，用于限定标题的输入范围，如图 6.9 所示。

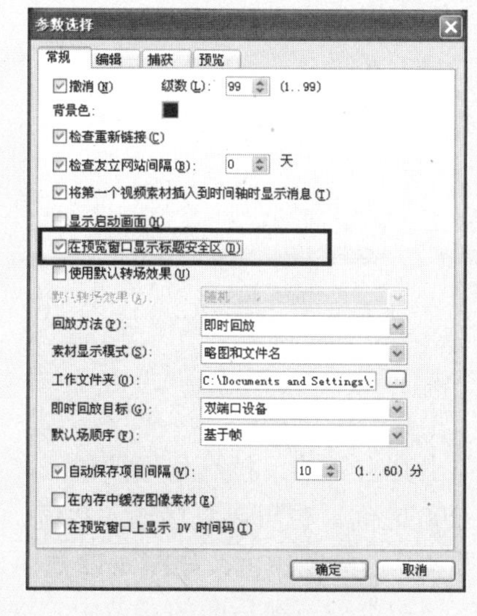

图 6.8　设置标题安全区

图 6.9　显示标题安全区

提 示

标题安全区只有在对标题进行编辑时才有效。

6.2 修饰标题和字幕

除了在预览窗口中对标题进行修改外，还可以通过选项面板对标题进行详细设置。

6.2.1 标题选项面板综述

选项面板共包含【编辑】和【动画】两个选项卡，在预览窗口中选中标题，其对应的选项面板的所有选项全部被激活，如图 6.10 所示。

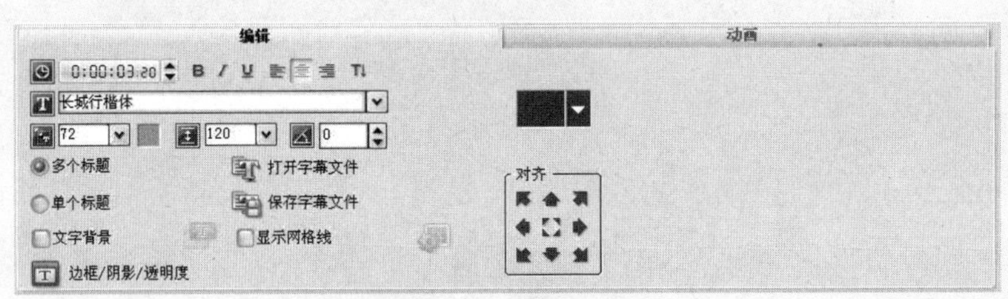

图 6.10 【编辑】选项卡

- 【区间】：用于设置标题的持续时间。
- 【字体样式】：用于为选中的文字设置粗体、斜体或下划线等效果。
- 【对齐方式】：用于设置多行文本的对齐方式。
- 【垂直文字】：单击此按钮，可将文字设置为纵向排列。
- 【字体】：用于设置标题的字体，单击其右侧的下拉三角形按钮，在下拉列表框中可以选择电脑中已经安装的字体，如图 6.11 所示。

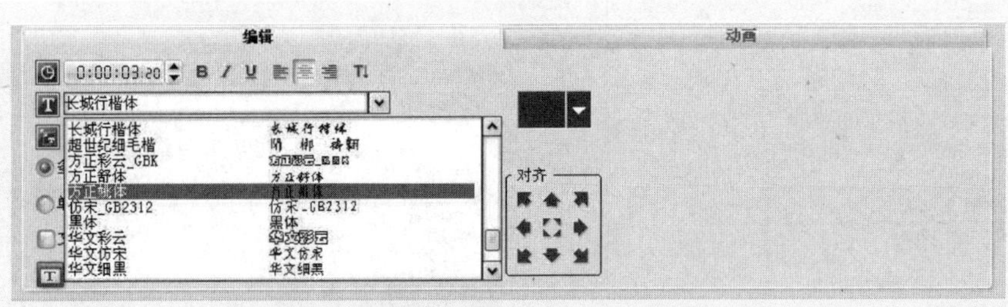

图 6.11 设置标题字体

- 【字号】：用于设置标题的字体大小。单击其右侧的下拉三角形按钮，在下拉列表框中可以选择字号，字号的选择在 1～200 之间。也可以直接输入数值。
- 【颜色】：单击颜色块，打开色彩选取器来设定标题颜色，如图 6.12 所示。
- 【多个标题】和【单个标题】：用于设置标题的类型。在后面的章节中，将做详细介绍。

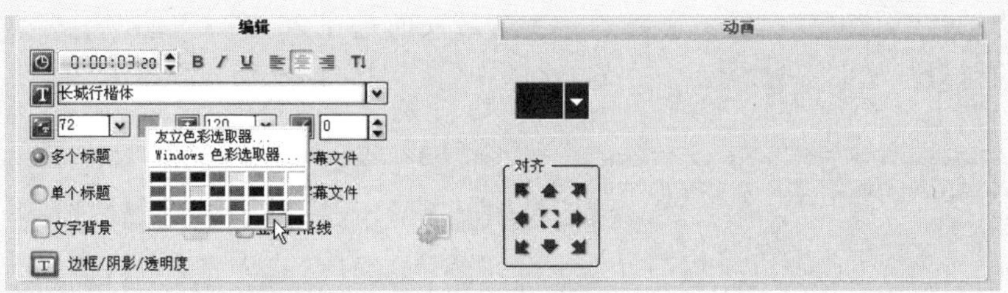

图 6.12　设置标题颜色

- 【行间距】：适用于多行文字，用于设置相隔的两行间的距离，其值在 60～999 之间。不同行间距效果的比较，如图 6.13 所示。

行间距＝80

行间距＝120

行间距＝200

图 6.13　不同行间距效果的比较

- 【角度】：会声会影支持文字旋转，在微调框中输入数值，可以调整文字的旋转角度，其值在-359～359 之间，如图 6.14 所示。

图 6.14　调整文字的旋转角度

- 【打开字幕文件】：单击该按钮，在弹出的对话框中选择 utf 格式的字幕文件，可以一次批量导入字幕。字幕文件包括 srt、ass、smi、ssa 和 utf 等多种格式。
- 【保存字幕文件】：单击该按钮，在弹出的对话框输入相应的字幕文件名，可以将自定义的影片字幕保存为 utf 格式的字幕文件，以备将来使用。
- 【文字背景】：选中此复选框，会为标题添加预置的文字背景。这里的预置文字

背景并不是软件已经设置好的文字背景，而是在上一个标题使用文字背景时设置的背景，如图 6.15 所示。在 6.2.2 节中将详细介绍本部分内容。

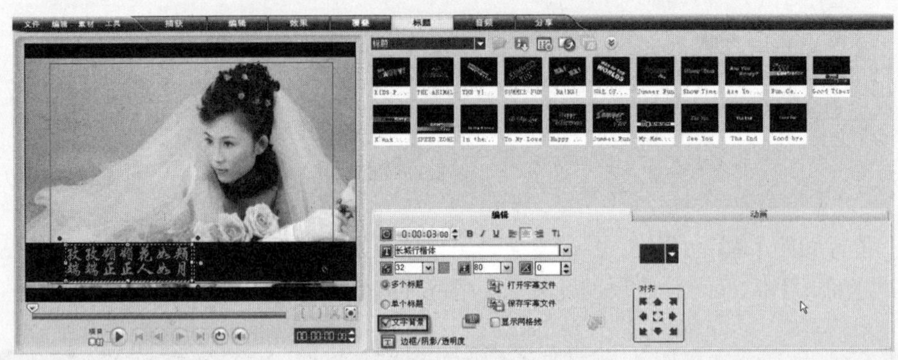

图 6.15　为标题直接添加文字背景

- 【显示网格线】：用于设置在预览窗口中是否显示网格线进行辅助定位。单击【网格线选项】按钮，可打开相应的对话框进行网格线的设置。
- 【边框/阴影/透明度】：可以为文字添加边框及阴影，并设置透明度。在 6.2.3 节中将详细介绍本部分内容。
- 【预置标题样式】：在其下拉列表框中共有 24 种预置效果。单击某一效果，可将其应用于选中标题文字，如图 6.16 所示。

图 6.16　将预置标题样式应用于标题

在将预置标题样式应用于选中标题时，其对应的【编辑】选项卡中的其他选项也发生了相应的变化。由于预置标题样式中统一使用的是英文字体，因此，应用预置效果后，在选项面板上要重新设置需要的中文字体。

- 【对齐】：设置文字相对于标题安全区的对齐方式。在 6.2.5 节中将详细介绍本部分内容。

6.2.2　为标题添加背景

在预置的标题中，有一部分设置了标题的文字背景，如 WAR OF THE WORLDS、Summer Fun、See You 等。在自定义的标题设置中，也可以对标题的文字背景进行设置。文字背景只适用于“多个标题”类型，不适用于“单个标题”类型。

单击【标题】按钮，进入【标题】操作界面，在预览窗口中双击激活标题编辑状态，在【标题】选项卡中确认选中【多个标题】单选按钮，在预览窗口中输入标题文字。

选中【文字背景】复选框，会为标题添加预置的文字背景，如图 6.15 所示。

单击【自定义文字背景的属性】按钮，打开【文字背景】对话框。选中【单色】单选按钮，单击其右侧的颜色块，打开色彩选取器，重新选择色彩，如图 6.17 所示。如图 6.15 所示的文字背景即为单色背景。

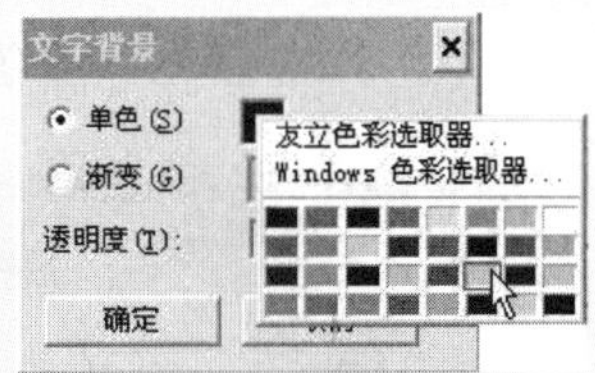

图 6.17　设置单色文字背景

选中【文字背景】对话框中的【渐变】单选按钮，在它右侧的颜色块中单击，重新定义渐变的颜色。使用两颜色块之间的箭头按钮，可以定义渐变色的方向，纵向和横向渐变色的效果，如图 6.18 和图 6.19 所示。

图 6.18　文字背景纵向渐变

图 6.19　文字背景横向渐变

在【文字背景】对话框的【透明度】文本框中输入 0～99 之间的数字，可以设置标题背景的透明度，其值越大，透明度越高。不同透明度效果的比较如图 6.20 所示。

透明度＝10

透明度＝40

透明度＝70

图 6.20　不同透明度效果的比较

提 示

单色背景可以最大限度地让字幕效果呈现出来。但是，必须要注意的是，字幕与背景的色彩搭配效果要尽可能协调：比较单调的字幕效果就要用较丰富的背景来衬托，而炫目的字幕效果则应用相对平实的背景来产生强烈的对比视觉效果。对于一些画面较复杂的背景，字幕效果就要设计得相对独立些。例如，一幅有大簇鲜花的背景，就要为字幕设计一个具有背景或文字有边缘感的效果，这样的字幕才能立即引起观众的注意，凸现出影片的主题！

6.2.3 为标题应用边框和透明效果

在标题中，可以为文字应用边框、透明和阴影效果。

步骤 01 在【标题】操作界面中的预览窗口中双击，输入“多个标题”类型的标题文字“柔情蜜意”，设置字体、字号、颜色等，如图 6.21 所示。

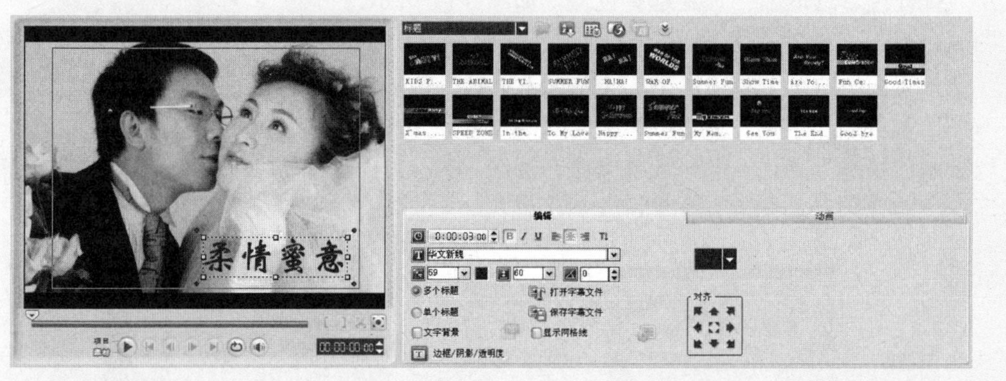

图 6.21 输入标题文字

步骤 02 单击【边框/阴影/透明度】按钮，打开对应的对话框，如图 6.22 所示。

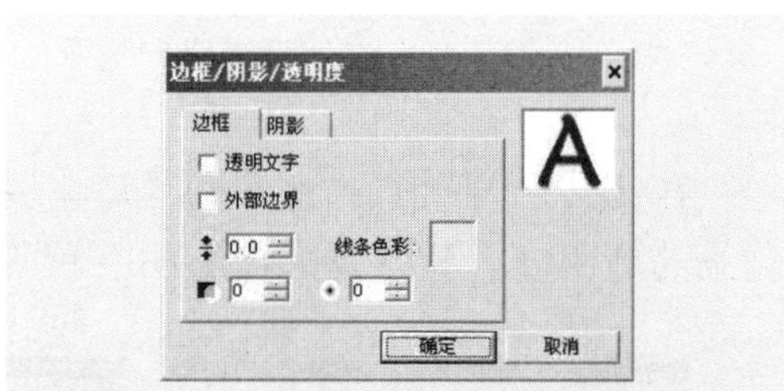

图 6.22 【边框/阴影/透明度】对话框

- 在【边框宽度】微调框中输入一个 0～99.9之间的数字，设置文本边框的宽度，如图 6.23 所示。
- 【线条颜色】：单击右侧的颜色块，打开色彩选取器，从中选取一种颜色，作为边框的颜色。
- 【透明文字】：选中该复选框，可以使文字透明，只显示其边框，如图 6.24 所示。如果没有设置边框，将自动为文字添加宽度为 1 的边框。
- 【外部边界】：选中该复选框，可以制作为文字描边的效果。
- 【文字透明度】：调整整个标题文字的透明度，包括标题和边框两部分的透明度，不同透明度的效果对比如图 6.25 所示。

边框宽度＝3

边框宽度＝5

图 6.23　不同边框宽度效果的对比

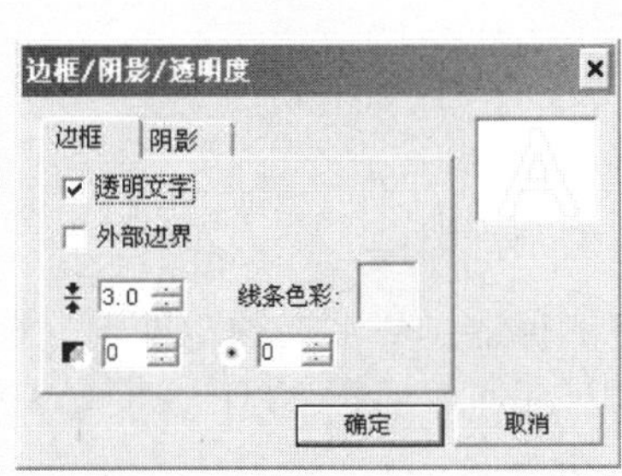

图 6.24　设置透明文字

文字透明度＝30

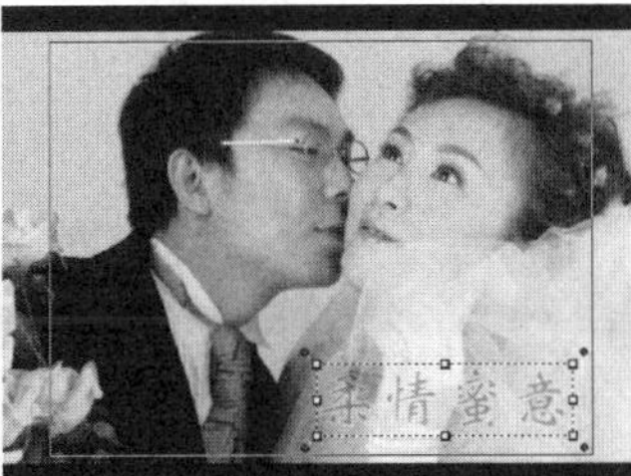

文字透明度＝60

文字透明度＝80

图 6.25　不同文字透明度效果的对比

- 【柔化边缘】：柔化标题文字的边缘，对含有边框的文字中的边框也有一定的柔化作用。在无边框时，不同柔化值对应的效果比较如图 6.26 所示。
  在文字有边框(边框宽度＝3)时不同柔化值对应的效果比较如图 6.27 所示。

柔化边缘=5

柔化边缘=10

柔化边缘=30

图 6.26　不同柔化边缘效果的比较

柔化边缘=5

柔化边缘=10

柔化边缘=30

图 6.27　不同柔化边缘效果的比较(有边框)

6.2.4　为标题添加阴影

会声会影支持为标题添加阴影。选中时间轴视图中的标题，然后在预览窗口中选中某个标题，单击其对应的【边框/阴影/透明度】按钮，打开对应的对话框。单击【阴影】标签，切换到对应的选项卡。在选项卡中共有 4 种阴影设置，分别是：无阴影、下垂阴影、光晕阴影、突起阴影。

1. 无阴影

单击【无阴影】按钮 A，在选中的标题上将不使用阴影效果，如图 6.28 所示。其对应的效果如图 6.29 所示。

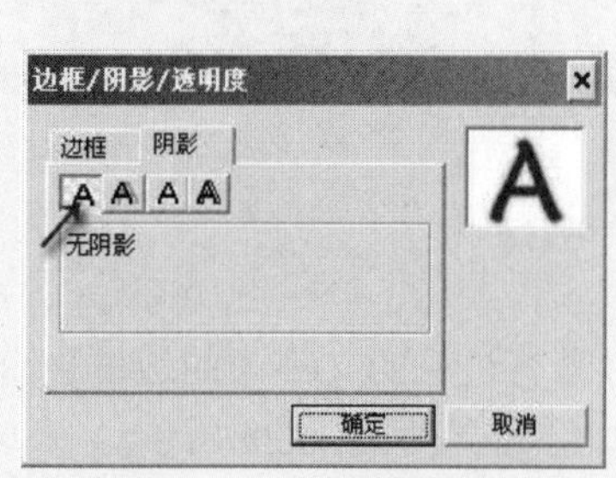

图 6.28　标题不设置阴影

图 6.29　无阴影时的标题效果

2. 下垂阴影

单击【下垂阴影】按钮，打开对应的设置区域，如图 6.30 所示。下垂阴影可以为标题添加单个阴影，此阴影一般偏向一边，大小与原标题文字相同。

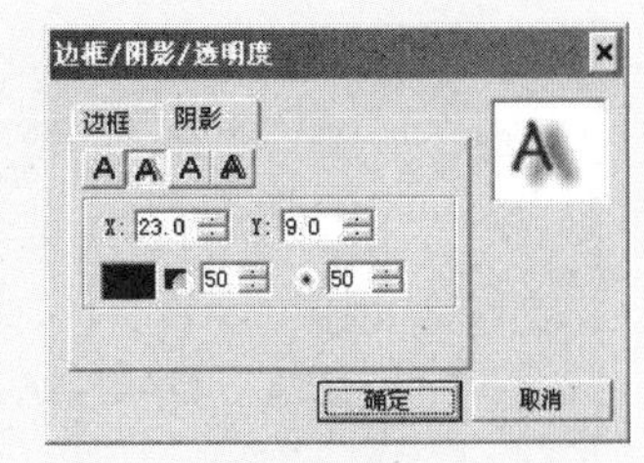

图 6.30　为标题设置下垂阴影

- X 和 Y：为阴影设置水平偏移量和垂直偏移量。以标题文字为中心，水平偏移以向右为正，垂直偏移以向下为正。
- 【下垂阴影色彩】：单击颜色块，打开色彩选取器，设置阴影色彩。
- 【下垂阴影透明度】：设置下垂阴影的透明度。在【下垂阴影柔化边缘】设置为 0 时，不同下垂阴影透明度值对应的效果如图 6.31 所示。

下垂阴影透明度＝0

下垂阴影透明度＝30

下垂阴影透明度＝60

图 6.31　不同下垂阴影透明度效果的比较

- 【下垂阴影柔化边缘】：设置下垂阴影的边缘柔化程度。在【下垂阴影透明度】设置为 0 时，不同下垂阴影柔化边缘值对应的效果如图 6.32 所示。

下垂阴影柔化边缘＝0

下垂阴影柔化边缘＝20

下垂阴影柔化边缘＝50

图 6.32　不同下垂阴影柔化边缘效果的比较

3. 光晕阴影

单击【光晕阴影】按钮，打开对应的设置区域，如图 6.33 所示。光晕阴影可以为标题添加放射状阴影，将原标题文字的范围扩大。

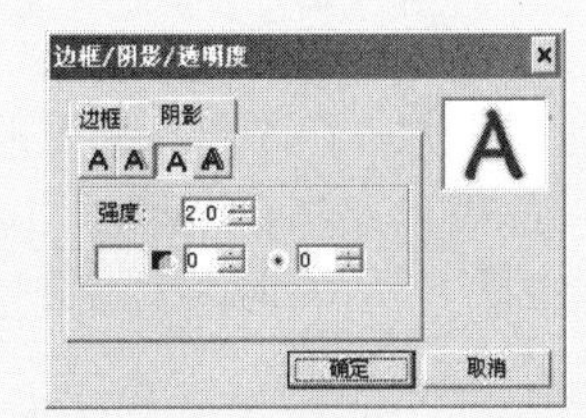

图 6.33　为标题设置光晕阴影

- 【强度】：用于设置光晕阴影的强度，其取值范围为 0.1～20.0。其值越大，标题文字的阴影范围越大。不同强度值对应的效果，如

图 6.34 所示。

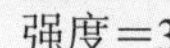

强度=3　　强度=10　　强度=20

图 6.34　不同光晕阴影的强度的效果比较

除【强度】外，光晕阴影还可以设置颜色、透明度、柔化边缘的值，其设置方法与设置下垂阴影的相应选项值的方法相同。

4. 突起阴影

单击【突起阴影】按钮，打开对应的设置区域，如图 6.35 所示。突起阴影可以为标题添加类似于突起效果的阴影，它和下垂阴影的区别在于：下垂阴影只是在标题文字的下方添加一个阴影，而突起阴影是在标题文字和阴影之间建立一种连接，将它们合为一体，立体感更强。

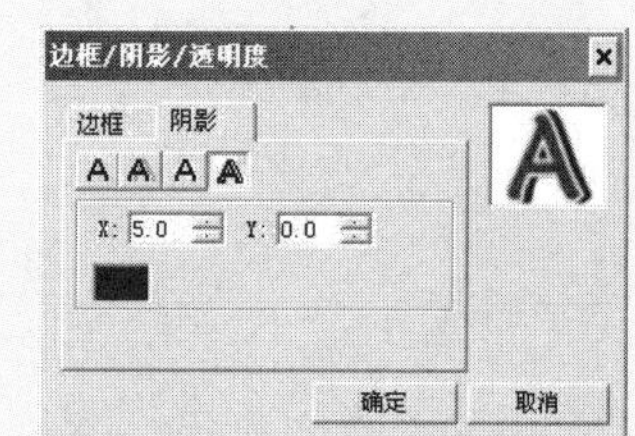

图 6.35　为标题设置突起阴影

在突起阴影的设置中，只有【水平阴影偏移量】、【垂直阴影偏移量】和【突起阴影色彩】3 个选项，其设置方法与下垂阴影的对应选项的设置方法相同。其效果如图 6.36 所示。

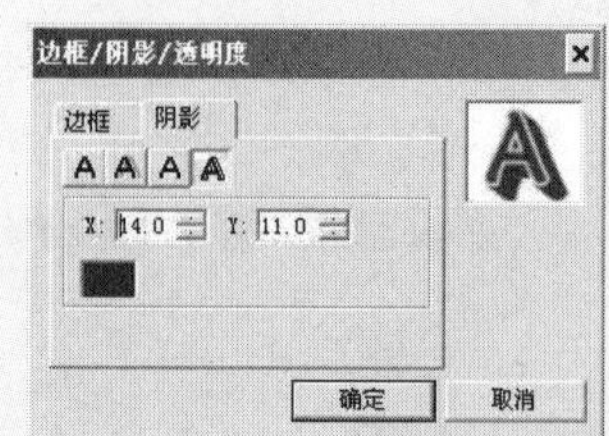

图 6.36　设置突起阴影的效果

5. 手动调节阴影

除了在【边框/阴影/透明度】对话框的【阴影】选项卡中进行阴影设置外，还可以手动对标题阴影进行简单调节。

选择【无阴影】方式时，选中的标题四周只出现选中的矩形，选择其他阴影方式，在选中标题的右侧都有一个阴影调节拖柄。按下该拖柄拖动，可以调节阴影的大小。这与在本章 6.1.1 节中提到的调整预置标题的阴影的方法相同。这种调节虽然简便易行，但只限于调节阴影的大小，而不能设置阴影的其他选项，如颜色、透明度、柔化边缘等。

6.2.5　设置标题对齐

标题的对齐功能可以精确定位标题的位置，但它只适用于“多个标题”类型的标题。在【编辑】选项卡的右下方，是【对齐】区，该区将预览窗口分为 9 部分，如图 6.37 所示。

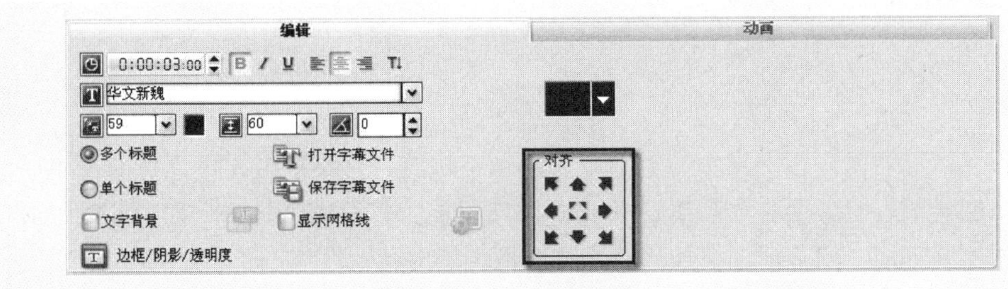

图 6.37　【对齐】区

在预览窗口中选中某个标题，单击【对齐】区中的某个按钮，将标题对齐到预览窗口的相应位置，如图 6.38 所示。

对齐到右侧中央

居中

对齐到右下方

图 6.38　设置标题对齐

在标题对齐过程中，标题并不是以整个屏幕为参照物进行划分，而是以标题安全区为参照物进行划分。也就是说，标题并不会超出标题安全区放置，但标题阴影的位置不受标题安全区的限制，如图 6.39 所示。

图 6.39　标题阴影的位置不受标题安全区的限制

6.3　单个标题和多个标题

会声会影共有两种标题类型：多个标题和单个标题。多个标题可以更灵活地将文字中的不同单词放到视频帧的任何位置，并允许排列文字的叠放次序。单个标题可以很方便地为项目创建开幕词、闭幕词、添加片名以及演员表等内容。

6.3.1　添加单个标题

在时间轴视图中，将飞梭栏拖动到需要添加标题的位置。在【编辑】选项卡中选中【单个标题】单选按钮，在预览窗口中双击，打开标题的编辑状态，此时在预览窗口中出现闪烁的光标并且显示标题安全区(如已设置)，预览窗口的下侧和右侧出现滚动条，如图 6.40 所示。

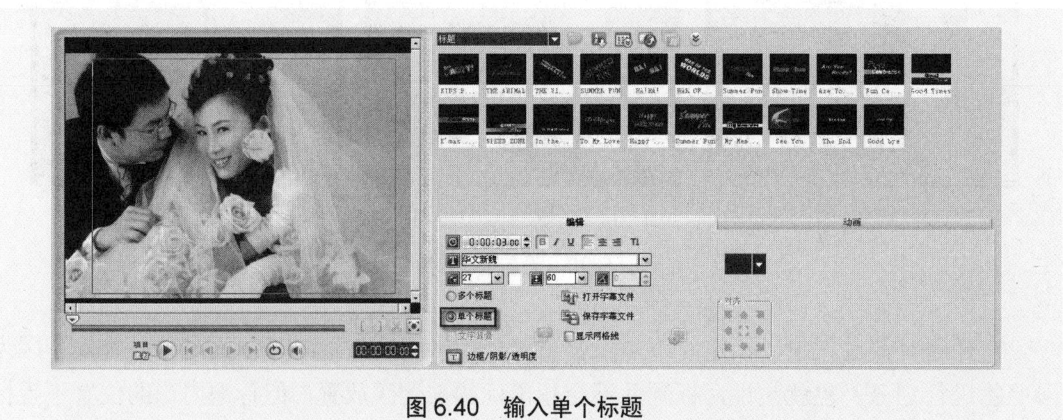

图 6.40　输入单个标题

在【编辑】选项卡中设置标题字体、字号、颜色、行间距等，并且打开它的高级属性设置区域，设置标题的风格(粗体、倾斜、下划线等)和对齐方式，然后在预览窗口中输入文字(将鼠标指针放置在行的最前方，按 Enter 键可以使当前行向下移动)，如图 6.41 所示。

图 6.41　输入标题文字

在操作窗口的任意空白位置单击，完成标题的输入，标题被添加到时间轴上飞梭栏指向的标题轨位置，如图 6.42 所示。

图 6.42　将标题文字添加到时间轴

注 意

预置的标题设置的区间一般为 3 秒，而手动添加的标题的区间和设置的默认的图像区间是相同的。如果需要修改默认的手动添加的标题的区间，可选择【文件】|【参数选择】命令或按下 F6 键，打开【参数选择】对话框，在【编辑】选项卡中重新设置【插入图像/色彩素材的默认区间】，如图 6.43 所示。

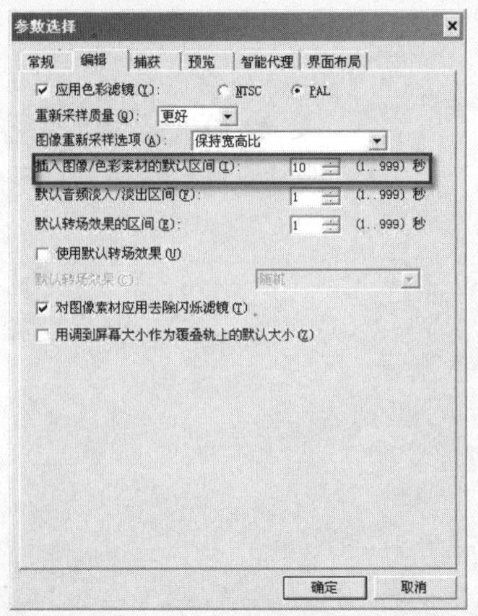

图 6.43　设置标题的默认区间

6.3.2　添加多个标题

进入【标题】操作界面中，在时间轴视图中拖动飞梭栏到需要添加字幕的位置，选中【编辑】选项卡中的【多个标题】单选按钮。根据预览窗口中的提示，在预览窗口中双击，出现一个带虚线框的文本输入框，在里面输入标题文字，根据需要在选项面板上设置文字的字体、字号和对齐方式等属性，也可以调整标题的位置，如图 6.44 所示。

图 6.44　在预览窗口中输入多个标题对应的文字

注 意

【多个标题】和【单个标题】都是指标题的类型，也就是标题的存在形式，它分为将整个预览窗口设置为一个标题输入区，还是设置为多个标题输入区，而不是指标题的个数。

在操作界面的任意空白位置单击，完成标题的制作，在标题轨中显示标题的名称，如图 6.45 所示。

图 6.45　添加多个标题

不管是添加多个标题还是单个标题，它们只能添加到标题轨的空白位置，如果空白位置的区间小于预置的标题区间，将只保留空白位置的区间。

如果在多个标题类型下，在预览窗口中多次添加标题，多个标题在预览窗口中同时存在，它们对应的名称中各文字用竖线隔开，如图 6.46 所示。

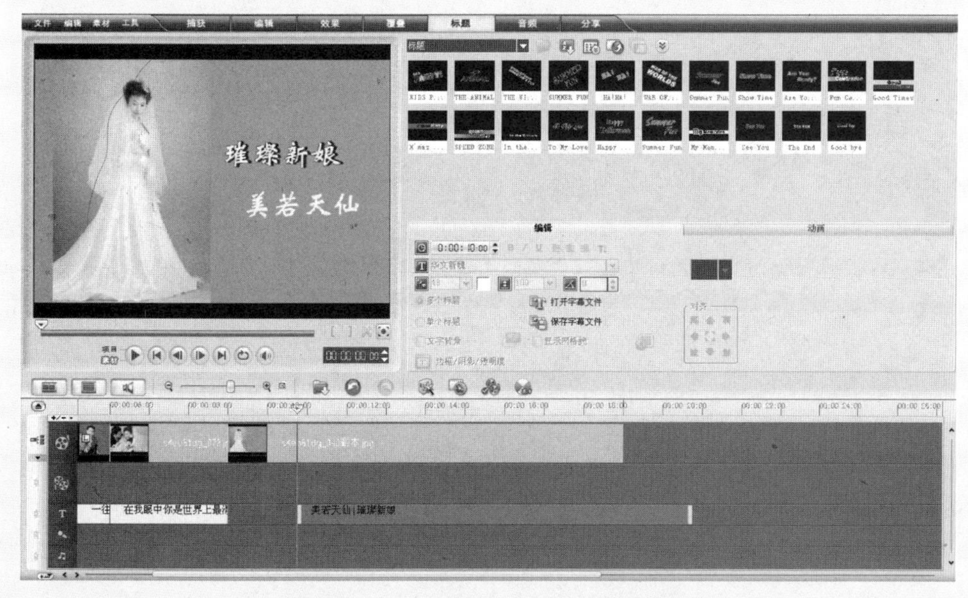

图 6.46　在预览窗口中输入多个标题

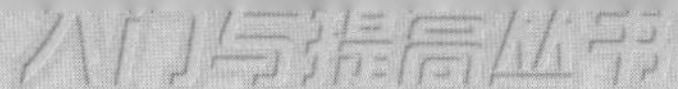

有时候，会出现标题素材覆盖的情况，如图 6.47 所示。

图 6.47 标题素材覆盖

在某个标题上右击，在弹出的右键菜单中执行相应的命令，调整各标题的层叠次序，如图 6.48 所示。

图 6.48 设置标题层叠次序的方法及效果

单个标题的位置不能移动，多个标题的位置可以任意移动，只需要在相应标题上按下鼠标左键拖动到目标位置即可。

6.3.3 单个标题和多个标题的互换

单个标题和多个标题在类型上可以互相转换。

1. 单个标题转换为多个标题

对于已经存在的单个标题，在其对应的【编辑】选项卡中选中【多个标题】单选按钮，弹出操作无法撤销的警告对话框后，单击【是】按钮，单个标题可以直接转换为多个标题，如图 6.49 所示。

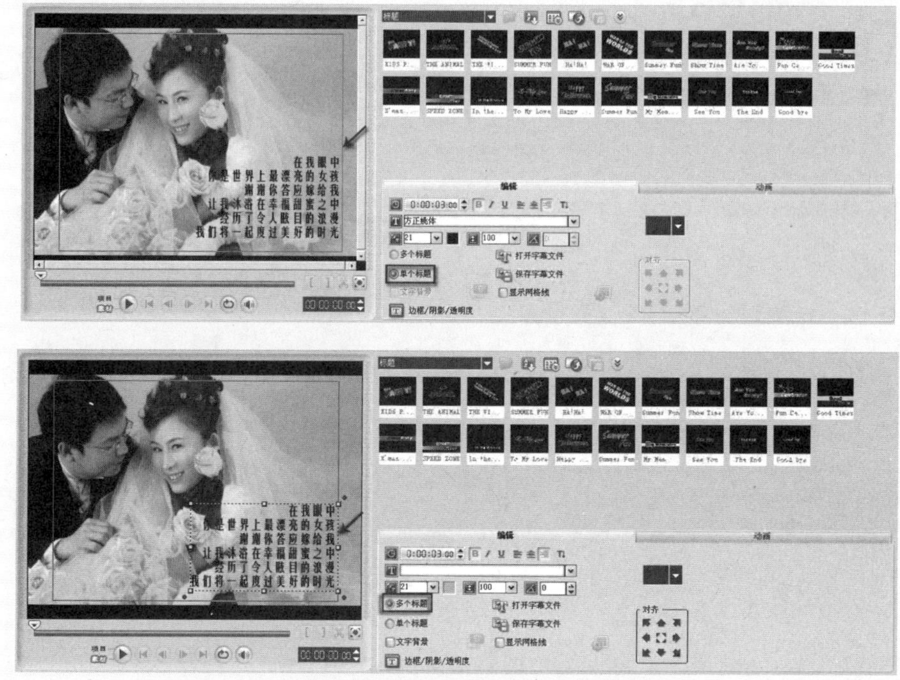

图 6.49　将单个标题转换为多个标题

2. 多个标题转换为单个标题

对于已经存在的多个标题，首先选中时间轴视图中的标题，然后在预览窗口中选择一个或多个标题中的某个标题，选中其对应的【编辑】选项卡中的【单个标题】单选按钮，弹出如图 6.50 所示的询问对话框。

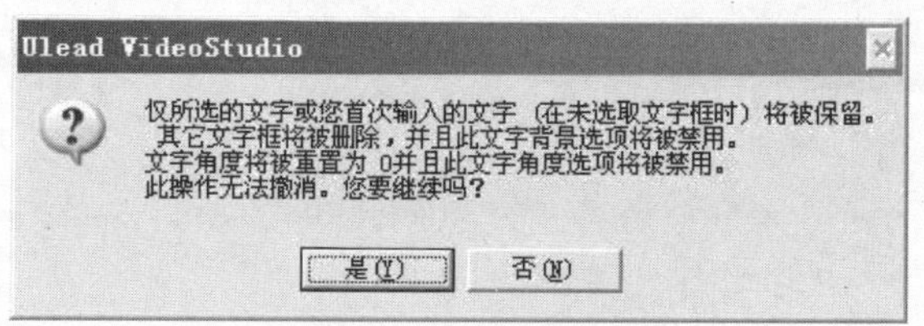

图 6.50　询问对话框

单击【是】按钮，完成多个标题向单个标题的转换，转换后只保留了选中的文字或首次输入的文字(在未选取文字框时)，其他内容被删除，并且文字背景选项被禁用，如图 6.51 所示。

图 6.51　多个标题转换为单个标题

6.4　制作动画标题

标题动画可以在标题的制作中手动添加。在预览窗口中选中某个标题，打开【动画】选项卡。选中【应用动画】复选框，如图 6.52 所示。

图 6.52　【动画】选项卡

在【类型】下拉列表框中选择标题动画的类型，标题动画共分为 8 种类型，如图 6.53 所示。

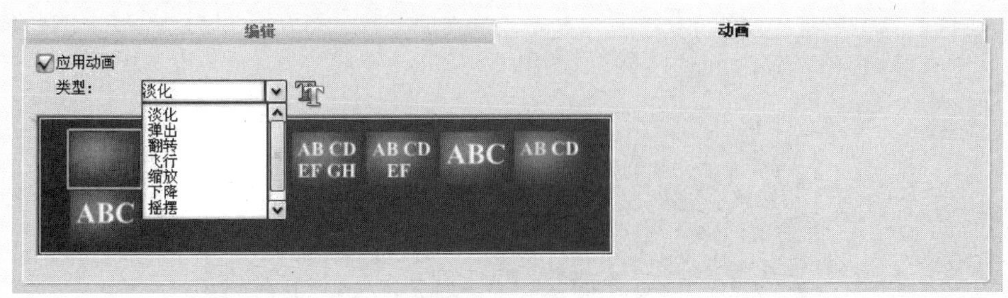

图 6.53　标题类型

6.4.1　【淡化】类

此类标题动画可以为标题添加淡入淡出效果，多用于为影片添加说明性文字。

步骤 01　选中标题，在其对应的【动画】选项卡中选中【应用动画】复选框，在【类型】下拉列表框中选择【淡化】选项，如图 6.52 所示。

步骤 02　在【淡化】类标题效果组中预置了 8 种动画效果，默认选中的是第一种。单击其中任意一种，动画效果被应用到选中的标题上。应用第一种动画效果后预览窗口中的效果如图 6.54 所示。

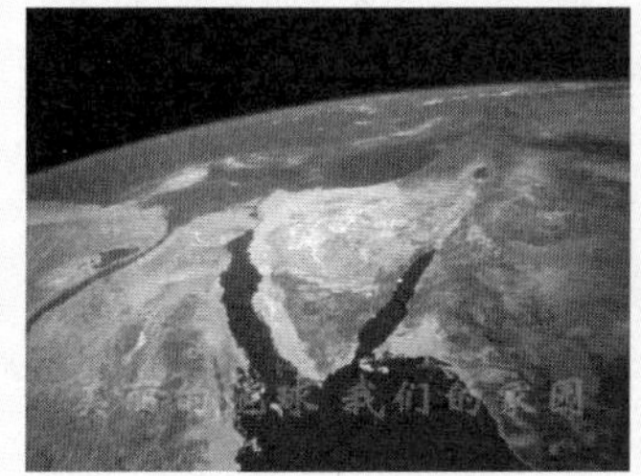

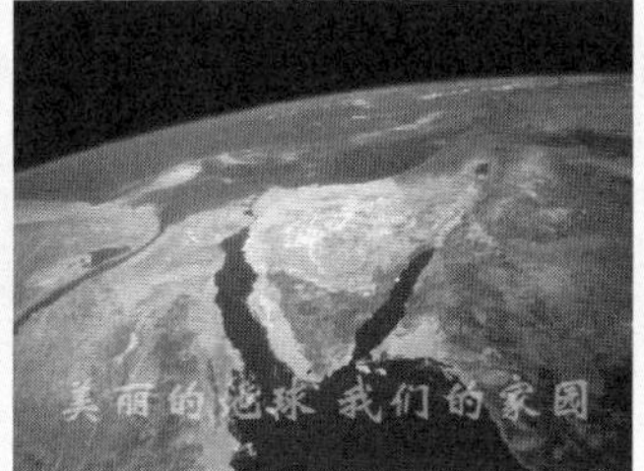

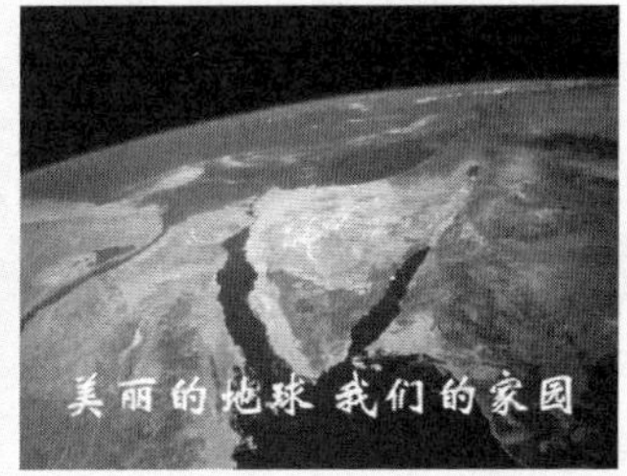

图 6.54　“淡化”类标题效果

步骤 03　如果对预置的效果不满意，可单击【自定义动画属性】按钮，打开【淡化动画】对话框。

- 【单位】：用于设置标题动画的出现单位。分为字符、单词、行和文本 4 种，如图 6.55 所示。
- 【暂停】：用于设置标题动画的暂停区间。分为无暂停、短、中等、长和自定义 5 种，如图 6.56 所示。

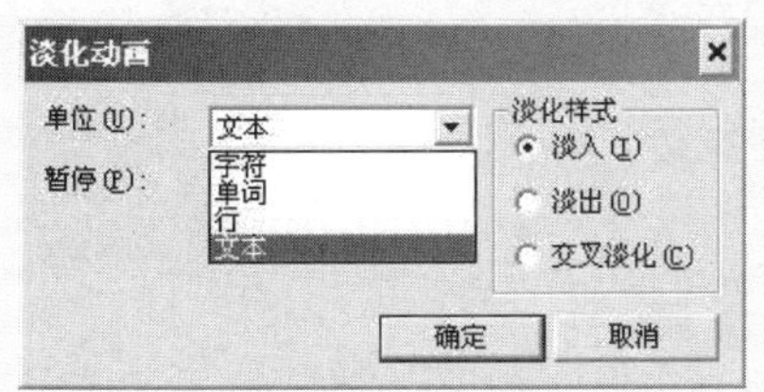

图 6.55　淡化单位

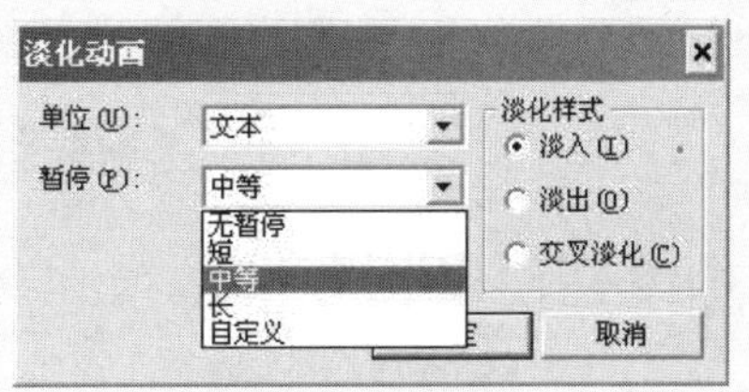

图 6.56　暂停时间

在将【暂停】设置为【自定义】时，可调整预览窗口下方导览面板上的暂停区间拖柄，修整暂停时间的区间，如图 6.57 所示。

图 6.57 设置暂停区间

- 【淡化样式】：设置标题淡化的方式。分为淡入、淡出和交叉淡化 3 种。其中交叉淡化时，可以先淡入后淡出。

提 示

标题动画只能应用于标题文字，如果标题中应用了文字背景，动画对文字背景不起作用。如图 6.58 所示。

图 6.58 将标题动画应用于有文字背景的文字

6.4.2 【弹出】类

使用此类标题动画，使标题以弹出的方式出现，它只能设置进入动画，而不能设置退出动画。

步骤 01　选中标题，在其对应的【动画】选项卡中选中【应用动画】复选框，在【类型】下拉列表框中选择【弹出】选项。

步骤 02　在【弹出】类标题效果组中预置了 8 种动画效果，默认选中的是第一种。如图 6.59 所示。

图 6.59　【弹出】类标题动画

步骤 03　单击其中任意一种，动画效果被应用到选中标题上。应用第二种动画效果后预览窗口中的效果如图 6.60 所示。

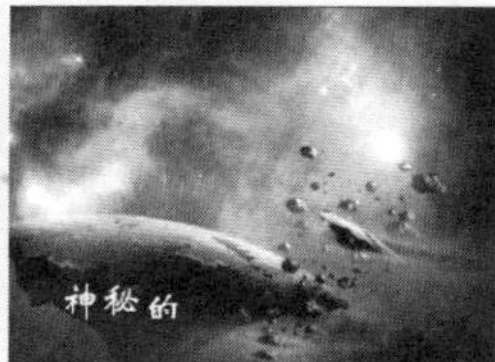

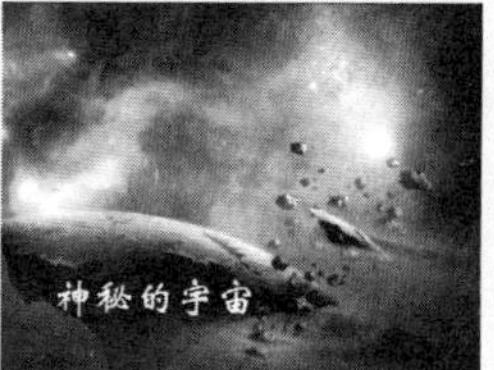

图 6.60　【弹出】类标题动画预览

步骤 04　单击【自定义动画属性】按钮，打开【弹出动画】对话框，如图 6.61 所示。在对话框中，【方向】选项组用于设定标题文字的进入方向。

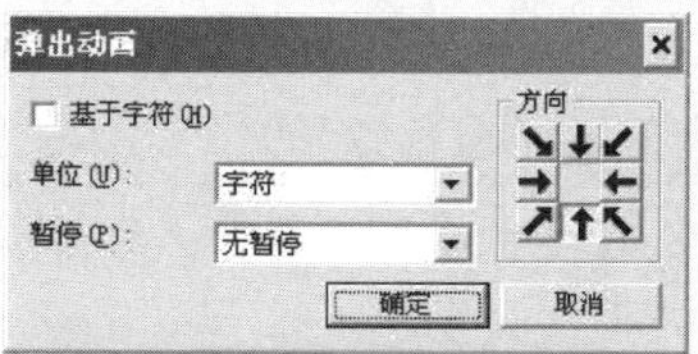

图 6.61　【弹出动画】对话框

6.4.3　【翻转】类

此类标题动画多用于说明、提示等，可以使标题以翻转的方式出现或消失，此类标题动画更适用于有多行文字的标题。它能起到烘托画面气氛或点缀、说明画面的作用。

步骤 01　选中标题，在其对应的【动画】选项卡中选中【应用动画】复选框，在【类型】下拉列表框中选择【翻转】选项。

步骤 02　在【翻转】类标题效果组中预置了 8 种动画效果，如图 6.62 所示。

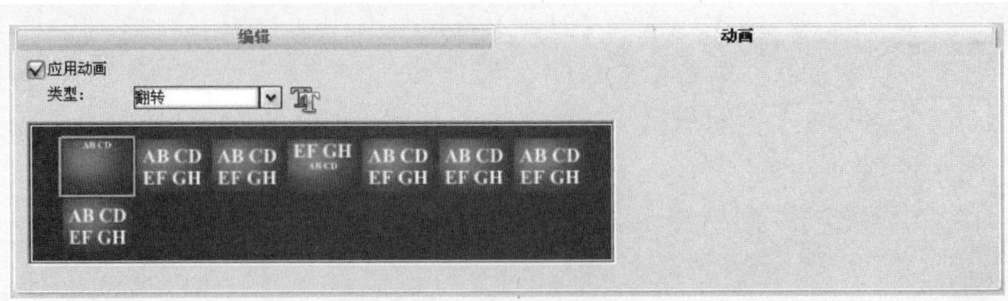

图 6.62　【翻转】类标题动画

步骤 03　单击其中任意一种，动画效果被应用到选中的标题上。应用第二种动画效果后预览窗口中的效果如图 6.63 所示。

图 6.63　“翻转”类标题动画预览

步骤 04　单击【自定义动画属性】按钮，打开【翻转动画】对话框，如图 6.64 所示。在该对话框中，可以设置文字的进入、离开方向及在预览窗口中暂停的区间。

翻转动画
进入(N)：左　确定
离开(E)：右　取消
暂停(P)：中等

图 6.64　【翻转动画】对话框

注 意

务必在将视频轨中的素材长短与字幕长短调整一致后，再单击预览窗口中的【播放】按钮，进行具有翻转字幕效果的视频欣赏。

6.4.4　【飞行】类

使用此类标题动画，可以使标题以飞行的方式显示或消失。在影片的片尾通常会显示影片制作人员名单和版权声明等字幕慢慢滚动上升，滚动字幕作为影片中最常见的一种字幕效果，在会声会影中运用【飞行】类标题动画来制作是极其简单的。

步骤 01　选中标题，在其对应的【动画】选项卡中选中【应用动画】复选框，在【类型】下拉列表框中选择【飞行】选项。

步骤 02　在【飞行】类标题效果组中预置了 8 种动画效果，如图 6.65 所示。

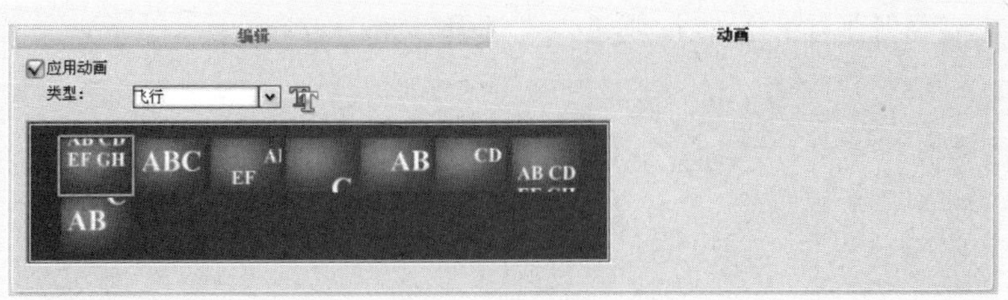

图 6.65　【飞行】类标题动画

步骤 03　单击其中任意一种，动画效果被应用到选中的标题上。应用第二种动画效果设置标题文字的飞行显示过程，预览窗口中的效果如图 6.66 所示。

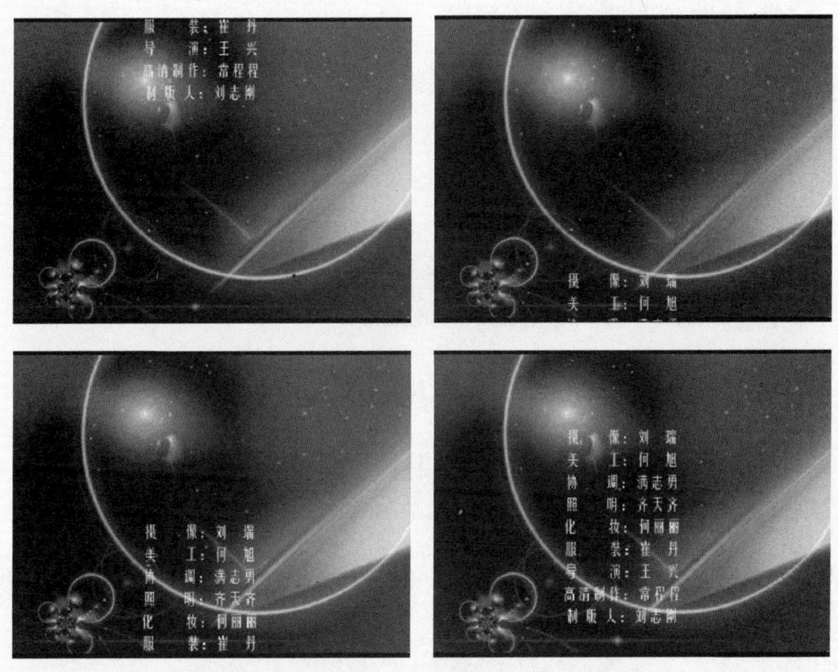

图 6.66　【飞行】类标题动画预览

步骤 04　单击【自定义动画属性】按钮，打开【飞行动画】对话框，如图 6.67 所示。

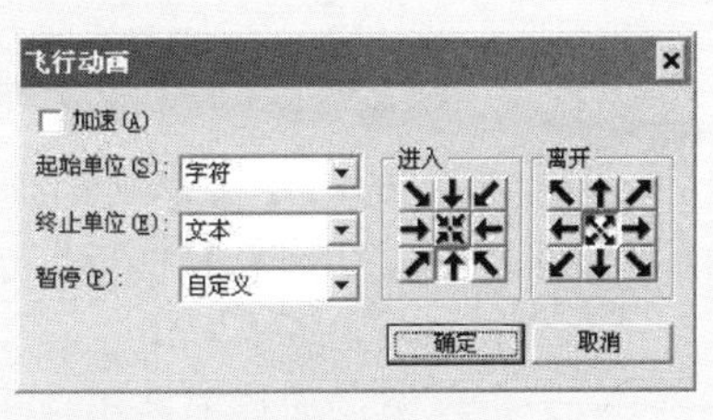

图 6.67　【飞行动画】对话框

- 【加速】：新添加的选项。选中该复选框，可以设置标题在进入和离开场景的过程中的速度为越来越快。不选中该复选框，标题在进入和离开场景的过程中速度为常速。
- 【起始单位】：决定标题在场景中出现的单位，包括字符、单词、行、文本 4 种。
- 【终止单位】：决定标题在场景中离开的单位。
- 【暂停】：在动画起始和终止之间应用暂停。选择【无暂停】选项，可以使标题动画不间歇运行。

- 【进入/离开】区：决定标题进入和离开场景的方向。

提 示

输入滚动字幕文字时，尽可能地进行分行、分段处理，并尽量精练每一行文字，使字幕的效果更加清爽、扼要。

6.4.5 【缩放】类

此类标题动画常用于影片片名、祝福语等处，使标题以缩放的方式显示或消失，另外电视中有震撼力的片头或广告用语中也经常使用，并常配有震撼力的声音来加强效果，起到引起观众注意的作用。

步骤 01 选中标题，在其对应的【动画】选项卡中选中【应用动画】复选框，在【类型】下拉列表框中选择【缩放】选项。

步骤 02 在【缩放】类标题效果组中预置了 8 种动画效果，如图 6.68 所示。

图 6.68 【缩放】类标题动画

步骤 03 单击其中任意一种，动画效果被应用到选中的标题上。应用第二种动画效果设置标题文字的显示过程，预览窗口中的效果如图 6.69 所示。

图 6.69 【缩放】类标题动画预览

步骤 04 单击【自定义动画属性】按钮，打开【缩放动画】对话框，如图 6.70 所示。

- 【显示标题】：用于决定在动画结束时是否显示标题。如果不选中该复选框，在标题动画的最后一帧标题是空白的；而选中该复选框，则最后一帧是显示标题的。
- 【单位】：用于设置标题缩放的单位，有字符、单词、行、文本 4 种。

图 6.70 【缩放动画】对话框

- 【缩放起始】：用于设置动画起始时的缩放率，其取值范围为 0.0～5.0，每次递进

半个单位。

- 【缩放终止】：用于设置动画终止时的缩放率。

提 示

文字的缩放并不是随意设置的，它既要考虑与背景的整体协调性，也要根据缩放时间的限制，而考虑缩放之间的过渡效果是否受到影响，失去了过渡效果，缩放效果也就名存实亡了。

6.4.6 【下降】类

此类动画的出现对会声会影字幕的效果提升有很大的帮助。虽然此类效果较少，但将其应用到标题中，效果相当不错。在一定程度上，该类效果和一些缩放类的效果相似，但它却比缩放类动画多了残影效果。

步骤 01　选中标题，在其对应的【动画】选项卡中选中【应用动画】复选框，在【类型】下拉列表框中选择【下降】选项。

步骤 02　在【下降】类标题效果组中预置了 4 种动画效果，如图 6.71 所示。

图 6.71　【下降】类标题动画

步骤 03　单击其中任意一种，动画效果被应用到选中标题上。应用第一种动画效果设置标题文字的显示过程，预览窗口中的效果如图 6.72 所示。

图 6.72　“下降”类标题动画预览

步骤 04　单击【自定义动画属性】按钮，打开【下降动画】对话框，如图 6.73 所示。

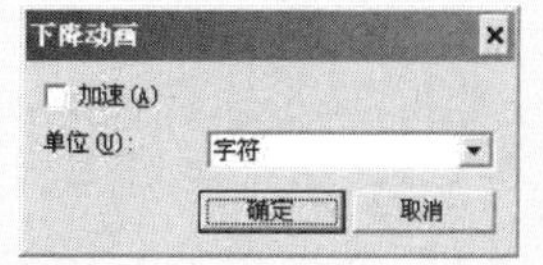

图 6.73　【下降动画】对话框

在此类动画的设置中，使用【加速】设置标题文字进入场景的速度，【单位】选项用于设置标题文字进入场景的单位，这 4 种单位都已经在预置效果中体现过了。除非使用标题加速，否则不需要进行自定义设置。

6.4.7 【摇摆】类

使用此类标题动画，使标题以摇摆的方式显示或消失，其摇摆的路径基本为螺旋形，并且此类动画在移动过程中会以淡入或淡出显示。

步骤 01 选中标题，在其对应的【动画】选项卡中选中【应用动画】复选框，在【类型】下拉列表框中选择【摇摆】选项。

步骤 02 在【摇摆】类标题效果组中预置了 8 种动画效果，如图 6.74 所示。

图 6.74 【摇摆】类标题动画

步骤 03 单击其中任意一种，动画效果被应用到选中的标题上。应用第一种动画效果设置标题文字的显示过程，预览窗口中的效果如图 6.75 所示。

图 6.75 【摇摆】类标题动画预览

步骤 04 单击【自定义动画属性】按钮，打开【摇摆动画】对话框，如图 6.76 所示。

- 【暂停】：在动画起始和终止的方向之间应用暂停。
- 【摇摆角度】：选取应用到文字上的曲线路径的角度，其取值范围为 1～5。值得注意的是，如果取值过大，标题文字在移动时会溢出预览窗口。
- 【进入/离开】：显示从标题动画的起始到终止位置的轨迹。
- 【顺时针】：选中它，使此标题沿曲线以顺时针方向运动，否则以逆时针方向运动。

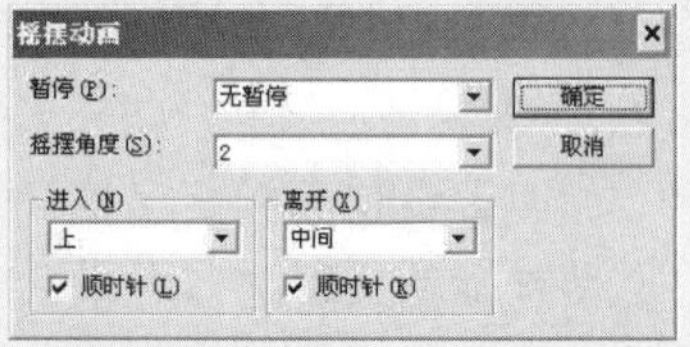

图 6.76 【缩放动画】对话框

6.4.8　【移动路径】类

移动路径类比较特殊，它将一些不好归类，但又各具特点的沿路径移动的效果归纳到其中，共包含 26 种预置效果，如图 6.77 所示。

图 6.77　【移动路径】类标题动画

这些效果均为预置的不可更改的效果，因此它们对应的【自定义动画属性】按钮将处于非激活状态。

26 种标题动画各有千秋，如将第一种动画效果应用于标题后的预览效果如图 6.78 所示。

图 6.78　移动路径动画预览效果

第 7 章

入门与提高丛书

音乐和声音合成

本章要点：

影视是视听的艺术，音乐作为“听”的因素之一，在影视创作中起着至关重要的作用，影视音乐中的主题歌和插曲以及背景音乐更为观众所关注，一首好的影视歌曲往往会起到锦上添花、画龙点睛的作用，有时候其作用甚至要超越影视本身。会声会影 11 以较强的音频处理能力和人性化的界面，让使用者编辑操作更加得心应手。

本章主要内容包括：

- ▲ 添加各类音频素材
- ▲ 音频处理基础
- ▲ 自动音乐功能
- ▲ 在编辑器中使用向导功能

7.1 添加各类音频素材

单击【音频】按钮打开【音频】操作界面。右侧的素材库变为【音频】素材库，选项面板上显示【音乐和声音】选项卡，如图 7.1 所示。

图 7.1　【音频】操作界面

在【音频】素材库中已经预置了 14 个音频文件，在某个文件上单击将其选中，在预览窗口中会显示音频标志，单击导览面板上的【播放】按钮，可以对音频进行试听。在时间轴视图中，共有两个轨道用来放置项目使用的音频素材：声音轨和音乐轨，如果用拖动的方式添加音频素材，对两个轨道没有区别，如果需要直接添加音频(如录制的旁白或直接添加的自动音乐)，只能添加到某一特定轨道上。

7.1.1 使用素材库中的音频素材

对于已经存在于【音频】素材库中的音频素材，将其选中并拖动到时间轴视图的声音轨或音乐轨上的适当位置，释放鼠标左键，完成音频文件的添加，如图 7.2 所示。也可以在音频素材上右击，在弹出的快捷菜单中选择【插入到】|【声音轨】或【音乐轨】命令，将其添加到对应轨道的最前面。这种方法插入音频素材的位置只能限制在前一个音频的后面，如果前面没有音频时，会插入到对应轨道的最前面，相比拖动的方法，在灵活性方面受一定的限制。

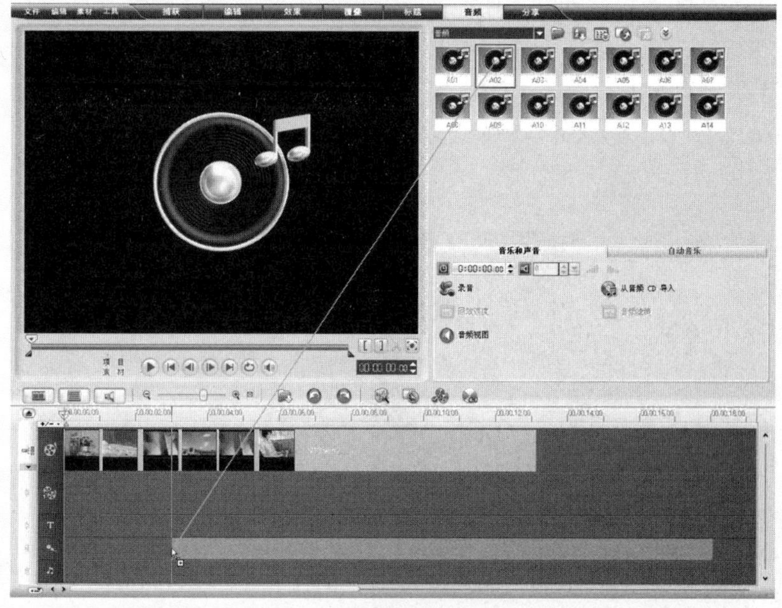

图 7.2　从【音频】素材库中向时间轴视图中添加音频素材

可以用两种方法将【音频】素材库之外的素材添加到声音轨或音乐轨。

1. 音频素材添加到【音频】素材库后再添加到时间轴

单击【画廊】右侧的【加载音频】按钮或在【音频】素材库的空白位置右击，在弹出的快捷菜单中执行【插入音频】命令，打开【打开音频文件】对话框。会声会影 11 支持的音频文件类型很多，如图 7.3 所示。

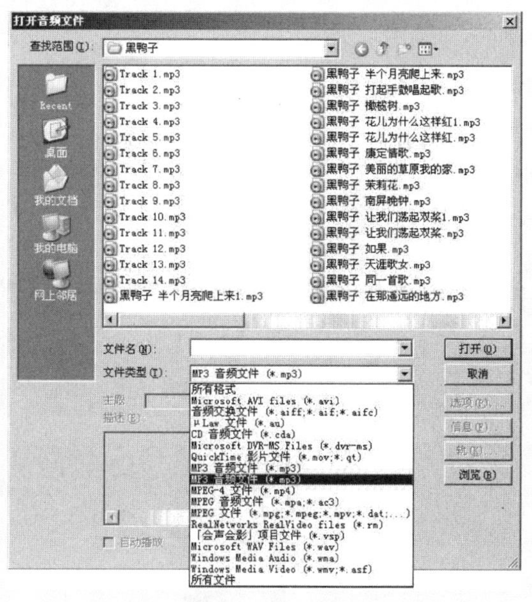

图 7.3　【打开音频文件】对话框

在会声会影支持的音频文件类型中，有些并不是以纯音频的格式存在，如AVI、MOV、MPEG、RM、VSP等，但会声会影仍然可以将它们带有的音频部分过滤后导入进来。如图7.4所示，是将一个MPEG-1的视频文件中的音频部分导入【音频】素材库的情况，它虽然仍保持.mpg的后缀名，但只导入音频部分，视频部分被过滤掉了，因此在预览窗口中无视频预览出现。

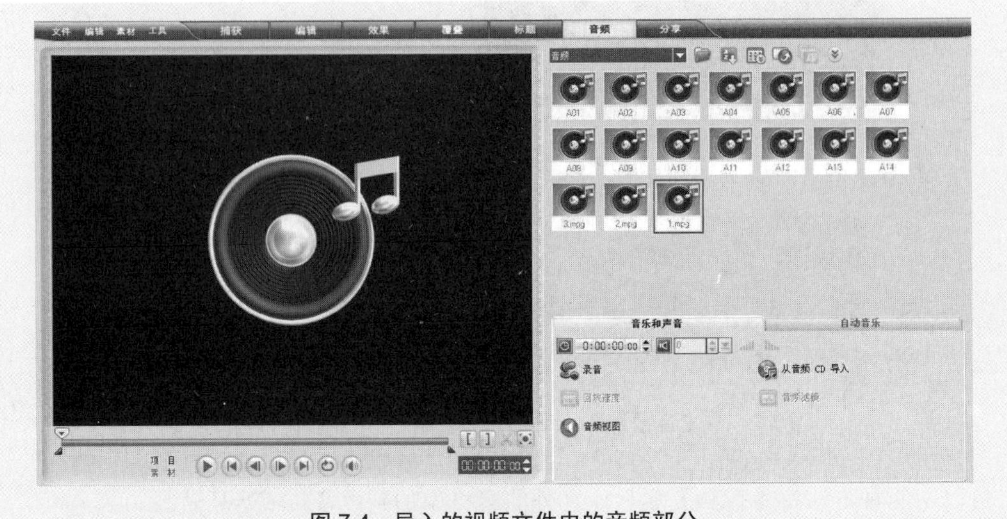

图7.4 导入的视频文件中的音频部分

将音频素材导入【音频】素材库后，再将其拖动到时间轴的声音轨或音乐轨，完成音频文件的添加。

将音频素材先添加到【音频】素材库适用于保留文件链接，或者将来在其他项目文件中再次使用该音频的情况。在不需要音频素材时，可在该音频链接上右击，在打开的快捷菜单中选择【删除】命令即可。

2. 直接将音频添加到时间轴视图

单击时间轴上方的【插入媒体文件】按钮或直接在时间轴上右击，在弹出的快捷菜单中执行【插入音频】子菜单下的两个命令之一，如图7.5所示。

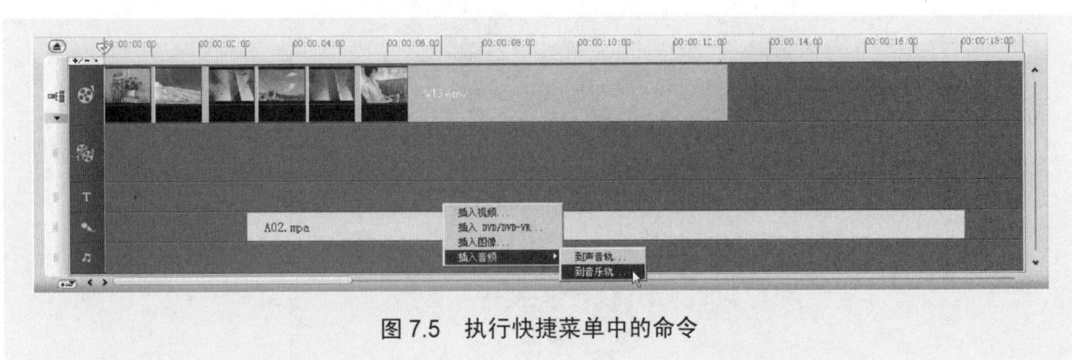

图7.5 执行快捷菜单中的命令

打开【打开音频文件】对话框，选择音频文件或带有音频的文件，单击【打开】按钮，将其导入到相应音频轨道的已有音频文件的最后面。

7.1.2　从音频 CD 导入素材

CD 作为一种无损的音乐格式，让音乐发烧友感受到了天籁之音。比起其他格式，如 MP3 等，CD 基本上是忠于原声的，CD 格式在电脑上识别为*.cda，这个 cda 文件只是一个索引信息，并不真正包含声音信息，不论 CD 音乐的长短，在电脑上看到的“*.cda 文件”都是 44 字节长，所以直接复制 CD 文件到硬盘上是没有用的。会声会影支持将 CD 中的曲目直接复制出来，并将其转变为可编辑的 WAV 数字格式，用于项目的制作。从 CD 中获得音频素材的操作步骤如下。

步骤 01　将 CD 光盘放入光驱。单击【音乐和声音】选项卡中的【从音频 CD 导入】按钮，打开【转存 CD 音频】对话框，如果电脑上安装了多个光驱，在【音频驱动器】下拉列表框中选择放入 CD 的光驱，如图 7.6 所示。

也可以单击【从音频 CD 导入】按钮，打开【转存 CD 音频】对话框。然后单击【音频驱动器】下拉列表框右侧的【加载/弹出光盘】按钮，在光驱中放入 CD 光盘。【转存 CD 音频】对话框的文件列表框中显示 CD 光盘中的音频素材，如图 7.7 所示。

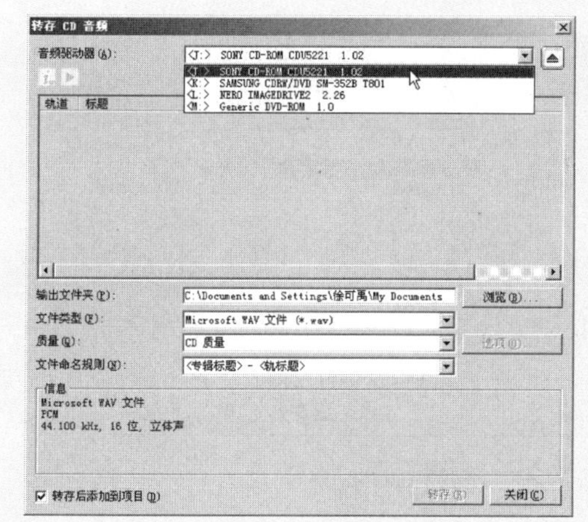

图 7.6　选择 CD 光盘所在的光驱

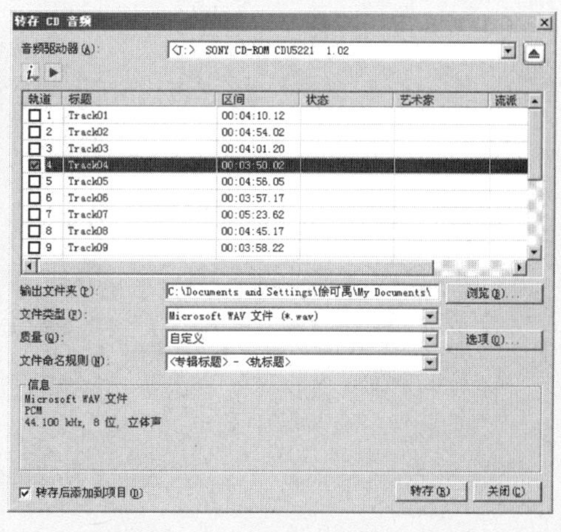

图 7.7　CD 光盘中音频素材列表

步骤 02　选中其中要采用的曲目，单击【播放】按钮，可以试听；单击【属性】按钮，可以查看其详细属性，如图 7.8 所示。

步骤 03　设定需要转存的曲目保存的目标文件夹后，重新设置文件保存类型。在这里只有一种文件类型供选择，即 WAV 格式。但可以单击【选项】按钮，打开【音频保存选项】对话框，重新设置其具体的压缩格式和属性，如图 7.9 所示。

单击【确定】按钮返回【转存 CD 音频】对话框，在【信息】选项组显示设置的压缩参数。

步骤 04　按住 Shift 或 Ctrl 键可选择多个曲目，单击【转存】按钮，可以将选中的曲目转存到“输出文件夹”中，并将其插入到音乐轨的最后面，如图 7.10 所示。

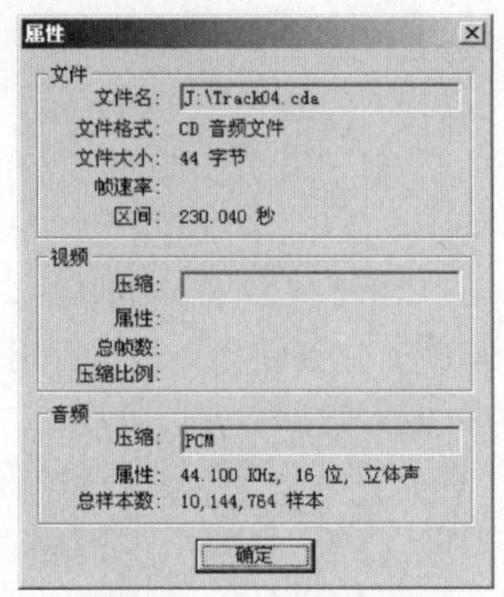

图 7.8　查看曲目属性

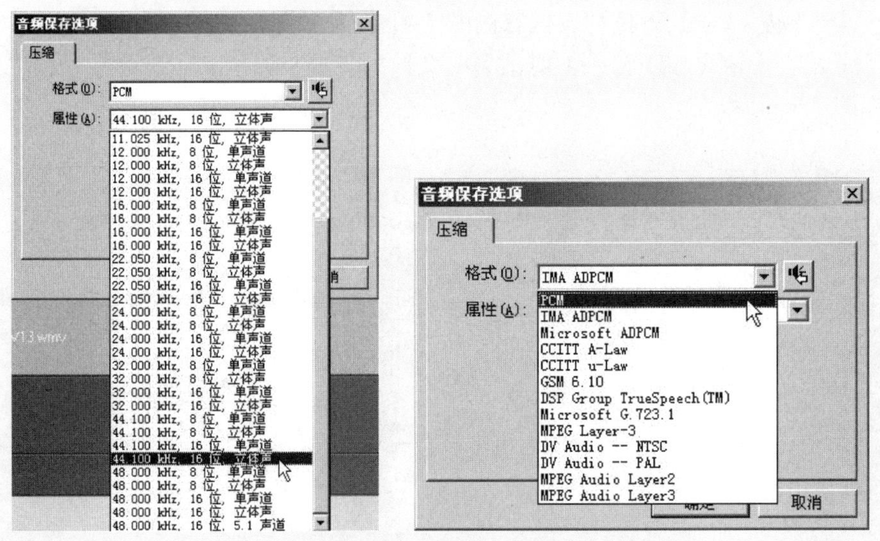

图 7.9　设置音频保存的压缩格式和属性

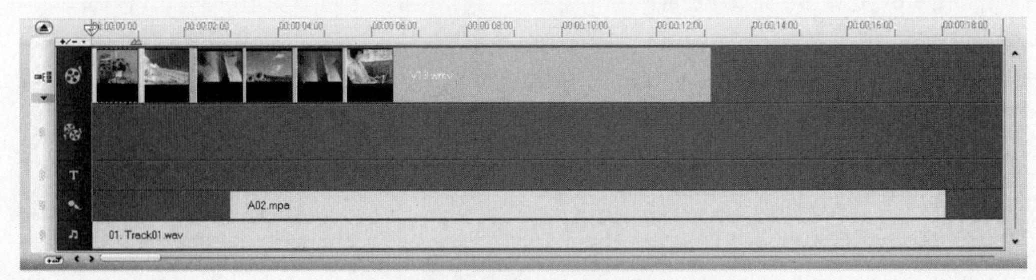

图 7.10　将转存的音频直接插入到音乐轨

7.1.3　录制旁白

旁白可以传递更丰富的信息，表达特定的情感，启发观众思考。制作影视时，很多时

候需要从外部录制旁白或其他原声。会声会影无需借助其他软件或者工具就可以在音频轨道上直接通过话筒完成录制声音的工作，但在录制之前要对电脑进行录音功能设置。

步骤 01　进入 Windows XP 的控制面板，在经典视图中单击【声音和音频设备】选项(或在分类视图中单击【声音、语音和音频设备】选项，在【选择一个任务】区中单击【调整系统声音】或在【或选择一个控制面板图标】区中单击【声音和音频设备】)，在打开的【声音和音频设备 属性】对话框中切换到【音频】选项卡，在【录音】选项组选择录音设备，如图 7.11 所示。

步骤 02　单击【录音】选项组上的【音量】按钮，打开【录音控制】窗口，选中【麦克风】选项下面的【选择】复选框，如图 7.12 所示。

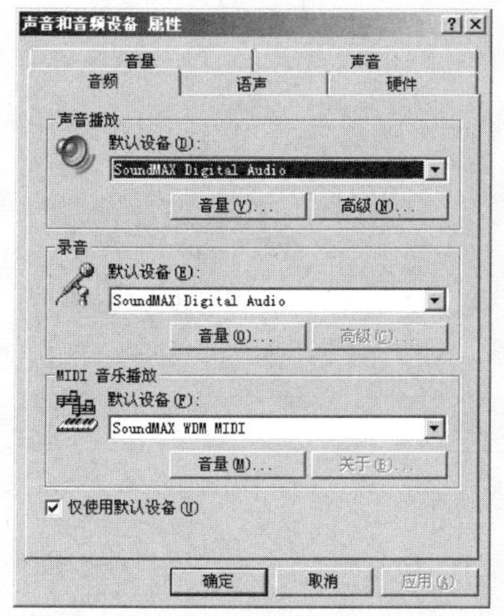

图 7.11　选择录音设备

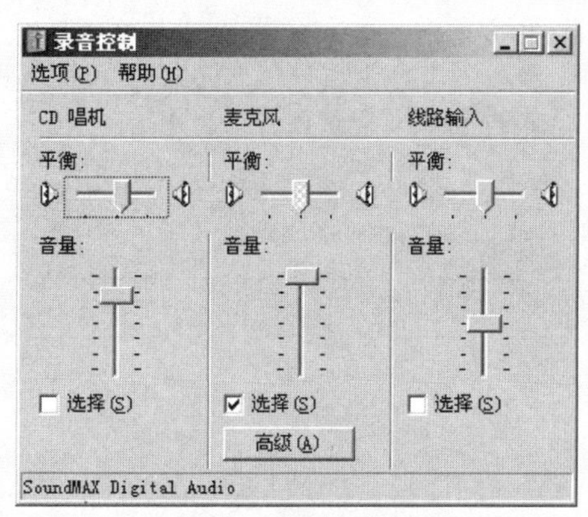

图 7.12　选择录音设备

提 示

如果没有【麦克风】选项，可在【录音控制】窗口中选择【选项】|【属性】命令，在打开的对话框中选中【录音】单选按钮，然后在【显示下列音量控制】列表中选中【麦克风】复选框，如图 7.13 所示。单击【确定】按钮回到如图 7.12 所示的窗口进行同样的操作即可。

步骤 03　回到会声会影的【音频】操作界面，将时间轴视图中的飞梭栏移动到声音轨中没有素材的位置，【录音】按钮被激活，单击该按钮，打开【调整音量】对话框，如图 7.14 所示。对着麦克风讲话，试听声音，同时监视本对话框中的音量表，确定录音音量的大小。

步骤 04　单击【开始】按钮，开始通过麦克风录制旁白。此时【录音】按钮变为【停止】按钮，单击该按钮，完成录制。同时录制的音频被添加到时间轴的声音轨飞梭栏所在的位置上，如图 7.15 所示。

在添加的旁白音频素材上右击，在打开的快捷菜单中选择【属性】命令，可看到它的属性与录制的 CD 音频属性设置相似。

图 7.13 设置录音设备

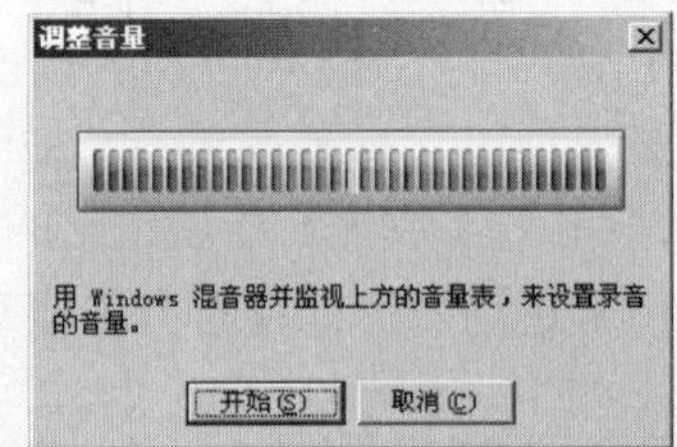

图 7.14 【调整音量】对话框

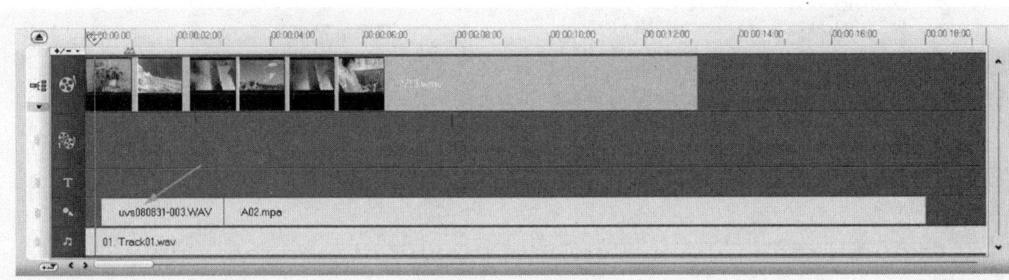

图 7.15 添加旁白

7.2 音频处理基础

李雪健有个广告词说：没声音，再好的戏也出不来。在 DV 拍摄过程中，声音也被一起记录了下来，其中有很大部分是不想要的，而且音频素材很少直接拿来就用，这就需要对音频素材进行一些处理。会声会影 11 的音频处理功能满足了一般使用者的制作需要。

7.2.1 音频素材的修整

音频素材的基本修整主要包括调整音频区间、音量大小、设置淡入淡出和回放速度等。

1. 区间的调整

选中【音频】素材库或时间轴上的音频素材，通过更改【音乐和声音】选项卡中的【区间】值 0:00:24:14，可以改变音频素材的时长区间。但这种修改只能将音频时长改短，也就是截取其前一部分中的某一区间。如图 7.16 所示。

如果希望截取音频素材中间的一部分，选中音频素材后，单击导览面板上的【播放】按钮，对音频进行试听。在需要保留部分的开始位置单击【开始标记】按钮或按下键盘上的 F3 键，将其设置为开始点，在结束位置单击【结束标记】按钮或按下键盘上的 F4 键，将其设置为结束点。或者不进行试听，而是直接拖动滑动条上的修整拖柄进行手动调整，如图 7.17 所示。

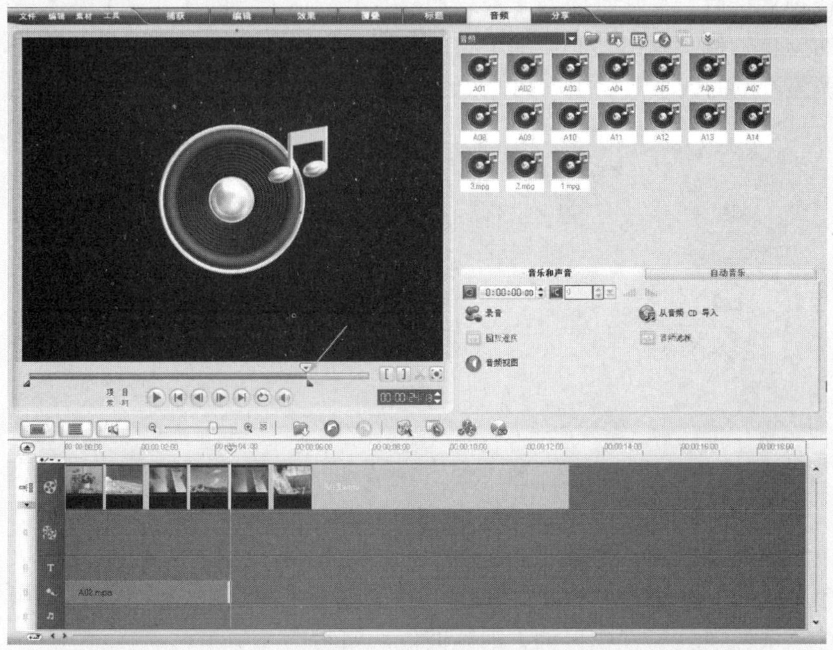

图 7.16　调整音频区间

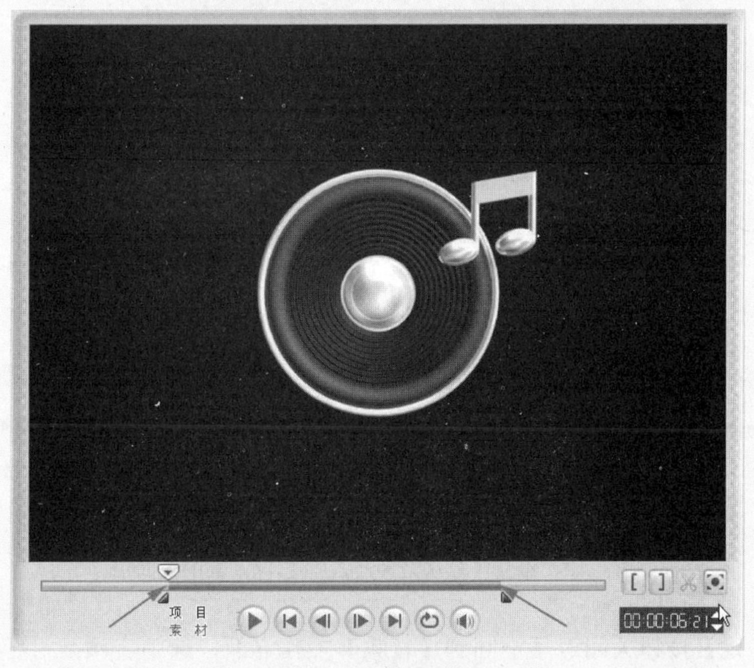

图 7.17　手动设置音频区间

2. 音量与淡化效果调整

选中音频素材后，在其对应的【音乐和声音】选项卡上的【音量】文本框中输入数值改变素材的整体音量，单击其右侧的下拉三角形按钮，打开音量调节线，拖动上面的滑块可以手动调整音量的大小，如图 7.18 所示。

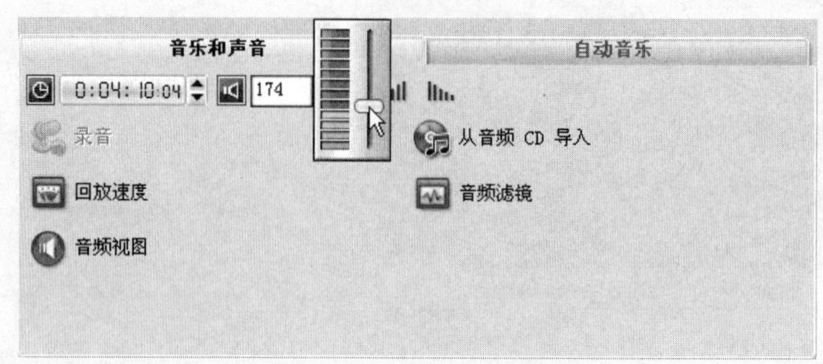

图 7.18　调整音量大小

设置音频的淡入和淡出效果，首先要确定音频淡入和淡出的区间，选择【文件】|【参数选择】命令或按下键盘上的 F6 键，打开【参数选择】对话框，切换到【编辑】选项卡，重新确认【默认音频淡入/淡出区间】的区间值，如图 7.19 所示。

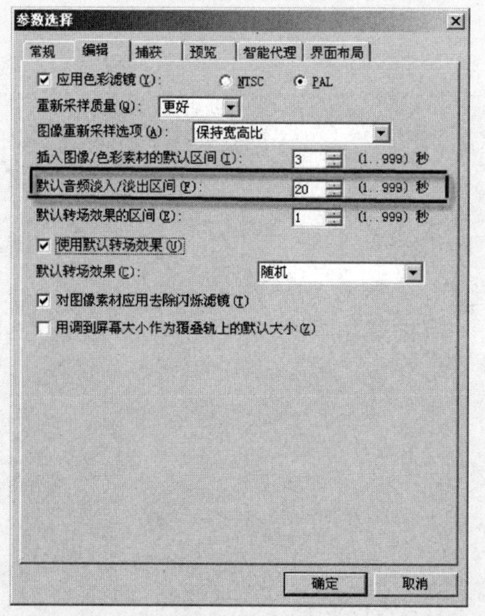

图 7.19　设置【默认音频淡入/淡出区间】的区间值

单击【确定】按钮关闭对话框回到【音频】操作界面，选中音频素材后，单击【音乐和声音】选项卡上的【淡入】或【淡出】按钮，为所选素材添加了淡入或淡出效果。另一种方法是：选择【素材】|【淡入】或【淡出】命令，也可以达到给素材添加淡入或淡出效果的目的。

将时间轴视图调整为音频视图，在音频素材的音量调节线上显示出淡入和淡出的区间，如图 7.20 所示。

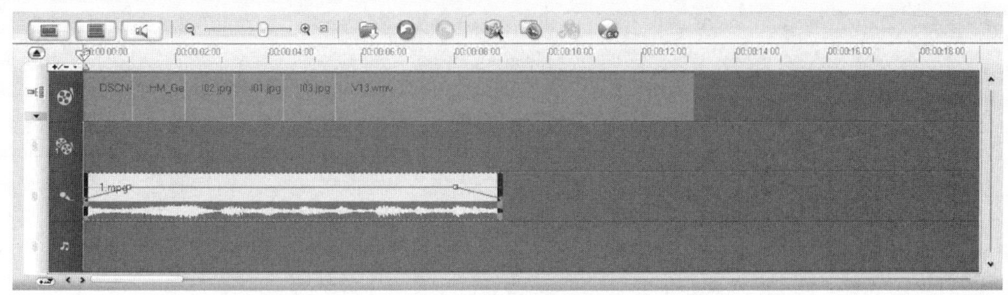

图 7.20　淡入/淡出效果在音量调节线上的显示效果

3. 回放速度的调整

对于添加到时间轴视图中的音频文件，可以调整它的回放速度。选中声音轨或音乐轨上的素材，按住 Shift 键，将鼠标指针放置在音频素材的修整拖柄上，当鼠标指针变为两向箭头时，按下鼠标左键拖动，改变素材的回放速度，如图 7.21 所示。

图 7.21　拖动调整音频素材的回放速度

也可以在选中声音轨或音频轨上的素材后，单击【音乐和声音】选项卡上的【回放速度】按钮，打开相应的对话框，设置速度比率值或速度变化时间长度，单击【确定】按钮返回，如图 7.22 所示。

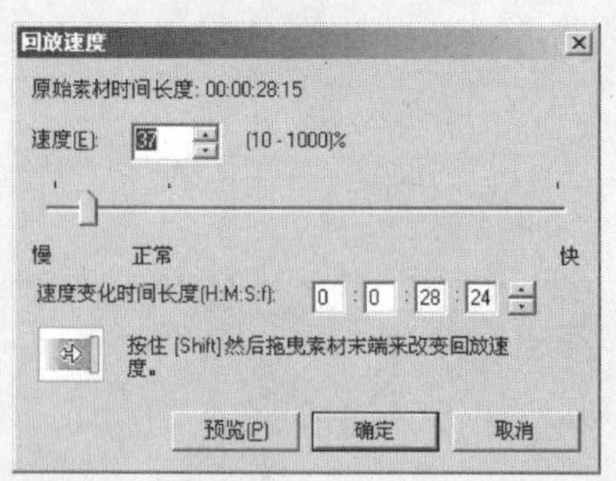

图 7.22　设置音频素材的回放速度

7.2.2　音量调节线的使用

会声会影 11 还可以通过音量调节线对在时间轴上的音频素材进行精细调节。

进入音频视图后，整个操作界面的布局有所变化。界面右侧的选项面板被环绕混音面板所代替，时间轴中只有视频轨、覆叠轨、声音轨和音乐轨 4 条轨道，而缺少了标题轨，并且视频轨和覆叠轨上都不显示预览，如图 7.23 所示。

图 7.23　打开时间轴的【音频】素材库后操作界面的变化

选中声音轨或音乐轨上的素材，在素材上显示两条线，一条绿色的为整体音量线，一条红色的为精细调节音量的音量调节线。

绿色的整体音量线不能手动调节，只能通过调整【素材音量】选项的数值进行调整。

将音频素材的整体音量设置为 300%时的整体音量线如图 7.24 所示。

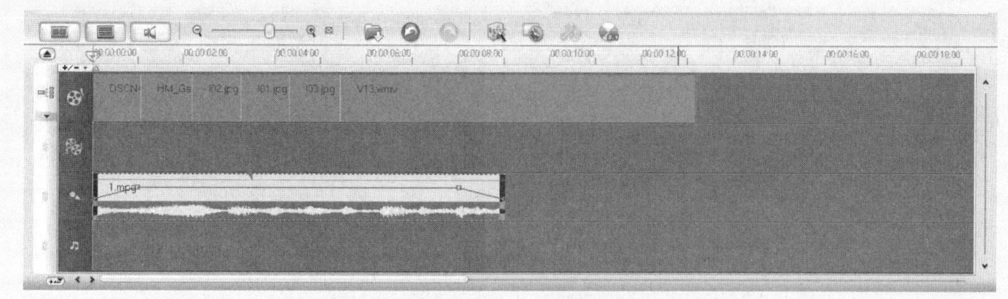

图 7.24　绿色整体音量线和红色音量调节线

选中素材后，将鼠标指针放置在红色音量调节线上，当鼠标指针变为一个黑色向上箭头时单击，会在该处添加一个白色矩形调节点，如图 7.25 所示。

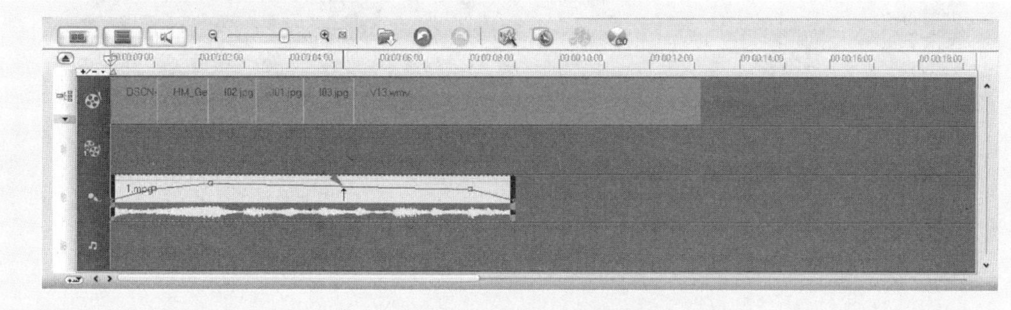

图 7.25　添加音量调节点

将鼠标指针放置在白色调节点附近，当鼠标指针变为手型时，按下鼠标左键拖动，可以改变音量的大小，如图 7.26 所示。

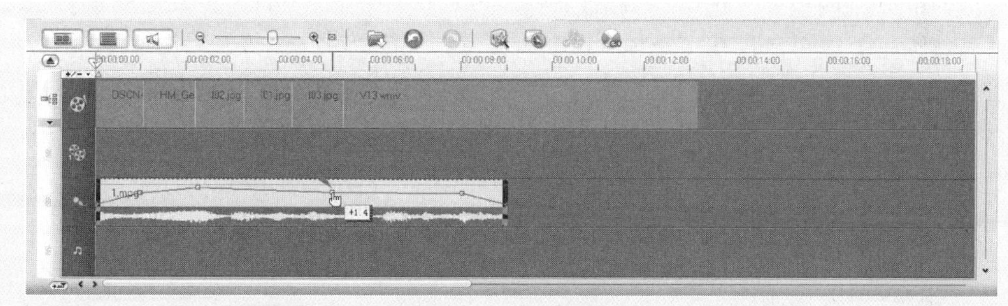

图 7.26　调整音量大小

如果希望删除调节点，可将该调节点向两边拖动，拖动出音频素材的视图范围后释放鼠标左键即可删除，如图 7.27 所示。

如果希望重新设置音量，可在该素材上右击，在打开的快捷菜单中选择【重设音量】命令，如图 7.28 所示。

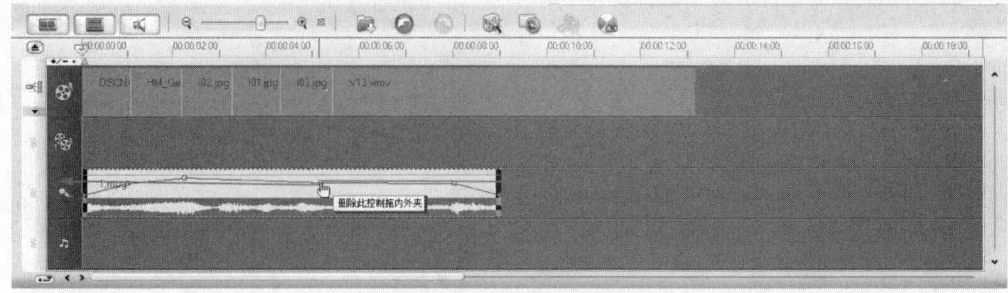

图 7.27　删除调节点

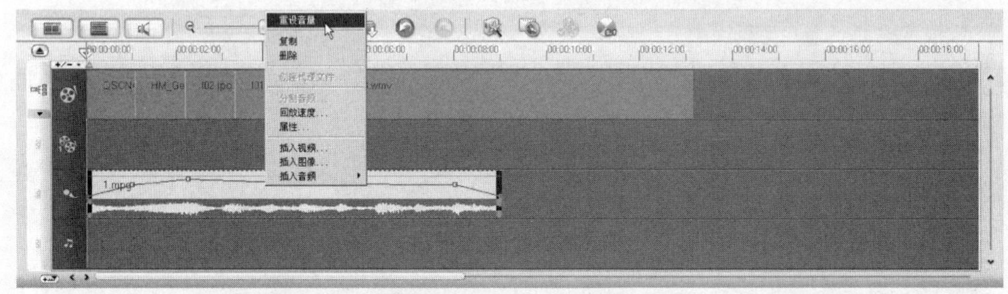

图 7.28　重设音量

重设音量只能将手动调节点删除，而不能重置淡入和淡出的设置。

7.2.3　音频滤镜的使用

会声会影 11 除了可以进行音频修整、调整音量、设置回放速度等操作外，还可以在音频素材上使用音频滤镜。音频滤镜必须在时间轴视图模式下才能使用，音频滤镜可以应用于【音频】素材库、音乐轨和声音轨中的所有素材。

进入时间轴视图模式，选中要编辑的音频素材，单击其对应的【音乐和声音】选项卡中的【音频滤镜】按钮，打开【音频滤镜】对话框，如图 7.29 所示。

会声会影 11 自带了多种音频滤镜，都是基本的滤镜效果。在左侧【可用滤镜】列表框中选择一个音频滤镜，单击【添加】按钮，将其添加到右侧的【已用滤镜】列表中，如图 7.30 所示。

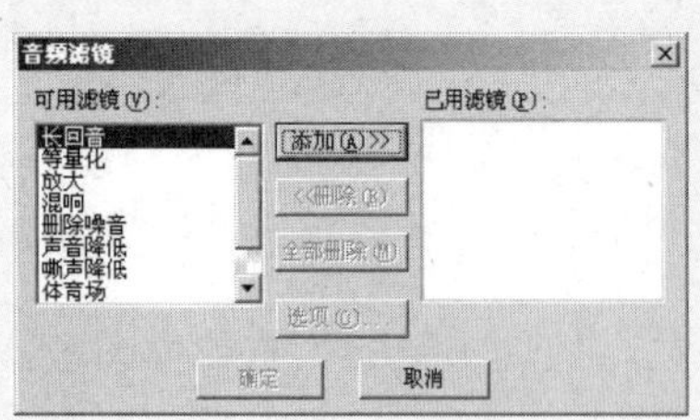

图 7.29　【音频滤镜】对话框

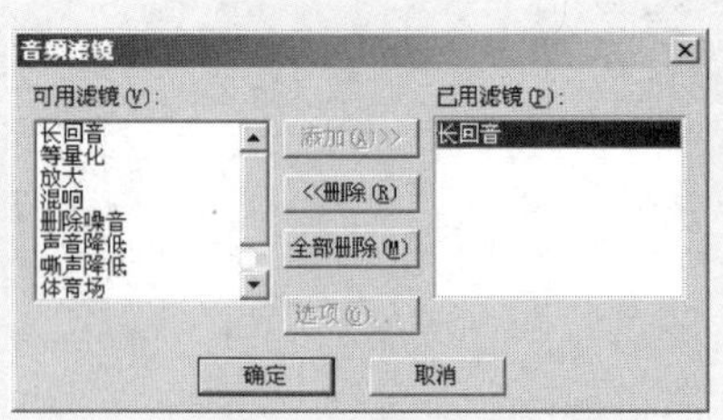

图 7.30　添加滤镜

重复以上操作，可以为音频素材添加多个滤镜，如图 7.31 所示。与在视频素材上应用

视频滤镜相似，滤镜添加的顺序不同，最终得到的效果也不同。这是因为在为素材添加音频滤镜时，会根据添加的顺序对音频素材进行处理。

如果不再需要某个已选择的滤镜，可以选中【已用滤镜】列表中的该滤镜，单击【删除】按钮，将此滤镜从应用的滤镜列表中删除。单击【全部删除】按钮，可以删除【已用滤镜】列表中的全部滤镜。设置好【已用滤镜】后，单击【确定】按钮，关闭【音频滤镜】对话框。【已用滤镜】列表中的音频滤镜效果就会依次应用于选中的音频素材。音乐轨和声音轨中的素材在添加了音频滤镜后左上角会有一个滤镜标志。

会声会影 11 自带的音频滤镜中，有些可以进行自定义设置。在如图 7.31 所示的【音频滤镜】对话框中，先选中【已用滤镜】列表中的滤镜，然后单击【选项】按钮，可打开对应的音频滤镜设置对话框。在设置过程中可以单击▶按钮进行试听。

- 【放大】对话框：在【比例】微调框中输入一个 1～2000 的数值，设置放大的比例，如图 7.32 所示。

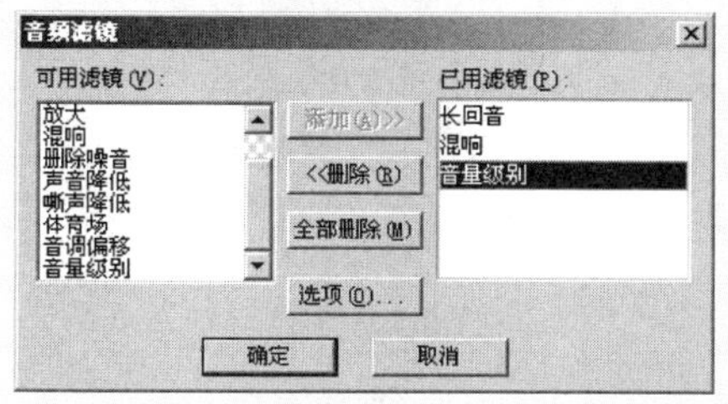

图 7.31　为音频素材添加多个滤镜

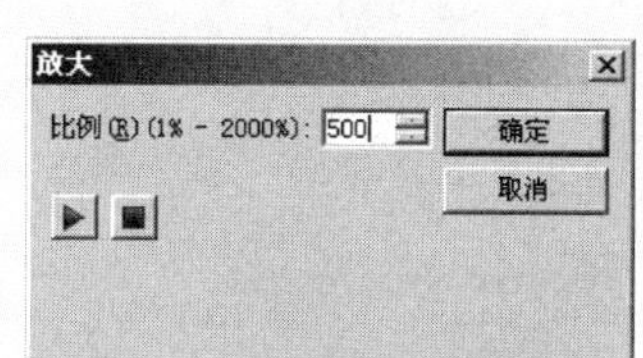

图 7.32　【放大】对话框

- 【混响】对话框：可分别设置混响的【回馈】和【强度】值，选中【柔和】复选框，可使混响效果更加柔和，如图 7.33 所示。

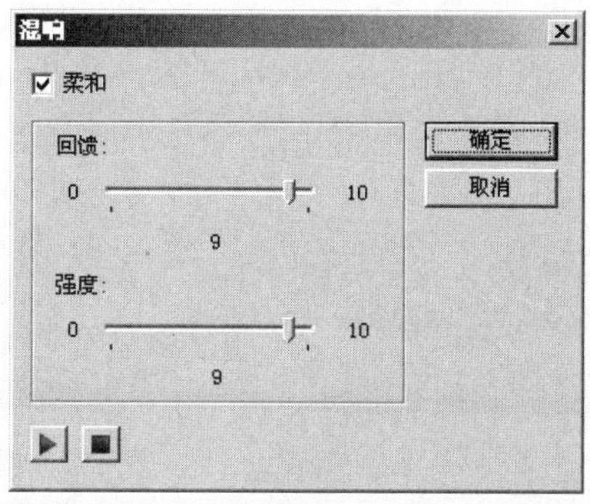

图 7.33　【混响】对话框

- 【删除噪音】对话框：设置一个【阀值】百分比界限，界限下的声音被过滤掉，如图 7.34 所示。这个功能需要慎用，阀值设置过高会使声音不连续。
- 【音量级别】对话框：可以通过调整分贝数，来调整音量的大小级别，如图 7.35 所示。

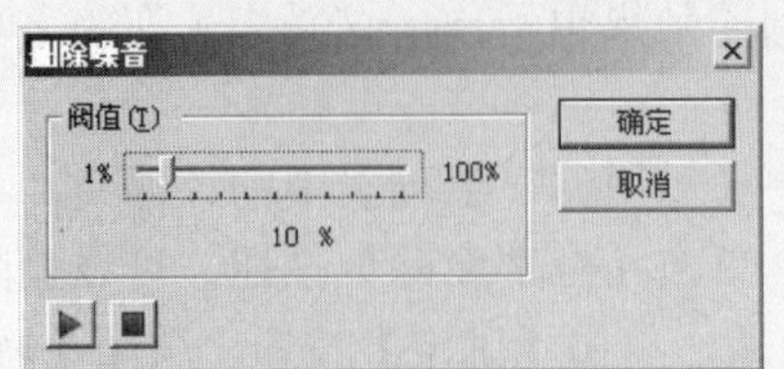

图 7.34 【删除噪音】对话框

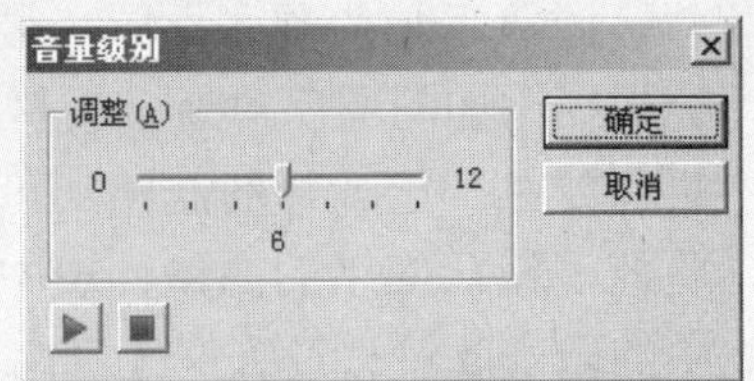

图 7.35 【音量级别】对话框

7.2.4 选项面板常用功能介绍

会声会影 11 的音频视图模式下的选项面板有【属性】和【环绕混音】两个选项卡，其功能都很实用。以下介绍【属性】和【环绕混音】选项卡的常用功能。

1. 声道的复制

【属性】选项卡上的【复制声道】复选框，是针对立体声音频素材推出的，并且该立体声素材两个声道的音频不同。例如在卡拉 OK 音频中，一个声道存储音乐，而另一个声道则存储歌声。选中【复制声道】复选框，可以将选中声道的声音复制到另外一个声道，覆盖原声道的声音。如图 7.36 所示，是将音频素材左声道的声音复制到右声道的情况，这样做可以只保留一个声道中的声音，如歌声或音乐。

图 7.36 复制声道

2. 音频试听

因为标题轨不能存储音频，所以在【环绕混音】选项卡中只显示可以存储音频的轨道。单击【环绕混音】选项卡上的喇叭形按钮，可以打开或关闭相应轨道的音频。打开其他 3 条轨道的音频并同时关闭声音轨的音频的情况，如图 7.37 所示。

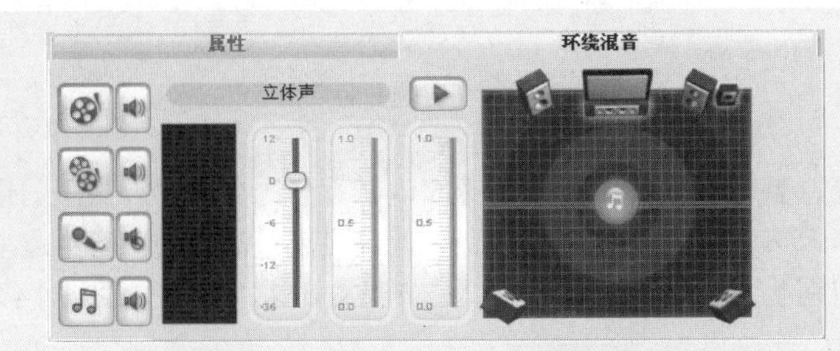

图 7.37 打开或关闭各轨道音频

单击【即时回放】按钮，可以对整个项目进行预览。预览过程中，随时可以单击喇叭按钮，关闭或打开其音频。这与哪个轨道处于选中状态无关。音量调节区域显示的是选中轨道的音量变化，如图 7.38 所示。

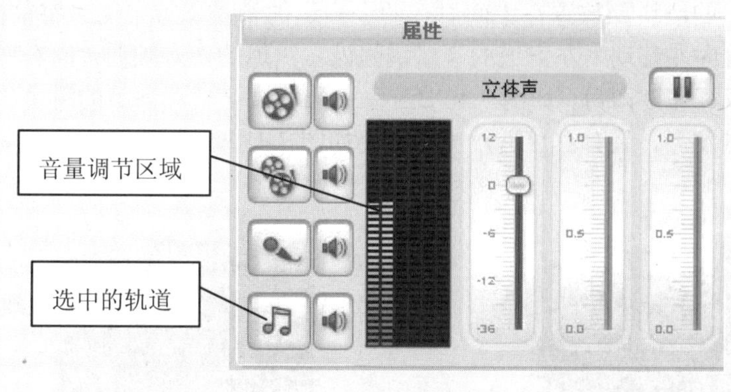

图 7.38　音频控制

3. 音量的调整

前面介绍了如何使用音量调节线进行音量调节的方法，它有一定的局限性，例如不能在预览情况下进行精确调节。如果希望在音频播放过程中进行实时调节，可以使用环绕混音面板上的音量调节器进行调节。

首先选中需要调节音量的轨道，然后单击【即时回放】按钮播放项目。在播放过程，按下音量调节器上的滑块上下拖动，实时调节音量的大小。调整后的结果会在时间轴的音频视图中显示出来，如图 7.39 所示。

图 7.39　通过音频调节器调整音量

4. 摇动滑动条的使用

很多影视作品或者卡拉 OK 中，左右声道声音是不同的，从而产生立体合成效果。在会声会影中，这些效果可以通过滑动条来完成。

声音滑动条上的滑块放置在中间时，两个声道的音量保持平衡。将鼠标指针放在滑块上按住左键不放向左移动，左声道的音量增强而右声道的声音减弱，向右移动效果相反。在适当位置松开鼠标左键即可，如图 7.40 所示。如果将声音滑动条上的滑块移动到某一端，则只会有一个声道发声。只有右声道发声的情况如图 7.41 所示。

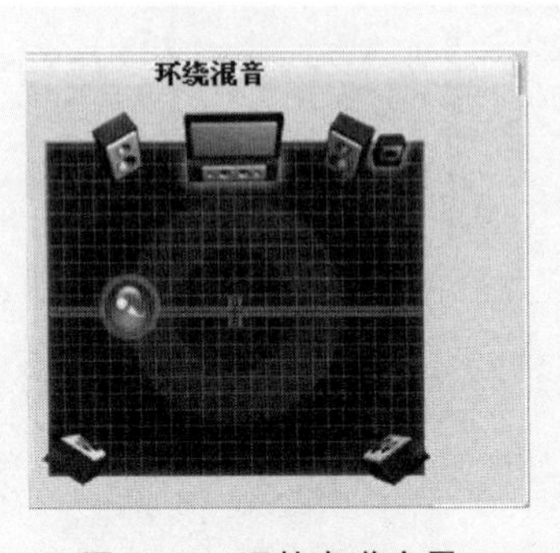

图 7.40　调整声道音量

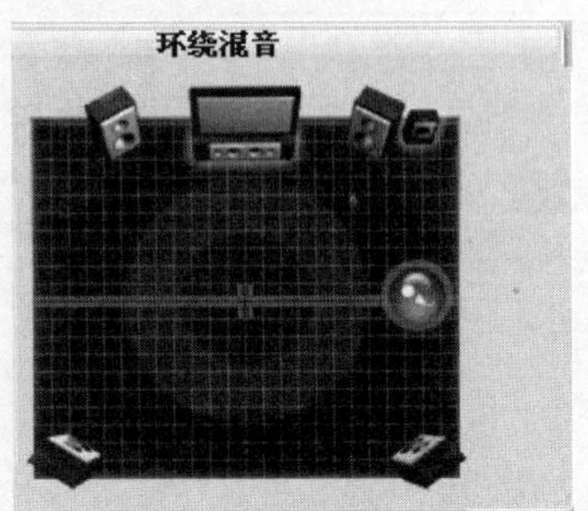

图 7.41　设置单声道发声

7.3　自动音乐功能

会声会影 11 不但具备从 CD 导入音乐、通过麦克风录制旁白等功能，还提供了自动音乐功能。这项功能可以将音乐素材结合不同的旋律变化与视频素材自动匹配，为影视作品提供背景音乐。

7.3.1　自动音乐素材的使用

首先在时间轴视图下将飞梭栏移动到需要添加音频的位置，然后切换到【自动音乐】选项卡，此时显示的可设置内容如图 7.42 所示。

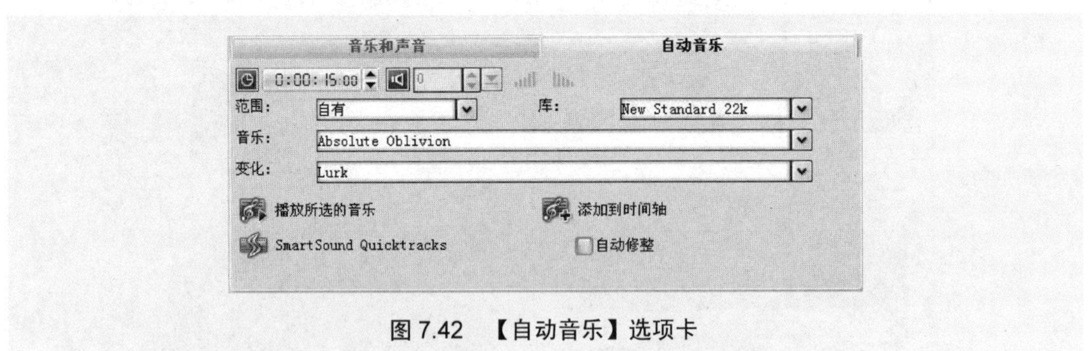

图 7.42　【自动音乐】选项卡

在默认的情况下，【区间】选项设置为 15 秒，音量设置不可调。

【范围】下拉列表框中包括 4 种范围：本地、固定、自有和全部。每种范围内都包含

一个或若干个库。在【库】下拉列表框中可以选择不同的库，每一种库又都包含若干个音乐文件，这些文件显示在【音乐】下拉列表框中，选中其中的某一个音乐，【变化】下拉列表框中就会显示各种详细的变化以供选择。

选择某个范围里某个库中的一首音乐，并设置其变化选项，然后单击【播放所选的音乐】按钮，可以对音乐进行试听。但这种试听有一定的局限性，因为自动音乐主要是使用其自动设置功能，而这里进行音乐预览时的区间与将来插入到时间轴中的音乐的区间不一样。

如果希望调节音乐的区间，可以重新手动设置【区间】值 0:00:24:14。然后重新进行预览。满意后，单击【添加到时间轴】按钮，将音乐添加到飞梭栏所对应的时间轴视图的音乐轨上。

在【添加到时间轴】按钮下面有一个【自动修整】复选框，不选中该复选框，音乐将按照选择的【区间】长度被添加到音乐轨；如果选中该复选框，可将音乐添加为自飞梭栏开始至项目最后一个素材结束为止的位置上，如图 7.43 和图 7.44 所示。

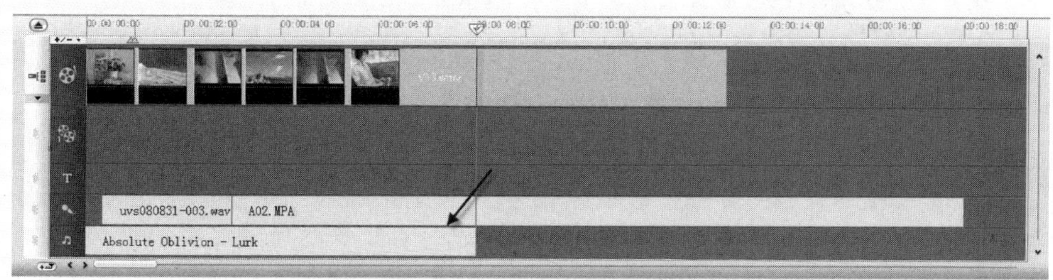

图 7.43　不选中【自动修整】复选框向时间轴中添加自动音乐

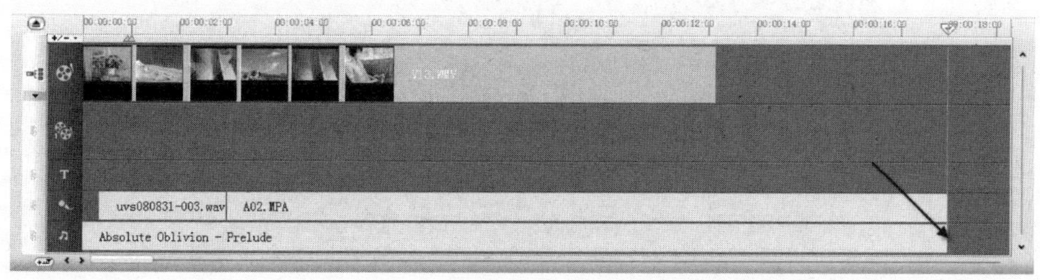

图 7.44　选中【自动修整】复选框向时间轴中添加自动音乐

7.3.2　自动音乐素材来源

会声会影自带的 SmartSound 素材很多，一般保存在 C:\Documents and Settings\All Users\Application Data\SmartSound Software Inc\Library 文件夹中。另外，还可以从外部导入 SmartSound 的库文件或直接从网络上下载自动音乐文件。

1. 网络下载购买

在【自动音乐】选项卡中的【范围】下拉列表框中选择【全部】选项，在【库】下拉列表框中有许多 SmartSound 库，选择其中一种，如图 7.45 所示。

图 7.45　选择 SmartSound 库

在【音乐】下拉列表框中选择一首音乐，如图 7.46 所示。

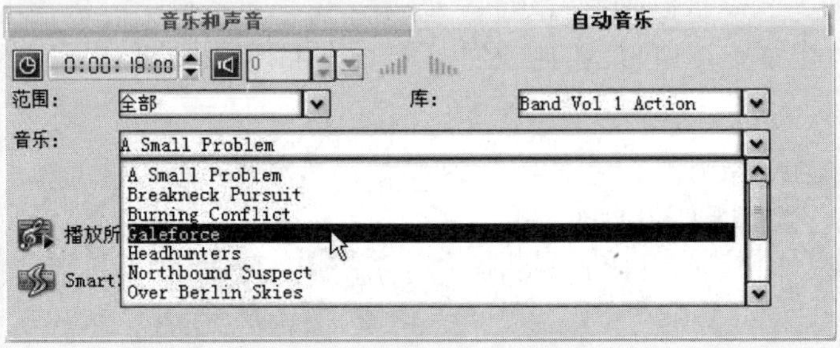

图 7.46　选择库中的音乐

选择完毕后会出现一个下载预览的进度框，如图 7.47 所示。

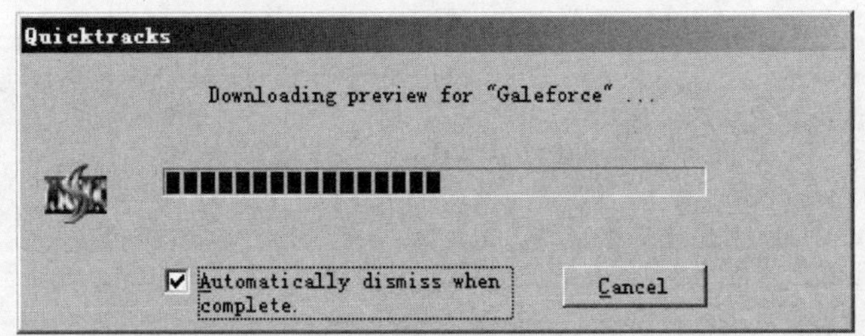

图 7.47　预览下载进度条

当下载结束预览进度框消失后，单击【播放所选的音乐】按钮，可以试听音乐，但不能使用。如果需要使用，可单击【购买】按钮，打开 Purchase Selection 对话框按步骤进行购买操作，如图 7.48 所示。

2. 导入光盘上的 SmartSound 素材库

市面上也有 SmartSound 素材库光盘销售，可以购买此类光盘作为自动音乐素材的来源。

首先将光盘放入光驱，然后单击【自动音乐】选项卡上的 SmartSound Quicktracks 按钮，打开 Quicktracks 对话框，如图 7.49 所示。

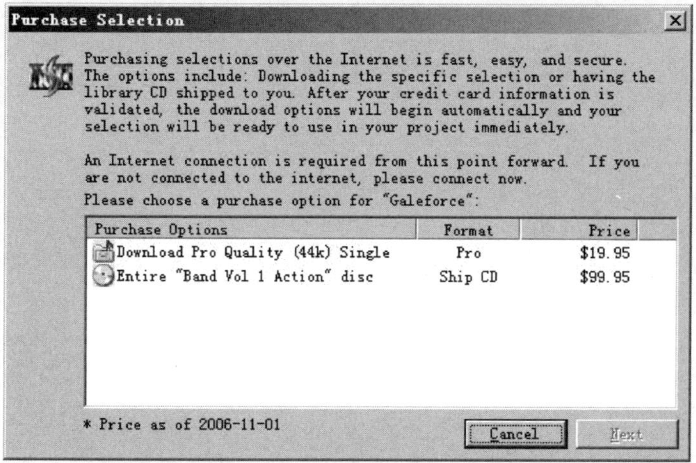

图 7.48　Purchase Selection 对话框

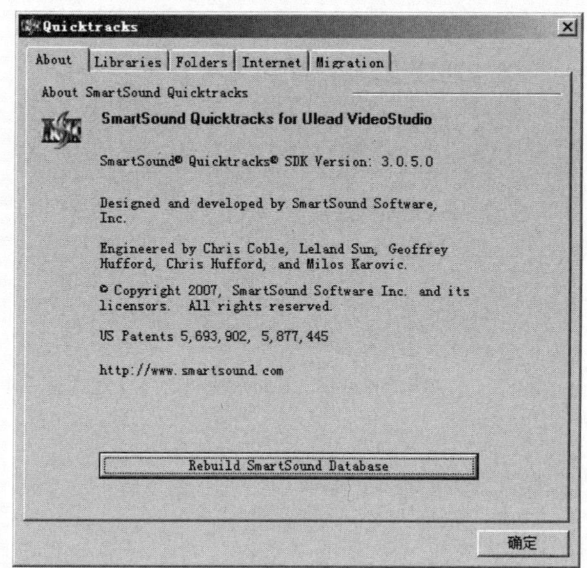

图 7.49　Quicktracks 对话框

在 About 选项卡中显示了一些关于会声会影的 SmartSound Quicktracks 插件的一些信息。

切换到 Libraries(库)选项卡，如图 7.50 所示。

单击 Add(添加)按钮，打开 Add SmartSound Music Library 对话框，提示侦测到光盘中有 SmartSound 库文件，询问安装哪种类型的库。一般情况下，会选择 44k 的库，如图 7.51 所示。

单击 OK 按钮，打开 License Agreement(许可协议)对话框，如图 7.52 所示。

单击 Accept(同意)按钮，打开 Quicktracks 对话框，提示库文件已经添加成功，如图 7.53 所示。

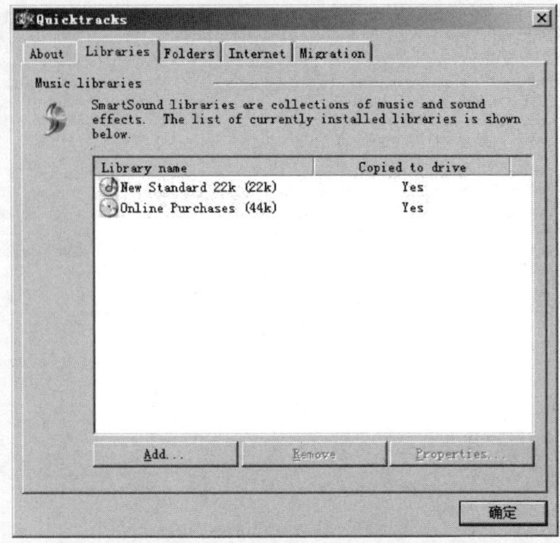

图 7.50 Libraries 选项卡

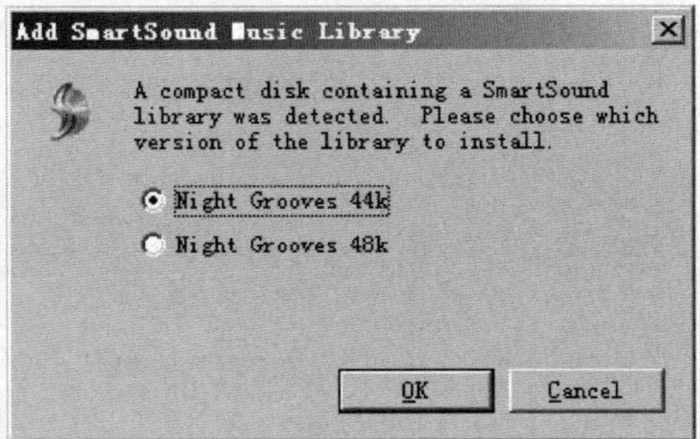

图 7.51 Add SmartSound Music Library 对话框

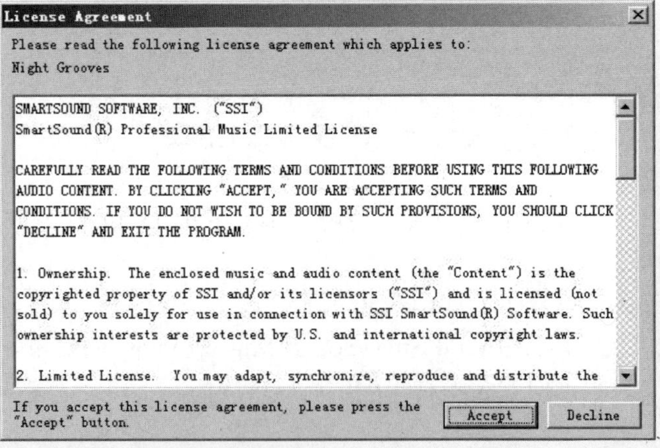

图 7.52 License Agreement 对话框

图 7.53　Quicktracks 对话框

单击 Copy(复制)按钮，出现复制进度显示条，开始复制。复制完成后，库文件被添加到列表中，如图 7.54 所示。

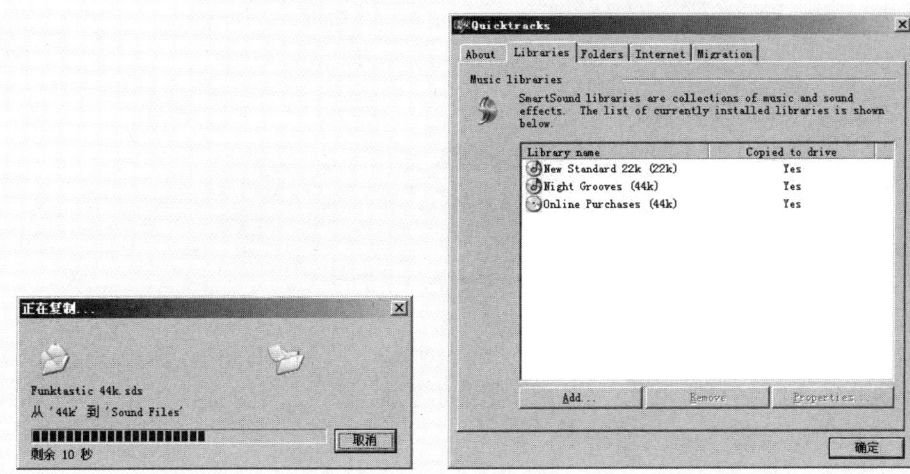

图 7.54　将库文件添加到列表中

最后单击【确定】按钮，完成 SmartSound 库的添加。在【自动音乐】选项卡的【库】下拉列表框中已经有了刚才添加的 Night Grooves 库，在对应的【音乐】下拉列表框中列出了新的音乐，如图 7.55 所示。

图 7.55　新添加的 Night Grooves 库

3. 导入硬盘上的 SmartSound 素材库

如果硬盘上保存了 SmartSound 音乐素材库的文件夹，可以直接单击【自动音乐】选项卡上的 SmartSound Quicktracks 按钮，打开 Quicktracks 对话框。然后单击 Folders 标签，如图 7.56 所示。

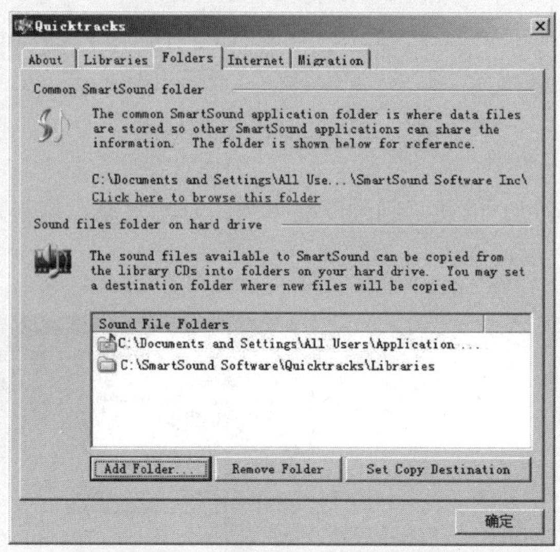

图 7.56　Folders(文件夹)选项卡

单击 Add Folder(添加文件夹)按钮，打开【浏览文件夹】对话框，按路径选择硬盘上存放 SmartSound 库的文件夹，如图 7.57 所示。单击【确定】按钮，将文件夹导入到 Quicktracks 对话框的列表中，如图 7.58 所示。

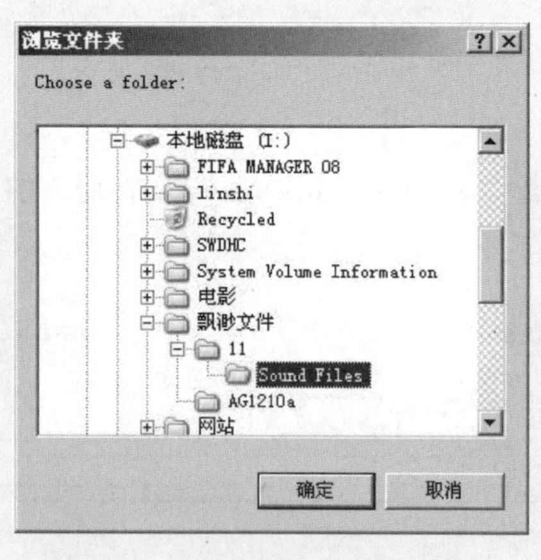

图 7.57　【浏览文件夹】对话框

单击【确定】按钮，关闭对话框。此时出现类似图 7.51 所示的选择对话框，单击 OK 按钮。以后的添加操作过程与从光盘添加音乐库相同。直至将硬盘上的 SmartSound 音乐素材库文件成功加入并在【自动音乐】选项卡上的各下拉列表框中显示出来。

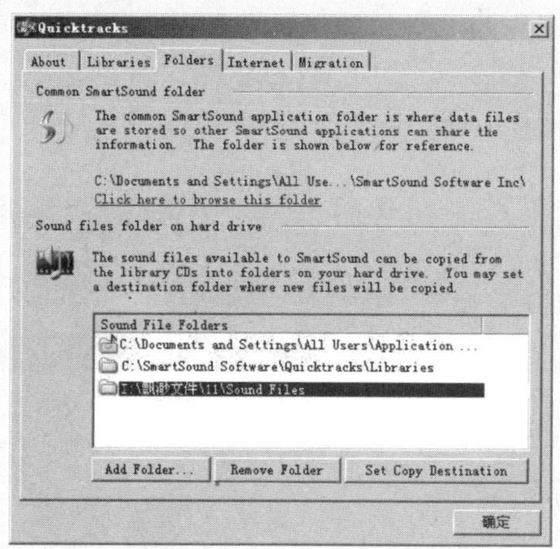

图 7.58　导入库文件夹

7.4　在编辑器中使用向导功能

前面已经学习了使用会声会影 DV 转 DVD 向导或影片向导制作影片的相关知识。将会声会影影片向导编辑过的项目保存后，再次将其打开将不会进入会声会影 DV 转 DVD 向导或影片向导，而是直接进入会声会影编辑器操作界面进行进一步编辑。

在会声会影编辑器中正在编辑的项目中，也可以直接打开会声会影编辑向导或 DV 转 DVD 向导，制作部分内容，然后将其导入到会声会影编辑器中继续进入编辑。在本节中，以在会声会影编辑器中加入会声会影影片向导编辑内容为例进行讲解。

在正在编辑的项目中，执行【工具】|【会声会影影片向导】命令，打开会声会影影片向导操作界面，如图 7.59 所示。

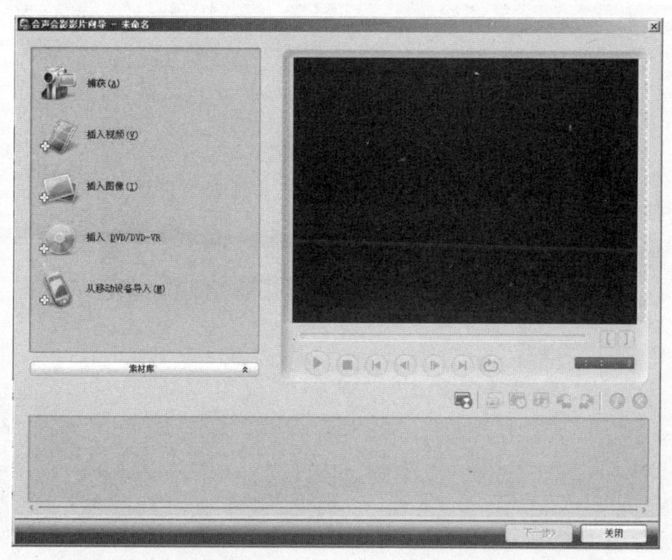

图 7.59　在编辑器中打开会声会影影片向导操作界面

选择界面左侧相应的捕获或插入素材方式，也可以单击【素材库】按钮，打开素材库选择素材将其导入，步骤与前面章节所介绍的相同。导入后的视频或图像素材微缩图显示在媒体素材列表中，如图 7.60 所示。

图 7.60 向媒体素材列表中添加素材

单击【下一步】按钮，在左侧的【主题模板】下拉列表框中选择模板，适当修改操作界面中的各项内容，当然也可以在以后的编辑制作中再做修改，如图 7.61 所示。

图 7.61 选择主题模板

单击【下一步】按钮，弹出询问是否追加到会声会影编辑器中进行进一步编辑的询问对话框，如图 7.62 所示。

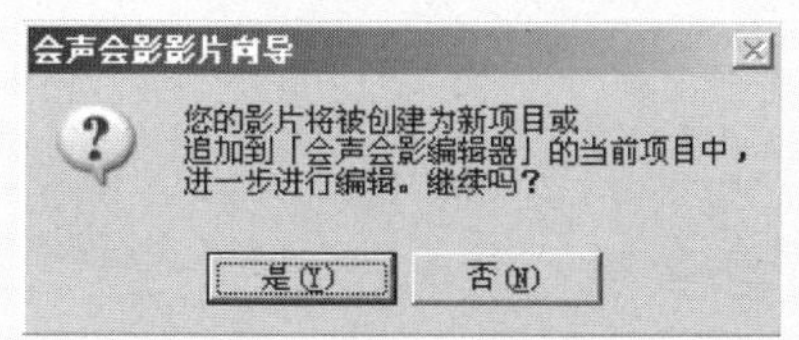

图 7.62　询问是否进一步编辑的对话框

单击【是】按钮，回到【音频】操作界面。这时会声会影影片向导中创建的内容已经添加到时间轴的末端了，如图 7.63 所示。

图 7.63　将向导中创建的内容添加到编辑器中

现在就可以按照本章前面介绍的素材修整方法对新添加的素材进行编辑了。

第 8 章

渲染与输出

本章要点：

在编辑和制作影片时，项目文件中可能包含视频、声音、标题和动画等多种素材，创建视频文件可以将影片中所有的素材连接为一个整体，这个过程通常被称为“渲染”。本章主要介绍视频和音频的输出，内容包括创建视频文件、创建音频文件、创建光盘、导出视频等知识，使读者掌握 DVD 输出、DV 录制和导出视频等实用操作。

本章主要内容包括：

- ▲ 创建视频文件
- ▲ 创建声音文件
- ▲ 创建光盘
- ▲ 导出到移动设备
- ▲ 项目回放
- ▲ DV、HDV 录制和输出智能包

会声会影项目制作完成后，需要将视频或音频输出为各种格式，便于和家人、朋友分享。会声会影 11 支持的输出格式很多，可以满足各种用户的需要。

完成各种视频、音频、图像的添加，以及转场效果应用等操作后，单击【分享】按钮，进入【分享】操作界面，在其选项面板上，包括 7 种输出方法，如图 8.1 所示。

图 8.1 【分享】操作界面

8.1 创建视频文件

将项目文件中的视频、图像、声音、字幕、背景音乐以及特效等所有素材连接在一起，输出为视频文件，在电脑或其他储存介质上保存是一种重要的视频保存手段，它主要用于将视频在电脑上播放。由于对视频的质量和编码要求不同，输出的格式也存在相当大的区别。单击【创建视频文件】按钮，打开其对应的快捷菜单，如图 8.2 所示。

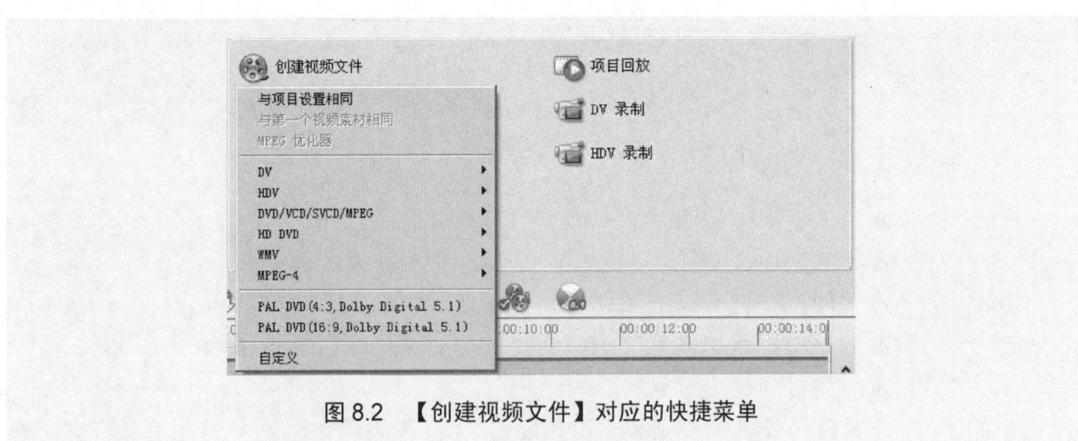

图 8.2 【创建视频文件】对应的快捷菜单

8.1.1　创建与项目或第一个视频素材相同的视频文件

在编辑和制作影片时，项目文件中可能包含视频、声音、标题和动画等多种素材，创建视频文件可以将影片中所有的素材连接为一个整体，这个过程通常称为“渲染”。

1. 与项目设置相同

将输出与项目文件设置相同的视频文件。在项目文件建立之初，进行项目设置，创建视频文件时，执行【与项目设置相同】命令，弹出【创建视频文件】对话框，在【属性】列表框显示基本设置，如图 8.3 所示。单击【选项】按钮，打开对应的对话框进行渲染设置，如图 8.4 所示。

图 8.3　【创建视频文件】对话框

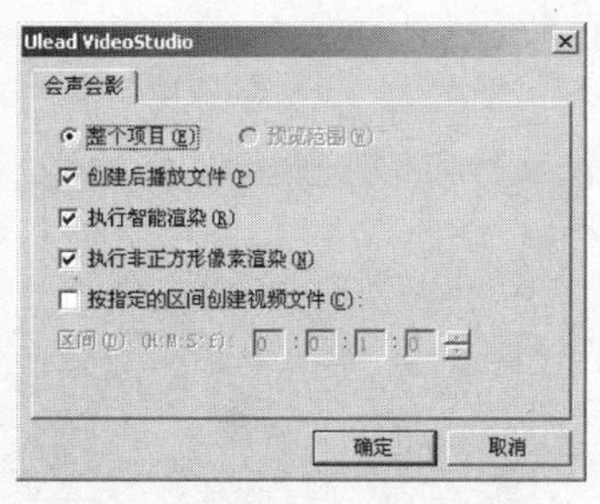

图 8.4　【会声会影】选项卡

在【文件名】下拉列表框中输入名称，单击【保存】按钮创建与最初的项目设置相同格式的视频文件。如果在项目开始制作时没有进行项目设置，将保持与前一个项目文件相

同的项目设置。此时，预览窗口下方将显示渲染进度。渲染完成后，生成的视频文件将在素材库中显示为一个缩略图。

如果希望查看或修改详细的项目属性，选择【文件】|【项目属性】命令或按下 Alt+Enter 组合键，打开【项目属性】对话框，如图 8.5 所示。如果需要进一步编辑，可单击【编辑】按钮，打开【项目选项】对话框，进行修改，如图 8.6 所示。

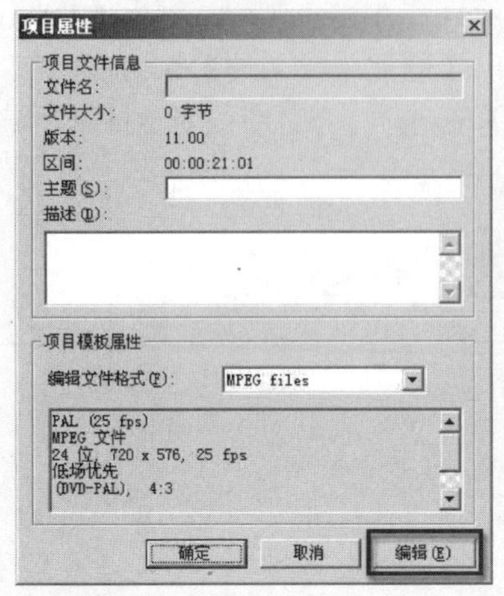

图 8.5 【项目属性】对话框

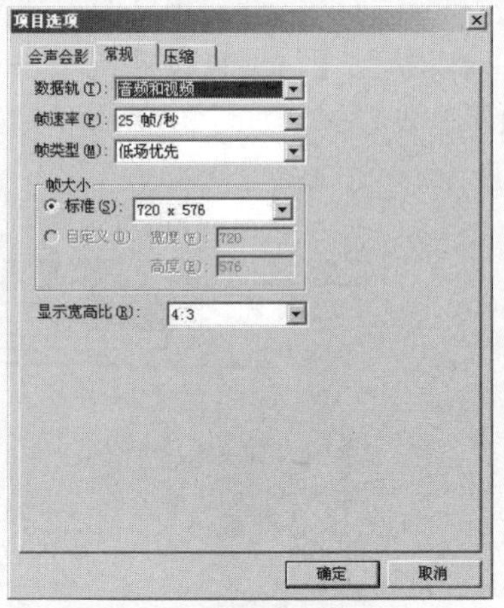

图 8.6 【项目选项】对话框

如果想在整个项目文件中只输出影片的一部分，其操作步骤如下。

步骤 01 单击预览窗口下方的按钮，切换到项目播放模式。

步骤 02 将飞梭栏上的修整拖柄拖动到需要输出的开始位置，单击开始标记按钮设置开始标记，在时间轴上方出现一条红色的范围线，如图 8.7 所示。

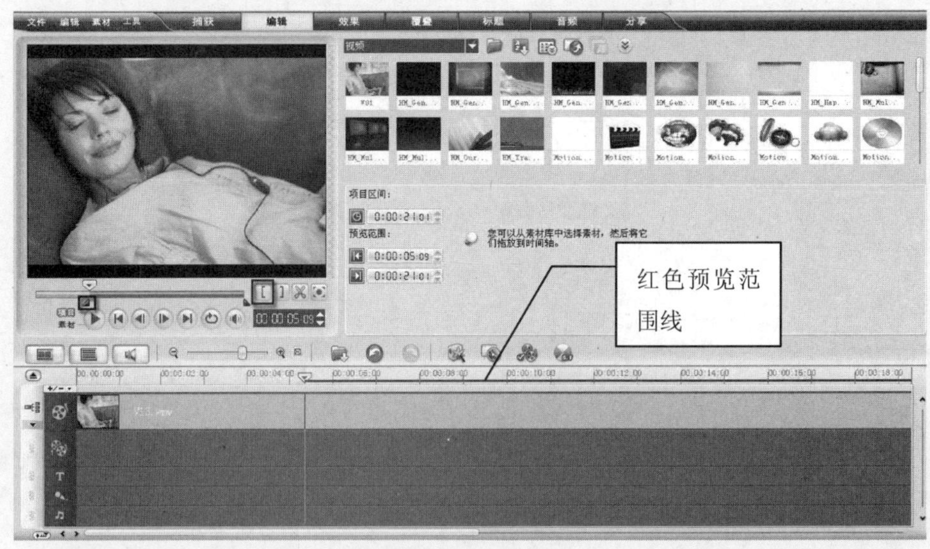

图 8.7 设置开始标记

步骤 03 将飞梭栏上的修整拖柄拖动到需要输出的结束位置，单击结束标记按钮设置结束标记，时间轴上方的红色范围线就是用户指定的输出区域，如图 8.8 所示。

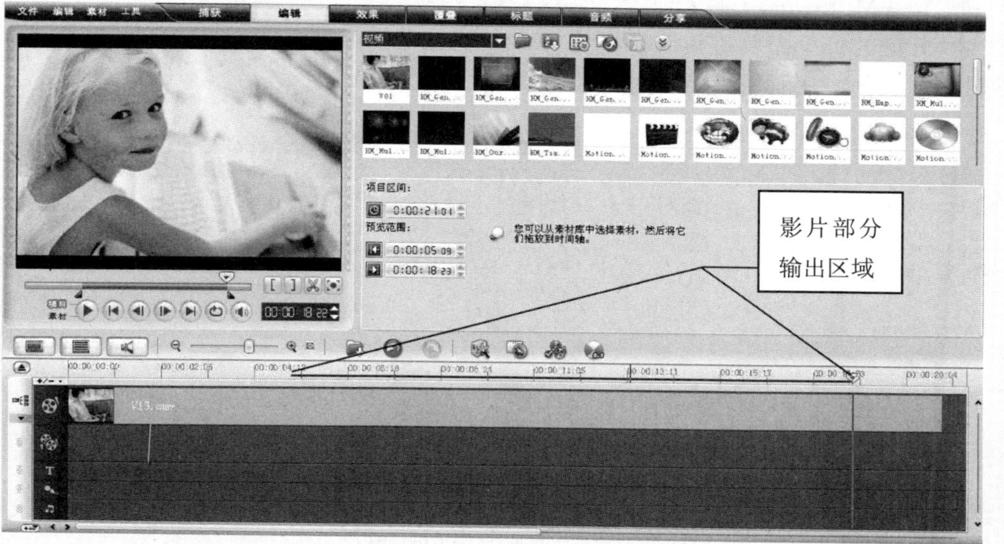

图 8.8 设置结束标记

步骤 04 单击预览窗口下方的【播放修整后的素材】按钮来查看指定区域中的影片，并根据需要重新调整开始和结束标记。

步骤 05 单击【分享】按钮，进入【分享】操作界面，单击选项面板上的【创建视频文件】按钮，在弹出的如图 8.2 所示的快捷菜单中选择需要的视频文件类型。

步骤 06 在打开的类似图 8.3 所示的对话框中，单击【选项】按钮，打开 Ulead VideoStudio 对话框，选中【预览范围】单选按钮，然后单击【确定】按钮，如图 8.9 所示。

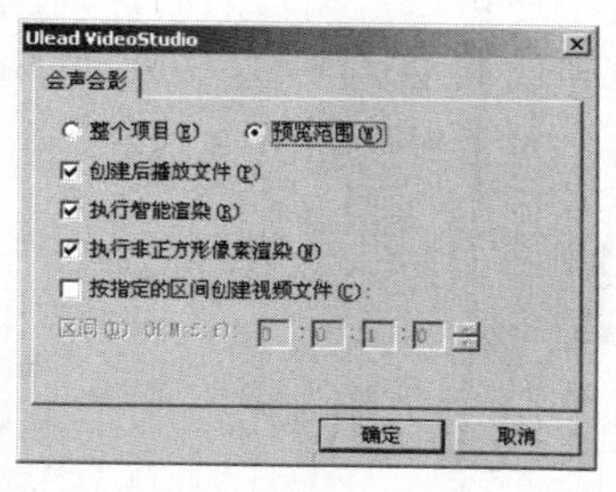

图 8.9 选中【预览范围】单选按钮

步骤 07 回到对话框，输入文件名并指定保存路径后，单击【保存】按钮，开始渲染。

2. 与第一个视频素材相同

在如图 8.2 所示的快捷菜单中选择【与第一个视频素材相同】命令，将创建与项目文件中使用的第一个视频素材属性相同的视频文件。使用这种设置主要是为了能够更好地运用智能渲染技术，提高渲染的速度。

提 示

如果在项目中没有使用视频素材，而是使用了一些图像素材，该命令将不可用。

3. MPEG 优化器

【MPEG 优化器】使创建和渲染 MPEG 格式的影片更加快速。在如图 8.10 所示的快捷菜单中选择【MPEG 优化器】命令，会声会影将显示【MPEG 优化器】对话框，并显示项目多少百分比的部分需要重新渲染。【MPEG 优化器】自动检测项目中的更改，并且仅渲染编辑过的部分，从而使渲染时间更短。

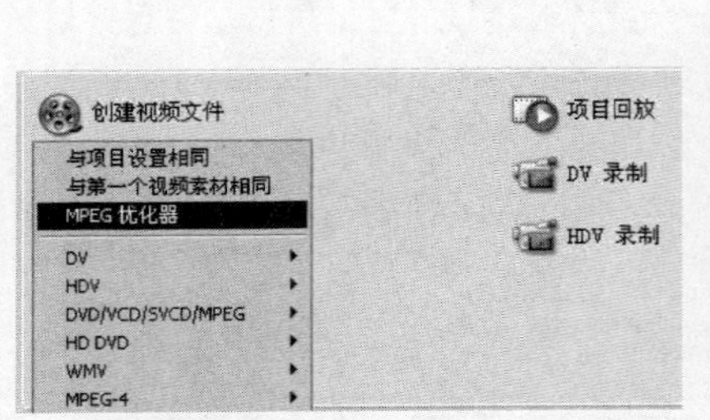

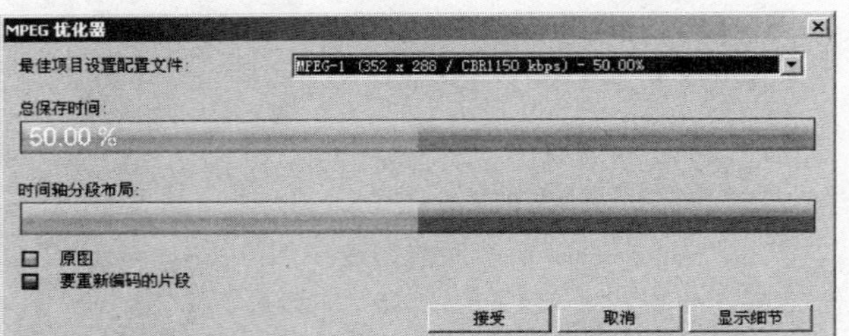

图 8.10　MPEG 优化器

渲染大视频影片时(1 小时左右)往往较慢，如果有文件出错，又要从头再来，非常浪费时间。如果事先在优化器中优化一下，有文件出错，可以先进行查找修改，就可以节省时间了。

8.1.2　创建 DV 格式视频文件

创建 DV 格式的视频文件，会占用更大的磁盘空间，但更能够保持视频的真实性和清晰度，还可以把编辑后的影片回录到摄像机。单击【创建视频文件】按钮，在弹出的快捷菜单中选择 DV | PAL　DV(4:3)或 PAL　DV(16:9)命令，如图 8.11 所示，打开【创建视频文件】对话框，如图 8.12 所示，为视频指定文件名，单击【保存】按钮，创建对应的 DV 格式影片。

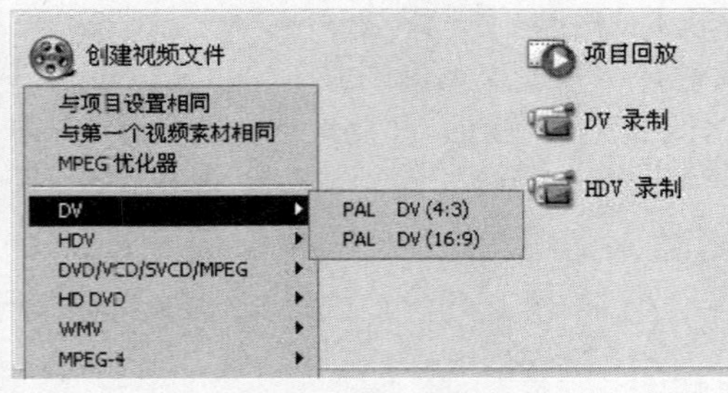

图 8.11　选择 DV 输出

PAL　DV(4:3)的属性为：

- Microsoft AVI 文件
- 24 位，720×576，4:3，25 帧/秒
- 低场优先
- DV 视频编码器--类型 2

- 每 15 个帧交织放置音频
- PCM，48.000 kHz，16 位，立体声

PAL　DV(16:9)的属性为：

- Microsoft AVI 文件
- 24 位，720×576，16:9，25 帧/秒
- 低场优先
- DV 视频编码器--类型 2
- PCM，48.000 kHz，16 位，立体声

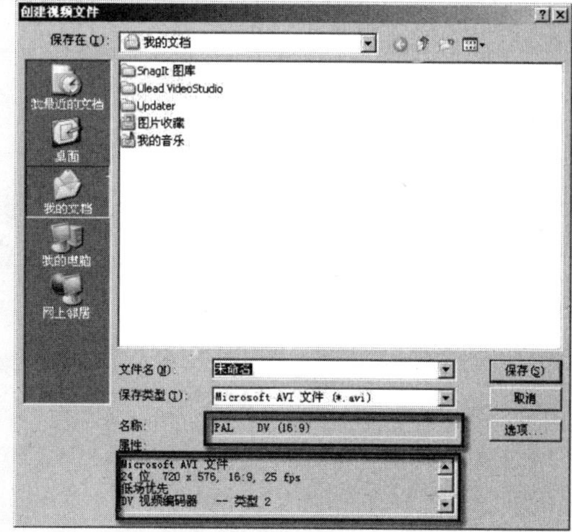

图 8.12　执行 PAL　DV(4:3)或 PAL　DV(16:9)命令后的对话框

在如图 8.2 所示的快捷菜单中执行【自定义】命令，打开【创建视频文件】对话框，在【保存类型】下拉列表框中选择 Microsoft　AVI 文件(*.avi)选项，然后单击【选项】按钮，打开【视频保存选项】对话框，重新设置各选项卡中的选项。如设置【常规】选项卡中的【帧速率】、【帧类型】、【帧大小】等，如图 8.13 所示；设置 AVI 选项卡中的【压缩】选项等，如图 8.14 所示。

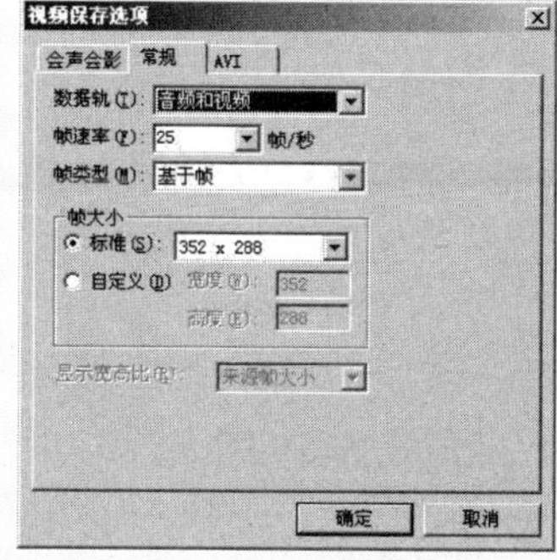

图 8.13　设置【常规】选项卡

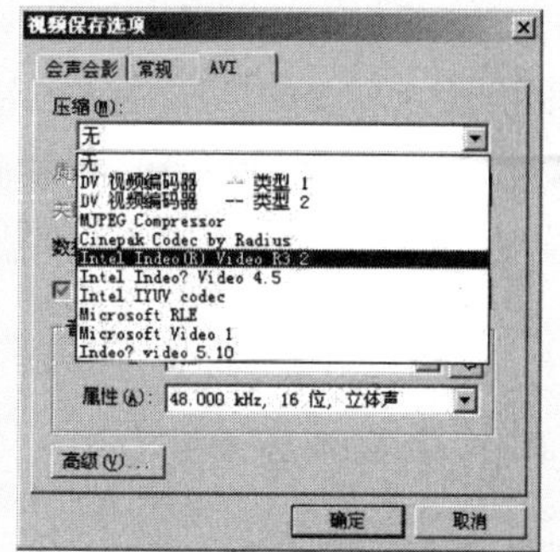

图 8.14　设置 AVI 选项卡

8.1.3　创建 HDV 高清视频文件

越来越多的新兴的视频格式的出现，意味着有很多不同格式的视频文件需要被编辑。会声会影支持 HDV 格式的 1080i/720p 视频文件的编辑，也支持 HDV 数码相机拍摄的数码相片的编辑。

在如图 8.2 所示的快捷菜单中执行 HDV 命令，在弹出的如图 8.15 所示的下一级子菜单中，选择【HDV 1080i-50i(针对 HDV)】、【HDV 720p-25p(针对 HDV)】、【HDV 1080i-50i(针对 PC)】或【HDV 720p-25p(针对 PC)】命令，打开【创建视频文件】对话框，为视频指定文件名，单击【保存】按钮，创建对应的 HDV 格式影片。

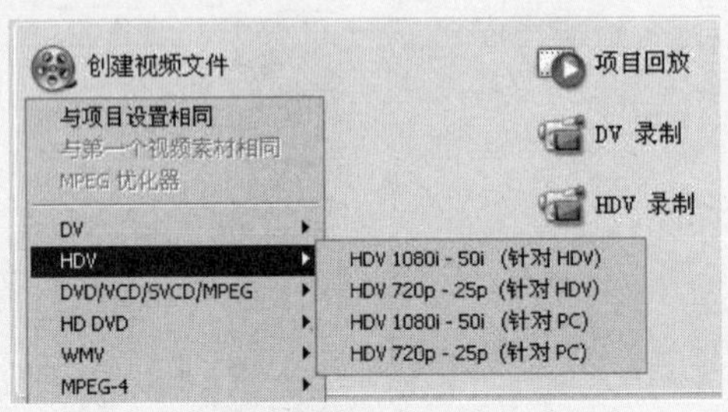

图 8.15　选择 HDV 输出

【HDV 1080i-50i(针对 HDV)】和【HDV 720p-25p(针对 HDV)】命令用于输出回录到 HDV 摄像机的视频文件，【HDV 1080i-50i(针对 PC)】和【HDV 720p-25p(针对 PC)】命令用于输出在 PC 上观看的视频文件。

HDV 格式视频文件采用了 MPEG-2 压缩格式，相关设置选项参见 8.1.4 节。

提 示

HDV 是一种高清视频信号的记录格式，它分为 1080i 和 720p 两种格式。1080i 和 720p 都是在国际上认可的数字高清晰度电视标准。其中字母 i 代表隔行扫描，字母 p 代表逐行扫描。而 1080、720 则代表垂直方向所能达到的分辨率。

8.1.4　创建各类 MPEG 文件

作为视频和音频主要的压缩格式，MPEG 格式在现实生活中被广泛应用。

MPEG-1：用于 VCD 等许多产品上的视频和音频压缩标准。对于 NTSC 而言，其视频分辨率为 352×240 像素，数据速率为 29.97 帧/秒。对于 PAL 而言，则为 352×288 像素、25 帧/秒。

MPEG-2：MPEG-1 的子集。它是 DVD 等产品所使用的视频和音频压缩标准。对于 NTSC DVD 而言，其视频分辨率为 720×480 像素，数据速率为 29.97 帧/秒；对于 PAL DVD 而言，则为 720×576 像素、25 帧/秒。

在【分享】操作界面中单击【创建视频文件】按钮，在弹出的如图 8.16 所示的菜单中执行 DVD/VCD/SVCD/MPEG 命令，在弹出的下一级子菜单中执行任意一个命令，可以生成相应的 MPEG 文件。

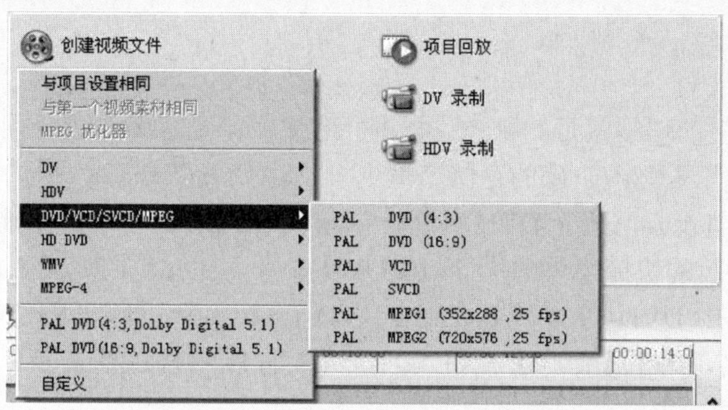

图 8.16　创建 MPEG 文件

其中，PAL DVD(4∶3)、PAL DVD(16∶9)、PAL VCD、PAL SVCD 分别用于输出符合 DVD、VCD、SVCD 标准的影片；PAL MPEG1(352×288，25fps)、PAL MPEG2(720×576，25fps)分别用于输出相应尺寸格式的 MPEG 文件。

如图 8.2 所示，执行【自定义】命令，在打开的【创建视频文件】对话框中的【保存类型】下拉列表框中选择“MPEG 文件(*.mpg;*.m2t)”选项，然后单击【选项】按钮，打开【视频保存选项】对话框，重新设置各选项卡中的选项。在【常规】选项卡中设置【编码程序】、【数据轨】、【帧速率】、【帧类型】、【帧大小】、【显示宽高比】等，如图 8.17 所示；设置【压缩】选项卡中的【光盘类型】下拉列表框及其他一些视频和音频设置，如图 8.18 所示，在该选项卡中设置【光盘类型】，会影响到【常规】选项卡中的一些设置。

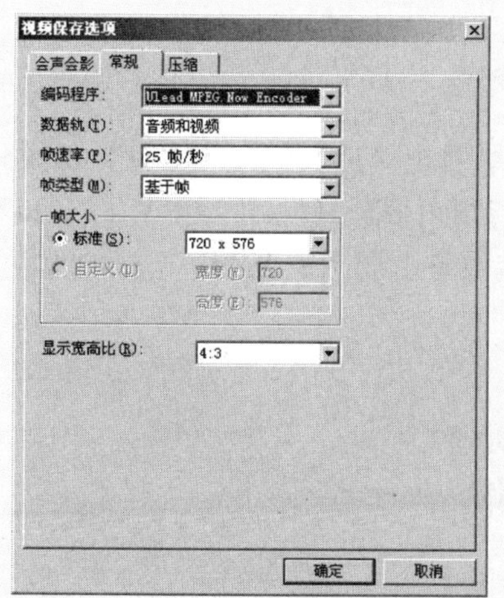

图 8.17　设置【常规】选项卡

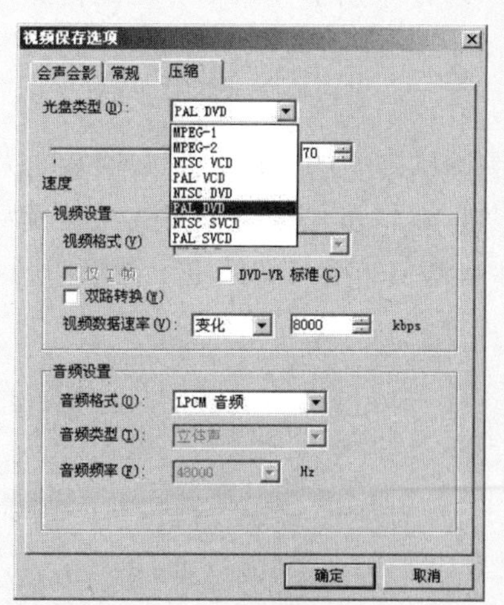

图 8.18　设置【压缩】选项卡

由于会声会影在安装时选择了 PAL 制式，所以在【创建视频文件】按钮对应的快捷菜单中只显示了 PAL 制式对应的一些 AVI 和 MPEG 设置，如果希望生成其他标准的 MPEG 格式，需要在【压缩】选项卡的【光盘类型】下拉列表框中进行选择，如选择“NTSC　DVD”格式等。

8.1.5 创建高清 DVD 文件

HD-DVD 通俗的理解就是一种光盘标准，它采用了蓝色激光进行读写，使得单碟容量大大提高。HD 既代表高密度(碟的存储容量更大)，也代表高分辨率(质量更好的图片)。2008 年 2 月 22 日，为防止索尼蓝光 DVD 垄断，中国版 HD DVD 坚持如期推出。

在如图 8.2 所示的快捷菜单中执行 HD DVD 命令，在弹出的如图 8.19 所示的下一级子菜单中执行 PAL HD DVD-1920 或 PAL HD DVD-1440 命令，打开【创建视频文件】对话框，为视频指定文件名，单击【保存】按钮，创建对应的 HD DVD 格式影片。

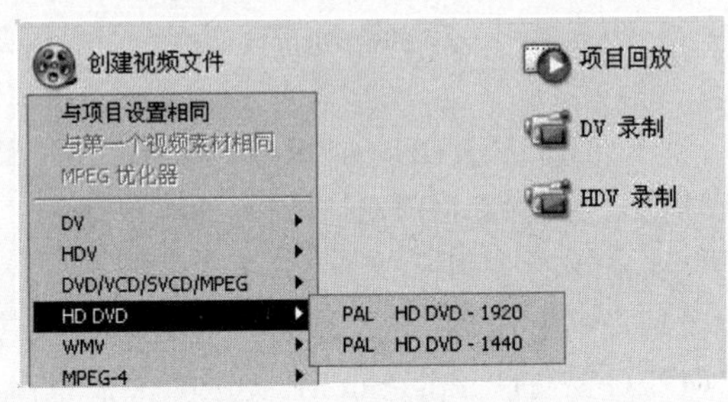

图 8.19 创建 HD DVD 文件

PAL HD DVD-1920 和 PAL HD DVD-1440 分别用于输出尺寸为 1920×1080、1440×1080 的视频文件。

HD-DVD 采用了 MPEG-2 压缩格式，相关设置选项参见 8.1.4 节。

8.1.6 创建 WMV 格式文件

随着网络带宽的发展，越来越多的人通过网络看电影或其他视频文件，流媒体大行其道。会声会影 11 也支持将视频生成为流媒体文件进行传播，包括生成 RM 格式和 WMV 格式的文件。WMV 格式文件用于输出在网页或便携设备上展示的 WMV 格式的视频文件，如图 8.20 所示。

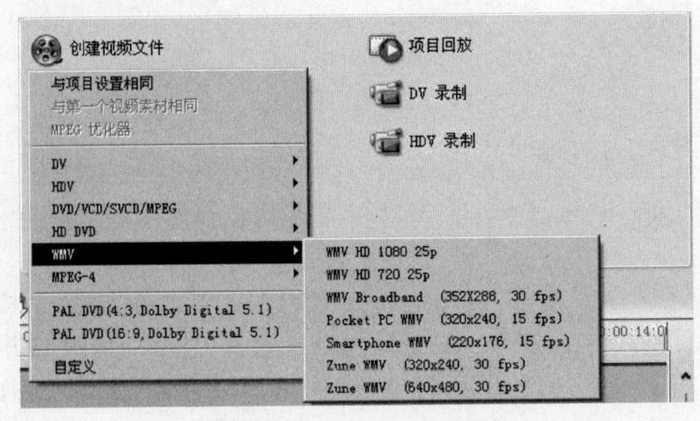

图 8.20 创建 WMV 格式文件

- WMV HD 1080 25p、WMV HD 720 25p：分别输出用于网络展示的相应制式的高清视频。
- WMV Broadband(352×288，30fps)：用于输出宽带网络展示的视频。
- Pocket PC WMV(320×240，15fps)：用于输出掌上电脑播放的视频。
- Smartphone WMV(220×176，15fps)：用于输出在智能手机上播放的视频。
- Zune WMV(320×240，30fps)、Zune WMV(640×480，30fps)：用于输出在 Zune 设备上播放的视频。

如图 8.2 所示，执行【自定义】命令，在打开的【创建视频文件】对话框中的【保存类型】下拉列表框中选择“Windows Media Video (*.wmv;*.asf)”选项，然后单击【选项】按钮，打开【视频保存选项】对话框，重新设置各选项卡中的选项。

在【配置文件】选项卡的【配置文件】下拉列表框中选择默认的配置文件方式，在【描述】列表框中显示配置文件的具体内容，如图 8.21 所示。如果希望获得更多的配置文件，可单击【自定义】按钮，打开【管理配置文件】对话框新建或修改配置文件。

在【属性】选项卡中，可以输入标题等相关信息，如图 8.22 所示。

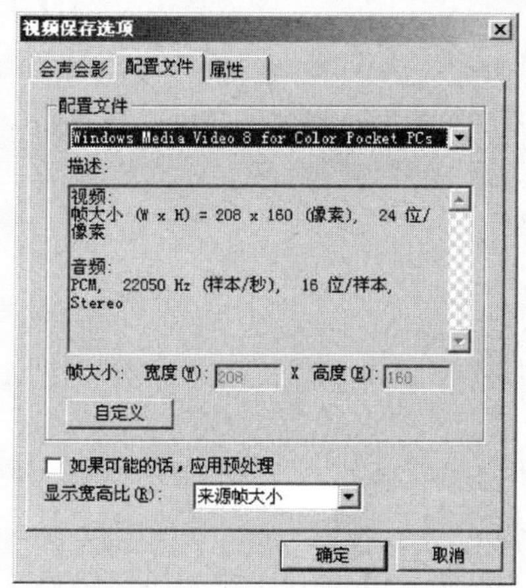

图 8.21　【配置文件】选项卡

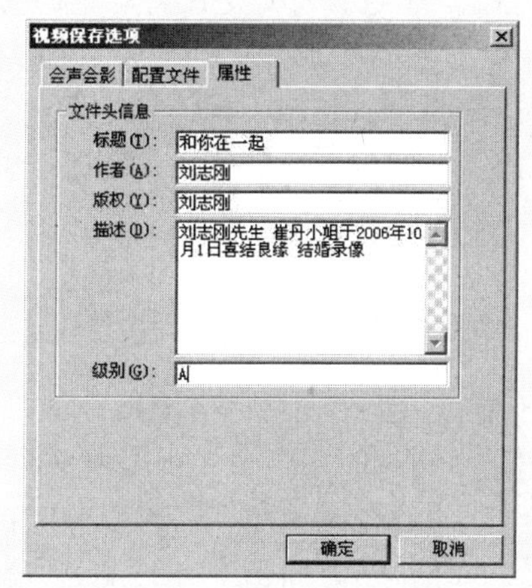

图 8.22　【属性】选项卡

8.1.7　创建 MPEG-4 格式文件

与 MPEG-1 和 MPEG-2 相比，MPEG-4 的特点是更适于交互 AV 服务以及远程监控。MPEG-4 是第一个具有交互性的动态图像标准；它的另一个特点是其综合性；从根源上说，MPEG-4 试图将视觉效果意义上的自然物体与人造物体相融合。MPEG-4 的设计目标还有更广的适应性和可扩展性。

MPEG-4 输出主要用于各种便携设备输出。如图 8.23 所示，其中，iPod MPEG-4、iPod MPEG-4(640×480)、iPod H.264 输出用于 iPod 播放的 MPEG-4 视频；PSP MPEG-4、PSP H.264 输出用于 PSP 播放的视频；Zune MPEG-4、Zune MPEG-4(640×480)、Zune H.264、Zune H.264(640×480)输出用于 Zune 播放的视频；PDA/PMP MPEG-4 输出用于 PDA、PMP 等掌上数码影院设备播放的视频；Mobile Phone MPEG-4 输出用于智能手机播放的视频。

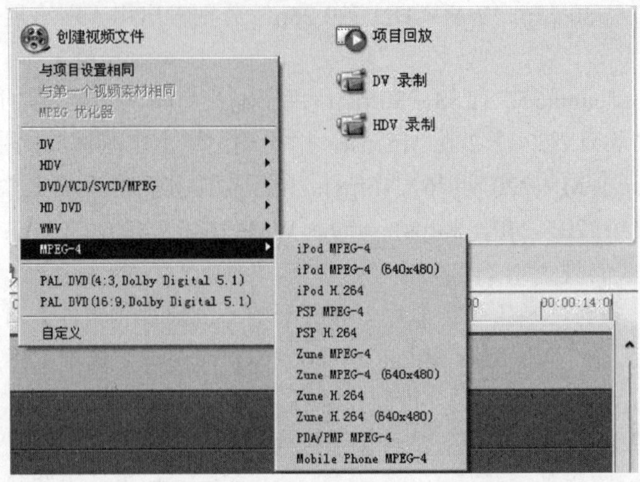

图 8.23　创建 MPEG-4 格式文件

提 示

MPEG-4 不仅针对一定比特率下的视频、音频编码，还注重多媒体系统的交互性和灵活性。MPEG-4 标准主要应用于视像电话(Video Phone)，视像电子邮件(Video Email)和电子新闻(Electronic News)等，其传输速率要求较低，在 4800 ~ 64000b/s 之间，分辨率为 176 × 144。MPEG-4 利用很窄的带宽，通过帧重建技术，压缩和传输数据，以求以最少的数据获得最佳的图像质量。

8.1.8　创建带有 5.1 声道的视频文件

用于输出指定画面比例(4∶3 或 16∶9)的带有 5.1 环绕立体声的视频文件。

创建 5.1 声道的视频文件步骤如下。

步骤 01　在视频轨和声音轨或音乐轨上分别添加视、音频文件。

步骤 02　单击时间轴上方的【音频视图】按钮，切换至音频视图。

步骤 03　单击时间轴上方的【启用/禁用 5.1 环绕声】按钮，弹出如图 8.24 所示的提示对话框，单击【确定】按钮，将声音模式切换至 5.1 声道。

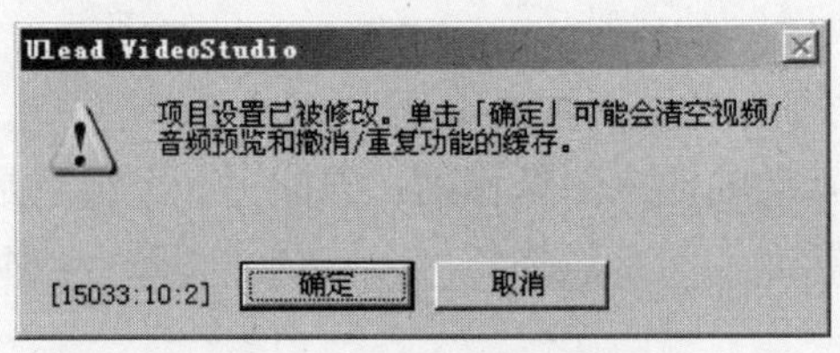

图 8.24　切换至 5.1 声道

提 示

再次单击按钮，可以切换回双声道模式。

步骤 01　单击【环绕混音】选项面板上的▶按钮，可以在该选项面板左侧看到 5.1 声道的播放效果，如图 8.25 所示。

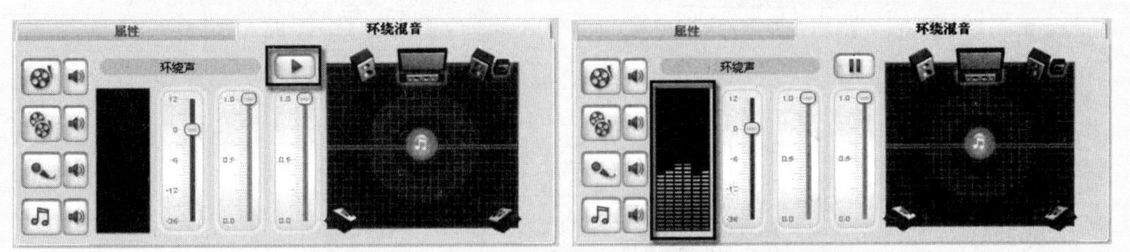

图 8.25　5.1 声道播放

步骤 02　单击【分享】按钮，在【分享】操作界面中单击【创建视频文件】按钮，根据影片的画面比例从弹出菜单中执行 PAL DVD(4∶3，Dolby Digital 5.1)或 PAL DVD(16∶9，Dolby Digital 5.1)命令，如图 8.26 所示。

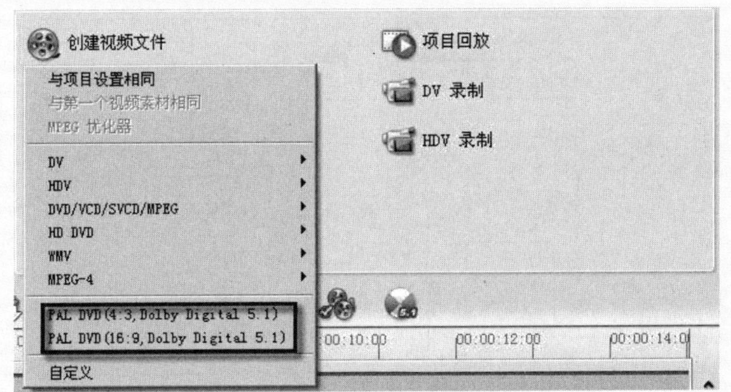

图 8.26　创建带有 5.1 声道的视频文件

步骤 03　在打开的【创建视频文件】对话框中输入视频名称，并指定保存路径，单击【保存】按钮将创建带有 5.1 声道的视频文件。

8.1.9　设计影片模板

除了前面讲到的视频输出格式，还可以输出其他格式的影片，如 RM 流媒体格式、AutoDesk 动画文件、QuickTime 影片文件、友立图像序列文件等，如图 8.27 所示，用户可以自己进行输出设置和操作。

除了预置的输出格式的设置外，对于自定义的设置，只能在本次视频输出中有效，如果希望长期有效使用，需要将其设置为影片模板。下面介绍以创建影片模板的方式定义模板属性，并输出自定义的 QuickTime 影片为例进行讲解。也可以使用相同的方法，自定义其他格式的视频文件属性。

选择【工具】|【制作影片模板管理器】命令，打开【制作影片模板管理器】对话框，如图 8.28 所示。

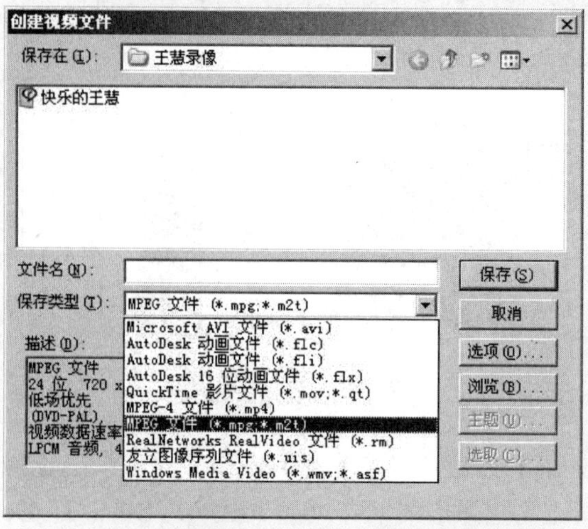

图 8.27　创建其他格式的影片或图像序列文件

图 8.28　【制作影片模板管理器】对话框

单击【新建】按钮，打开【新建模板】对话框，如图 8.29 所示。

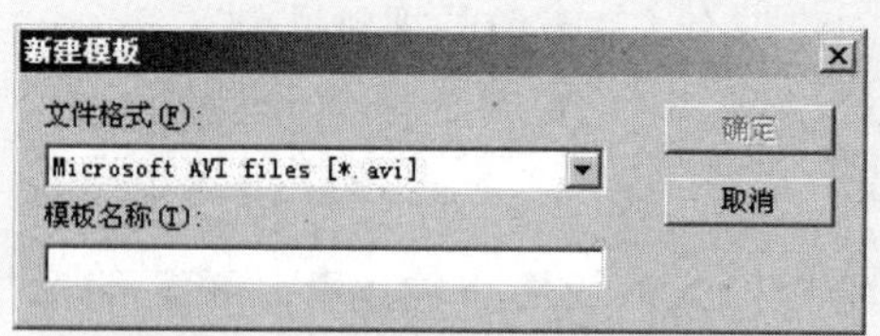

图 8.29　【新建模板】对话框

在【文件格式】下拉列表框中选择【QuickTime 影片文件 [*.mov]】文件格式，如图 8.30 所示。在【模板名称】文本框中输入名称，如图 8.31 所示。

单击【确定】按钮，打开【模板选项】对话框，在【会声会影】选项卡中显示基本信息，如图 8.32 所示。

在【常规】选项卡中设置【数据轨】、【帧速率】、【帧类型】及【帧大小】等，如图 8.33 所示。

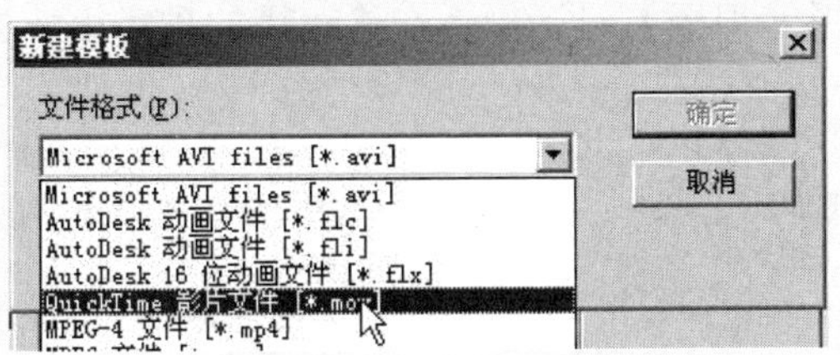

图 8.30　选择文件格式

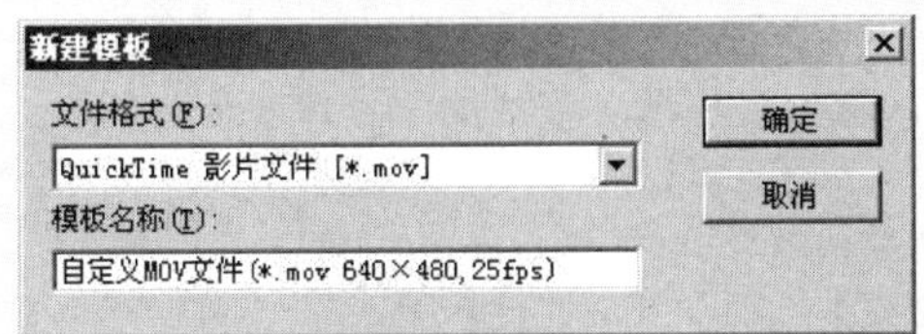

图 8.31　输入模板名称

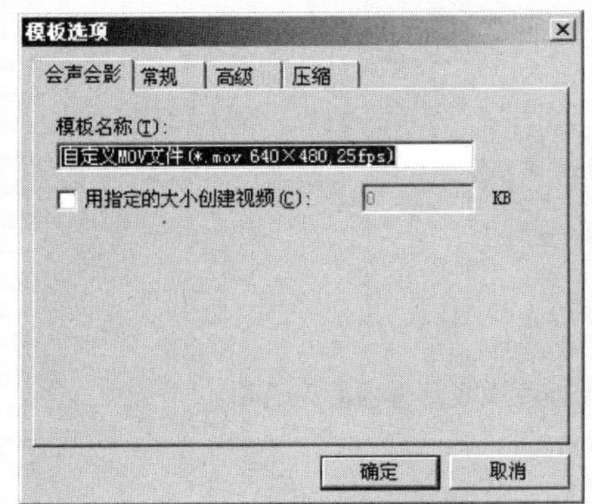

图 8.32　【会声会影】选项卡

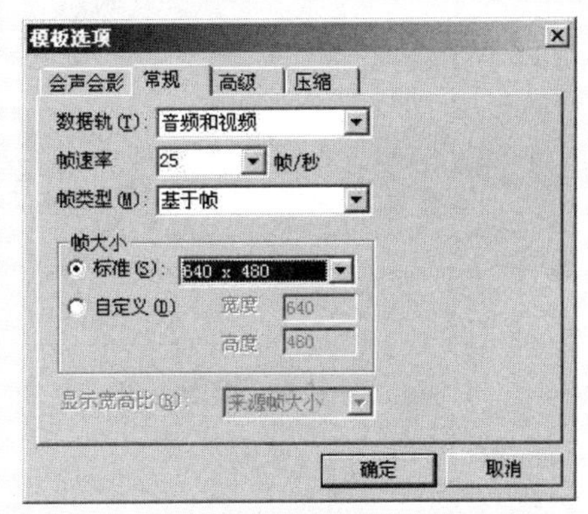

图 8.33　【常规】选项卡

在【压缩】选项卡中，设置【压缩】、【质量】、【关键帧间隔】、【数据类型】、【为 Internet 流准备】和【音频】等，如图 8.34 所示。其中，将【压缩】设置为【无】，将不能激活【质量】选项。如果将【数据类型】设置为【32 位色彩深度】，将保留影片本身的 Alpha 通道。单击【音频】按钮，可以打开【声音设置】对话框进行进一步的设置。

在【高级】选项卡中，主要设置【目标回放驱动器】下拉列表框，但该下拉列表框在【压缩】选项卡中的【压缩】下拉列表框设置为【无】时处于未激活状态，【高级】选项卡如图 8.35 所示。

设置完毕后，单击【确定】按钮，关闭【模板选项】对话框，回到【制作影片模板管理器】对话框，在【可用的项目模板】列表中已经列出了新添加的模板，如图 8.36 所示。

对于已经添加的模板，单击【编辑】按钮，可重新打开【模板选项】对话框进行设置；单击【删除】按钮，可将选中的自定义模板删除；单击【添加】按钮，可打开【添加模板】对话框，接着单击【选择】按钮，打开【打开视频文件】对话框，选择一个视频文件，将其导入。然后在【添加模板】对话框中定义【模板名称】，如图 8.37 所示。单击【确定】

按钮返回【制作影片模板管理器】对话框，在【可用的项目模板】列表中已经列出了新添加的模板。

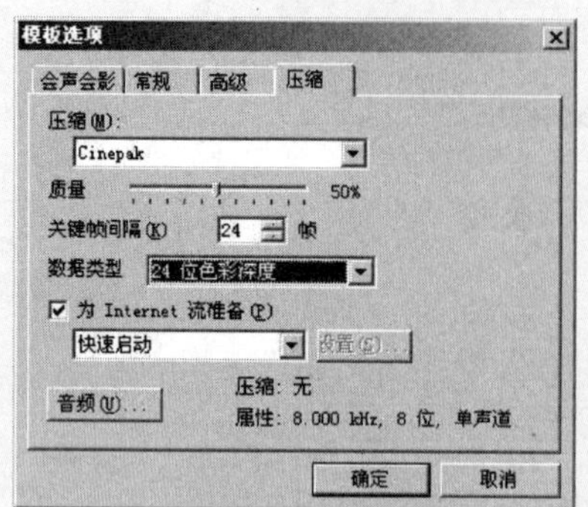

图 8.34 【压缩】选项卡

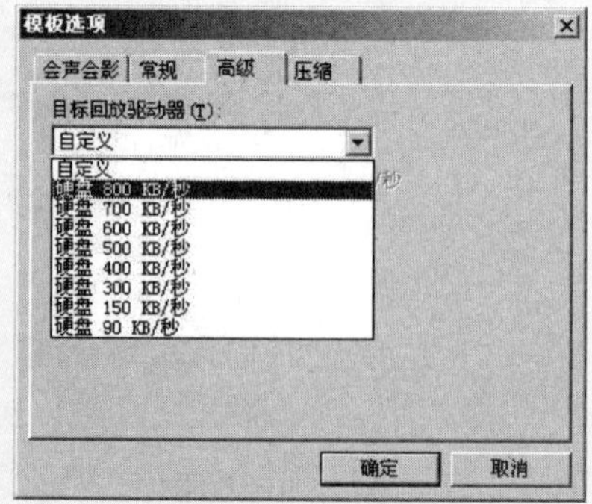

图 8.35 【高级】选项卡

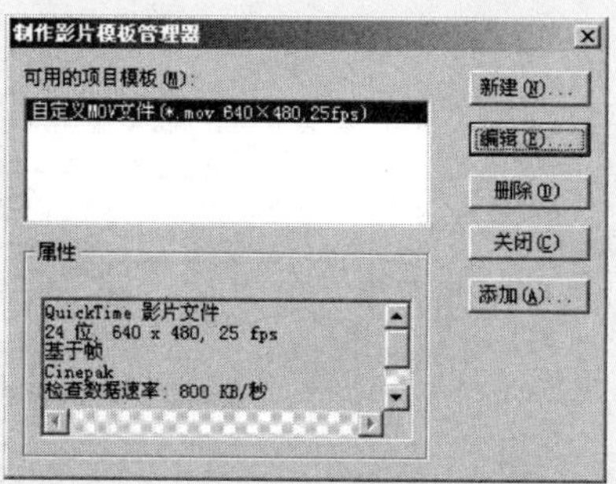

图 8.36 添加新模板后的【制作影片模板管理器】对话框

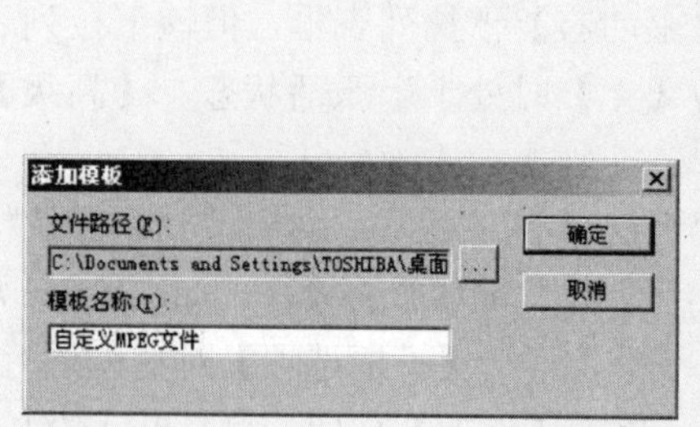

图 8.37 从外部添加模板

在【制作影片模板管理器】对话框中单击【关闭】按钮将其关闭。在【分享】操作界面中单击【创建视频文件】按钮，在打开的快捷菜单中已经添加了新制作的影片模板，可以直接应用了，如图 8.38 所示。

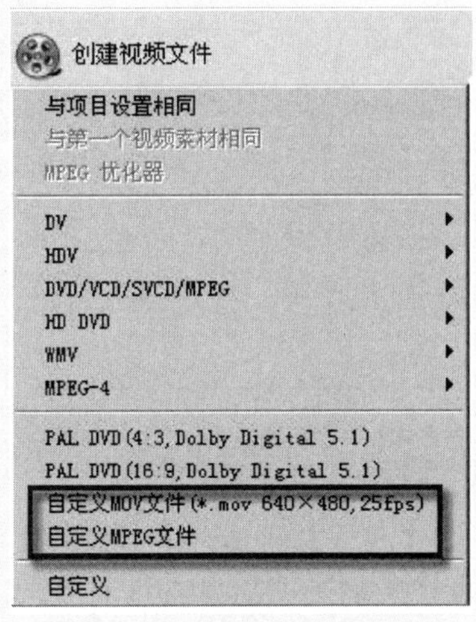

图 8.38　显示新添加的影片模板

8.1.10　创建仅有视频的文件

会声会影支持单独创建视频文件，单独创建的视频包括了视频轨、音频轨、标题轨上的内容。其操作步骤如下。

步骤 01　在视频轨和声音轨或音乐轨上分别添加视、音频文件。

步骤 02　在【分享】操作界面中单击按钮，在快捷菜单中选择【自定义】命令，如图 8.39 所示。

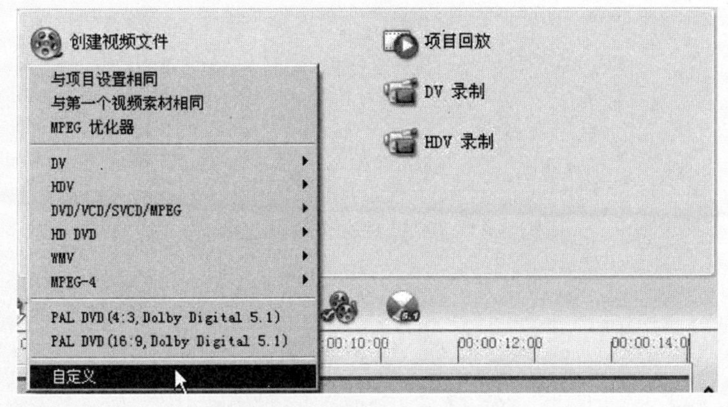

图 8.39　执行【自定义】命令

步骤 03　在打开的如图 8.40 所示的对话框中输入文件名并指定保存路径以及保存格式，然后单击【选项】按钮。

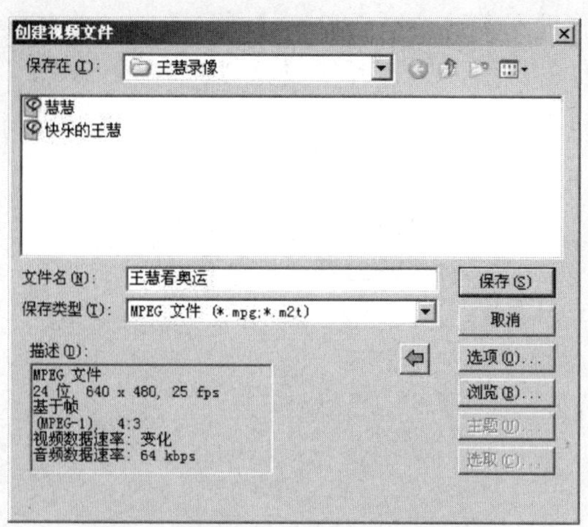

图 8.40 【创建视频文件】对话框

步骤 04 在打开的【视频保存选项】对话框中切换到【常规】选项卡，在【数据轨】下拉列表框中选择【仅视频】选项，如图 8.41 所示。

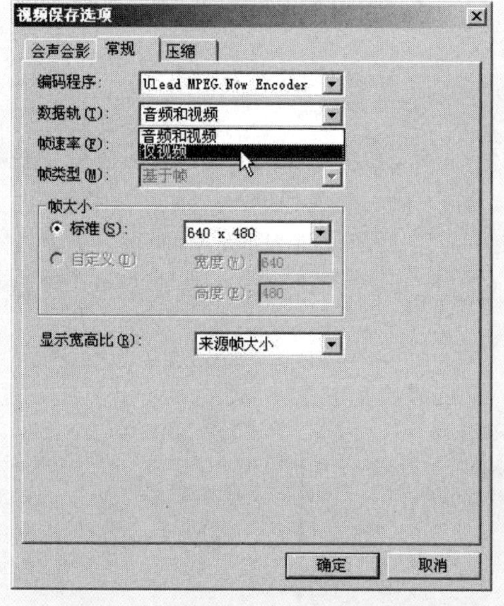

图 8.41 【视频保存选项】对话框

8.2 创建声音文件

会声会影支持单独创建音频文件，在【分享】操作界面中单击【创建声音文件】按钮，打开【创建声音文件】对话框，在【保存类型】下拉列表框中显示会声会影只支持输出 MP4、MPA、RM、WAV 和 WMA 五种格式的音频，如图 8.42 所示。

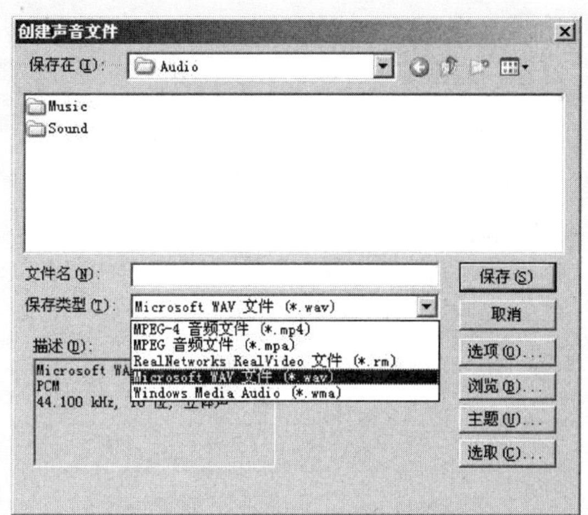

图 8.42　会声会影支持的音频输出格式

8.2.1　MPA 格式

MPG 是压缩视频的基本格式，它还有两个变种，MPV 和 MPA。MPV 只有视频没有音频，MPA 只有音频没有视频。MPA 是属于 MPEG-1 级别的压缩格式，较之 MP3 还差一筹。

在【保存类型】下拉列表框中选择【MPEG 音频文件(*.mpa)】选项，单击【选项】按钮，打开【音频保存选项】对话框进行相应设置，如图 8.43 所示。对于 MPA 格式，在【压缩】选项卡中除了对【音频设置】选项组的相关内容进行设置外，无过多设置。

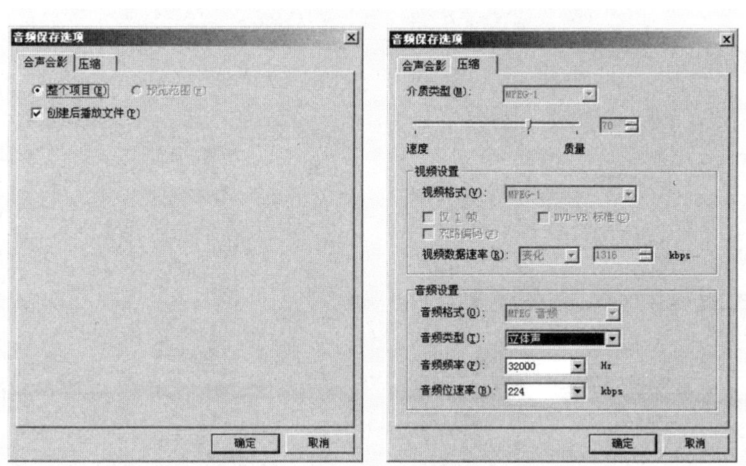

图 8.43　【音频保存选项】对话框

8.2.2　RM 格式

在【保存类型】下拉列表框中选择【RealNetworks RealVideo 文件(*.rm)】选项，单击【选项】按钮，打开【音频保存选项】对话框进行相应设置，如图 8.44 所示。对于 RM 格式，在【配置】选项卡中的设置与 RM 视频的配置相似。

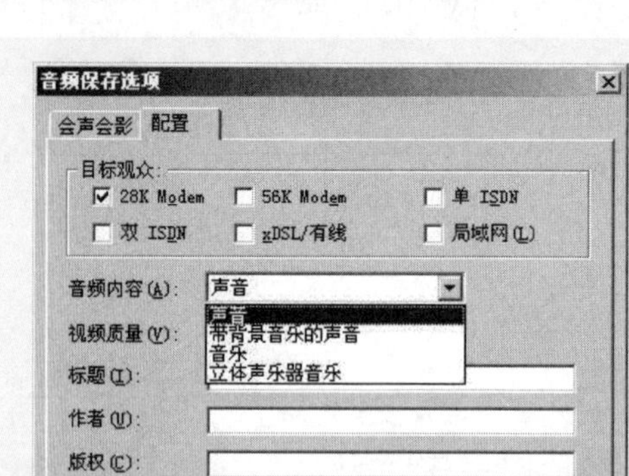

图 8.44　RM 格式的设置

8.2.3　WAV 格式

WAV 格式是 Windows 声音波形文件，用途广泛，有各种采样率供选择。视频非线性编辑软件用得最多的是 44.1kHz 或 48kHz、16bit 的立体声文件，现在的数码摄像机常用的是 32kHz 或 48kHz 的取样频率。WAV 文件的储存格式很多，如 PCM(脉冲编码调整)、PDPCM(自适应音频脉冲编码)等。

在【保存类型】下拉列表框中选择【Microsoft WAV 文件(*.wav)】，单击【选项】按钮，打开【音频保存选项】对话框进行相应设置，如图 8.45 所示。

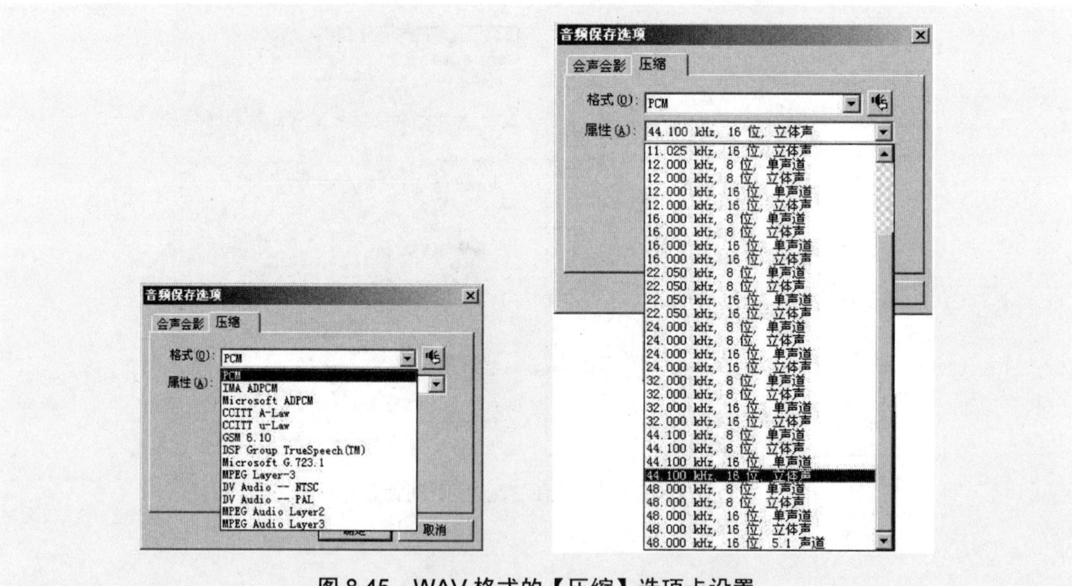

图 8.45　WAV 格式的【压缩】选项卡设置

8.2.4　WMA 格式

WMA 全称 Windows Media Audio Codec，是微软公司开发的一种音乐格式。WMA 的

音频取样范围很宽，8 kHz～48 kHz，8 bit 或 16 bit，单声道或双声道都可被支持。被压缩后的声音文件大小从 5 kbps～160 kbps 之间可选。这样，从网络广播到 CD 音乐替代品，WMA 格式文件都能胜任。WMA 格式是以减少数据流量但保持音质的方法来达到更高的压缩率目的，其压缩率一般可以达到 1:18，生成的文件大小只有相应 MP3 文件的一半。此外，WMA 还可以通过 DRM(Digital Rights Management)方案加入防止拷贝，或者加入限制播放时间和播放次数，甚至是加入播放机器的限制，可有力地防止盗版。

在【创建声音文件】对话框的【保存类型】下拉列表框中选择 Windows Media Audio (*.wma)选项，单击【选项】按钮，打开【音频保存选项】对话框进行相应设置，如图 8.46 所示。

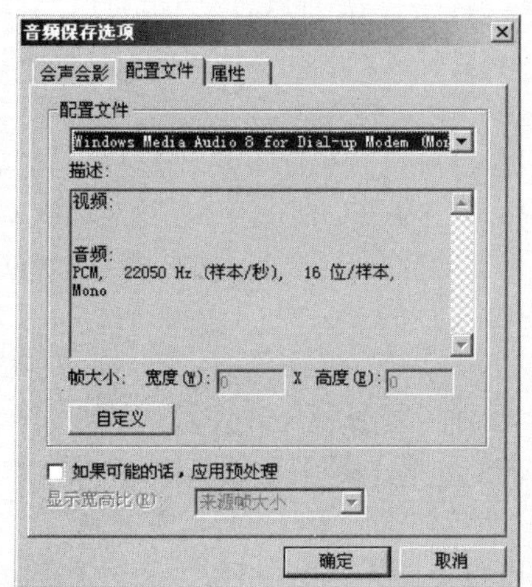

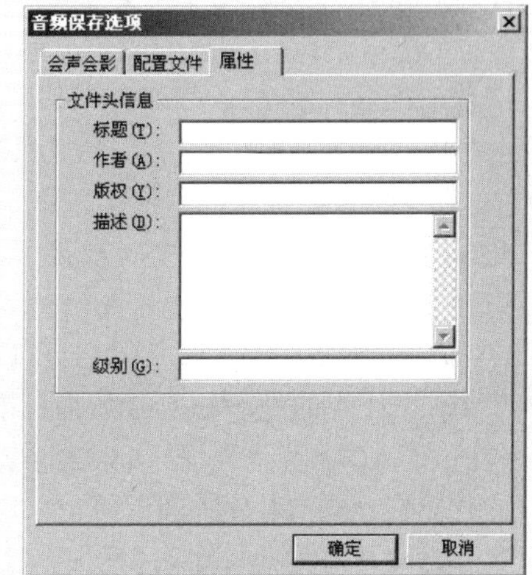

图 8.46　设置 WMA 格式的音频保存选项

在【配置文件】选项卡中，【配置文件】下拉列表框中有多种选择，单击【自定义】按钮，还可打开【配置文件】对话框进行更广泛的选择，如图 8.47 所示。

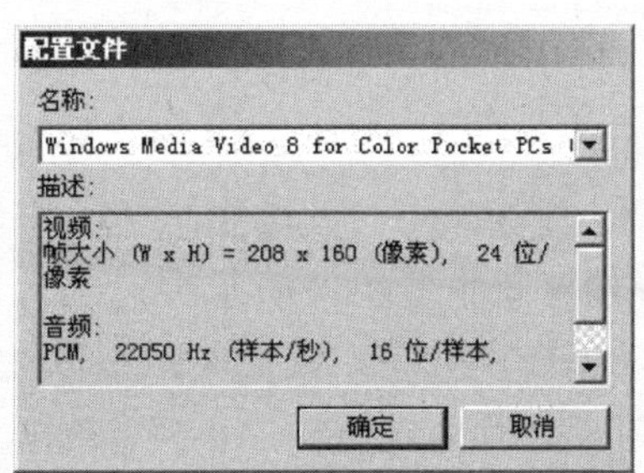

图 8.47　【配置文件】对话框

选择一种音频的保存类型，接着在【创建声音文件】对话框的【文件名】下拉列表框中输入名称，然后单击【保存】按钮，等一段时间，音频文件即可输出完成。

8.3 创建光盘

虽然可以将项目文件渲染为各种格式的视频文件，但它们都只能在电脑中播放。而在更多的时候，都是将项目文件渲染后刻录成 VCD/SVCD/DVD 光盘，将它们放到 VCD 或 DVD 影碟机中播放，这样其传播的范围会更加广泛。会声会影可以直接将项目文件渲染后制作成光盘保存。

会声会影可以直接刻录输出 3 种光盘格式。

- VCD：VCD 是 Video Compact Disk 的缩写，就是一种压缩过的图像格式。它是采用 MPEG-1 的压缩方法来压缩图像，解析度达到 352×240(NTSC)或 352×288(PAL)，1.15Mbps Video Bit Rate，声音格式则采用 44.1kHz 取样频率，16 Bit 取样值，Stereo 立体声。
- SVCD：SVCD 即 Super Video CD(超级 VCD)，与 VCD 不同，它是用与 DVD 相仿的 MPEG-2 视频标准制作的视频光盘。但 SVCD 的分辨率不是 DVD 的 720×576(PAL)，而是 480×576，其图像质量比 DVD 低，但比 VCD 要好。SVCD 光盘可在 DVD 机上播放，也可在部分兼容 SVCD 的 VCD 机上播放。
- DVD：作为第三代视盘，DVD 尽管外观很像一张普通的 CD 盘，但却有着优异的性能：它采用的是 MPEG-2 压缩标准，画面清晰(水平分辨率可达 576 线)和音质优越(杜比 AC-3 音效处理、48kHz 声音采样频率)，质量远远高于 VCD。VCD 单张盘片只能容纳 74 分钟的近似于家用录像带的低质量双声道的数字视频，而 DVD 单张盘片可容纳两个小时以上的以 MPEG-2 编码的电影画面，支持 6 声道环绕音响，还可以通过附加的数据轨道实现多种语言的配音和字幕，并且具有更强的纠错能力。与 VCD 一样，DVD 光盘既可以在电脑上直接播放，也可以采用 DVD 播放机来播放。

DVD 影片比 VCD 影片清晰一倍，因此较为重要的视频资料，一定要刻录成 DVD 影片保存。

8.3.1 添加视频文件

在【分享】操作界面中单击【创建光盘】按钮，打开【会声会影创建光盘】向导，一步步引导用户进行操作，第一步界面如图 8.48 所示。

在【输出光盘格式】下拉列表框中选择 VCD/SVCD/DVD 三种格式中的一种。如果选择 SVCD 或 VCD，会出现如图 8.48 所示的提示对话框，单击【是】按钮，关闭对话框即可。

为了更完整地介绍光盘的制作方法，在这里选择将光盘输出为 DVD 格式。

在打开【会声会影创建光盘】向导的同时，前面编辑的会声会影项目文件会显示在媒体素材列表中，如图 8.48 所示。单击【添加视频】、【添加「会声会影」项目】、【导入 DVD-Vide 或 DVD-VR】、【从移动设备导入】按钮，可以导入相应的素材，导入素材的方法和在会声会影影片向导和会声会影编辑器中的导入方法相同，这里不再冗述。

将几个视频文件导入到媒体素材列表中后，如果对各视频文件的顺序不满意，可在媒体素材列表中使用拖动的方法改变素材的位置，如图 8.49 所示。

图 8.48　会声会影创建光盘向导的第一步

图 8.49　调整素材位置

选中某素材后单击【信息】按钮 i ，可打开其对应的【属性】对话框查看视频素材的信息，如图 8.50 所示；单击【删除】按钮 ，可将选中的素材删除。

图 8.50 查看素材属性

8.3.2 添加并编辑章节

选中某个素材后，单击【添加/编辑章节】按钮，打开对应的对话框。在【当前选取的视频】下拉列表框中可选择素材，如图 8.51 所示。

图 8.51 【添加/编辑章节】对话框

1. 自动添加并编辑章节

选中某一素材后，单击【自动添加章节】按钮，打开【自动添加章节】对话框，设置添加章节的方法，如图 8.52 所示。【以固定间隔添加章节】单选按钮只有在视频足够长时才被激活，可在它的微调框中输入间隔分钟数。选中【自动场景检测】单选按钮，会声会影可自动进行场景检测和分割。选中【应用到所有媒体素材】复选框，会将上面的设置应用到媒体素材列表中的所有素材。

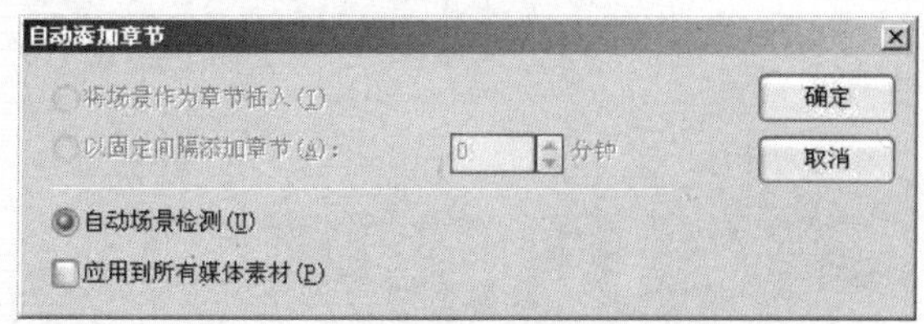

图 8.52　【自动添加章节】对话框

单击【确定】按钮，开始素材的检测，其结果如图 8.53 所示。

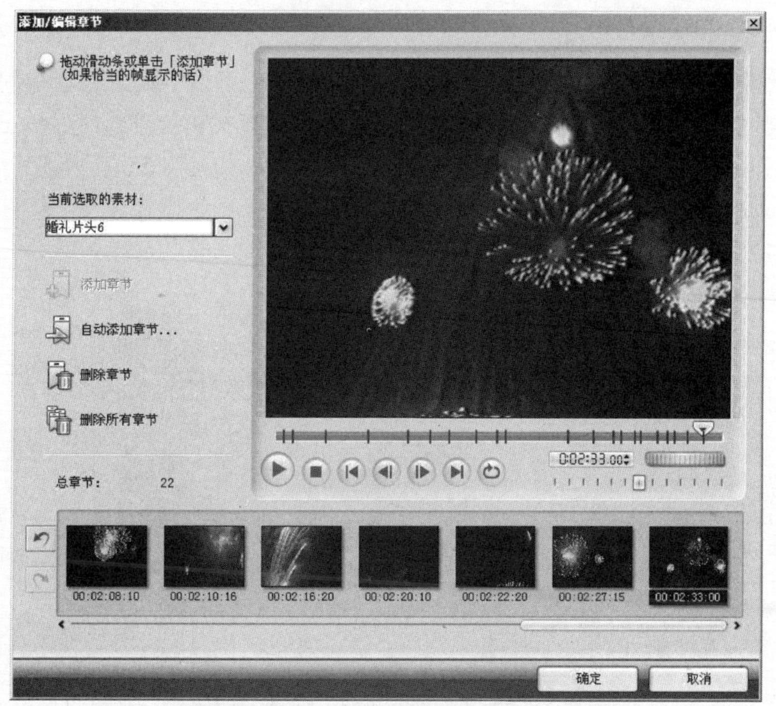

图 8.53　自动检测场景的结果

对于相似的场景，可将其选中，然后单击【删除章节】按钮，将其与前一场景拼合为同一场景，将几个场景拼合后变为 5 个场景的结果如图 8.54 所示。

单击【删除所有章节】按钮，可以将侦测的场景全部删除，返回原始状态，重新进行场景的添加和编辑。

图 8.54　拼合相似场景

2. 手动添加并编辑素材

除可以自动进行场景的检测、添加并编辑素材外，还可以手动进行素材的添加和编辑。在【添加/编辑章节】对话框中拖动导览面板上的飞梭栏查找帧位置，然后单击【添加章节】按钮，即可在该帧位置将素材进行分割，添加新的章节，如图 8.55 所示。其他按钮的使用方法与自动添加/编辑章节相同。

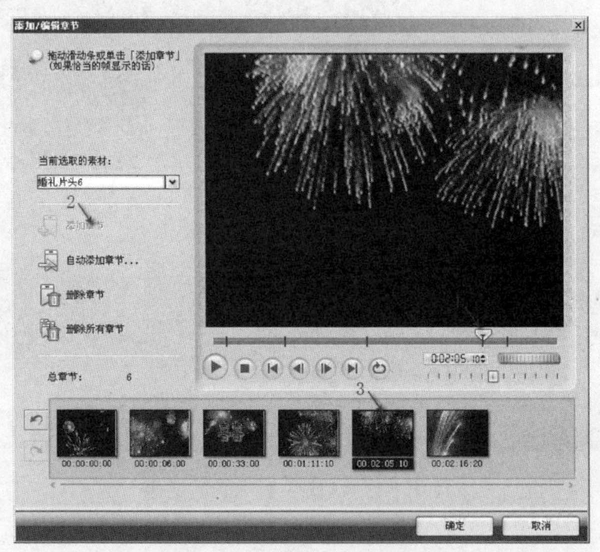

图 8.55　手动编辑章节

章节编辑完毕后，单击【确定】按钮关闭对话框，回到【会声会影创建光盘】向导界面，添加章节成功，但暂时在【会声会影创建光盘】向导界面中无明显标识。

8.3.3　创建菜单

1. 创建菜单的方法

如果不选中【创建菜单】复选项，单击【下一步】按钮，会直接进入预览界面对光盘进行预览。如果选中该复选框，单击【下一步】按钮，会进入菜单编辑界面。

选中【将第一个素材用作引导视频】复选框，可将素材用作光盘的引导界面，它将不会被添加到菜单列表中，而是在菜单显示之前出现。如我们观看的 DVD 光盘播放前出现的电影制作公司的界面等。选中【创建菜单】复选框，进入菜单编辑界面，会声会影提供了一个互动的略图样式选项列表，用户可以从中选择。是否选中【将第一个素材用作引导视频】复选框的菜单效果对比，如图 8.56 所示。

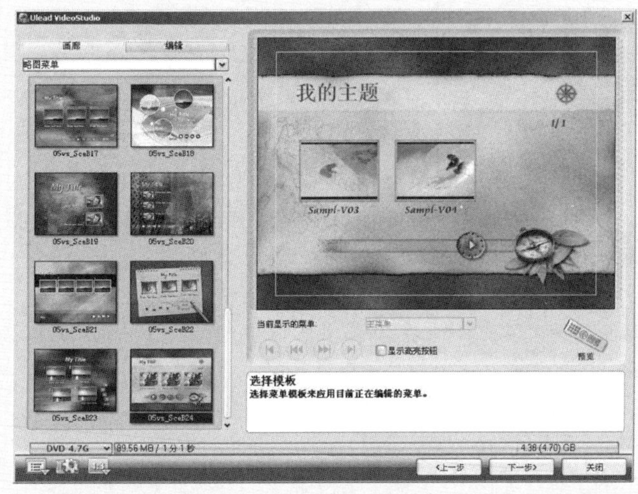

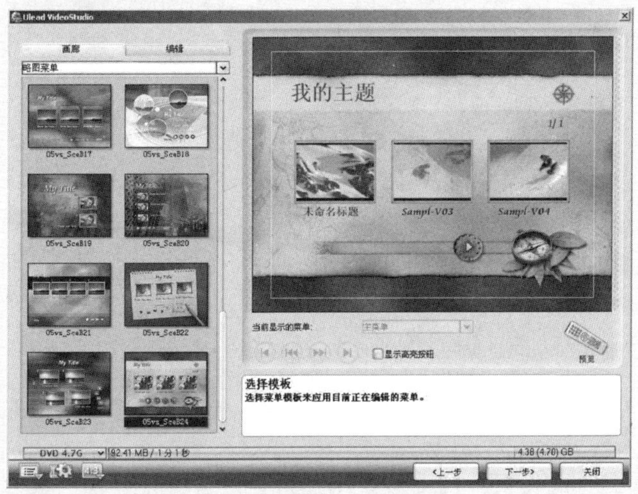

图 8.56　是否选中【将第一个素材用作引导视频】复选框的菜单效果对比

根据显示的内容在【画廊】选项卡的列表中选择合适的模板，如图 8.57 所示。

图 8.57　选择菜单模板

在预览窗口中，双击标题或视频文件的名称，为影片以及场景输入新的名称，在名称上右击，在弹出的快捷菜单中执行相应命令，可打开【字体】或【透明度】等对话框，重新定义文字，如图 8.58 所示。

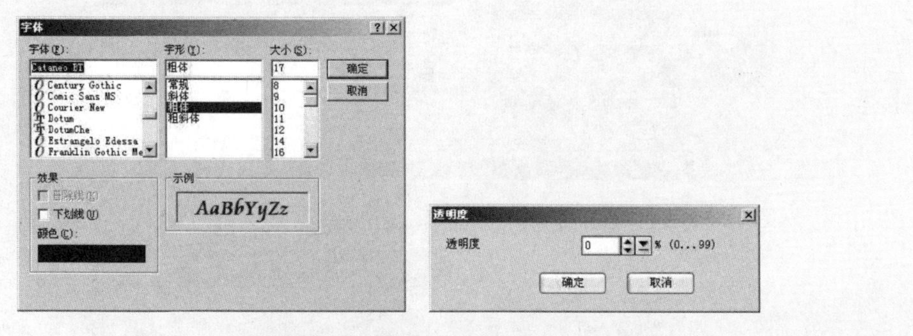

图 8.58　修改文字属性

编辑后的界面如图 8.59 所示。

分别双击各素材略图，打开【起始位置】对话框，拖动滑动条上的滑块调整当前画面，确定预览略图，如图 8.60 所示。

2. 添加背景音乐

会声会影 11 可以为菜单添加动人的背景音乐，丰富及完善菜单的内容。其操作步骤如下。

步骤 01　切换到【编辑】选项卡，单击【设置背景音乐】按钮，在弹出的菜单中执行【为此菜单选取音乐】命令，如图 8.61 所示。

步骤 02　在弹出的对话框中选择需要的背景音乐文件，单击【打开】按钮，此文件被用作菜单的背景音乐，如图 8.62 所示。

图 8.59　修改标题和文字

图 8.60　改变预览略图

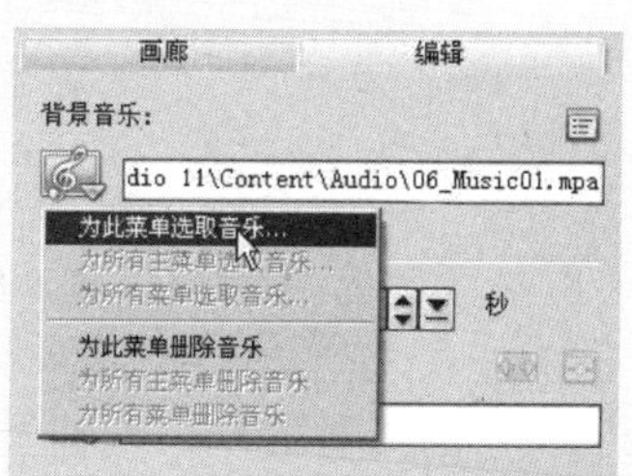

图 8.61　选择【为此菜单选取音乐】命令

图 8.62　设置背景音乐

提 示

背景音乐添加完成后，再次单击按钮，在弹出的菜单中执行【为此菜单删除音乐】或【为所有菜单删除音乐】命令，可以删除背景音乐。

3. 自定义背景图像

除了可以使用预设的背景，会声会影还可以将其他图像文件作为菜单背景。其操作步骤如下。

步骤 01 在【编辑】选项卡上，单击【设置背景】按钮，在弹出的快捷菜单中选择【为此菜单选取背景图像】命令，如图 8.63 所示。

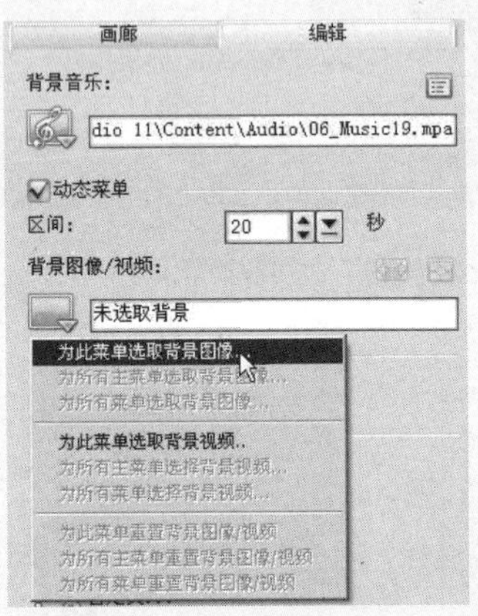

图 8.63 设置背景图像

步骤 02 在弹出的对话框中选择需要的背景图像文件，单击【打开】按钮，此文件被用作新的菜单背景，如图 8.64 所示。

图 8.64 选择并应用背景视频图像

提 示

单击按钮，从弹出的菜单中执行【为所有菜单选取背景图像】命令，所选择的图像将被应用到所有菜单中；自定义菜单背景后，执行【为此菜单重置背景图像/视频命令】，能够将背景恢复到默认状态。

4. 动态视频背景

在菜单播放时，为了使画面更生动，可以在背景中显示动态的视频画面，具体操作步骤如下。

步骤 01　在【编辑】选项卡上，选中【动态菜单】复选框，并在【区间】中指定菜单视频的播放时间，如图 8.65 所示。

步骤 02　单击【设置背景】按钮，在弹出的快捷菜单中执行【为此菜单选取背景视频】命令，如图 8.65 所示。

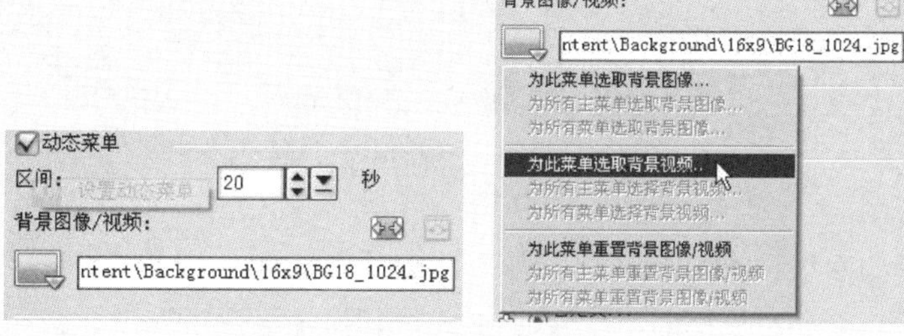

图 8.65　设置背景视频

步骤 03　在弹出的对话框中选择需要的背景图像文件，单击【打开】按钮，此文件被用作新的菜单背景，如图 8.66 所示。

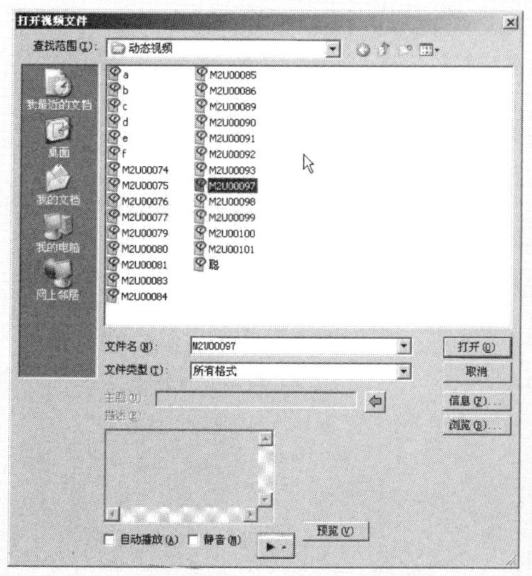

图 8.66　选择并应用背景视频

5. 设置文字属性

改变菜单中文字属性的方法是：切换到【编辑】选项卡，在预览窗口中选择需要设置属性的文字标题，单击【字体设置】按钮，在弹出的对话框中设置新的字体、字形、字号以及颜色等，完成后单击【确定】按钮，如图 8.67 所示。

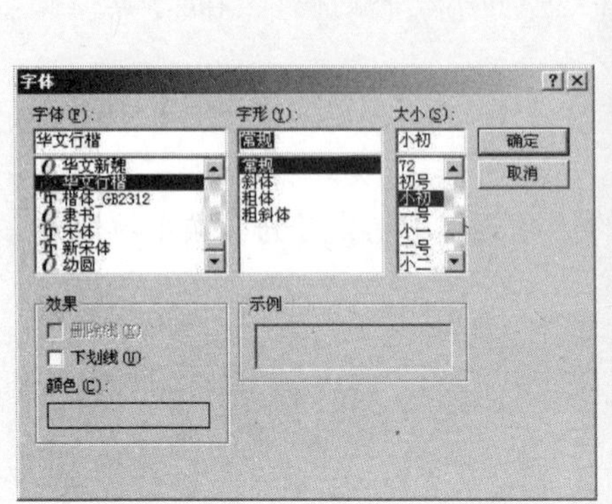

图 8.67　选择并应用字体属性

6. 布局设置和高级设置

在【编辑】选项卡上，分别单击【布局设置】和【高级设置】按钮，弹出下拉菜单，如图 8.68 所示。

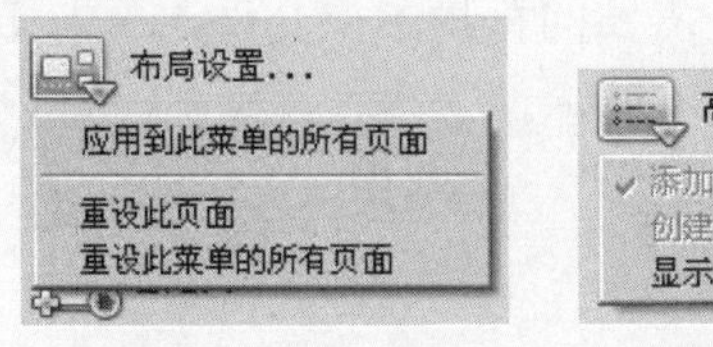

高级设置...
添加主题菜单
创建章节菜单
显示略图编号

图 8.68　【布局设置】和【高级设置】菜单

- 【应用到此菜单的所有页面】：将把当前页面的布局应用到所有的页面中。
- 【重设此页面】：将把当前页面的布局恢复到默认设置。
- 【重设此菜单的所有页面】：将把当前页面的布局恢复到默认设置。
- 【添加主题菜单】：将为影片添加主题菜单。
- 【创建章节菜单】：将添加并显示子菜单，否则，将取消子菜单。
- 【显示略图编号】：将在文字描述前方显示编号，如图 8.69 所示。

7. 自定义菜单

在 DVD 的菜单中，除了可以使用会声会影自带的菜单模板外，也可以自定义背景和标题等，但这样做只能应用于本张光盘，如果希望在以后使用，可将其设置为自定义的菜单模板。

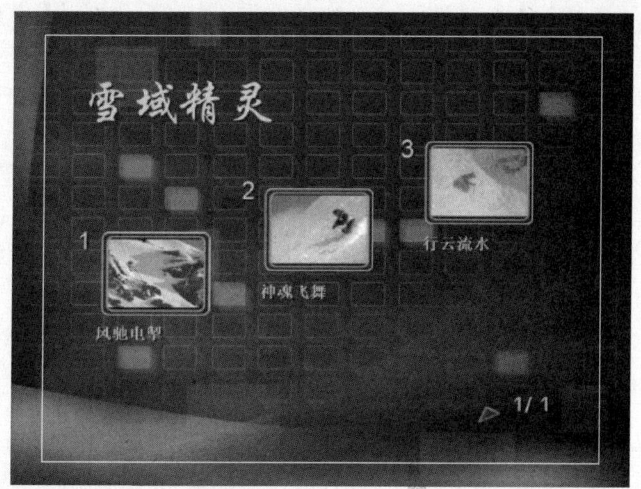

图 8.69　显示略图编号

单击【编辑】选项卡上面的【自定义】按钮，打开【自定义菜单】对话框，如图 8.70 所示。

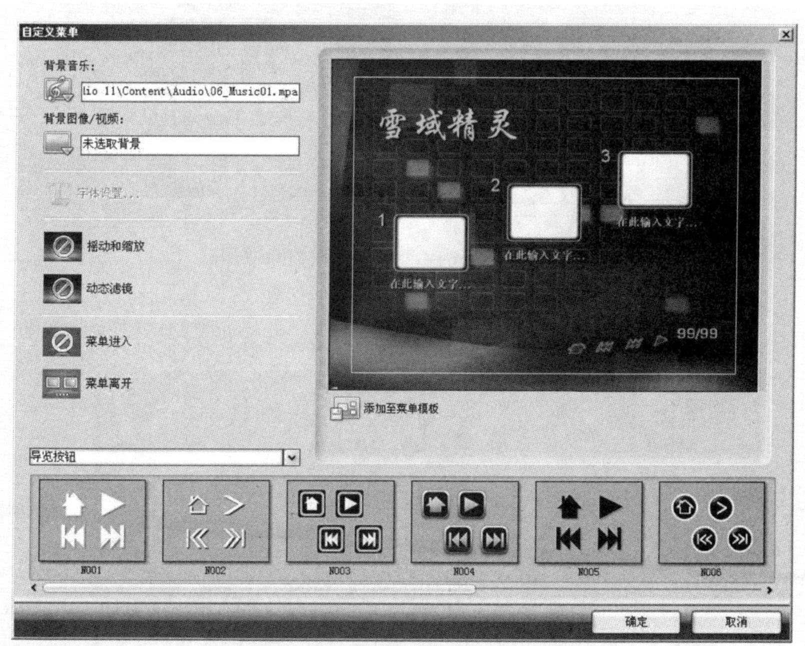

图 8.70　【自定义菜单】对话框

- 【背景音乐】、【背景图像/视频】、【字体设置】：操作方法参见本节相关内容。
- 【摇动和缩放】：单击该按钮，在弹出的如图 8.71 所示的列表中选择一种样式，为菜单添加摇动和缩放效果。
- 【动态滤镜】：单击该按钮，在弹出的如图 8.71 所示的列表中选择一种样式，为菜单添加动态滤镜效果。

- 【菜单进入】：单击该按钮，在弹出的如图 8.71 所示的列表中选择一种样式，为菜单进入添加动画效果。
- 【菜单离开】：单击该按钮，在弹出的如图 8.71 所示的列表中选择一种样式，为菜单离开添加动画效果。
- 【导览按钮】：在窗口的最下方选择一个导览按钮缩略图，所选择的按钮样式将被应用到菜单中，如图 8.72 所示。在预览窗口中，拖曳按钮可以改变它的位置。

自定义菜单设置完成后，单击预览窗口下方的【添加到菜单模板】按钮，可将其设置为自定义的菜单模板，以备以后使用。

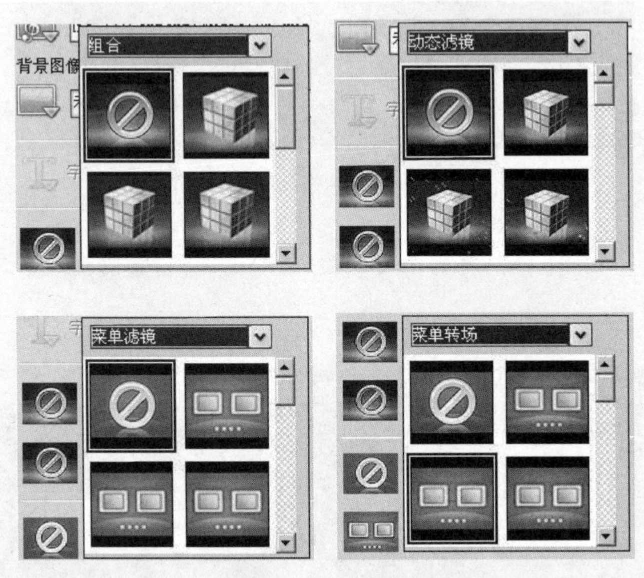

图 8.71　为菜单选择预设的动画效果

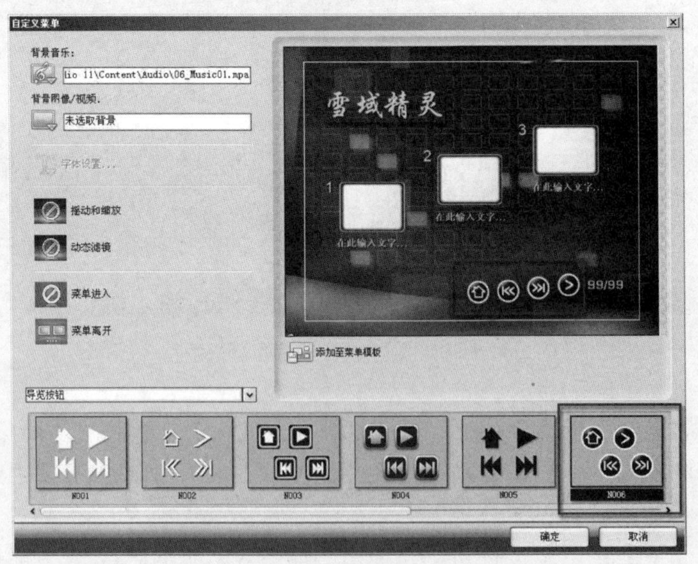

图 8.72　选择新的样式按钮

8.3.4 预览和输出

1. 视频预览

单击【确定】按钮，完成自定义菜单设置，进入预览界面，单击预览窗口下方的预览按钮，在弹出的窗口中通过左侧的模拟遥控器来模拟在播放机中的实际播放效果，如图 8.73 所示。

图 8.73 预览影片

2. DVD 输出

单击【下一步】按钮，进入光盘刻录设置界面，如图 8.74 所示。

在本界面中，一般将光盘【刻录速度】设置得比光盘的最高速低一些，最好不要超过 4×。

在【刻录格式】下拉列表框中，一般选择 DVD-Video 格式，而不选择 DVD＋VR 格式。在 DVD 中刻录多个片段时，各片段的音量很难保持一致，选中【等量化音频】复选框，可以对各片段音量进行自动调整。

除刻录光盘外，还可以选中【创建 DVD 文件夹】和【创建光盘镜像】复选框，将 DVD 文件及光盘镜像保存到电脑上。

单击【设置和选项】按钮或按下 Alt+G 组合键，在打开的快捷菜单中选择【参数选择】命令，打开【参数选择】对话框进行各参数的确认，如图 8.75 所示。

单击【项目设置】按钮或 Alt+J 组合键，打开【项目设置】对话框，查看文件格式的具体参数，如果认为不合适，可单击【修改 MPEG 设置】按钮进行修改，如图 8.76 所示。

确认后，单击【刻录】按钮，开始渲染并刻录文件，如图 8.77 所示。

图 8.74　光盘刻录设置界面

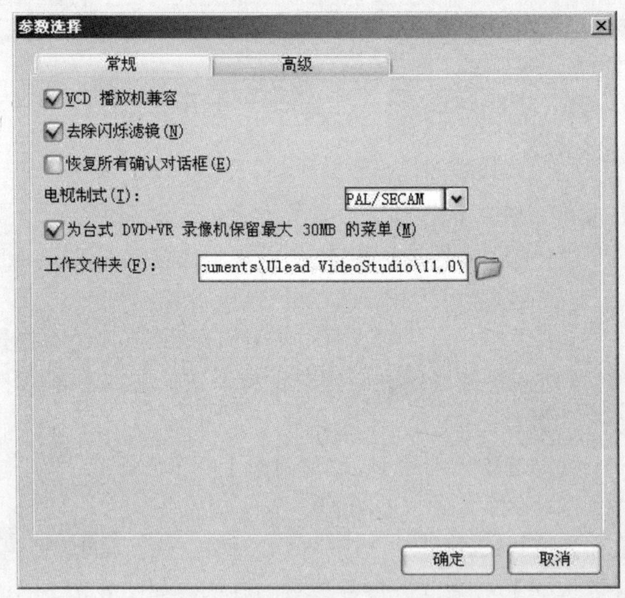

图 8.75　【参数选择】对话框

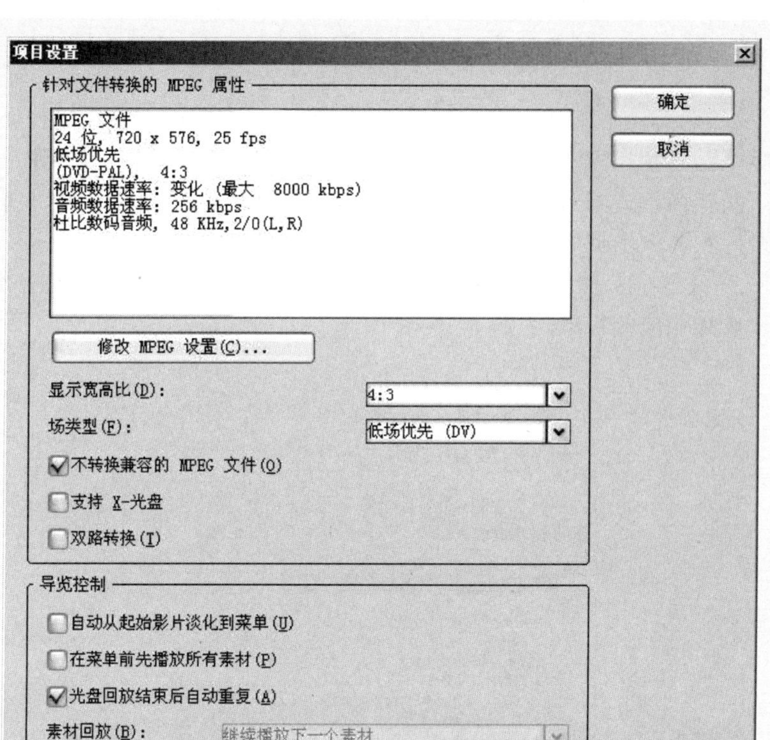

图 8.76　【项目设置】对话框

图 8.77　渲染文件并刻录光盘

8.4 导出到移动设备

会声会影可以将制作完成的影片导出到 iPod、PSP、Zune、PDA/PMP、Mobile Phone 等移动设备。操作前，先将移动设备与计算机连接，并保证计算机可以识别该移动设备。导出到移动设备的操作步骤如下。

步骤 01 在【分享】操作界面中单击按钮，在弹出的下拉列表中依据所使用的移动设备，选择相应的视频格式，如图 8.78 所示。

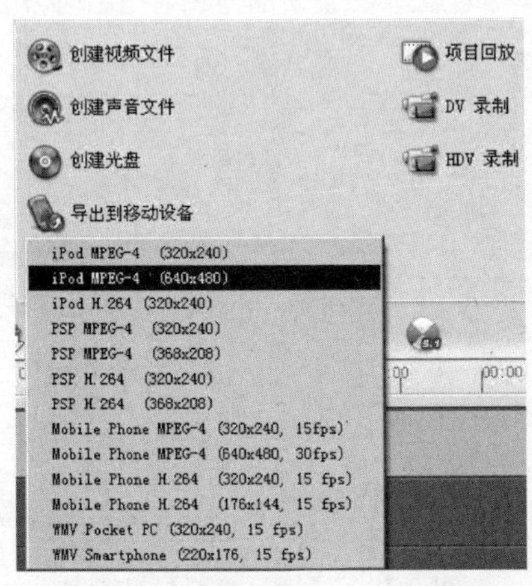

图 8.78 选择需要输出的文件类型

步骤 02 在打开的对话框中输入文件名、选择视频输出的目的设备，然后单击【确定】按钮，当前项目以指定的格式导出到移动设备，如图 8.79 所示。

图 8.79 选择导出的移动设备

8.5 项目回放

除了可以直接在预览窗口中预览项目文件外，还可以使用项目回放方式预览。项目回放用于在计算机上全屏幕地预览实际大小的影片或者将整个项目输出到 DV 摄像机上查看效果，同时它也具有一定的录制功能。和 DV 录制相比，两者所面对的对象不同，项目回放针对的是整个项目，而 DV 录制针对的是素材库中的素材。

8.5.1　检查并修改回放设置

在项目回放之前一般要进行回放设置的检查，以确定合适的回放方式。

选择【文件】|【参数选择】命令或按下键盘上的 F6 键，打开【参数选择】对话框。在【常规】选项卡中【回放方法】下拉列表框中选择【高质量回放】或【即时回放】选项，如图 8.80 所示。选择【即时回放】选项渲染时间短，回放质量不高，但作为预览是可以接受的；选择【高质量回放】选项渲染时间长，回放画面质量高。

在【即时回放目标】下拉列表框中共有 4 种选择，可进行回放设置的选择，如图 8.81 所示。

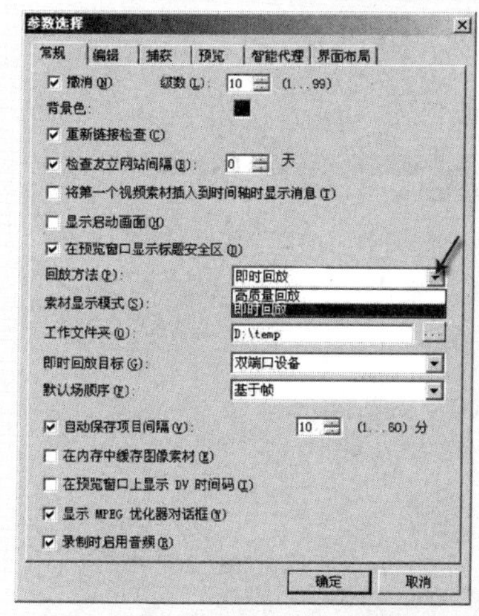

图 8.80　设置回放方法

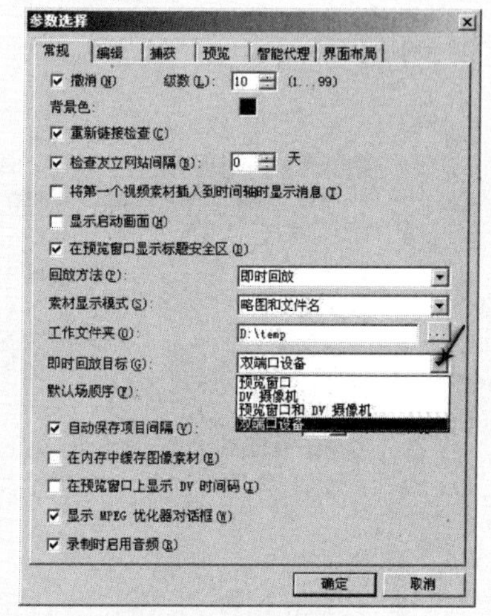

图 8.81　选择即时回放目标

- 【预览窗口】：在电脑屏幕上进行回放预览。
- 【DV 摄像机】：回录到 DV 摄像机。前提是数码摄像机已经和电脑相连并且已经处于“播放(VCR)”状态。
- 【预览窗口和 DV 摄像机】：在电脑屏幕上进行预览或将其回录到数码摄像机上，在具体预览中进行回放目标的再选择。
- 【双端口设备】：在外接的电视机(TV 监视器)上进行预览。前提是在电脑中已经安装了捕获卡或 VGA 到 TV 的转换器，并使 TV 处于打开状态。如果没有外接 TV 监视器，项目会在电脑屏幕上进行预览。

关闭【参数选择】对话框，回到【分享】操作界面，单击【项目回放】按钮，打开【项目回放-选项】对话框，如图 8.82 所示。

选中【整个项目】单选按钮，可对整个项目进行回放。在一般情况下，【预览范围】单选按钮处于非激活状态，除非在预览窗口下方设置开始标记和结束标记，如图 8.83 所示，该单选按钮才会被激活，针对修整后的区域进行预览。

单击【完成】按钮，稍等一段时间(等待的时间由项目的区间、大小、质量等因素决定)，即可对项目进行回放。

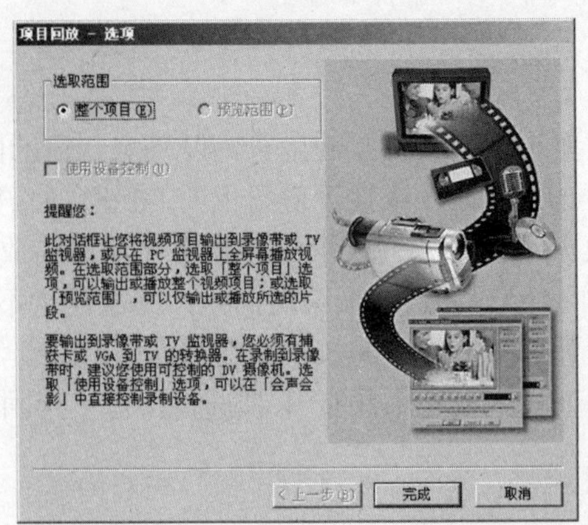

图 8.82 【项目回放－选项】对话框

图 8.83 修整项目

8.5.2 使用 DV 摄像机进行项目回放

如果外接了其他设备，如 DV 摄像机、录像机或 TV 监视器等并且已经将其打开到播放状态，在【项目回放-选项】对话框中，【使用设备控制】复选框被激活，选中该复选框，会使用相应的设备进行项目回放。会声会影可以直接控制这些设备，并且可以把项目(或部分项目)直接输出到 DV 摄像机或录像带上。如图 8.84 所示。

单击【完成】按钮，出现如图 8.85 所示的对话框。在预览窗口的右侧，是关于当前使用的制式、摄像机当前所指向的帧、摄像机的品牌等的显示。预览窗口的下面，是一些设备控制按钮，与 DV 机的各控制按钮相似，利用各按钮对 DV 机进行控制，将 DV 磁带定位在准备开始录制的位置。

单击【DV 录制】按钮◉，开始将回放视频录制到 DV 磁带上，在对话框中出现 DV 回录提示，如图 8.86 所示。

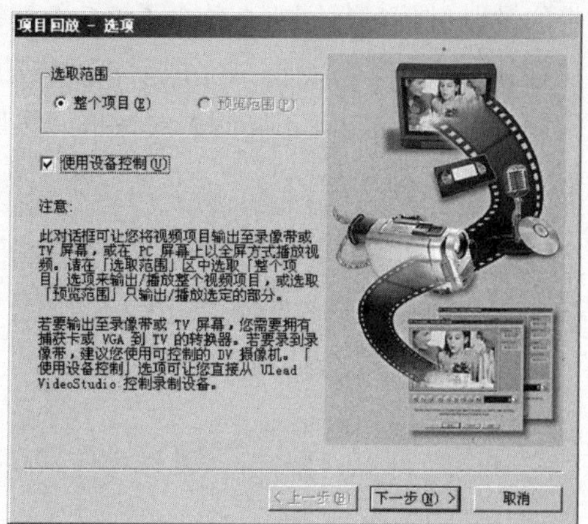

图 8.84　【项目回放-选项】对话框

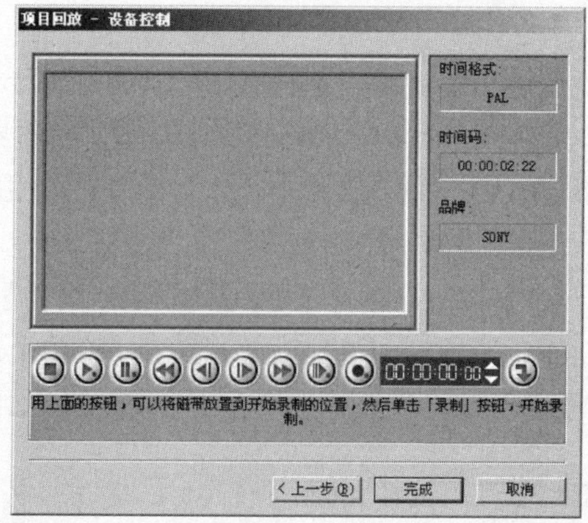

图 8.85　【项目回放－设备控制】对话框

图 8.86　将视频文件输出到 DV 摄像机

使用摄像机对 DV 磁带的录制过程进行回收，单击【停止】按钮，可以将 DV 录制过程中途停止，如果不单击该按钮，在整个项目回放完成后，会自动停止。

单击【完成】按钮，关闭【项目回放-设备控制】对话框，然后关闭 DV 摄像机。

注 意

只有在时间轴窗口中的视频中使用录制的标准的DV视频或MPG视频文件时才可以使用 DV 录制。如录制一些电影的修整片段时，单击按钮后，会出现先渲染后录制的情况，在渲染过程中，视频可以在预览窗口中预览。

8.6 DV、HDV 录制和输出智能包

本节介绍 DV 录制、HDV 录制以及输出智能包的相关知识和操作。

8.6.1 DV 录制

DV 录制可以把编辑完成的影片直接回录到摄像机，同时支持摄像机的设备控制功能。将 DV 与计算机连接并使其处于“播放”状态，在【分享】操作界面中，选中【视频】素材库中的 AVI 文件(如果不是 AVI 文件，会弹出提示对话框)，单击【DV 录制】按钮，可打开【DV 录制-预览窗口】，如图 8.87 所示。

根据提示，单击【下一步】按钮，打开【DV 录制-录制窗口】，如图 8.88 所示。

单击【DV 录制】按钮，开始将回放视频录制到 DV 磁带上，单击【完成】按钮，完成 DV 录制。其回录方法与使用 DV 摄像机进行项目回放时的录制方法基本相同。

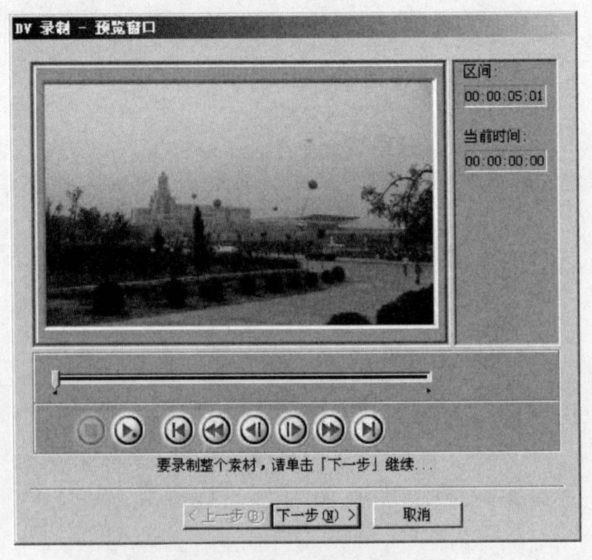

图 8.87　DV 录制-预览窗口

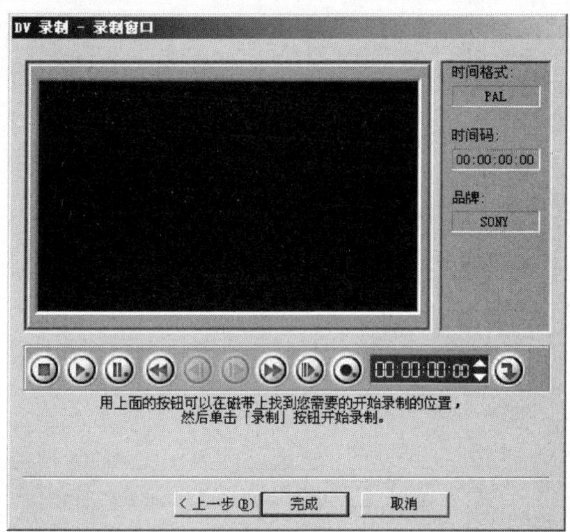

图 8.88　DV 录制-录制窗口

8.6.2 HDV 录制

HDV 录制可以把编辑完成的影片直接回录到 HDV 摄像机。将 HDV 与计算机连接并使其处于“播放”状态，然后依照以下步骤进行操作。

步骤 01 在【分享】操作界面中单击【HDV 录制】按钮，在弹出的下拉列表中选择 HDV 1080i-50i，如图 8.89 所示。

图 8.89　选择输出格式

步骤 02 在打开的对话框中输入文件名并指定保存路径，然后单击【保存】按钮，影片以 HDV 标准的 MPEG 格式保存，如图 8.90 所示。

步骤 03 渲染完成后，保证 HDV 处于“播放”状态。在弹出的【HDV 录制-预览窗口】中，可以单击【播放】按钮查看影片的最终效果，如图 8.91 所示。

步骤 04 单击【下一步】按钮，在弹出的【HDV 录制-录制窗口】预览窗口中，使用预览窗口下方的控制按钮控制摄像机，将录像带定位于开始录制的起点位置，如图 8.92 所示。

步骤 05 单击【录制】按钮将影片回录到 HDV 摄像机，录制完成后，单击【完成】按钮结束操作。

图 8.90　保存 HDV 标准的 MPEG 格式的影片

图 8.91　预览窗口

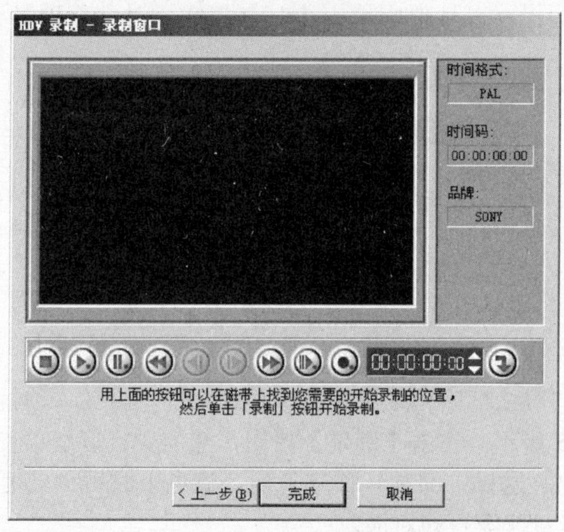

图 8.92　将录像带定位于开始录制的起点位置

8.6.3　输出智能包

在进行会声会影项目编辑时，经常需要从多个不同位置的文件夹中添加素材，一旦这些文件夹被移动了位置，或者从一台计算机到另外一台计算机进行编辑时，就出现了找不到素材，需要重新链接的情况。智能包可以将项目中使用的所有素材，整合到指定的文件夹中。这样，即使转移到其他计算机上编辑，只要打开这个文件夹中的项目文件，素材就会自动对应。其操作步骤如下。

步骤 01　在项目编辑过程中，选择【文件】|【智能包】命令，如图 8.93 所示。

图 8.93　选择智能包功能

步骤 02 在弹出的提示对话框中单击【是】按钮，对当前项目进行保存，如图 8.94 所示。

图 8.94　提示保存项目文件对话框

步骤 03 在弹出的对话框中指定智能包保存的文件夹路径、项目文件夹名及项目文件名，如图 8.95 所示。单击【确定】按钮，当前项目以及项目中的所有素材都被保存到智能包中。这样，即使转移到其他计算机上编辑，只要打开这个文件夹中的项目文件，素材就会自动对应。

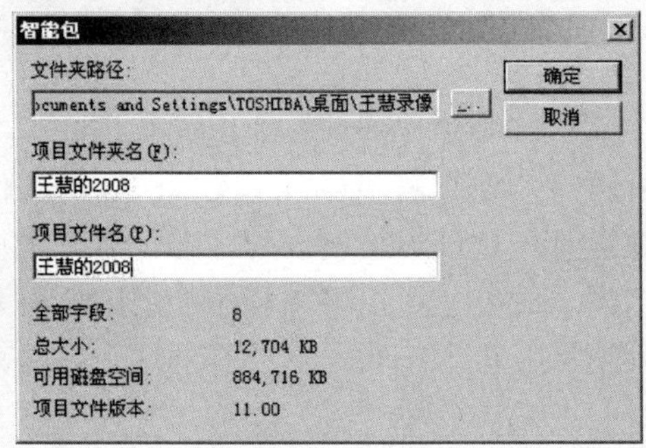

图 8.95　【智能包】功能对话框

第 9 章

相关软件组合应用

本章要点：

会声会影作为一款优秀、方便的家庭 DV 采编软件，深受广大视频制作爱好者的青睐，虽然它在编码器，字幕支持等方面有很多不足，但使用外挂或调用能够兼容的插件，就可以丰富和弥补会声会影存在的缺陷。本章介绍会声会影 11 与几款软件的组合应用，使其更趋完善。包括 COOL 3D、Hollywood 转场效果、TMPGEnc、ProCoder 等。

本章主要内容包括：

- ▲ 用 Ulead Cool 3D 快速制作三维文字动画
- ▲ 与外挂插件的组合应用
- ▲ 与视频输出插件的组合应用

9.1 用 Ulead Cool 3D 快速制作三维文字动画

在会声会影中虽然可以制作标题，但自制的标题只能是一些二维的文字，而现在的影片中经常使用三维文字。为此友立公司在会声会影中集成了本公司的 COOL 3D 软件，可以通过使用该软件迅速制作出三维的标题文字和一些三维物品。会声会影支持导入未经渲染的后缀名为.c3d 的文件，实现与 COOL 3D 的完美结合。本节先介绍如何利用 COOL 3D 3.5 中文版制作一个三维文字标题，然后介绍如何将这个标题应用到会声会影 11 中。

9.1.1 创建动画文件

步骤 01 启动 Ulead COOL 3D 3.5 中文版，出现软件的操作界面，如图 9.1 所示。

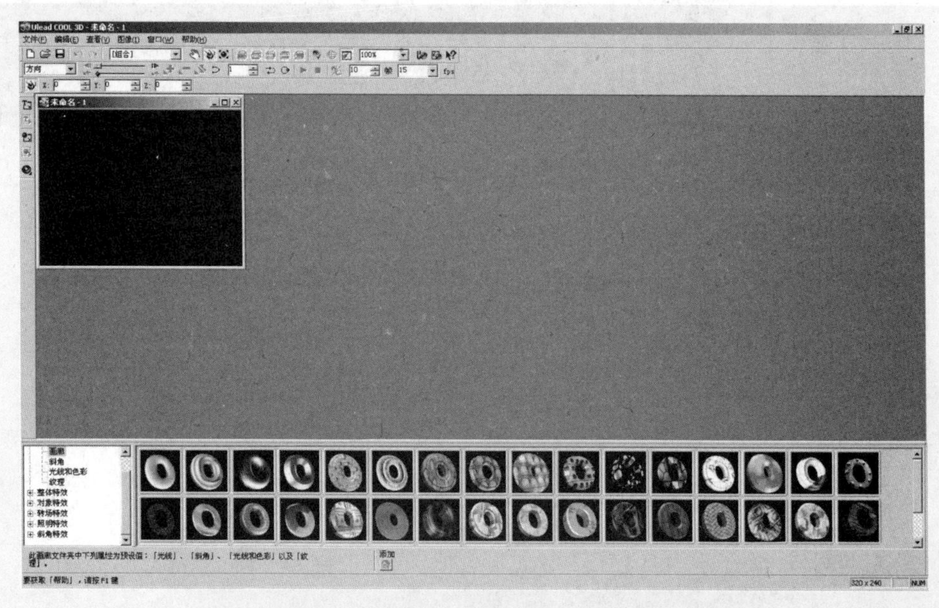

图 9.1 COOL 3D 3.5 中文版操作界面

步骤 02 保证左侧的【对象工具栏】打开(如果未打开，可选择【查看】|【对象工具栏】命令将其打开)。单击【插入文字】按钮，打开【Ulead COOL 3D 文字】对话框，为标题设置合适的字体、字号和其他文字样式，然后在文字输入区域内单击，输入文字“知识改变命运！”，如图 9.2 所示。

步骤 03 单击【确定】按钮，关闭对话框，文字被加入到预览窗口。

步骤 04 如果对文字的大小、方向不满意，可使用中的按钮对文字进行移动、旋转和缩放，效果如图 9.3 所示。

步骤 05 在如图 9.3 所示的左侧【百宝箱】的【对象样式】树形列表中选择一种样式(如画廊、斜角、光线和色彩、纹理等)，然后单击右侧的列表中的某一预置样式即可。如果对预置的样式不满意，可随便选择一种样式应用于预览窗口中的文字，然后在下面的【属性】工具栏中重新设定样式，如图 9.4 所示。

图 9.2　输入文字

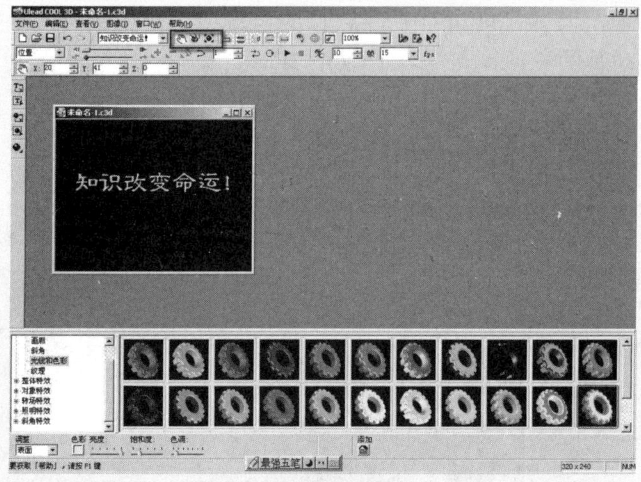
图 9.3　文字效果

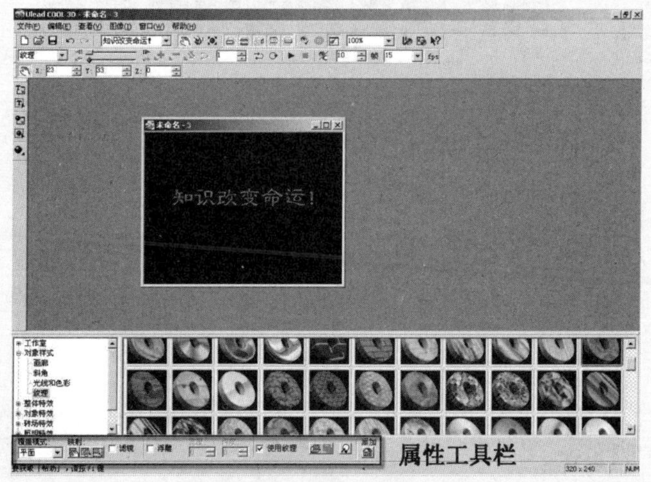

图 9.4　设置对象样式

如果需要将自定义的样式设置为模板，可以单击【属性】工具栏中的【添加】按钮，将其添加到预置效果列表中，如图 9.5 所示。

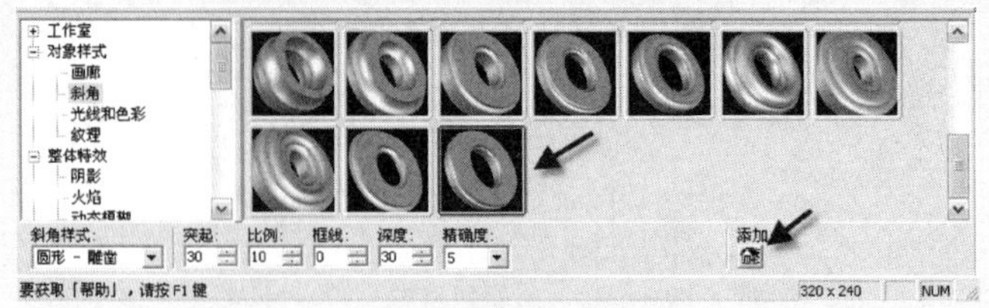

图 9.5　将自定义样式添加到预置列表

步骤 06　因为将来要将 COOL 3D 文件导入到会声会影项目文件中，但它导入后并不是导入到标题轨，而是常作为覆叠素材导入到覆叠轨。而覆叠轨中的素材虽然可以产生运动，但并不能进行复杂路径的运动或大小的变化，因此，如果要对标题进行复杂动画的设计，可先在 COOL 3D 设置好。

一般情况下，大小和变化可通过【百宝箱】树形列表中的【工作室】|【相机】组进行设置，以模仿摄像机推拉的效果，如图 9.6 所示。

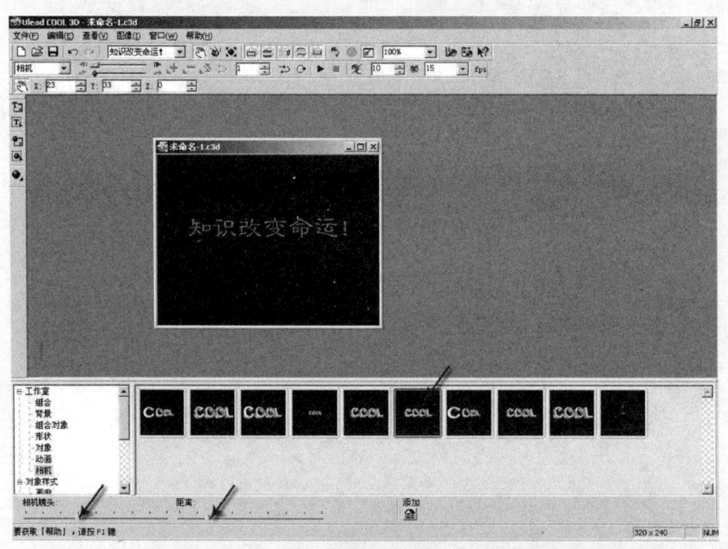

图 9.6　设置相机效果

步骤 07　在默认条件下，COOL 3D 的动画只会保留 10 帧，而它设置的帧速率只为 15 帧/秒。在这里最好设置好运动的帧数和帧速率。可将帧速率设置为与会声会影项目属性相同的 25 帧/秒。如果希望运动保持 3 秒，可设置帧数为 75 帧。如图 9.7 所示。

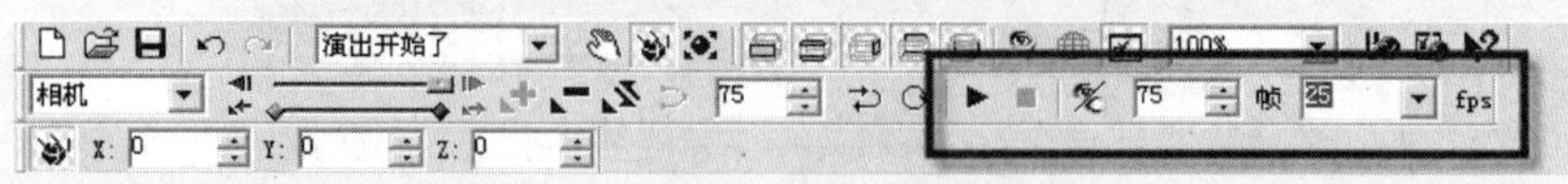

图 9.7　设置帧数

步骤 08　设置完成后，按下 Ctrl+S 组合键，打开【另存为】对话框，对文件进行保存，文件的后缀名为.c3d，如图 9.8 所示。

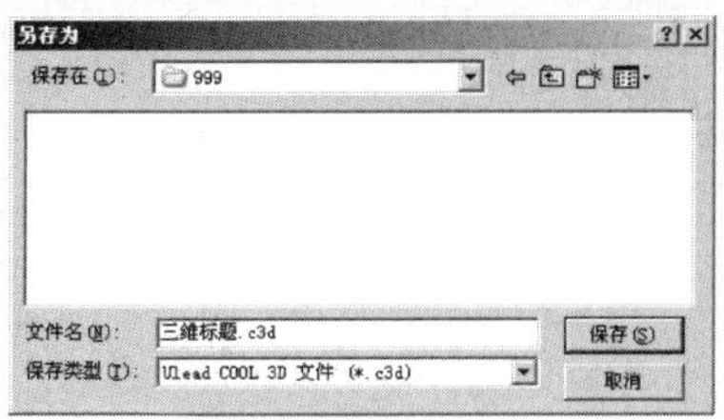

图 9.8　保存文件

9.1.2　设置光晕效果

在电视节目中，我们经常会看到标题闪光效果，利用 COOL 3D，也可以做出类似的效果。在这里设计一个标题文字在不移动的情况下闪光的效果。

步骤 01　执行【文件】|【另存为】命令，将当前文件另存为“光晕标题.c3d”。然后查看最后一帧的相机属性。只需要在下面【属性】工具栏上的滑块上单击即可获得其对应的选项的数值，如图 9.9 所示。

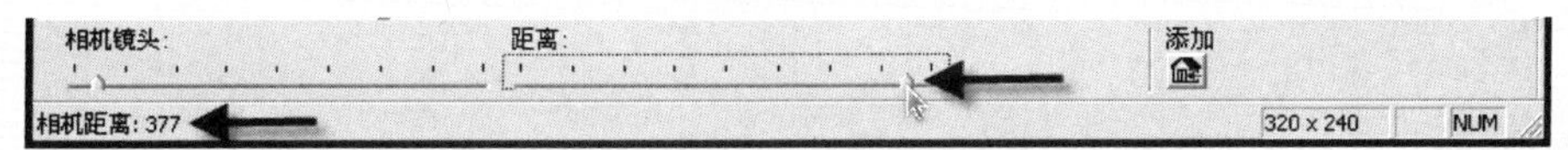

图 9.9　查看当前帧相机属性

然后激活第一帧，对相机属性进行相应修改，将相机选项设置得与最后一帧相同。这样就可以保持标题不产生移动，并且大小、位置、样式等属性与前一动画的最后一帧相同。

步骤 02　在【百宝箱】树形列表中选择【整体特效】|【光晕】组，然后在右侧的预置效果中双击选择一种效果，如图 9.10 所示。

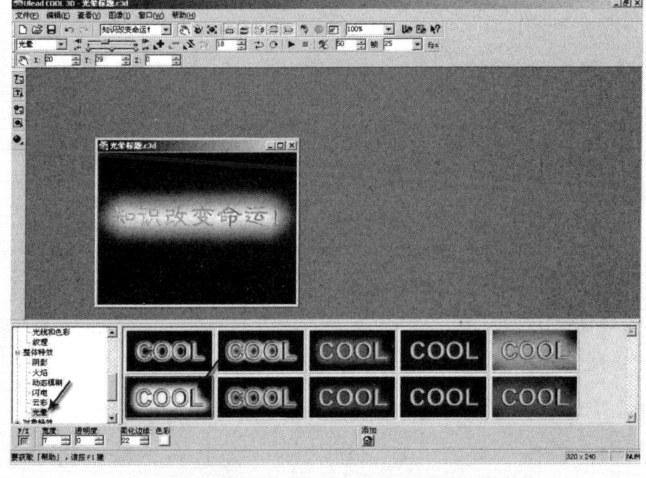

图 9.10　设置光晕效果

步骤 03 将动画的持续帧数修改为 50 帧，使其在将来导入会声会影后保持 2 秒的区间。

步骤 04 再次按下 Ctrl+S 组合键保存文件。

9.1.3 在会声会影中合成影片

在保存了 COOL 3D 动画文件后，就可以将其导入到会声会影中进行操作了。在本节中，只对将动画文件导入到会声会影编辑器中的应用情况进行讲解。

步骤 01 启动会声会影软件，进入会声会影编辑器的【编辑】操作界面。将【视频】素材库中的素材拖动到故事板视图中。

步骤 02 进入到【覆叠】操作界面。在覆叠轨的图标上单击，将该轨道激活。单击时间轴视图上方的【插入媒体文件】按钮，在打开的快捷菜单中执行【插入视频】命令，打开【打开视频文件】对话框，选中两个 COOL 3D 文件，设置好素材的导入顺序，将其导入到覆叠轨中，如图 9.11 所示。

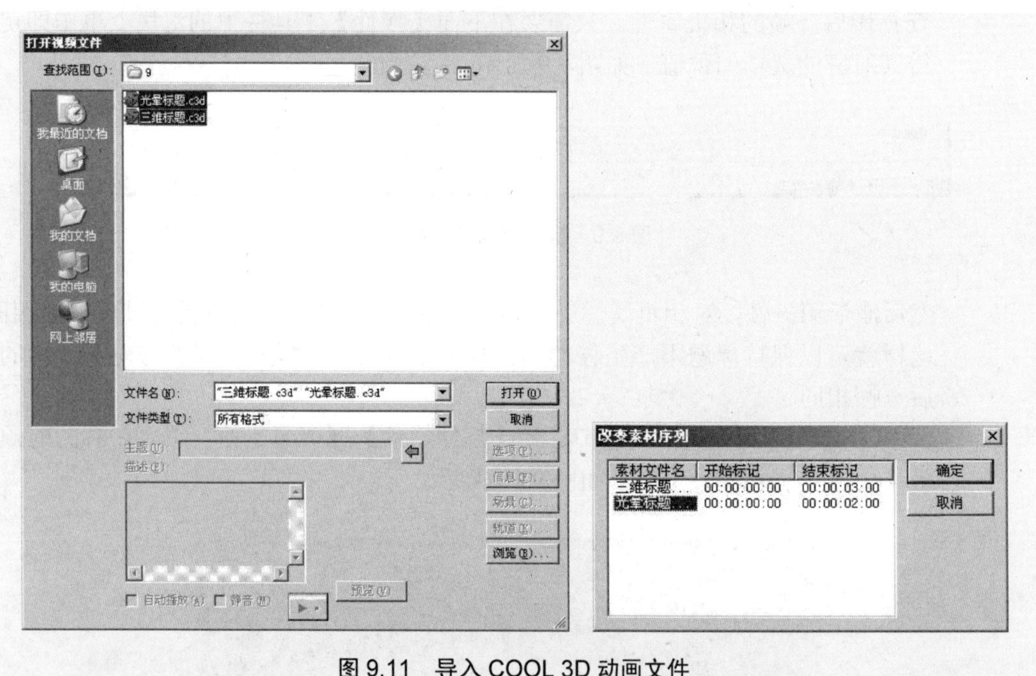

图 9.11 导入 COOL 3D 动画文件

导入后的素材自动处于透明状态，按住 Shift 键的同时拖曳鼠标指针，改变视频轨上素材区间长度使其与覆叠轨上素材长度一致，其效果如图 9.12 所示。

步骤 03 单击选中名称为“三维标题.c3d”的素材，在其对应的【属性】选项卡中，按下【淡入】按钮。然后，在预览窗口中右击素材，在打开的快捷菜单中执行【调整到屏幕大小】命令，如图 9.13 所示。

步骤 04 使用同样的方法设置“光晕标题.c3d”素材的属性为屏幕大小。

步骤 05 按下 Ctrl+S 组合键，在打开的【另存为】对话框中将项目文件命名为“使用 COOL 3D 动画素材.VSP”，单击【保存】按钮保存项目文件。项目文件预览效果如图 9.14 所示。

图 9.12　将 COOL 3D 动画文件导入会声会影中

图 9.13　设置动画属性

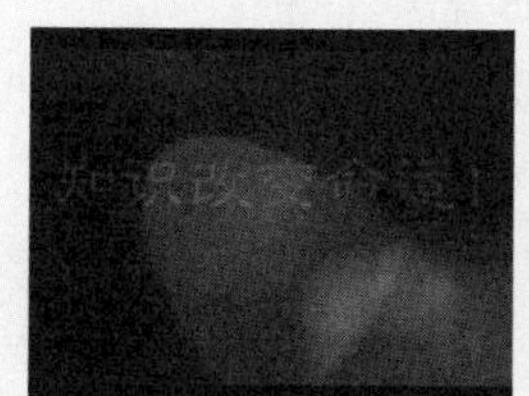

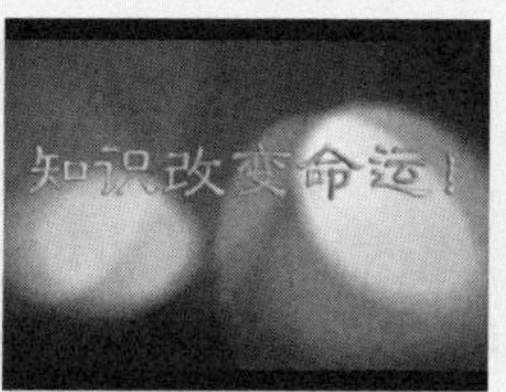

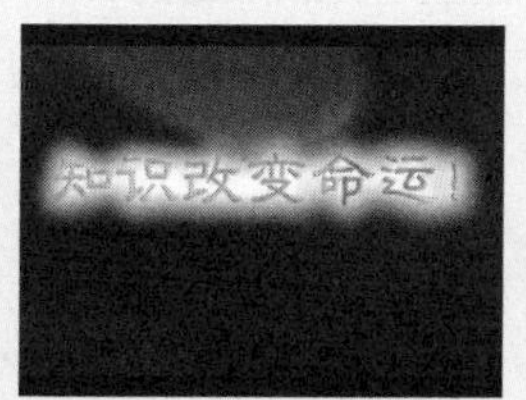

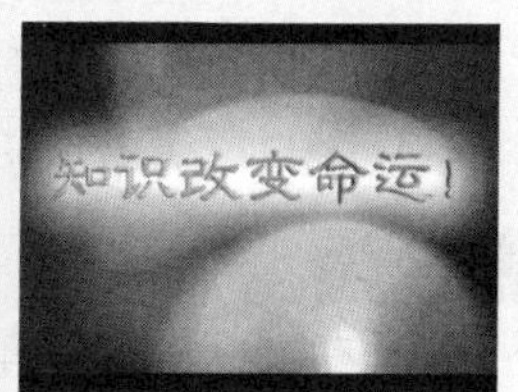

图 9.14　预览效果

9.2 与外挂插件的组合应用

相对于 Premiere Pro 等专业非线编软件，会声会影能够使用的插件并不多，它主要集中在转场效果和外挂输出视频两个方面。现在能够使用的包括 Pinnacle(品尼高)公司的转场软件 Hollywood FX 4.58、音频声道分离插件 Pan、增加视频输出为 3GP 和 MPEG-4 格式的分享插件、通过 FrameServer 输出的外挂视频编码软件 TMPGEnc 和 ProCoder 等。本节将就外挂的好莱坞转场插件和声道分离插件进行讲解。其他输出类插件将于第 9.3 节进行讲解。

9.2.1 外挂 Hollywood 转场效果

Hollywood FX(好莱坞)可以说是电影转场特效中最优秀的一个插件。它是品尼高公司(Pinnacle)发布的一种专做 3D 转场特效的软件，可以作为很多非线编软件的插件来使用。

Hollywood FX 的版本众多，支持的软件非常多，包括我们常用的 Adobe Premiere、Adobe After Effects、Ulead Media Studio Pro，以及品尼高自己的 Studio 和 Edition。但并不是每个版本的 Hollywood FX 都能支持所有的非线编软件，通常一个版本只开放了一个或几个软件的接口，而现在能够支持会声会影的是 4.5.8GOLD 版本。

步骤 01 双击 hfx458gold.exe 可执行文件，出现安装界面，如图 9.15 所示。

步骤 02 连续单击 Next 按钮，确定安装目录后，在 Select Language For Hollywood FX 对话框中选中 English，以便于将来汉化，如图 9.16 所示。单击 OK 按钮继续安装。

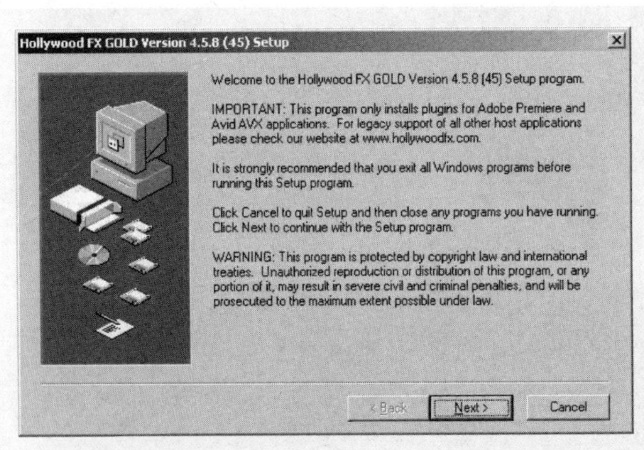

图 9.15 Hollywood FX 4.5.8 安装界面

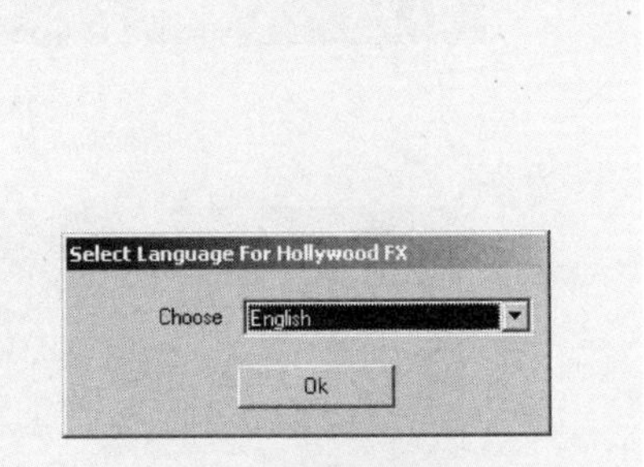

图 9.16 选择安装语言

步骤 03 在 Enter Your Serial Number 对话框中输入注册码，如图 9.17 所示。

步骤 04 单击 OK 按钮，在随后弹出的对话框中出现一个跟本台 PC 有关的 Machine ID，如图 9.18 所示。

注 意

没有注册码也没有关系，直接单击 Cancel 按钮关闭对话框即可。没有注册的版本具有 90 天的免费试用期。

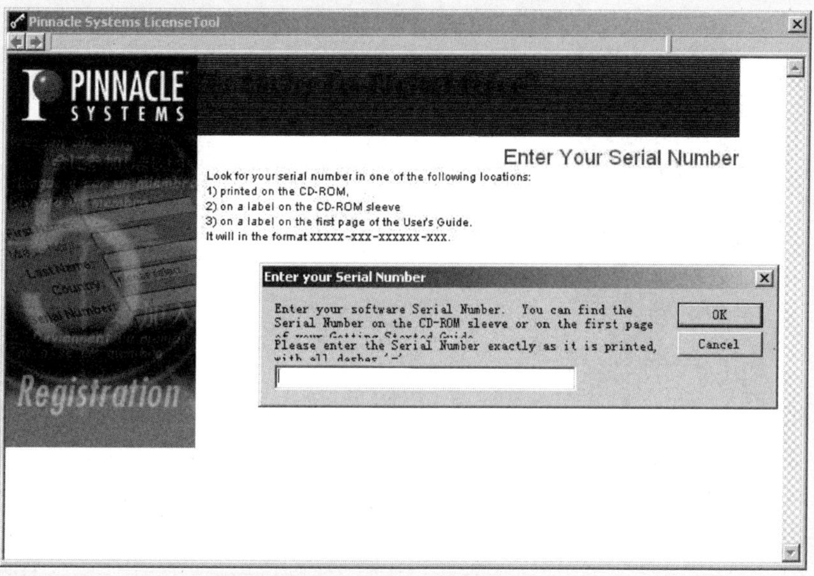

图 9.17　输入注册码

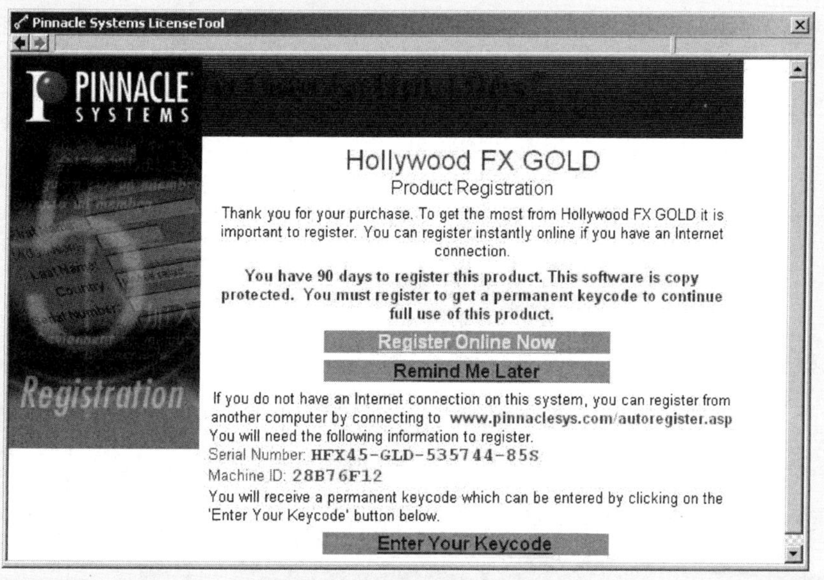

图 9.18　生成 Machine ID

步骤 05　如果单击 Remind Me Later 按钮，会在将来进行认证。没有认证的版本为演示版本，也可以在 90 天内正常使用，但在使用过程中视频画面中会有 Hollywood FX 的水印图标出现。如果已经有了认证号码，单击 Enter your Keycode 按钮，在 Enter your Permanent Keycode 对话框中输入 11 位的认证码，如图 9.19 所示。

步骤 06　单击 OK 按钮，在新打开的对话框中单击 Close this Window 按钮，关闭对话框，稍等片刻，软件安装完毕，单击 Finish 按钮完成安装。

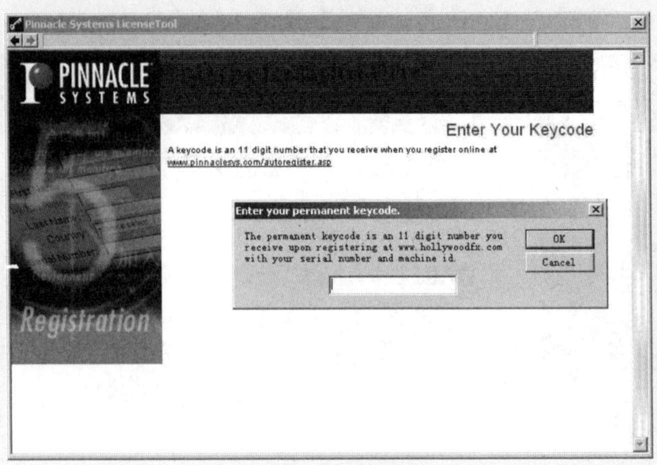

图 9.19　输入认证码

步骤 07　在 Hollywood 的安装目录下，找到 C:\Program Files\Pinnacle\Hollywood FX GOLD\Host Plugins\MStudio 目录下的 Hfx4GLD.vfx 文件，将其复制到会声会影安装目录下的 Vfx_plug 目录中即可(C:\Program Files\Ulead Systems\Ulead VideoStudio 11\Vfx_plug)。

步骤 08　启动会声会影 11，在其对应的【效果】操作界面的转场列表中多了 Hollywood FX 效果组，在该效果组中只显示一种效果，将该效果添加到故事板视图的两素材之间后，拖动飞梭栏可预览转场效果，如图 9.20 所示。

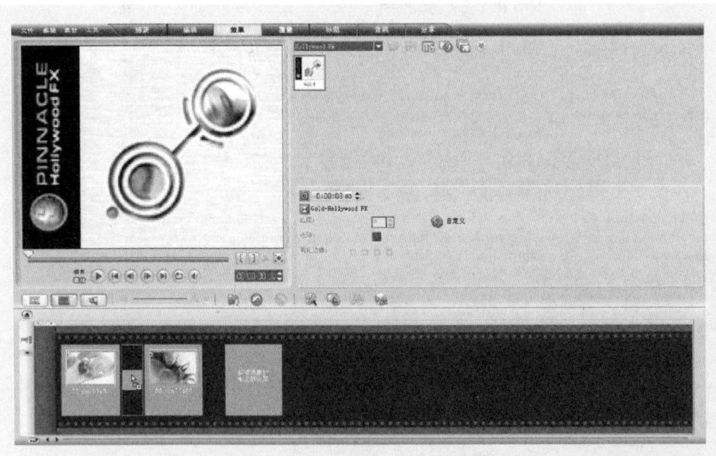

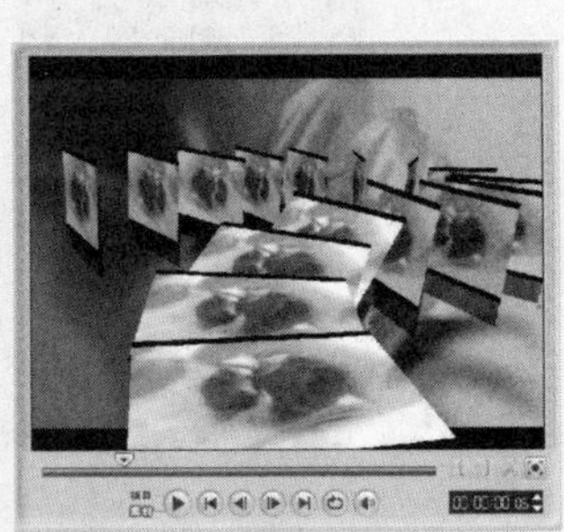

图 9.20　预览 Hollywood 转场效果

步骤 09　单击其左侧选项面板上对应的【自定义】按钮，打开 Hollywood FX　GOLD 对话框，单击 FX 目录下的分类下拉三角形按钮，可在分类中选择某类转场效果，如图 9.21 所示。

步骤 10　在分类列表对应的效果上单击，可以在预览窗口中显示转场效果，如图 9.22 所示。

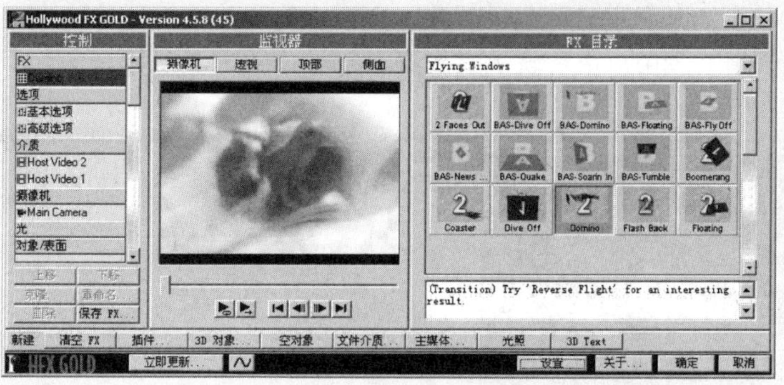

图 9.21　选择转场类别

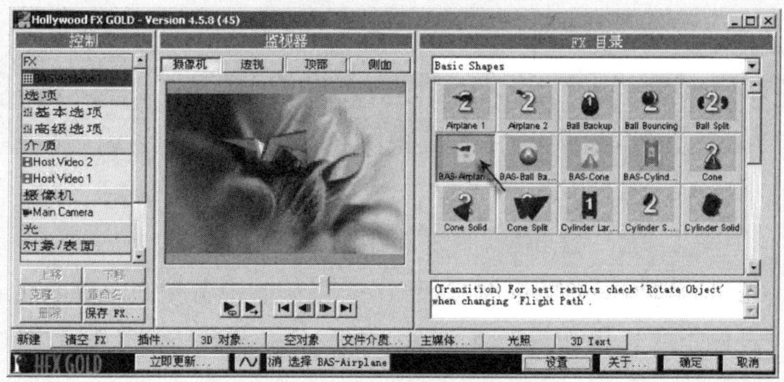

图 9.22　选择转场效果

步骤 11　单击【确定】按钮关闭对话框，将新的转场效果应用于两素材之间。其效果如图 9.23 所示。

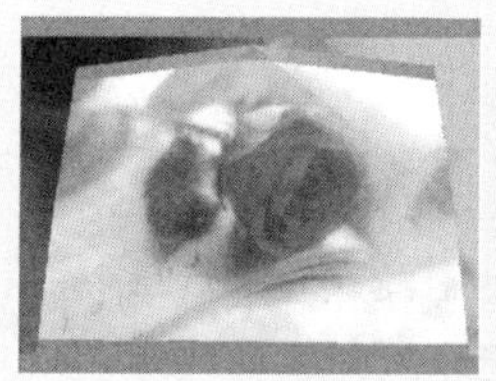
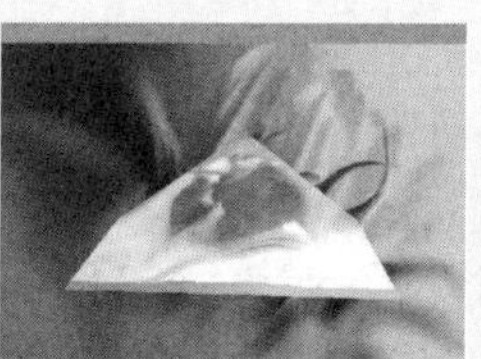

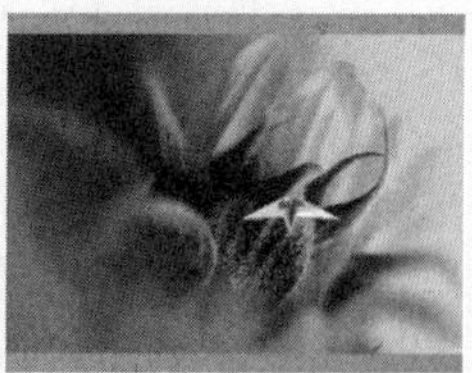

图 9.23　预览效果

9.2.2　外挂音频声道分离插件

在本书第 10 章中，将介绍使用混音器面板进行音频声道分离的实例，除了使用会声会影本身的功能进行声道分离外，还可以通过插件完成这项任务。

Pan.afe 音频滤镜插件主要用于音频左右声道的来回移动，比如左声道先发声再移动到右声道发声，但也可以通过设置变为某一声道发声。

步骤 01　将 Pan.afe 复制到会声会影 11 安装目录下的音频特效文件夹(C:\Program Files\Ulead Systems\Ulead VideoStudio 11\aft_plug)中。

步骤 02 启动会声会影编辑器，打开一个某一条音频轨带有音频的项目文件，比如一个简单的电子相册(声音轨上有音频素材)，如图 9.24 所示。

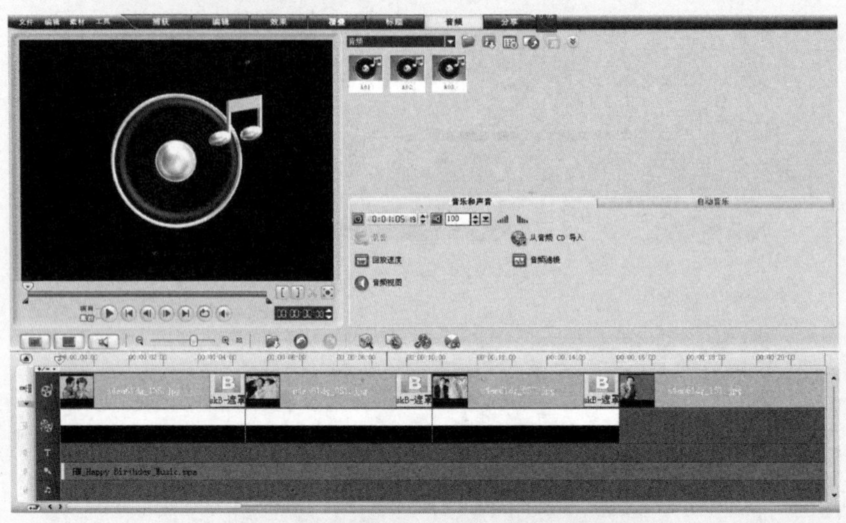

图 9.24 音频轨带有音频的项目文件

步骤 03 选中声音轨上的声音素材，单击【音频滤镜】按钮，打开【音频滤镜】对话框，在左侧的【可用滤镜】列表中已经多了“左右移动”滤镜，如图 9.25 所示。

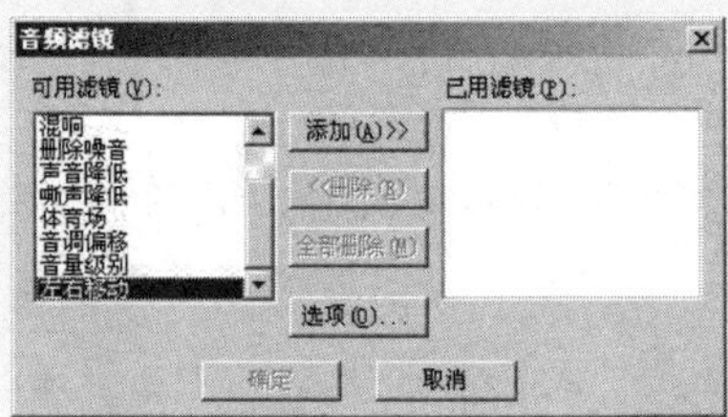

图 9.25 添加了“左右移动”滤镜的可用滤镜列表

步骤 04 单击【添加】按钮，将“左右移动”滤镜添加到【已用滤镜】列表中。单击【选项】按钮，打开对应的【左右移动】对话框，如图 9.26 所示。

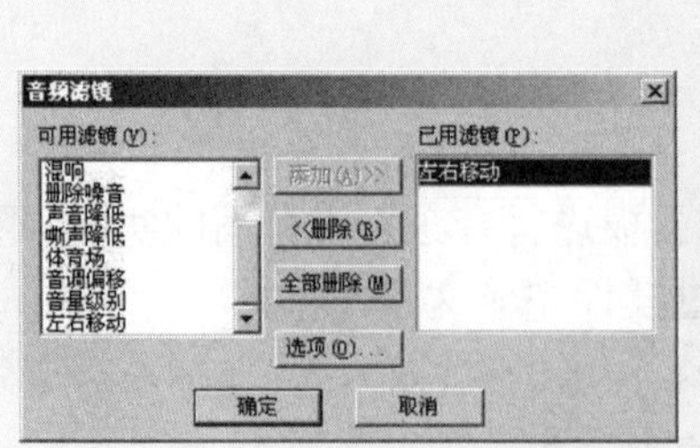

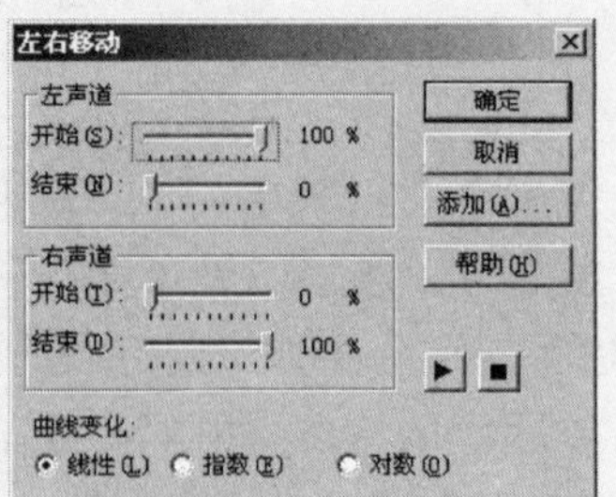

图 9.26 【左右移动】设置对话框

步骤 05　如果希望在本轨道中，音频素材只有左声道发声，可将【左声道】的【开始】和【结束】选项对应的数值都改为 100%，而把【右声道】的【开始】和【结束】选项对应的数值都改为 0%，如图 9.27 所示。

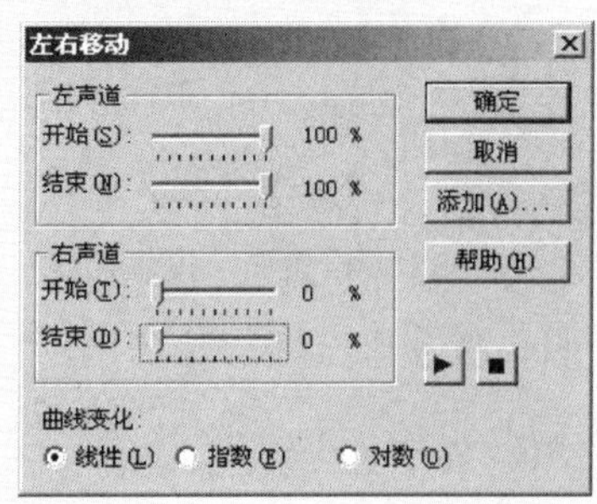

图 9.27　设置左声道发声

步骤 06　连续单击【确定】按钮，关闭【左右移动】和【音频滤镜】对话框。将声音轨上的音频素材拖动到【音频】素材库中，然后再将其拖动到音乐轨上，如图 9.28 所示。

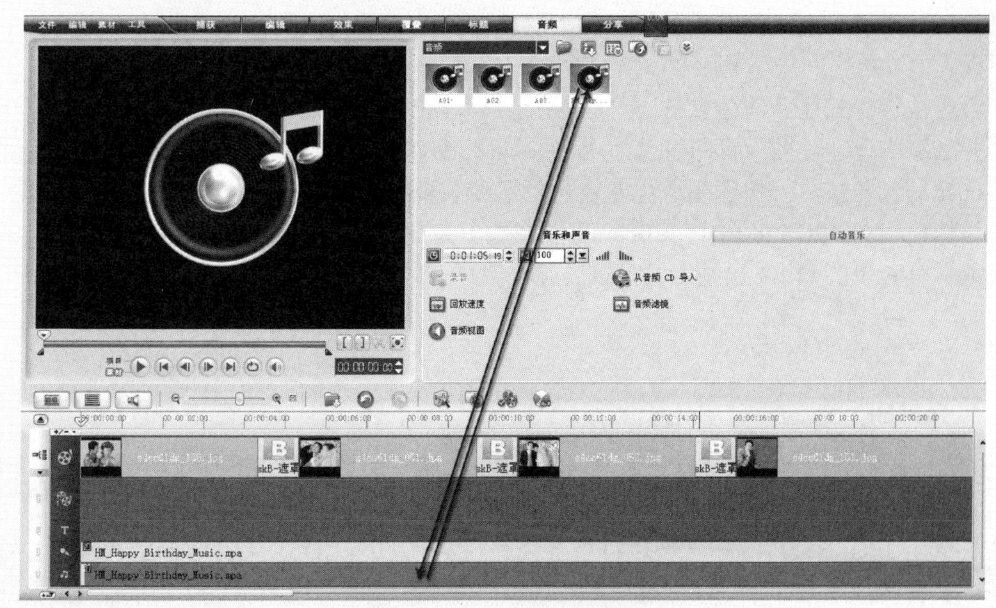

图 9.28　为音乐轨添加同样的素材

步骤 07　选中音乐轨上的素材，单击【音频滤镜】按钮，打开【音频滤镜】对话框，此时【已用滤镜】列表中的“左右移动”滤镜已被选中。直接单击【选项】按钮，在打开的【左右移动】对话框中进行如下设置，如图 9.29 所示。连续单击【确定】按钮，关闭【左右移动】和【音频滤镜】对话框。

步骤 08　到此为止，就完成了左右声道分离的设置了。保存项目即可。

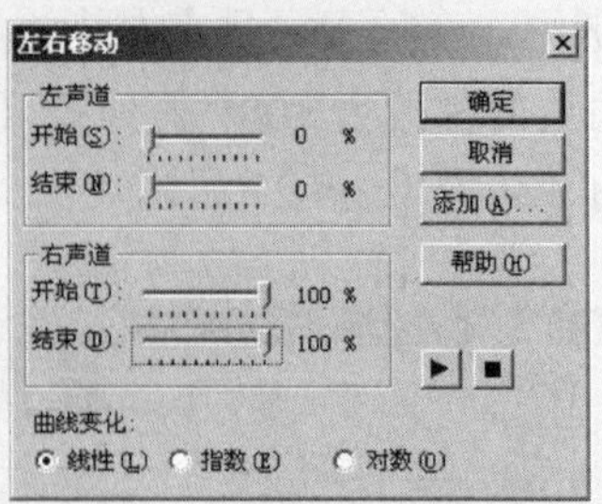

图 9.29　设置右声道发声

9.3　与视频输出插件的组合应用

会声会影操作简单，采集、编辑、压缩一气呵成，适合 DV 新手使用。但它生成的视频 VCD 格式的影像质量会下降很多，马赛克现象也比较严重，这就需要外挂一些专业的视频编码转换软件来输出视频文件。

视频编辑工作经常遇到的困难就是需要转换不同编码格式的视频文件。原始素材的来源可能多种多样，输出的要求也各有不同，使用一般的视频编辑软件很难得到良好的转换效果。于是市场上出现了专用的视频编码转换工具，它们比通用的编辑软件有更好的效率和更强大的功能，其中最著名的就是 TMPGEnc 和 ProCoder。

会声会影像其他非线编软件一样，视频文件输出操作虽然简便，但输出的质量有一定损失并且生成速度较慢，我们可以使用 DebugMode FrameServer 帧服务器将 TMPGEnc 和 ProCoder 与其挂接，以快速生成更专业、更清晰的视频文件。

虽然使用 TMPGEnc 或 ProCoder 可以生成更专业的视频，但他们却不能像会声会影一样生成带有菜单的 DVD 视频光盘，这就需要借助 TMPGEnc DVD Author 来完成。

9.3.1　常用插件简介

1. TMPGEnc

TMPGEnc 是日本人堀浩行开发的一套 MPEG 编码工具软件，支持多种多媒体指令集，支持 VCD、SVCD、DVD 等各种格式。TMPGEnc Plus 是其商业版本。它能将各种常见影片文件甚至 JPG 图片压缩、转换以符合各类光盘格式(如 VCD、SVCD、DVD 等)，生成的 MPEG 文件图像质量非常好，可媲美专业视频压缩卡的效果。成品可直接刻录流通，加上简单易用，使它成为目前最受欢迎的影片压缩软件之一。除了可以压缩 MPEG1/MPEG2 外，它带有的一些 MPEG 辅助工具，可以对影片进行合成、分解、剪接等操作，功能非常强大。

2. ProCoder

Canopus(康能普视)公司的 ProCoder 专业视频编码转换软件就是其中一款，它可以在几乎所有主流应用的视频编码格式之间进行转换，而且支持批处理、滤镜等高级功能。ProCoder 的设计基于 Canopus 专利 DV 和 MPEG-2 codecs 技术，支持输出到 MPEG-1、MPEG-2、Windows 媒体、RealVideo、Apple QuickTime、Microsoft DirectShow、Microsoft

Video for Windows、Microsoft DV、Microsoft DV 和 Canopus DV 的视频格式。ProCoder 应用两次传输的可变比特率编码，使它可以在实际编码前进行视频传输编码分析，可以创造出更高的文件质量。

3. DebugMode FrameServer

DebugMode FrameServer 是一个插件，它可以让非线性编辑软件作为一个视频帧服务器和音频服务器来应用。视频帧服务/音频服务是这样一种技术：从一个应用程序传送音视频数据给另一个应用程序，之间不用等待生成临时文件。DebugMode FrameServer 就是这样一个非线性编辑插件，让非线性编辑软件直接从时间线上对外输出音视频数据，以便让其他应用程序直接把时间线当作输入来处理数据。视频帧服务器/音频服务器可以为应用程序所不识别的视音频素材提供服务。

4. TMPGEnc DVD Author

TMPGEnc DVD Author 是 TMPGEnc 公司出品的一个功能非常强大的 DVD 多媒体视频文件制作工具，程序可以直接将 MPEG-1、MPEG-2 格式的多媒体视频文件重新压缩并编码为 DVD 多媒体视频文件，并输出为 DVD 结构的 IFO、VOB 文件，然后可以用 DVD 烧录软件烧录为 DVD 光盘！程序采用 TMPGEnc 自己的编码引擎，它向您提供无与伦比的压缩质量和绝对一流的压缩速度！几乎支持当今世界所有前卫的压缩规范。它最大的好处是可以生成较专业的 DVD 菜单，并且可以直接使用自带的刻录软件进行 DVD 光盘刻录或生成 ISO 虚拟光盘。

9.3.2　DebugMode FrameServer 的应用

1. DebugMode FrameServer 2.5 的安装

步骤 01　DebugMode FrameServer 是一个免费软件，到网上下载最新的 2.5 版本(下载地址为 http://www.debugmode.com/frameserver/)。运行 fssetup.exe，在弹出的软件使用协议界面中单击 I agree(我同意)按钮，进入插件选择界面，在列表中选择主程序和会声会影软件的 Plugin，如图 9.30 所示。

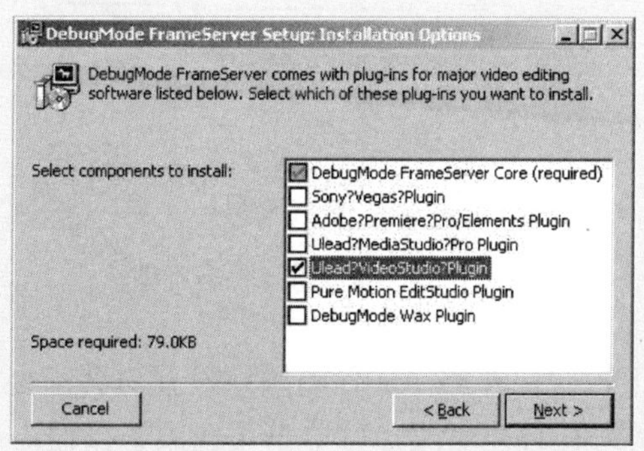

图 9.30　选择主程序和对应的软件插件

步骤 02　单击 Next 按钮，选择主程序的安装目录。

步骤 03 单击 Next 按钮，选择会声会影的插件安装目录。在默认情况下，选择会声会影 8 的输出安装目录，只要重新选择会声会影的安装目录即可(一般只需要将 8.0 修改为 11)，如图 9.31 所示。

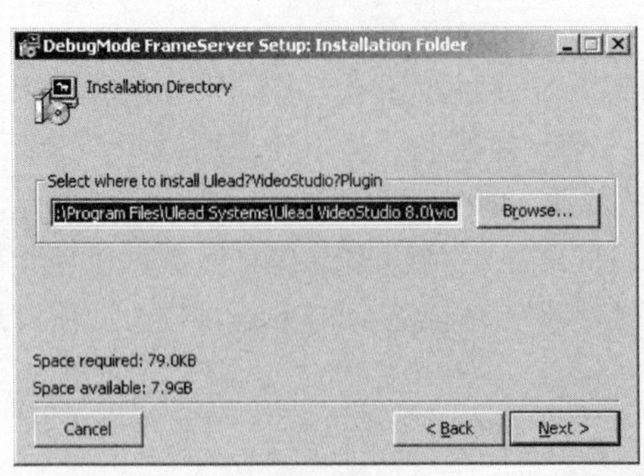

(a) 修改前

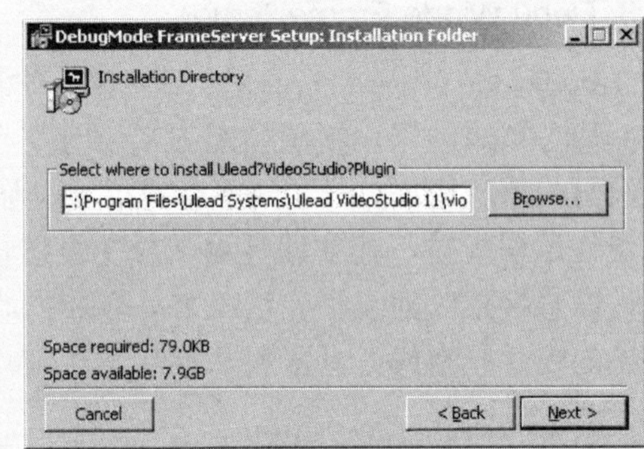

(b) 修改后

图 9.31 修改插件安装目录

步骤 04 继续单击 Next 按钮安装，直到完成。

2. 启动 DebugMode FrameServer

步骤 01 打开一个会声会影项目文件，进入【分享】操作界面。单击【创建视频文件】按钮，在打开的快捷菜单中执行【自定义】命令，打开【创建视频文件】对话框，在【保存类型】下拉列表框中选择 DebugMode FrameServer Files (*.avi)选项，如图 9.32 所示。

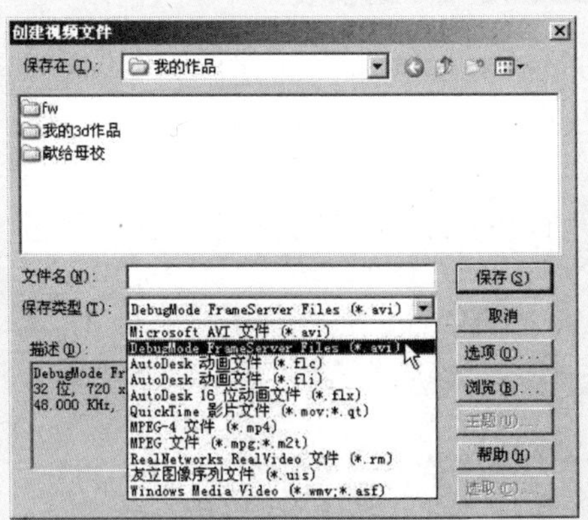

图 9.32 重新选择保存类型

步骤 02 一般情况下，此保存类型文件的属性设置与会声会影项目文件的属性设置基本相同，如果认为有必要更改，可单击【选项】按钮，进行基本修改；如果需要进一步修改，可选择【文件】|【项目属性】命令，在打开的对话框中单击【编辑】按钮，在打开的【项目选项】对话框中进行修改。

步骤 03 在任意文件夹创建视频文件(关闭 Frame Server 后会自动删除)，设置任意文

件名，如“shipin.avi”。单击【保存】按钮，打开 FrameServer-(Setup)对话框，如图 9.33 所示。各项设置一般不需要修改，直接单击 Next 按钮，进入 FrameServer-(Status)对话框，如图 9.34 所示。

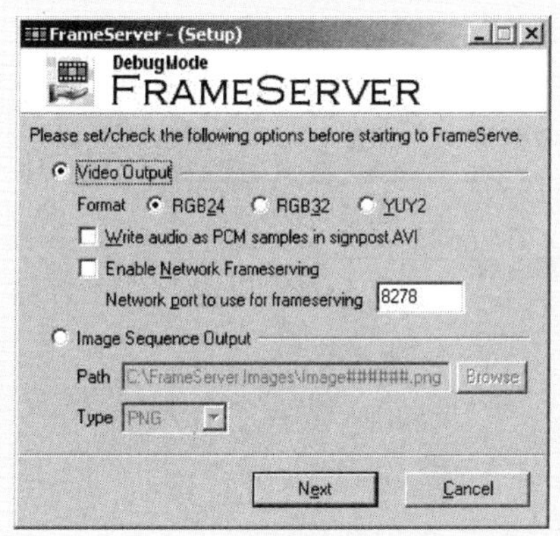

图 9.33　FrameServer-(Setup)对话框

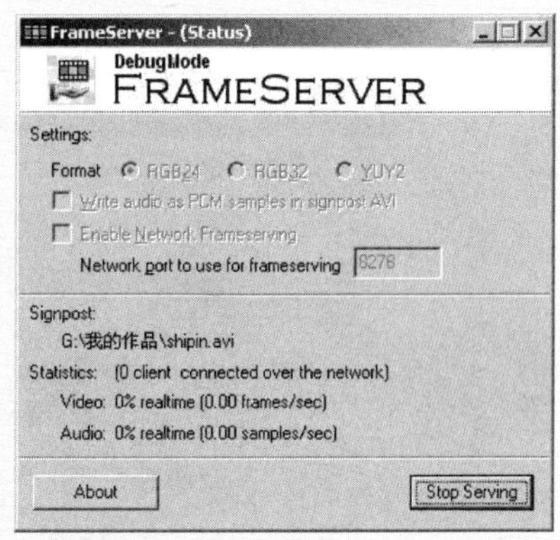

图 9.34　FrameServer-(Status)对话框

这时会出现正在创建文件的进度条，不要管它，也不要关闭对话框，等待启动视频编码转换工具 TMPGEnec 或 ProCoder。

9.3.3　使用 TMPGEnc 进行视频转换

TMPGEnc 的版本很多，在这里以用 TMPGEnc Plus 4.0 XPress 的 4.5.2.255 中文版将虚拟视频文件转换为 PAL VCD 格式为例进行讲解。

步骤 01　启动该软件，进入 TMPGEnc 界面。

步骤 02　单击【新建项目】按钮，进入输入设置窗口，单击【添加文件】按钮，在弹出的对话框中选中使用 Frame Server 创建的虚拟 shipin.avi 文件，如图 9.35 所示。

图 9.35　添加虚拟视频文件

步骤 03 单击【打开】按钮，打开添加片段素材对话框，【素材特性】按钮对应的界面中显示一些关于导入的视频的基本信息，如图 9.36 所示。在【剪切编辑】按钮对应的界面中可以对导入的视频进行适当的修整，在【效果】按钮对应的界面中，可以为视频添加滤镜。设置完毕后，单击 OK 按钮关闭对话框，这时已经将素材添加到列表中了。

图 9.36 对添加的视频进行设置

步骤 04 单击【输出】按钮，打开选择输出格式对话框，在其中选择输出的格式(如选择 PAL 制式的 VCD 格式)，如图 9.37 所示。

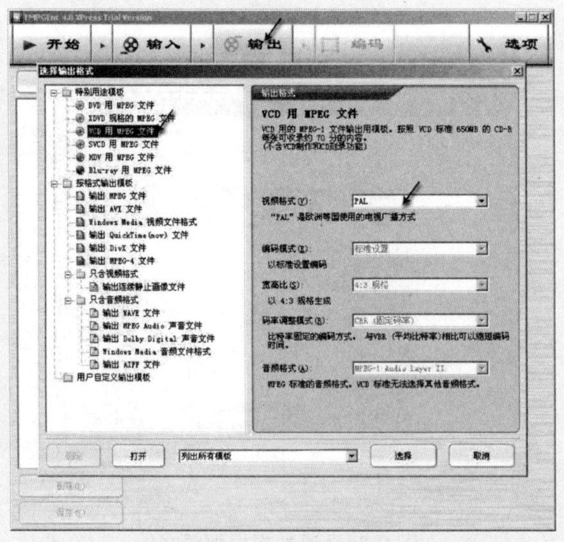

图 9.37 选择输出格式

步骤 05　单击【选择】按钮，关闭对话框，回到【输出】设置窗口，在窗口中显示详细的输出设置，如图 9.38 所示。一般情况下，各设置为标准的输出设置，不需要改变。

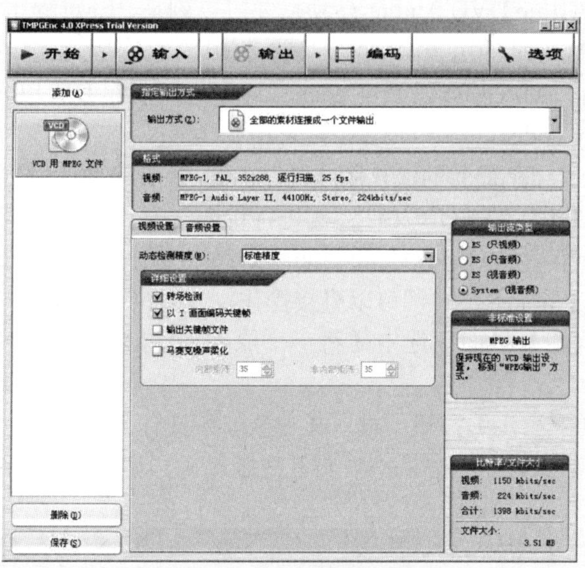

图 9.38　详细的输出设置

步骤 06　单击【编码】按钮，在【编码】设置窗口中设置输出路径及文件名后，单击【开始编码】按钮，开始渲染，如图 9.39 所示。

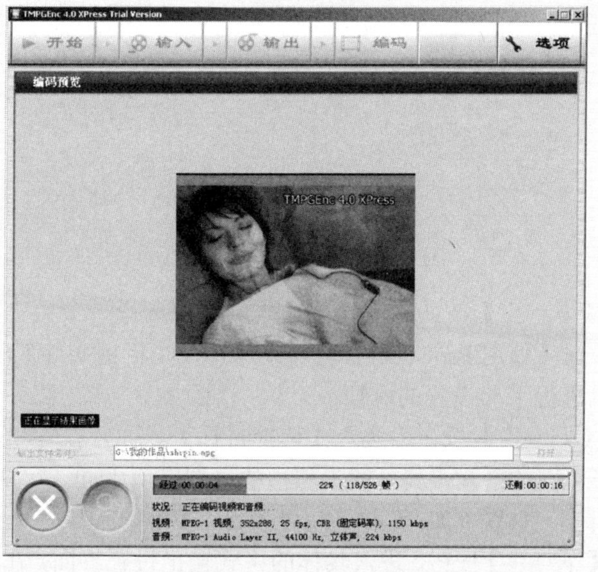

图 9.39　渲染文件

步骤 07　完成后关闭 TMPGEnc。

9.3.4 使用 ProCoder 进行视频转换

相对来说，TMPGEnc 生成的 VCD 视频文件可以直接使用 Nero 刻录，但 DVD 视频文件则需要再经过 TMPGEnc DVD Author 转换后才可以刻录，其过程比较复杂，而 ProCoder 生成的视频可以制作成标准的用于 DVD 刻录的 VOB 文件。因此在转换为 MPEG-1 文件用于制作 VCD 时，使用 TMPGEnc 或 ProCoder 都可以，而制作 DVD 格式或其他格式的视频文件时，最好使用 ProCoder。

当前 Canopus ProCoder 最新的汉化版本是 3.0 版，本节将以使用这个版本将虚拟视频文件转换为可直接刻录 DVD 的 VOB 文件为例进行讲解。

步骤 01 接上一节启动 DebugMode FrameServer 中的操作(其实在关闭 TMPGEnc 后，如果不关闭 Frame Server，可以直接操作)。启动 Canopus ProCoder 3 向导。

步骤 02 在【欢迎】界面中选中【将一个原始文件转换为一个不同的格式吗】单选按钮。

步骤 03 单击【下一步】按钮，进入【加载原始文件】界面，单击【载入】按钮，选择虚拟的视频文件“shipin.avi”将其导入进来，如图 9.40 所示。

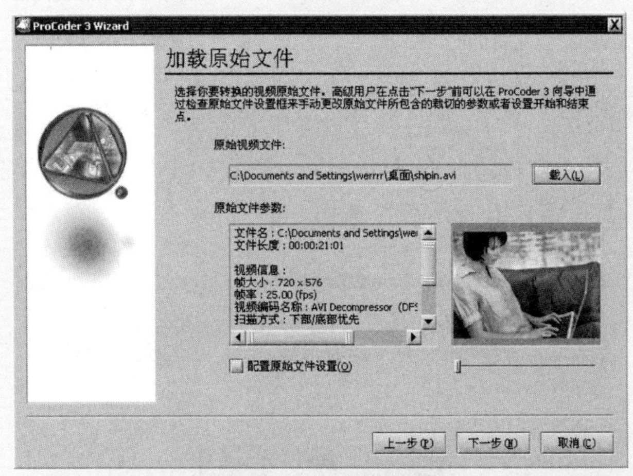

图 9.40 加载原始文件

步骤 04 单击【下一步】按钮，进入【使用向导或选择一个历史记录点】界面，选中第一单选按钮【使用 ProCoder 3 向导来选择一个目标文件】(选中该单选按钮，可以省去自己进行手动设置的麻烦)。

步骤 05 单击【下一步】按钮，进入【选择目标】界面，在这里可以选择输出视频的格式。选择不同的格式，其后续步骤中的设置有所不同。在这里以生成 DVD 视频为例进行讲解，如图 9.41 所示。

步骤 06 单击【下一步】按钮，进入具体的格式输出设置界面，在这里显示的是【DVD 格式】界面，用于选择输出视频的制式，在中国内地一般选择 PAL 制式。

步骤 07 单击【下一步】按钮，进入【DVD 文件类型】界面，在这里如果要将视频文件输出成为直接用于刻录 DVD 的文件，则选择【VOB 直接刻录成 DVD】选项，

如果还需要再进行编辑，可选择另外两个选项。

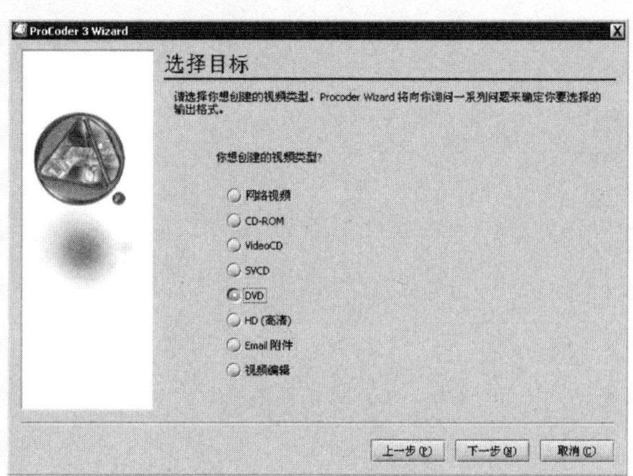

图 9.41　选择输出格式

步骤 08　不断单击【下一步】按钮，根据提示进行相应设置，直到完成视频转换。

步骤 09　转换完成后，先关闭 ProCoder，然后单击 Stop Serving 按钮关闭 Frame Server，同时设置的虚拟视频文件“shipin.avi”也被自动删除，最后确定是否关闭会声会影 11。

9.3.5　使用 TMP Genc DVD Author 进行 DVD 制作与记录

使用“Canopus ProCoder 3 向导”固然可以直接生成用于 DVD 刻录的 VOB 文件夹，但却不能制作 DVD 菜单，不能不说是一个遗憾，使用 TMPGEnc DVD Author 可以迅速完成 DVD 菜单的制作，并可以用自带的刻录软件进行 DVD 刻录或虚拟 ISO 镜像文件的制作。现在比较流行的是 TMPGEnc DVD Author 3.0.9.166 简体中文版，该版本提供了 30 天的试用期，读者可下载试用版进行学习、制作，其操作界面如图 9.42 所示。

图 9.42　TMPGEnc DVD Author 操作界面

第10章

入门与提高丛书

综合案例实战

本章要点：

电子相册应用非常广泛，制作电子相册的软件很多，如 Flash、Premiere 等。Flash 制作的相册虽然不错，但其制作的 SWF 文件只能在电脑上播放，这在很大程度上限制了这种相册方式的传播。Premiere 在电子相册的制作上，非常专业，但其操作步骤复杂，较难掌握，非一般用户的第一选择。而使用会声会影制作电子相册，很容易上手，制作出的电子相册也比较专业，作为业内销量最大的非线性编辑软件，它的地位无可撼动。本章通过两个综合实例，对会声会影的综合应用作了深入的讲解，以增强应用会声会影制作大型项目的能力。

本章主要内容包括：

▲ 婚纱电子相册的制作
▲ 新婚音乐 MTV 的制作

10.1 婚纱电子相册的制作

本节设计一个婚纱电子相册的制作方法和技巧，用来讲解会声会影最基本的功能的一些组合应用。

10.1.1 创建文件

步骤 01 启动会声会影程序，打开会声会影编辑器，直接进入【编辑】操作界面，如图 10.1 所示。

图 10.1 会声会影编辑器的操作界面

步骤 02 按下键盘上的 Ctrl+S 组合键，打开【另存为】对话框，在【文件名】文本框中输入“静态电子相册”，单击【保存】按钮，关闭对话框。

步骤 03 选择【文件】|【项目属性】命令，或按下键盘上的 Alt+Enter 组合键，打开【项目属性】对话框，在【主题】文本框和【描述】列表框中输入相关内容，如图 10.2 所示。

步骤 04 因为希望将这个电子相册保存为 MPEG-1 文件，所以在【编辑文件格式】下拉列表框中选择 MPEG files 选项。但其下面列表中显示的信息非 MPEG-1 格式，因此单击【编辑】按钮，打开【项目选项】对话框。在【压缩】选项卡中，【介质类型】选择 MPEG-1 格式，速度和质量的比为 70，【音频类型】设置为【立体声】，【音频频率】设置为 44100Hz，【音频位速率】设置为 224，如图 10.3 所示。

打开【常规】选项卡，其对应的设置如图 10.4 所示。

单击【确定】按钮，关闭对话框，出现项目设置已被修改的警告对话框，单击【确定】按钮关闭对话框。

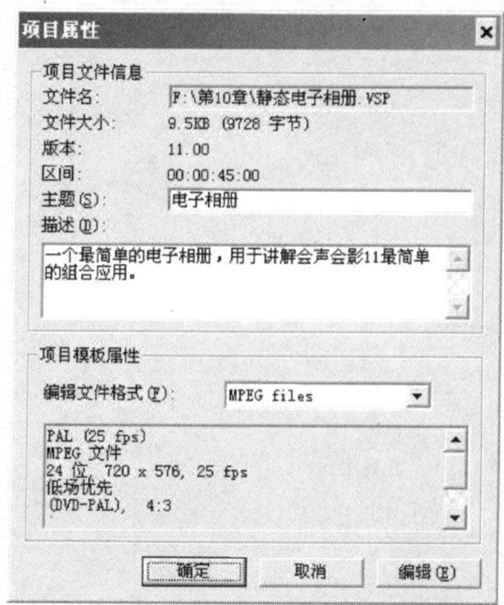

图 10.2　【项目属性】对话框

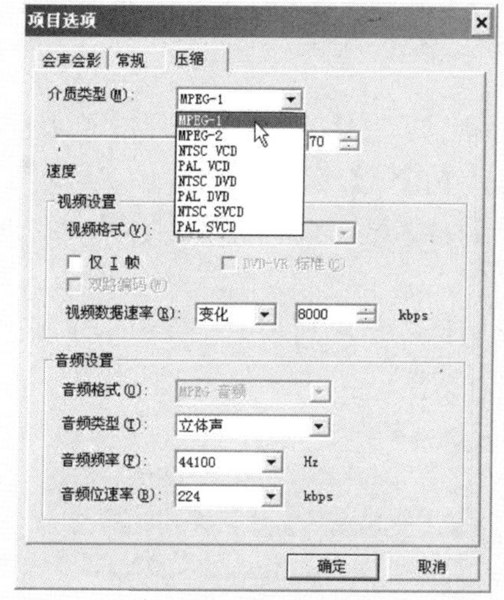

图 10.3　【压缩】选项卡

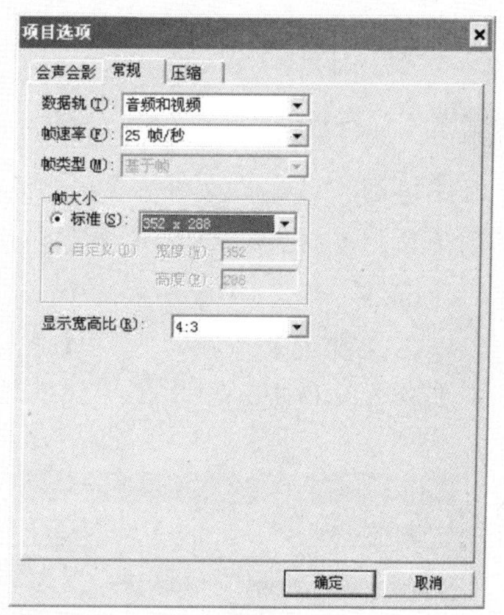

图 10.4　【常规】选项卡

步骤 05　选择【文件】|【参数选择】命令或按下键盘上的 F6 键，打开【参数选择】对话框。在【常规】选项卡中选中【在预览窗口中显示标题安全区】、【重新链接检查】、【撤消】等复选框，将【回放方法】设置为【即时回放】，将【素材显示模式】设置为【略图和文件名】，将【即时回放目标】设置为【预览窗口】，将【默认场顺序】设置为【基于帧】，如图 10.5 所示。

步骤 06　在【编辑】选项卡中将【应用色彩滤镜】设置为 PAL，将【图像重新采样选项】设置为【保持宽高比】，设置【插入图像/色彩素材的默认区间】为 15 秒，设置【默认转场效果的区间】为 3 秒，如图 10.6 所示。

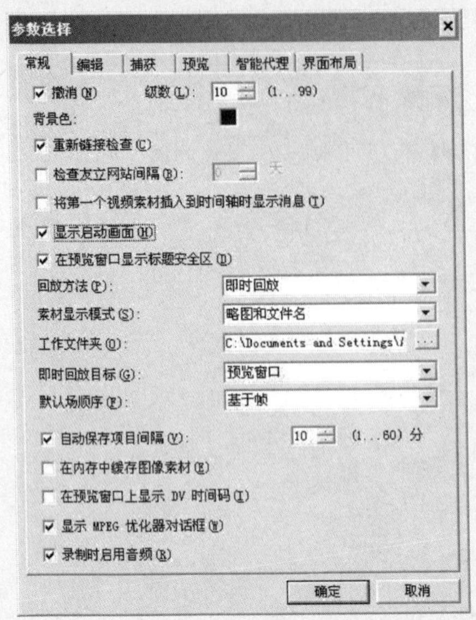

图 10.5 【常规】选项卡

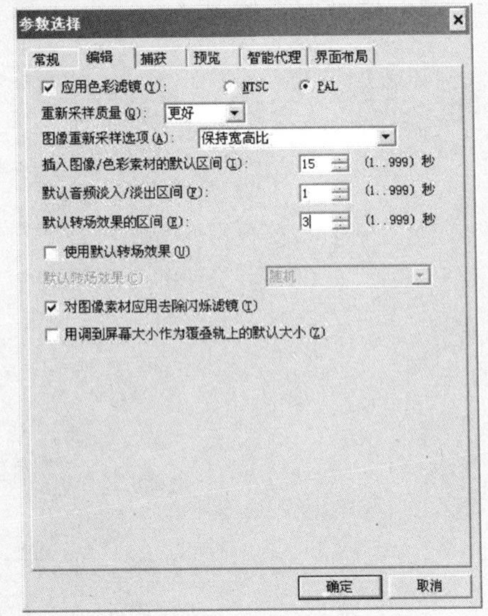

图 10.6 【编辑】选项卡

10.1.2 添加图像

步骤 01 选择【工具】|【素材库管理器】命令，打开【素材库管理器】对话框，在【可用的自定义文件夹】下拉列表框中选择【图像】选项，如图 10.7 所示。单击【新建】按钮，打开【新建自定义文件夹】对话框，设置文件夹名称，并进行适当描述，如图 10.8 所示。

单击【确定】按钮，返回【素材管理器】对话框，在列表中已经显示出新添加的素材库文件夹。单击【关闭】按钮关闭该对话框。

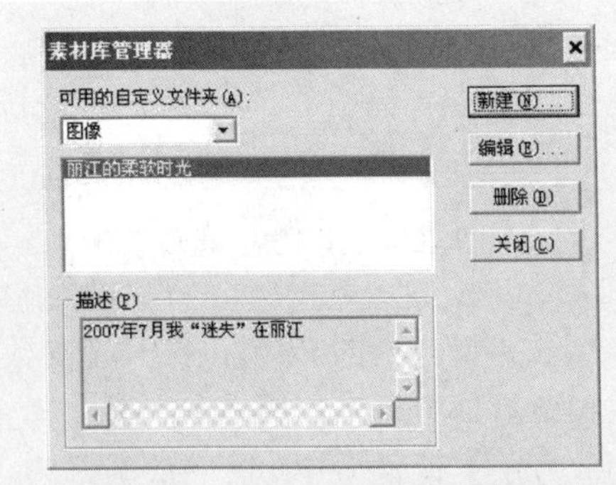

图 10.7 【素材管理器】对话框

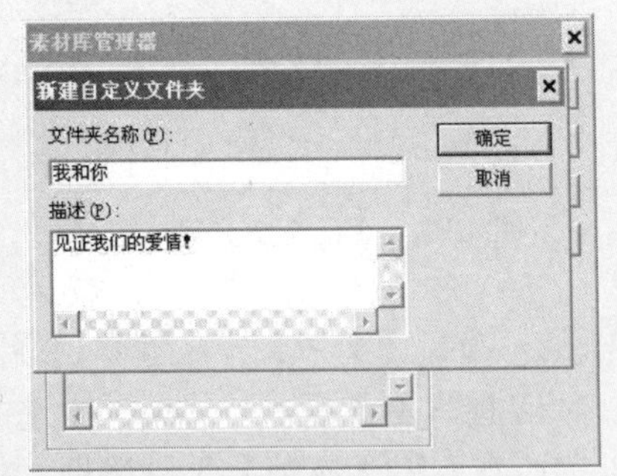

图 10.8 新建自定义文件夹

步骤 02 在【画廊】下拉列表框中选择【图像】|【图像--和你】选项，打开【我和你】图像素材库，如图 10.9 所示。

步骤 03 单击【加载】按钮，打开【打开图像文件】对话框，选中相应文件夹中的图像素材，如图 10.10 所示。单击【打开】按钮，将图像文件加载到素材库中。

图 10.9　打开素材库

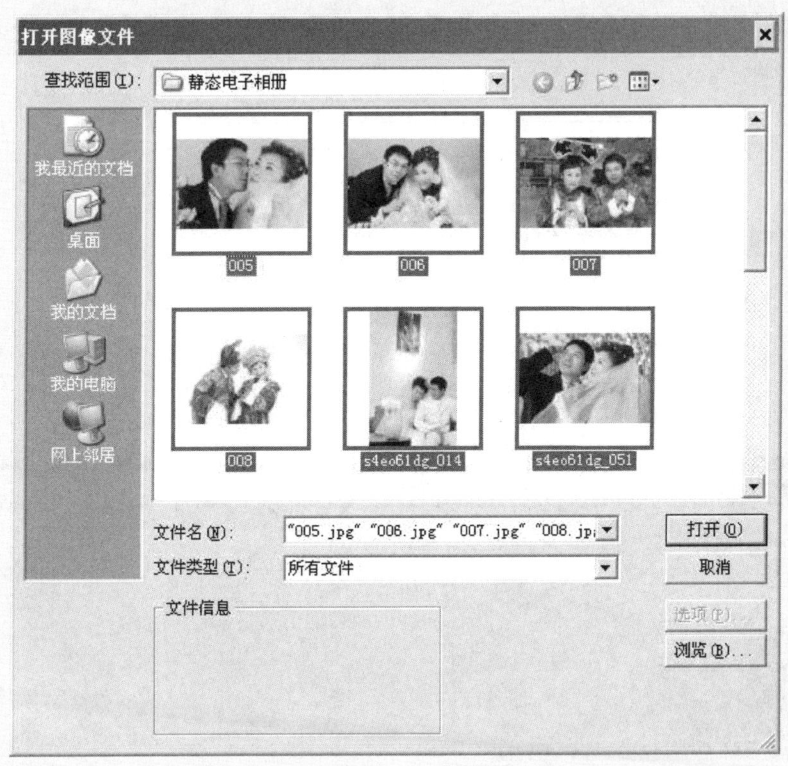

图 10.10　【打开图像文件】对话框

步骤 04　加载到素材库中的素材处于全部选中状态，在上面任意一个图像上按下鼠标左键，将其拖动到时间轴视图的视频轨中，如图 10.11 所示。

图 10.11　将素材添加到视频轨

10.1.3　转场的添加

单击【效果】按钮，打开【效果】操作界面。

1. 自定义相册转场效果

步骤 01　在本实例中，希望将第一个转场做成相册翻动的效果，因此在【画廊】下拉列表框中选择【相册】转场效果类，如图 10.12 所示。

图 10.12　选择【相册】转场效果类

步骤 02　从列表中选择第一种转场拖动到第一、二个素材之间，如图 10.13 所示。

图 10.13　添加相册转场效果

步骤 03　单击【自定义】按钮，打开【翻转-相册】对话框，如图 10.14 所示。

步骤 04　在【布局】选项组保持默认的左右布局不变。

步骤 05　在【相册】选项卡中，【相册封面模板】设置为第四种模板，其他保持不变，效果如图 10.15 所示。

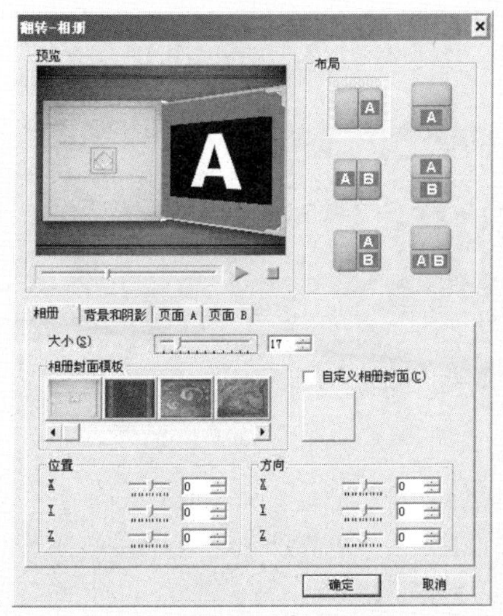

图 10.14　【翻转-相册】对话框

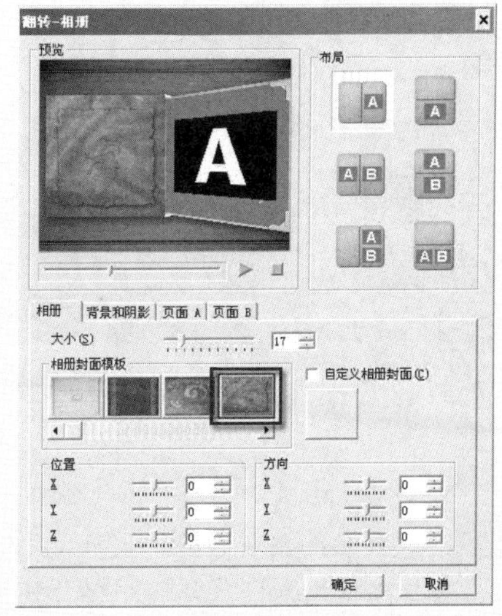

图 10.15　设置相册封面

步骤 06　打开【背景和阴影】选项卡，在【模板背景】列表框中选择第三种带有马灯的模板，选中【阴影】复选框，重新设定阴影的位置和柔化边缘，使其和马灯照射的方向相同，如图 10.16 所示。

步骤 07 打开【页面 A】选项卡，在【自定义相册页面】中选择第六种模板，该模板中的图形和【相册封面模板】中的图形相呼应。如果没有特殊要求，一般不调整【大小和位置】中的各参数值。最终设置如图 10.17 所示。

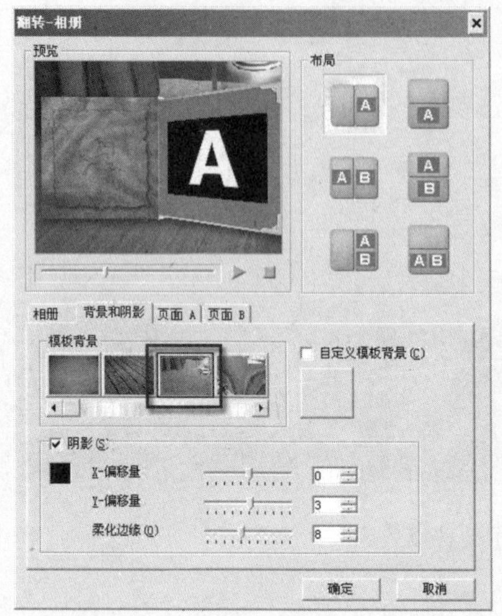

图 10.16 【背景和阴影】选项卡

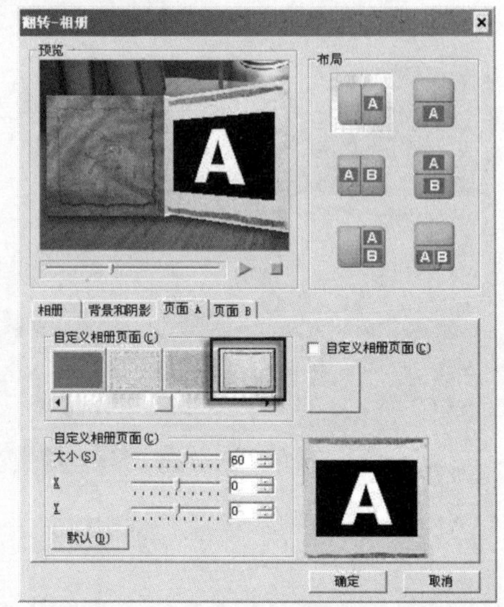

图 10.17 【页面 A】选项卡

步骤 08 将【页面 B】中的各选项设置为与【页面 A】中相同。

步骤 09 单击预览窗口下的【播放】按钮对转场效果进行预览。满意后，单击【确定】按钮关闭对话框，回到【效果】操作界面。

步骤 10 单击导览面板上的【播放】按钮，预览转场效果，如图 10.18 所示。

图 10.18 预览相册转场效果

2. 取代类转场效果设置

许多会声会影的转场效果，都可以设置边框、色彩、柔化边缘、方向等，效果变化相当丰富。在这里借助对取代类转场效果进行设置的方法来讲解。

步骤 01 在【画廊】下拉列表框中选择【取代】类转场效果。在素材库列表中共有 5 种转场效果，在“棋盘”上按下鼠标左键，将其拖动到故事板视图的两素材之间，如图 10.19 所示。

步骤 02 在其选项面板上设置【边框】宽度为 2，拖动飞梭栏预览效果，如图 10.20

所示。

图 10.19　在素材之间添加“取代-棋盘”效果

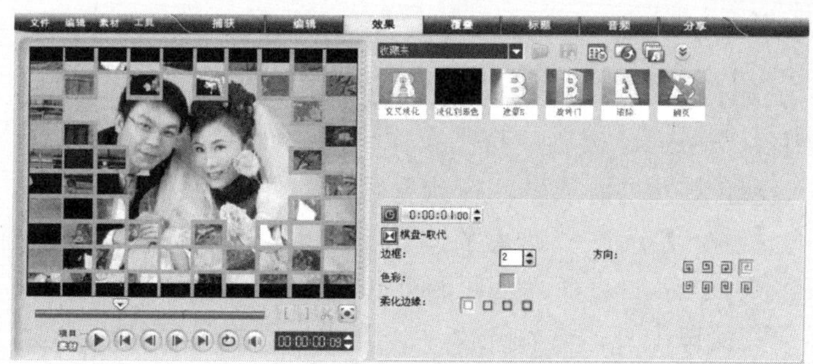

图 10.20　设置边框宽度

步骤 03　单击【色彩】选项右侧的颜色块，在打开的色彩选取器中重新选择一种颜色，如图 10.21 所示。

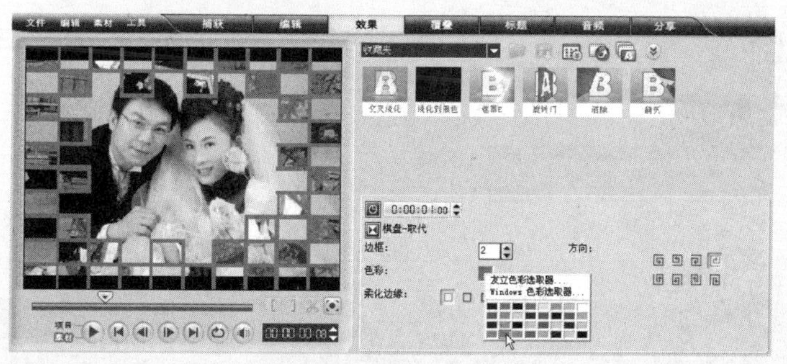

图 10.21　设置边框颜色

步骤 04　在【柔化边缘】选项的右侧选中“强柔化边缘”，配合图片使画面产生一种

轻柔如梦境的感觉。

步骤 05 在【方向】选项中选择一种转换方向。

步骤 06 单击导览面板上的【播放】按钮，对转场效果进行预览，如图 10.22 所示。

图 10.22 “取代－棋盘”转场效果预览

使用同样的方法为各素材之间添加转场效果。

10.1.4 标题的制作

这一组新婚图片素材不仅仅是一组美图，其中蕴涵了深厚的情意，如果对图像及其意义进行文字的描述，将会更富感染力。

1. 主标题的制作

步骤 01 单击【标题】按钮，进入【标题】操作界面。

步骤 02 制作本相册的总标题。将飞梭栏移动到时间轴的开始位置。在预览窗口中双击，输入标题文字“情浓”。在预览窗口的任意空白位置单击，选中该标题，在其对应的【编辑】选项卡的【字体】下拉列表框中选择【华文行楷】选项，并为文字设置字号、添加边框，重新调整其位置。

步骤 03 在预览窗口中双击，输入文字“此生”，将其字体设置为“华文行楷”，设置字号、文字竖排，将文字旋转，如图 10.23 所示。

图 10.23 设置标题

步骤 04 在项目制作之初，将图像的区间设置为 15 秒，因此，标题对应的区间也是 15 秒。在其对应的【编辑】选项卡中将【区间】设置为 8 秒。

步骤 05 在素材库的【画廊】下拉列表框中选择【素材库管理器】选项，打开对应的对话框，在【可用的自定义文件夹】下拉列表框中选择【标题】选项，单击【新建】按钮，打开【新建自定义文件夹】对话框，输入文件夹名称和描述，单击【确定】按钮返回【素材库管理器】对话框，如图 10.24 所示。单击【关闭】按钮关闭对话框。

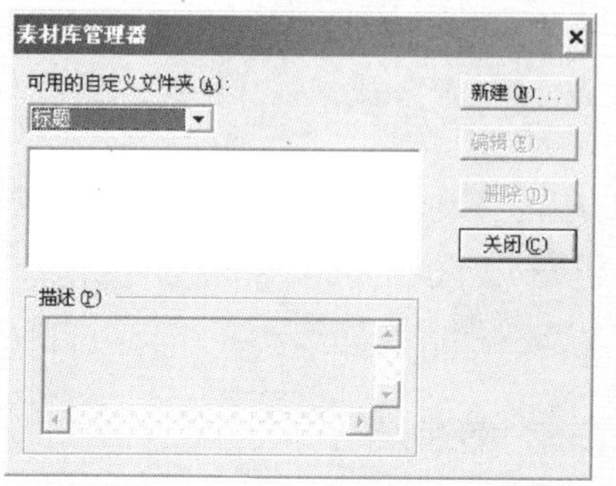

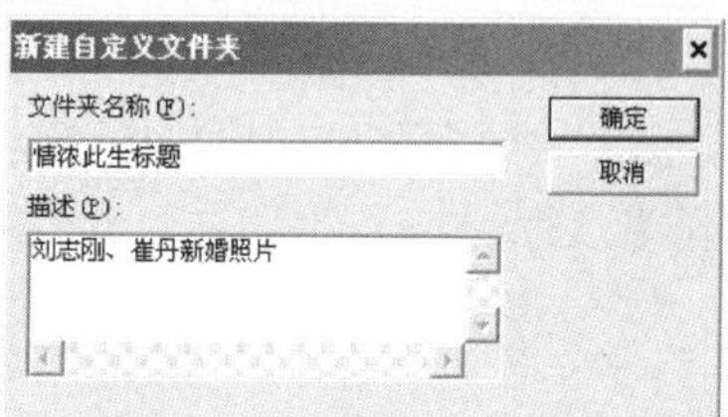

图 10.24 建立新的标题素材库

然后在时间轴视图中按住标题素材，将其拖动到素材库中变为预置标题，如图 10.25 所示。

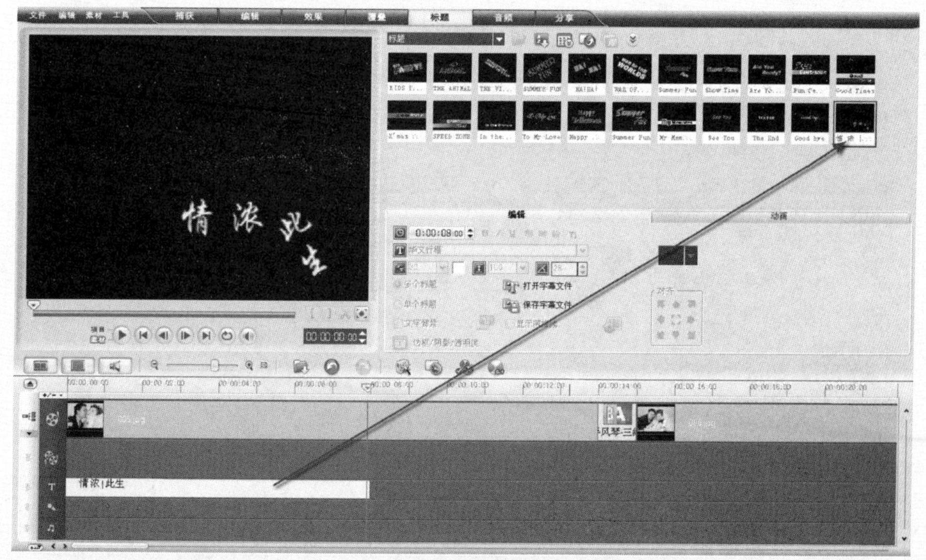

图 10.25 将标题添加到素材库

步骤 06 选中“情浓”标题，打开对应的【动画】选项卡。选中【应用动画】复选框。在【类型】下拉列表框中选择【下降】选项，在预置效果中选择第一种动画效果，如图 10.26 所示。

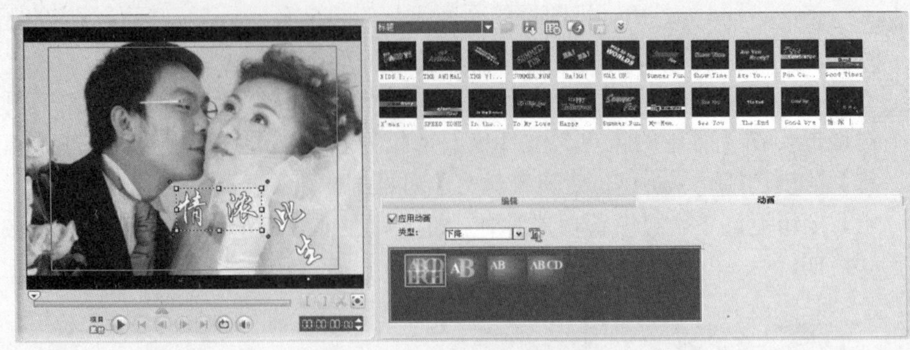

图 10.26　设置标题动画效果

步骤 07　选中“此生”标题，打开其对应的【动画】选项卡。选中【应用动画】复选框。在【类型】下拉列表框中选择【飞行】选项，单击【自定义动画属性】按钮，打开【飞行动画】对话框，其动画设置如图 10.27 所示。

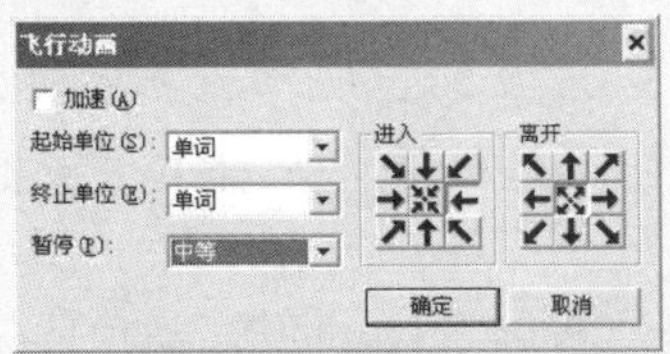

图 10.27　设置标题的飞行动画

步骤 08　从【标题】素材库中选择“情浓”、“此生”标题，将其拖动到时间轴视图的标题轨中，在其对应的【编辑】选项卡中设置【区间】为 4 秒，这样，在这段时间内，标题将停留在预览窗口中，不做移动。如图 10.28 所示。

图 10.28　取消标题动画

步骤 09　再次从【标题】素材库中选择“情浓”、“此生”标题，将其拖动到时间轴视图的标题轨中，在其对应的【编辑】选项卡中设置【区间】为 3 秒。分别选中两个标题，在它们对应的【动画】选项卡中，将【动画类型】都设置为【淡化】类，在预置的动画列表中选中第七种预置动画效果(该效果为短暂停式淡出效果)，如图 10.29 所示。本部分预览效果如图 10.30 所示。

图 10.29　设置淡出效果

图 10.30　标题动画预览效果

2. 分标题的制作

步骤 01　将时间轴上的飞梭栏移动到前一标题的后面，在预览窗口中输入两个标题：“只羡鸳鸯”、“不羡仙”，分别设置它们的样式。

步骤 02　分别选中两个标题，在【编辑】选项卡中选中【垂直文字】复选框。

步骤 03　选中“只羡鸳鸯”标题，在【编辑】选项卡中选中【文字背景】复选框。单击【自定义文字背景的属性】按钮，打开【文字背景】对话框，设置背景的渐变色和透明度，如图 10.31 所示。

步骤 04　打开“只羡鸳鸯”标题对应的【动画】选项卡，选中【应用动画】复选框，选中【飞行】类动画的第七种预置动画效果，如图 10.32 所示。

图 10.31 【文字背景】对话框

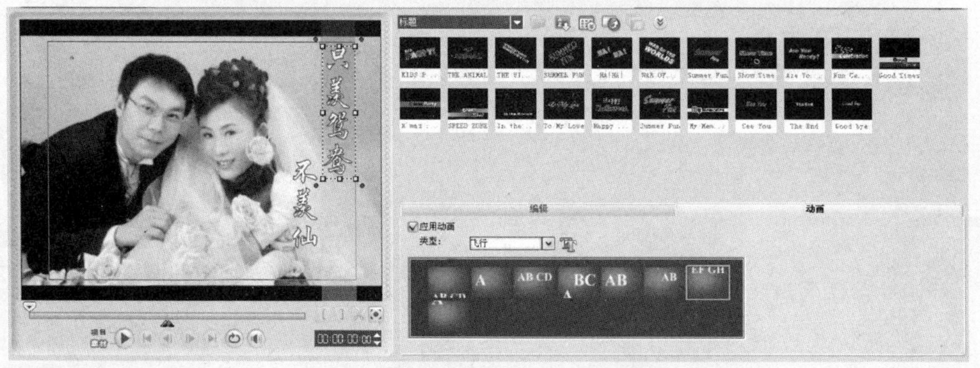

图 10.32 设置标题动画效果

步骤 05 使用同样的方法设置“不羡仙”的动画效果为【飞行】类动画的第一种预置动画效果。它与第七种预置效果相呼应。

步骤 06 单击导览面板上的【播放】按钮预览效果，如图 10.33 所示。

图 10.33 预览效果

步骤 07 使用类似的方法，设置其他图像对应的标题。

10.1.5　添加音乐和输出影片

1. 添加自动音乐

步骤 01　单击【音频】按钮，进入【音频】操作界面。在本节中，将为电子相册添加自动音乐。

步骤 02　将时间轴上的飞梭栏移动到开始位置。单击【自动音乐】按钮，打开对应的选项卡。在【范围】下拉列表框中选择【自有】选项，在【库】下拉列表框中选择 New Standard 22k 选项，在【音乐】下拉列表框中选择 Bach Guitar 选项，在【变化】下拉列表框中选择 Calm 选项。

步骤 03　单击【播放所选的音乐】按钮进行试听，不满意可选择其他音乐。

步骤 04　选中【自动修整】复选框，单击【添加到时间轴】按钮，将音乐添加到时间轴视图的音乐轨，如图 10.34 所示。

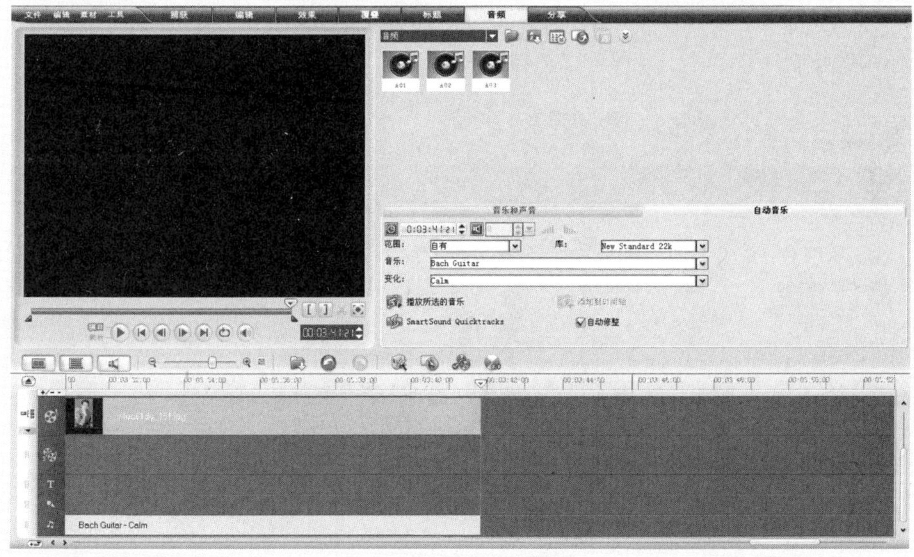

图 10.34　添加自动音乐

2. 输出视频文件

步骤 01　按下 Ctrl+S 组合键，再次保存文件。

步骤 02　单击【分享】按钮进入【分享】操作界面。在选项面板上单击【项目回放】按钮，打开【项目回放-选项】对话框，如图 10.35 所示。

步骤 03　单击【完成】按钮，进行项目回放预览。预览中，按任意键返回【分享】操作界面。

步骤 04　单击【创建视频文件】按钮，在打开的快捷菜单中选择【与项目设置相同】命令，如图 10.36 所示，打开【创建视频文件】对话框。

步骤 05　在对话框中，【文件名】与项目名称默认保持一致，【保存类型】设置为【与项目设置相同】，如图 10.37 所示。

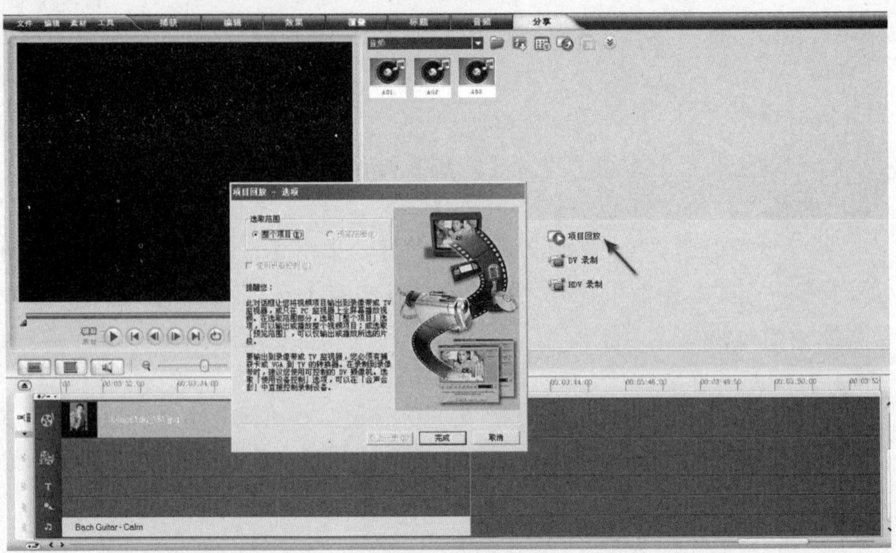

图 10.35　项目预览

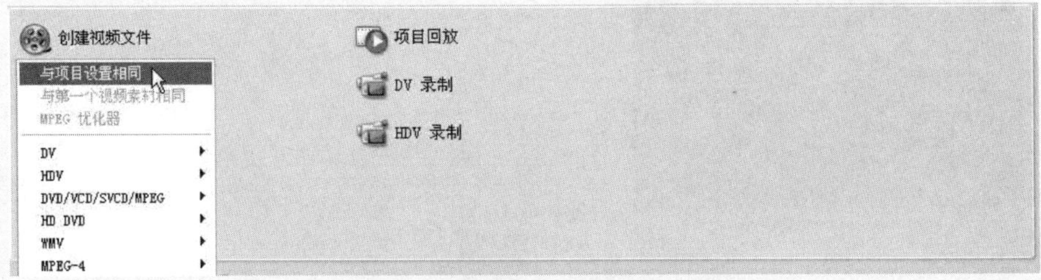

图 10.36　创建 MPEG1 视频文件

图 10.37　【创建视频文件】对话框

确认无误后，单击【保存】按钮，开始创建视频文件。

10.2　新婚音乐 MTV 的制作

在上节中对静态电子相册的制作方法进行了讲解，但它的制作仍流于肤浅，还不够吸引人。为了增强相册的趣味性，本节将就上一节的素材制作复杂的音乐 MTV，可以进行卡拉 OK 的伴唱。

10.2.1　制作片头

一个好的电子相册总是有个吸引人的片头，在本实例中将就一个富于动感的片头进行讲解。

步骤 01　新建一个会声会影项目文件，选择【文件】|【保存】命令，在打开的【另存为】对话框中将项目重新命名为“动感音乐 MTV.VSP”，加入主题和描述语句，保存项目文件，如图 10.38 所示。

图 10.38　另存项目文件

步骤 02　创建一个自定义的图像素材库。选择【工具】|【素材库管理器】命令，打开【素材库管理器】对话框。在【可用的自定义文件夹】下拉列表框中选择【图像】选项。单击【新建】按钮，打开【新建自定义文件夹】对话框，设置【文件夹名称】，并进行适当描述，如图 10.39 所示。

单击【确定】按钮，返回【素材管理器】对话框，在列表中已经显示出新添加的素材库文件夹，如图 10.40 所示。单击【关闭】按钮关闭该对话框。

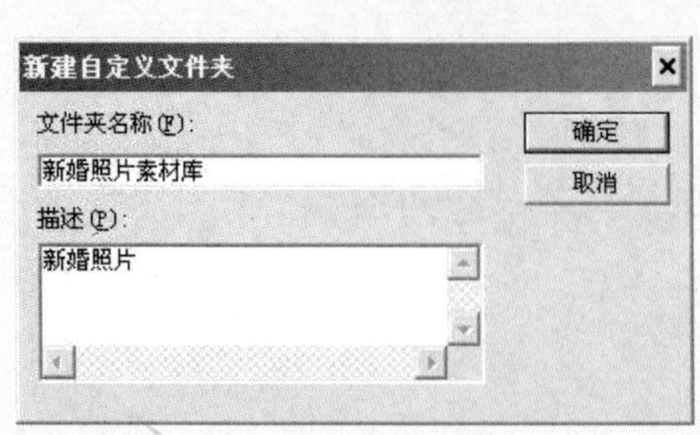

图 10.39 【新建自定义文件夹】对话框

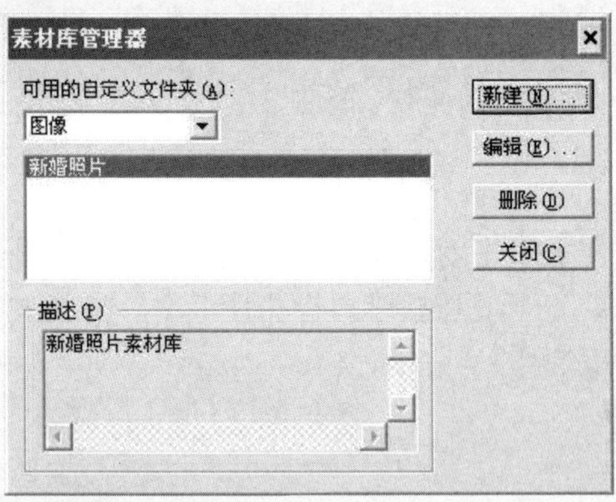

图 10.40 【素材管理器】对话框

步骤 03 打开【画廊】下拉列表框，选择【图像-新婚照片素材库】选项，在素材库的空白处右击，在打开的快捷菜单中选择【插入图像】命令，打开【打开图像文件】对话框，导入图像，如图 10.41 所示。

图 10.41 选择导入的图像文件

步骤 04 打开【图像-新婚照片】素材库，从中选择图像拖动到视频轨，如图 10.42 所示。将其【区间】设置为 15 秒，在【属性】选项卡，选中【变形素材】复选框，在预览窗口中调整素材的大小及位置，如图 10.43 所示。

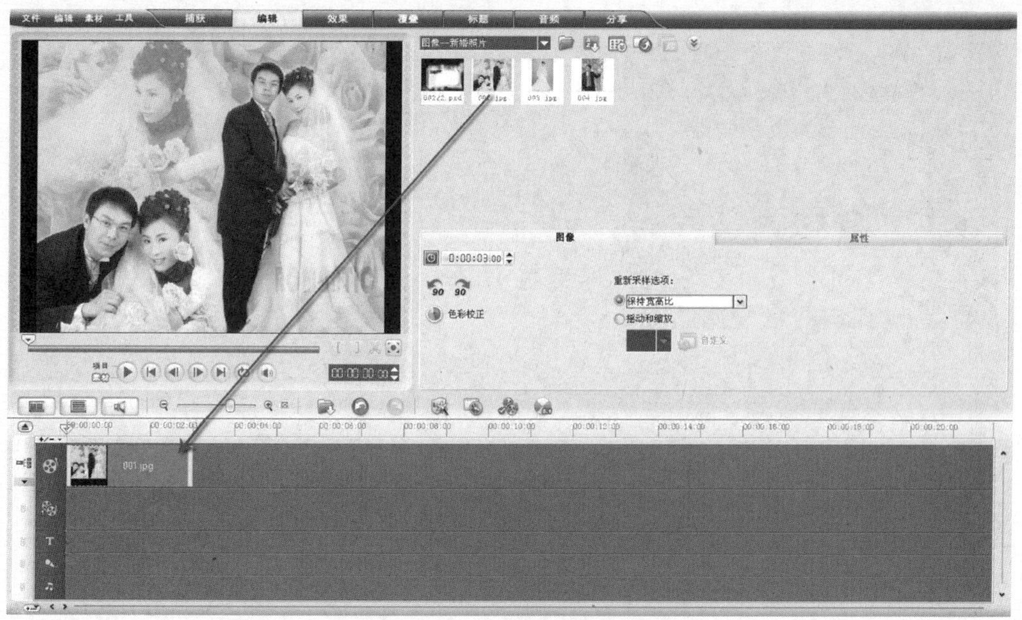

图 10.42　添加图像素材

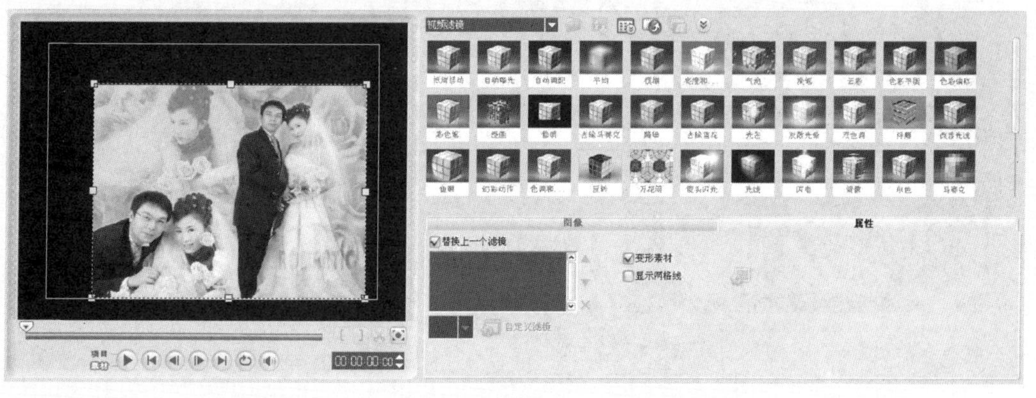

图 10.43　调整素材大小及位置

步骤 05　打开【色彩】素材库，从中选择黑色(0，0，0)将其添加到视频轨，将其【区间】设置为 1 秒。

步骤 06　打开【效果】操作界面，选择【过滤】类转场效果组中的“交叉淡化”，将其添加到两素材之间，如图 10.44 所示。

步骤 07　打开【覆叠】操作界面。从【图像-新婚照片】素材库中选择一个 psd 格式的文件拖动到覆叠轨上，如图 10.45 所示。

步骤 08　在预览窗口中右击，在弹出的快捷菜单中选择【调整到屏幕大小】命令，并将其【区间】设置为 15 秒。在对应的【属性】选项卡上按下【淡出】按钮，并且在导览面板上拖动修整拖柄，修改素材的暂停时间，如图 10.46 所示。

图 10.44　添加交叉淡化转场效果

图 10.45　为覆叠轨添加图像素材

步骤 09　打开【标题】操作界面，选中【多个标题】单选按钮，在预览窗口中输入两个标题："情浓此生"和"Love you"，将标题区间和位置设置为与覆叠轨上的素材相同，如图 10.47 所示。

图 10.46　修整覆叠素材

图 10.47　添加多个标题

步骤 10　选中标题“情浓此生”，重新设置字体和字号，并使四字的风格有一定差异，如图 10.48 所示。打开其对应的【动画】选项卡，选中【应用动画】复选框，在【类型】下拉列表框中选择【下降】类动画，在预置动画效果列表中选择第一种预置效果，如图 10.49 所示。

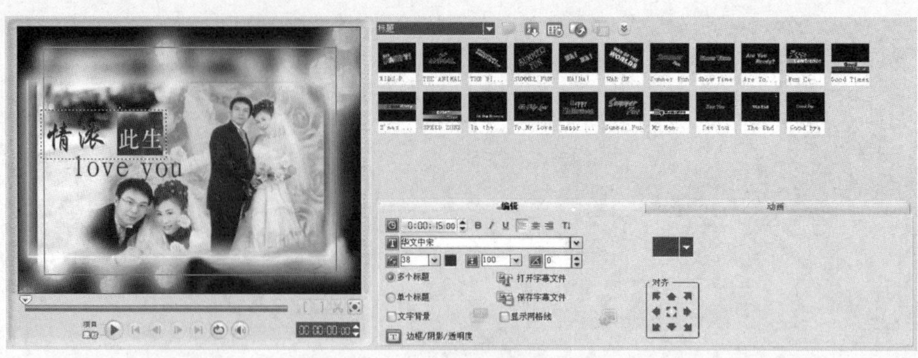

图 10.48　设置标题字体

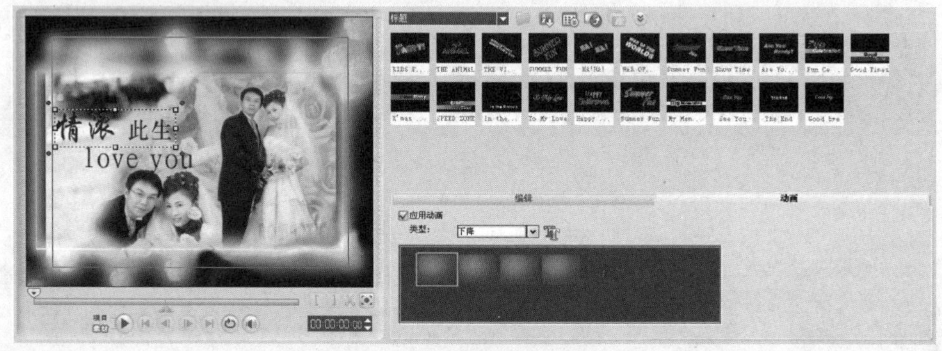

图 10.49　设置标题动画

步骤 11　选中英文标题，在其对应的【编辑】选项卡中重新设置字体和字号。在【动画】选项卡中选中【应用动画】复选框，在【类型】下拉列表框中选择【下降】类动画，单击【类型】下拉列表框右侧的【自定义动画属性】按钮，打开对应的【淡化动画】对话框，设置【淡化样式】为【淡入】，设置【单位】为【字符】，设置【暂停】为【中等】，如图 10.50 所示。

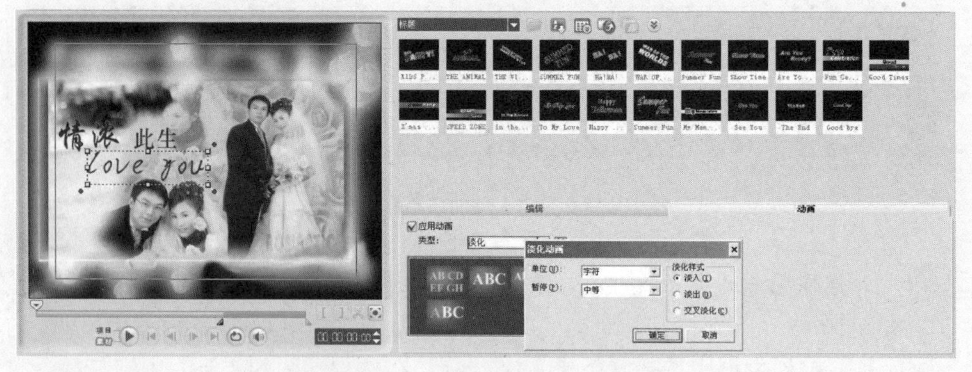

图 10.50　自定义标题淡化动画

在导览面板上单击选中【项目】按钮，然后单击【播放】按钮进行项目预览，如

图 10.51 所示。满意后按下 Ctrl+S 组合键进行保存。

图 10.51 预览效果

10.2.2 制作主体部分

在一个项目文件中设置的内容越多，调整起来就越麻烦。会声会影支持将项目文件作为素材导入到其他项目文件中，所以在这里将主体部分重新创建为一个新的项目文件。这样做的另外一个好处，就是可以添加更多的覆叠素材、标题、音乐等。

电子相册主要使用图像素材，而图像素材本身不具有动态效果，因此在本节中将对素材使用“摇动和缩放”功能设置。另外，为了增添装饰效果，还要使用 Flash 动画作为覆叠素材。作为覆叠素材的 Flash 动画区间是固定的，而图像素材可以设置时间，因此在项目制作中，要根据覆叠素材的区间进行适当的调整。

1. 添加并调整素材

步骤 01 新建一个会声会影项目文件，将其保存为“MTV 主体部分.VSP”。

步骤 02 按下键盘上的 F6 键打开【参数选择】对话框，在【编辑】选项卡中将【重新采样质量】设置为【最佳】，将【图像重新采样选项】设置为【保持宽高比】，并重新设定各种区间，如图 10.52 所示。

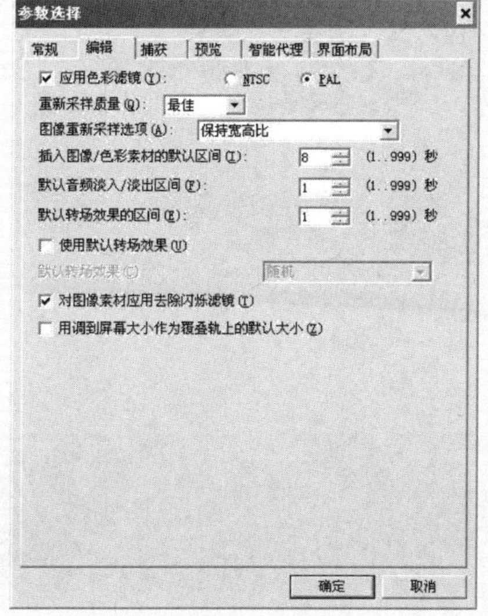

图 10.52 重新设置各项参数

步骤 03　在各素材之间添加转场效果。在本实例中，主要使用 3 组遮罩类转场效果，以求得到更炫目的视频感受。我们可以先设置一种遮罩类转场效果作为默认的转场效果，然后在实际操作中进行替换即可。打开【编辑】选项卡，选中【使用默认转场效果】复选框，将【默认转场效果】设置为【遮罩 B】，如图 10.53 所示。

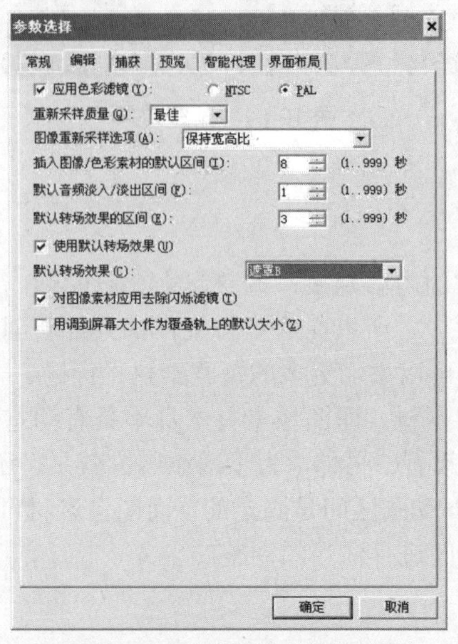

图 10.53　设置默认转场效果

步骤 04　在【编辑】操作界面中，打开【图像-我和你】素材库，将素材全部选中，拖动到故事板视图中，如图 10.54 所示。

图 10.54　添加图像素材

步骤 05　添加图像素材后，不要进行编辑，直接进入【覆叠】操作界面，先进行覆叠素材的设置，然后再返回来进行视频轨素材的设置，这样有助于素材的定位和区间的设置。

打开【Flash 动画】素材库，从中选择代号为“MotionF01”的素材将其拖动到覆叠轨的最前面。在预览窗口的覆叠素材上右击，在弹出的快捷菜单中执行【调整到屏幕大小】命令，如图 10.55 所示，将 Flash 动画调整得与屏幕同等大小。

图 10.55　添加并调整覆叠素材

步骤 06　视频轨上的图像与覆叠轨上的 Flash 动画并不对应，而在这里希望在胶片变化时，正好和两素材的转场相配合，因此要将第一幅图像的区间设置得与覆叠素材相同。选中覆叠轨上的素材，查看其区间，然后选中视频轨上的第一个视频素材将其区间设置得与其相同。

步骤 07　使用同样的方法向覆叠轨上添加两个选择代号为“MotionF01”的素材，将其进行与步骤 05 相同的设置，同时也将视频轨上的两素材的区间进行相应的修改。但由于在视频轨的两素材之间都添加了转场效果，转场的区间为 1 秒，因此视频轨上的两个素材的区间要比覆叠素材的区间长 1 秒。即覆叠轨上的素材区间为 00:00:05:09，视频轨上的第一个素材区间为 00:00:05:09，后两个素材区间要设置为 00:00:06:09。

步骤 08　选中第三个覆叠素材，在其对应的【属性】选项卡中按下【淡出】按钮，如图 10.56 所示。这样做可以使覆叠素材的消失不会太生硬，并且可以伴随着转场同时消失，显得很自然。

步骤 09　使用类似的方法添加其他覆叠素材并进行设置。在添加过程中，注意覆叠素材的色彩要与视频轨上的素材搭配得当，并且位置尽量不重叠。

如将代号为“MotionF05”的素材拖动到覆叠轨后，其透明部分在右侧，而其

对应的视频轨上的素材主体在左侧，因此要将其旋转 180° 后使用，如图 10.57 所示。

图 10.56 设置覆叠素材的淡出效果

图 10.57 旋转覆叠素材

再如，在覆叠轨上使用代号为“MotionF02”的素材后，因为该素材的作用主要是进行照片的转换，并且整个素材要进行两次照片转换，如果转换的位置与视频轨上的两素材不对应就会产生不协调的感觉。解决的方法之一是对该素材进行剪切，另外一个是改变素材的回放速度。在本实例中采用的是第二种方法。选中覆

叠素材后，按住 Shift 键拖动素材两端的修整拖柄进行修整最为准确。修整后，选中素材，打开其对应的【回放速度】对话框，可以查看速度的变化情况，如图 10.58 所示。

图 10.58　查看覆盖素材的回放速度

其对应的效果如图 10.59 所示。

图 10.59　预览覆叠效果与转场效果的配合

2. 为素材设置摇动和缩放

虽然已经为素材添加了覆叠效果，但视频轨上的素材的位置只能和覆叠轨上的素材大略对应；另外，虽然在覆叠轨上使用了大量具有动感的 Flash 动画，但视频轨上的素材并没有变化，减弱了整个画面的动感。因此，需要在素材上使用摇动和缩放功能，使素材动起来。

在图像上使用摇动和缩放功能，有两种方法。一种是直接选中素材对应的【图像】选项卡上的【摇动和缩放】单选按钮，另一种是使用摇动和缩放视频滤镜。前者设置简单，易于操作，后者可以使素材的摇动与缩放设置更加自由，但设置起来相对麻烦。在本实例中只使用第一种方法。

在这里只对一幅图像进行设置，其他图像参考该方法进行设置即可。

步骤 01 在视频轨上选中一幅图像，在其对应的【图像】选项卡中选中【摇动和缩放】单选按钮，如图 10.60 所示。

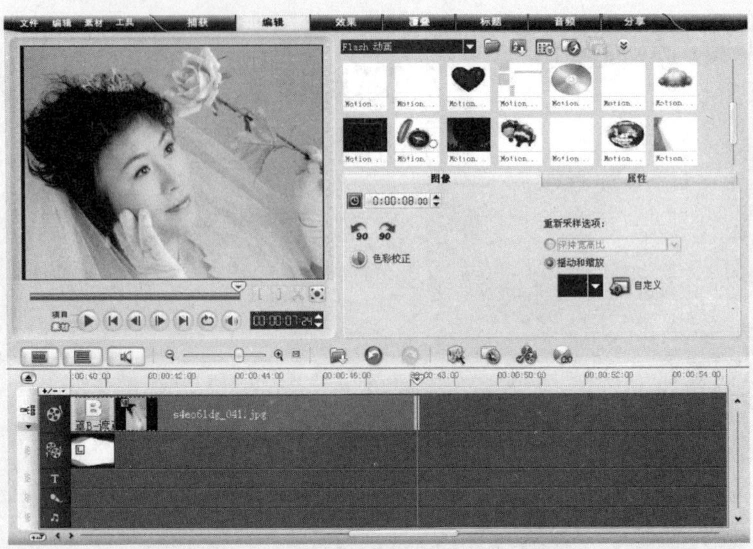

图 10.60　选中【摇动和缩放】复选框

步骤 02 单击【自定义】按钮，打开【摇动和缩放】对话框，如图 10.61 所示。

图 10.61　【摇动和缩放】对话框

步骤 03 在保证开始帧的前提下，在【图像】窗口中拖动十字标志到鲜花上，并调整方框大小，如图 10.62 所示。

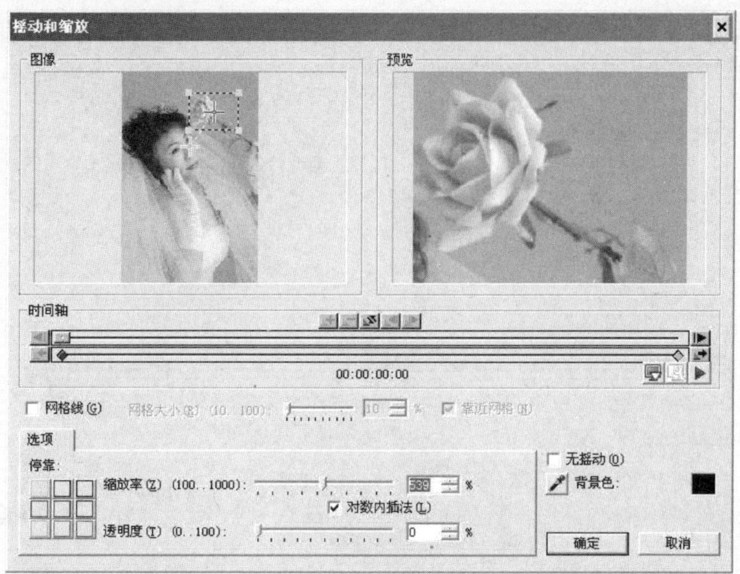

图 10.62 设置开始帧

步骤 04 移动时间轴上的滑块，大约到中间位置，单击添加关键帧按钮，在【图像】窗口中拖动十字标志到新娘头部，并调整方框大小，如图 10.63 所示。

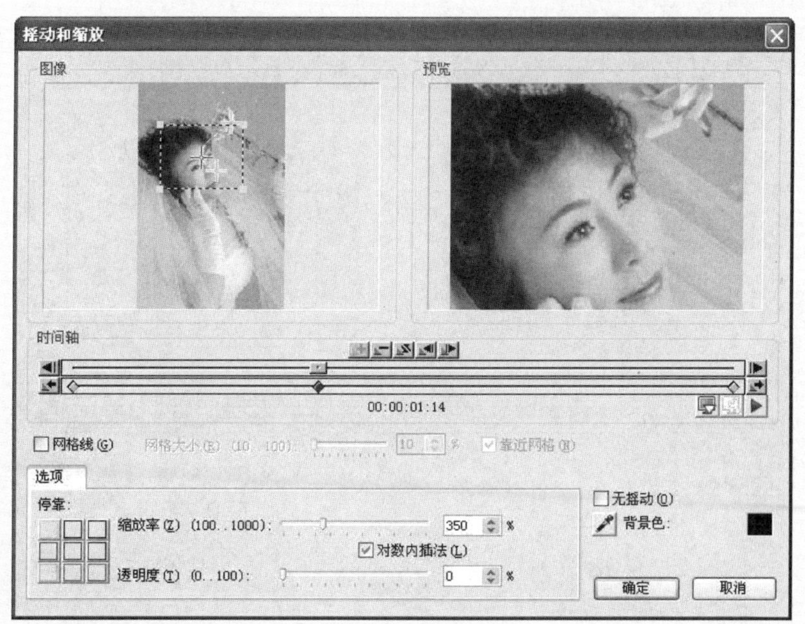

图 10.63 设置第二帧

步骤 05 移动时间轴上的滑块到第二帧稍后的位置，单击添加关键帧按钮，在【图像】窗口中拖动十字标志，并调整方框大小，如图 10.64 所示。

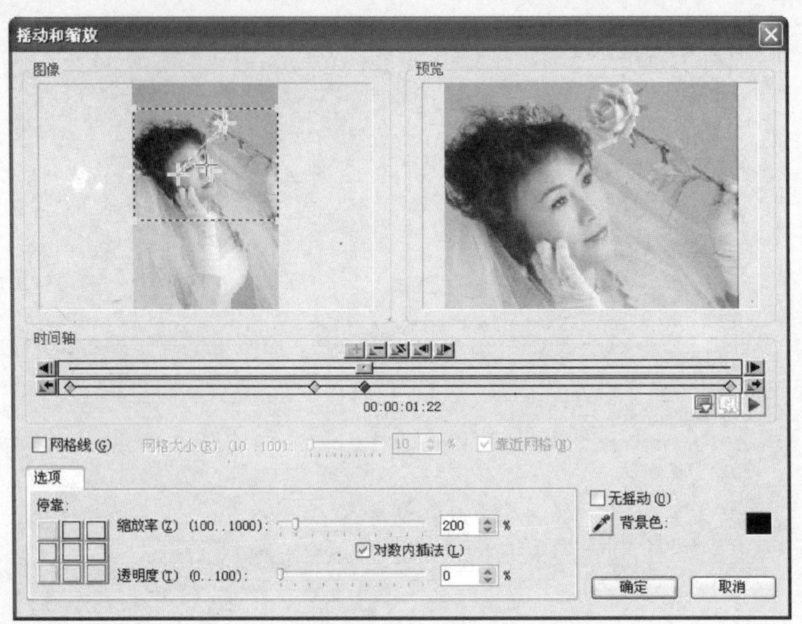

图 10.64　设置第三帧

步骤 06　移动时间轴上的滑块到最后，在【图像】窗口中拖动十字标志，并调整方框大小，如图 10.65 所示。

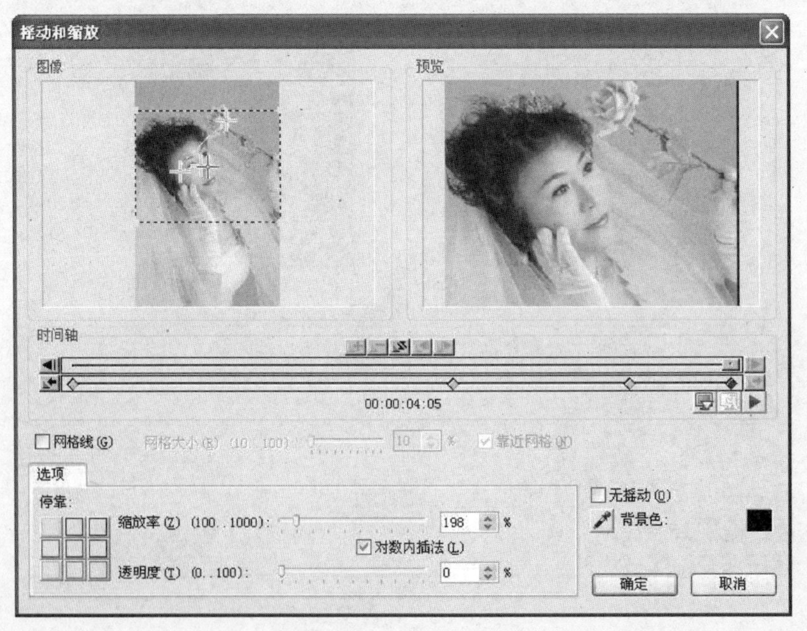

图 10.65　设置结束帧

步骤 07　单击【确定】按钮，关闭对话框。其预览效果如图 10.66 所示。

 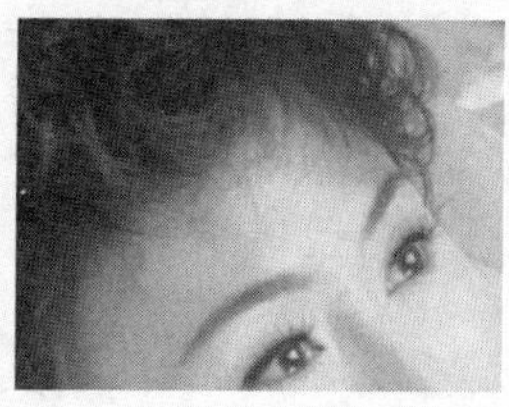  

图 10.66　预览效果

按下键盘上的 Ctrl+S 组合键两次保存项目文件。

3. 添加标题

在本书第 10.1 节中制作了简单的静态电子相册，为每一个画面都配备了标题，在本节中，希望直接引用制作好的标题。

步骤 01　打开“静态电子相册.VSP”项目文件，进入【标题】操作界面。打开自定义的【标题-情浓此生标题】素材库。将所有使用的标题全部从标题轨拖动到素材库中，如图 10.67 所示。

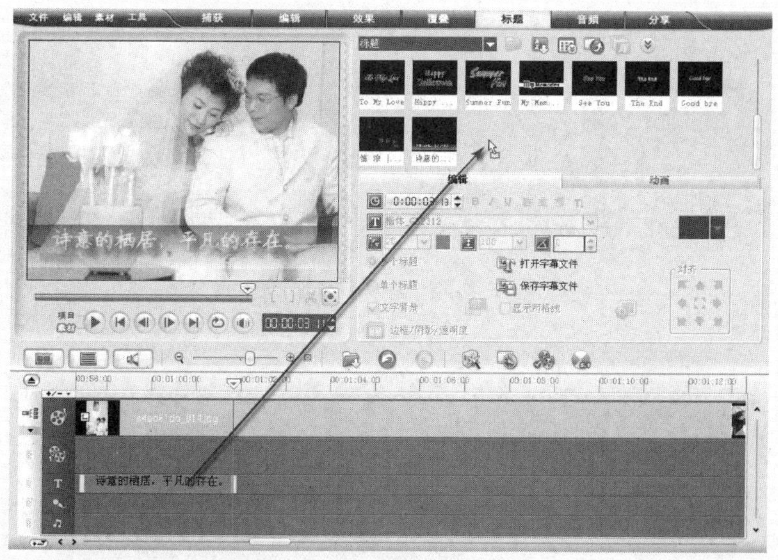

图 10.67　添加标题到素材库

步骤 02　重新打开“MTV 主体部分.VSP”项目文件，进入【标题】操作界面，打开【标题-情浓此生标题】素材库，从素材库中拖动相应的标题到视频轨素材对应的位置，如图 10.68 所示。

步骤 03　拖动标题右侧的修整拖柄改变标题的区间，使其与视频轨上的对应素材相呼应，如图 10.69 所示。

步骤 04　使用同样的方法添加并修改其他图像对应的标题，如图 10.70 所示。

步骤 05　打开【编辑】操作界面，在【视频】素材库中选中“HM_General 02_Start.wmv”素材将其拖动到视频轨的最后面，将其作为结束背景，如图 10.71 所示。

图 10.68　添加预置自定义标题

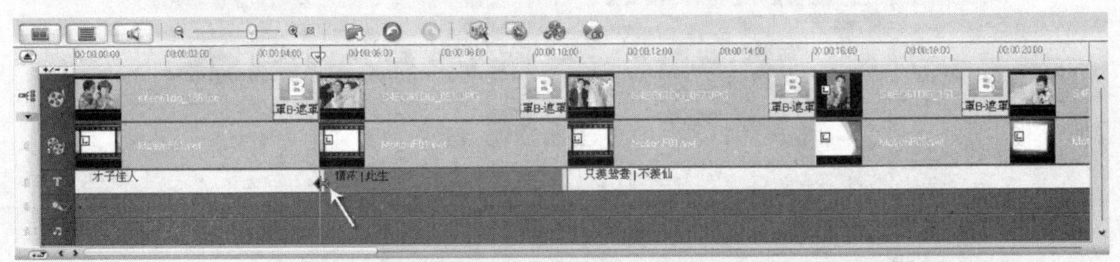

图 10.69　修改标题区间

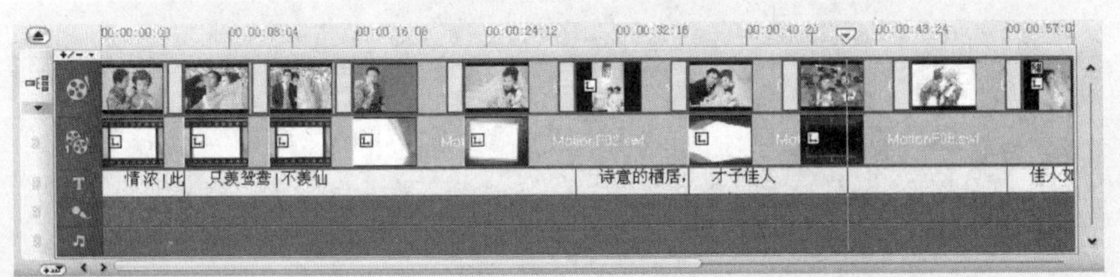

图 10.70　添加标题

步骤 06　在其前面自动添加的转场效果上单击，将其选中。设置其区间为 2 秒。将“遮罩 E”类转场效果拖动到最后一个转场效果处，将原转场效果替换，如图 10.72 所示。

步骤 07　为了防止覆叠效果影响转场的变化，选中最后一个覆叠效果，在其对应的【属性】选项卡中按下【淡出】按钮。

步骤 08　打开【标题】操作界面，将时间轴视图中的飞梭栏移动到最后一个标题后面。在预览窗口中双击，在【编辑】选项卡中选中【多个标题】单选按钮，并进行相应的样式设置，输入制作人员名单，如图 10.73 所示。

图 10.71　添加视频素材

图 10.72　替换默认转场效果

步骤 09　打开标题对应的【动画】选项卡，选中【应用动画】复选框，在【类型】下拉列表框中选择【飞行】类。选中第一种预置动画应用于标题，如图 10.74 所示。

步骤 10　按下 Ctrl+S 再次保存项目文件。

图 10.73　使用多个标题制作职员表

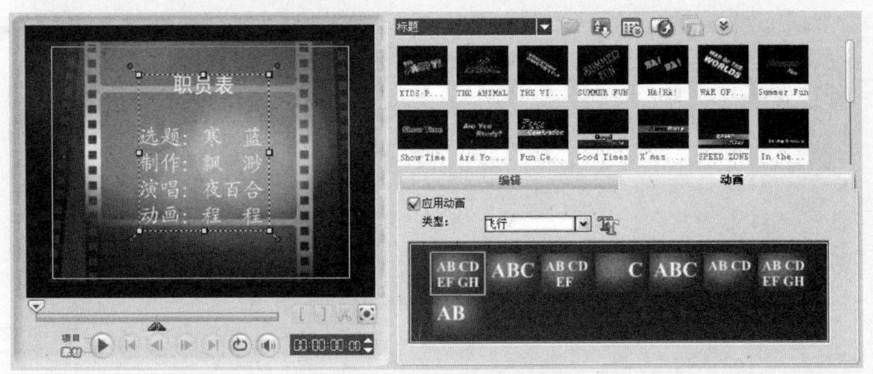

图 10.74　设置标题动画

10.2.3　卡拉 OK 歌曲的制作

步骤 01　打开“动感音乐 MTV.VSP”项目文件。在【编辑】操作界面的故事板视图中选中黑色色彩素材，将其【区间】由 1 秒修改为 2 秒，如图 10.75 所示。这样做的原因是既不会改变转场效果的区间，又多出 1 秒区间，可用于将来与后面新添加的素材之间设置转场效果。

步骤 02　单击故事板视图上方的【插入媒体文件】按钮，在打开的快捷菜单中执行【插入视频】命令，打开【打开视频文件】对话框，双击“MTV 主体部分.VSP”项目将其导入到故事板视图中，如图 10.76 所示。

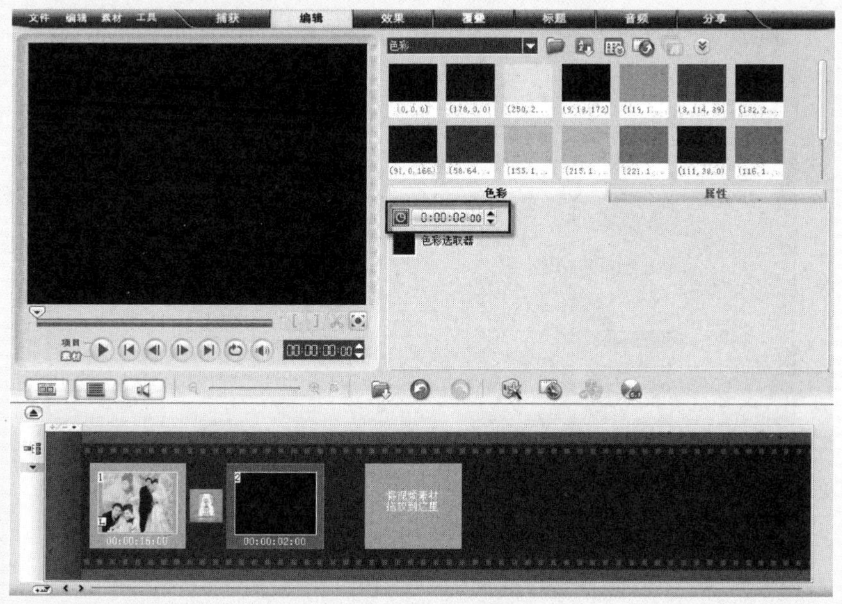

图 10.75　重新设定色彩素材区间

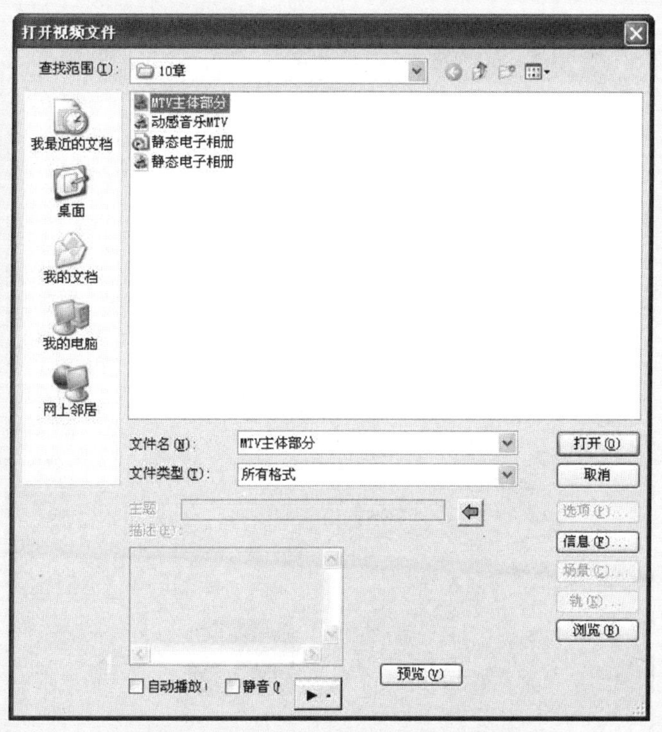

图 10.76　选择 VSP 项目文件作为视频导入

步骤 03　将卡拉 OK 光盘放入光驱，在 MPEGAV 文件夹中选择一个视频文件(后缀名为.dat)，如图 10.77 所示，将其复制到硬盘上。

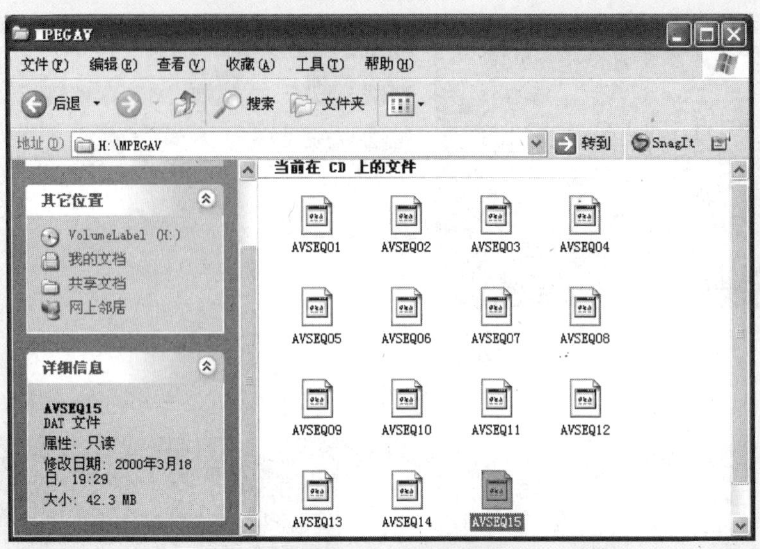

图 10.77　选择视频文件

步骤 04　进入【音频】操作界面，单击素材库中的【加载】按钮，打开【打开音频文件】对话框，选中复制过来的文件，如图 10.78 所示。

图 10.78　选择带有音频的视频文件

单击【打开】按钮，将其音频部分导入到【音频】素材库中。

步骤 05　打开时间轴的音频视图，将刚添加到素材库中的音频文件添加到声音轨，如图 10.79 所示。

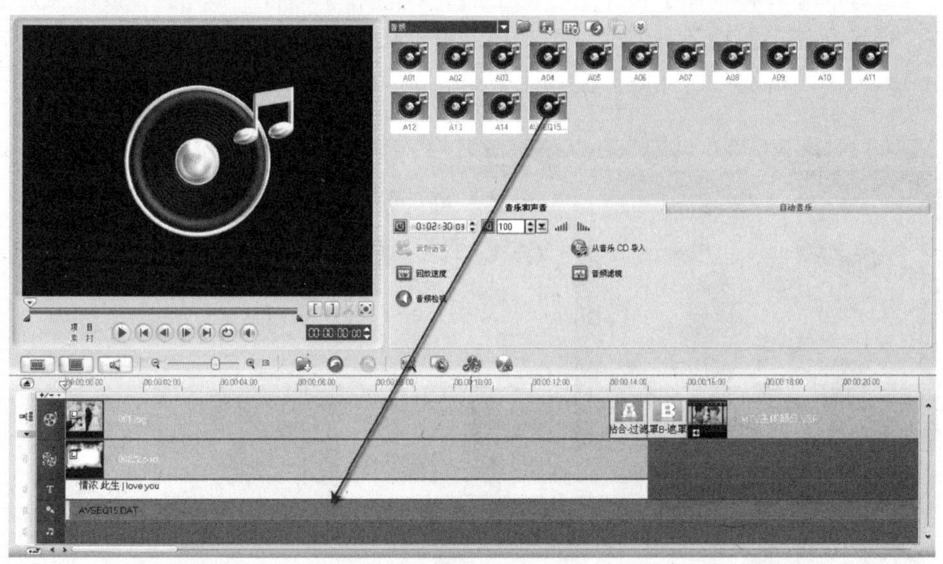

图 10.79　将音频文件添加到声音轨

步骤 06　拖动声音轨上素材右侧的修整拖柄，设置其区间与视频轨上的素材等长。

步骤 07　将飞梭栏移动到 0 秒位置。单击时间轴上方的【音频视图】按钮，在【环绕混音】面板上单击按钮，开始播放项目文件。在播放开始时，拖动摇动滑动条上的滑块到最左端，这样在播放时，只会左声道发声，如图 10.80 所示。

图 10.80　设置左声道发声

为防止滑块的移动，在播放过程中最好不要释放鼠标。

步骤 08 拖动该音频素材到音频轨，修整其区间与视频轨中的素材等长。单击时间轴上方的【音频视图】按钮，在【环绕混音】面板上单击按钮，开始播放项目文件。在播放开始时，拖动摇动滑动条上的滑块到最右端，这样在播放时，只会右声道发声，期间按住鼠标左键不放，如图 10.81 所示。

图 10.81　设置右声道发声

步骤 09 分别选中音乐轨和声音轨中的文件，在其对应的选项面板上按下【淡出】按钮，以防止音乐的停止过于突然。

步骤 10 按下 Ctrl+S 组合键，保存项目文件。

10.2.4　刻录 VCD

当所有的内容全部设置完成后，就可以输出视频文件了。

步骤 01 进入【分享】操作界面。单击【创建光盘】按钮，打开【会声会影创建光盘】向导界面，在【输出光盘格式】下拉列表框 DVD 4.7G 中选择 VCD 选项，弹出一个警告对话框，如图 10.82 所示。单击【是】按钮关闭该对话框。

步骤 02 因为只创建了一个电子相册，没有必要使用菜单，所以取消选中【创建光盘】复选框。

步骤 03 单击【下一步】按钮，直接进入预览界面，如图 10.83 所示。

步骤 04 单击【下一步】按钮，进入刻录设置界面，如图 10.84 所示，单击【针对刻录的更多设置】按钮，在弹出的【刻录选项】对话框中，如图 10.85 所示。单击【确定】按钮，完成设置。然后单击【刻录】按钮，进行视频的转换和刻录。

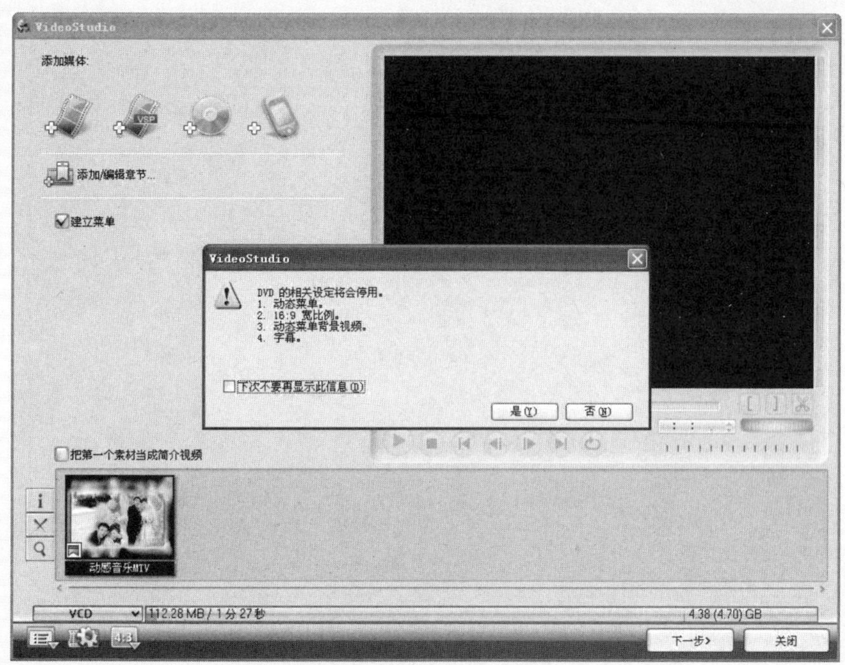

图 10.82　会声会影创建光盘向导界面

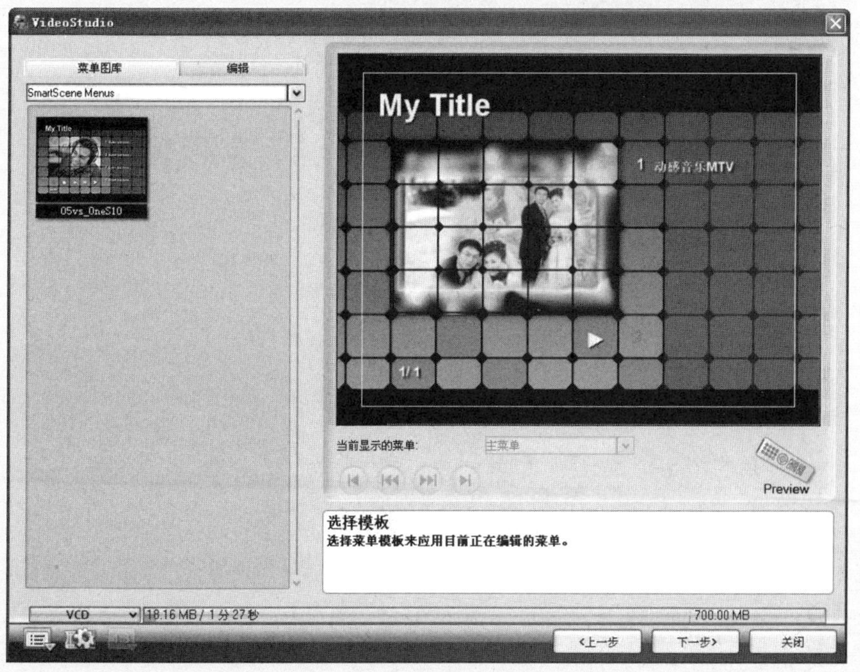

图 10.83　预览光盘

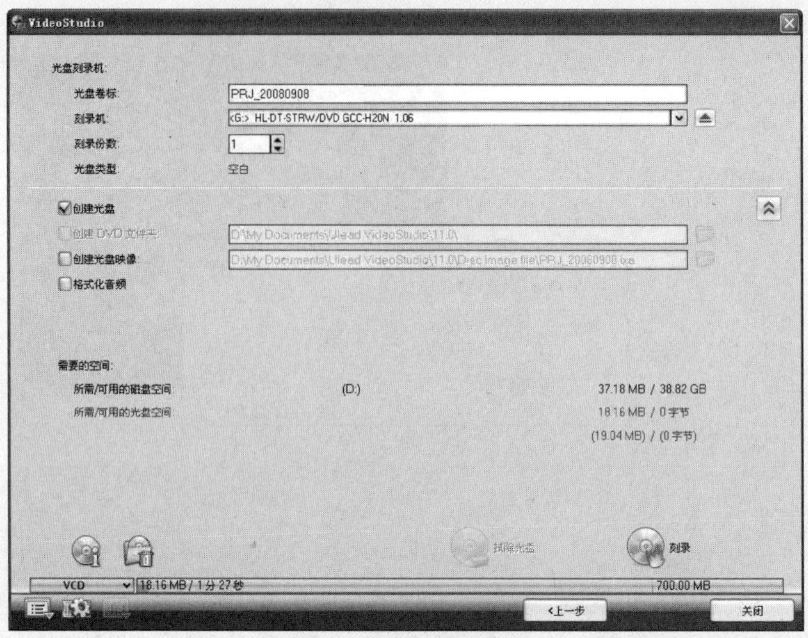

图 10.84　设置刻录选项

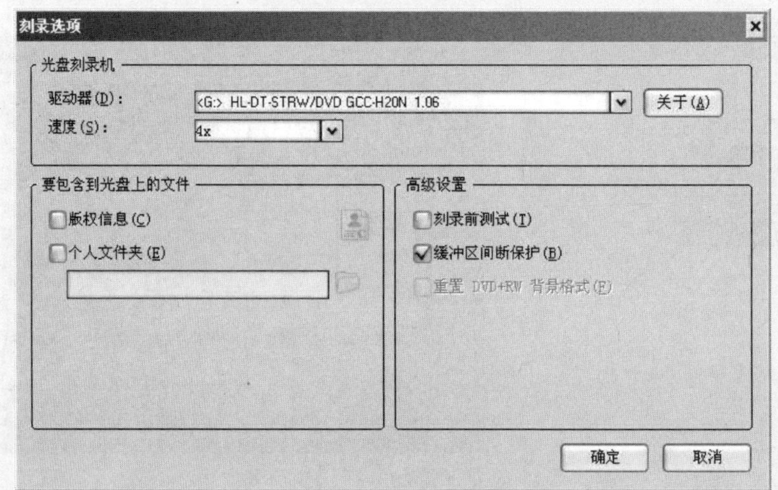

图 10.85　【刻录选项】对话框

技 巧

刻录速度一般要保持在 8×以下，最多不要超过 16×，否则将刻录好的光盘放入 VCD 机后，有可能出现不能读取的情况，刻录速度越慢，光盘上视频的质量越好。

第 11 章

入门与提高丛书

视频处理实用工具

本章要点:

使用会声会影 11 可以制作专业的影片，但是它的功能并不十分完善，使用一些专业性更强的第三方实用工具软件，可以弥补会声会影的不足，更高效率地完成数字视频的处理和制作。

本章介绍两个实用的工具软件。一个是数字视频格式转换工具——Video Converter，另一个是光盘刻录工具——Nero 7。

本章主要内容包括:

- ▲ 数字视频格式转换工具——Video Converter
- ▲ 光盘刻录工具——Nero 7

11.1 数字视频格式转换工具——Video Converter

由于数字视频的格式不同、压缩编码算法不同和特性不同，往往需要有相应的播放软件才能播放对应格式的视频文件，因此有时必须将视频格式进行转换，使播放器能够识别并正常播放。本节中将介绍的 Total Video Converter 就是一款很好用的数字视频格式转换工具。

11.1.1 Total Video Converter 简介

Total Video Converter 能够读取和播放各种视频和音频文件，并且将它们转换为流行的媒体文件格式。它内置一个强大的转换引擎，能够快速进行文件格式转换，可以把各种视频格式转换成手机、PDA、PSP、iPOD 使用的便携视频、音频格式(mp4、3gp、xvid、divx mpeg4 avi、amr/awb audio)；高度兼容导入 RMVB 和 RM 格式；把各种视频转换成标准的DVD/SVCD/VCD 格式；制作 DVD rip；从各种视频中抽取音频，转换成各种音频格式(mp3、ac3、ogg、wav、aac)；从 CD 音轨中抓取转换成各种音频文件。

启动 Total Video Converter 3.12 标准版，软件主界面可分为任务操作区和视频预览区两大部分。任务操作区是由【任务列表】和下方的【新建任务】、【移除】、【立即转换】和【高级】等任务操作按钮，以及底部的【转换后默认输出目录】文本框组成，软件启动时默认会展开【新建任务】按钮下的子菜单，显示所有可执行的任务操作。在任务列表区内单击同样会弹出任务菜单，如图 11.1 所示。

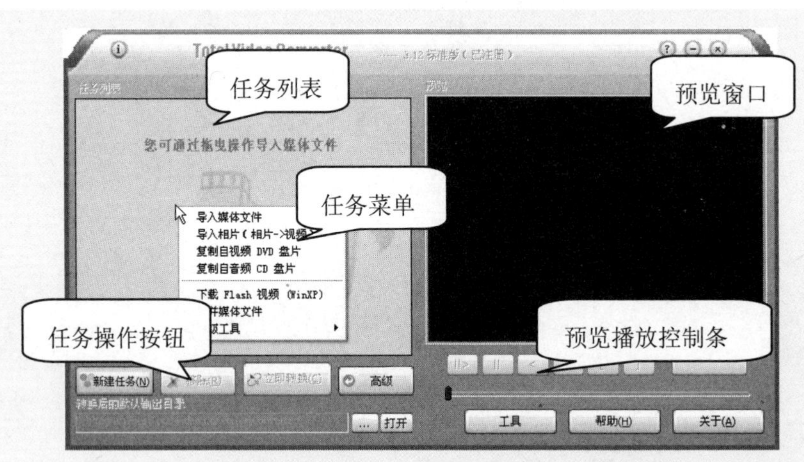

图 11.1　Total Video Converter 3.12 界面

下面介绍主要的任务菜单功能。

- 导入媒体文件：可对本地磁盘中的媒体文件进行格式的转换工作。
- 导入相片(相片→视频)：把自己喜欢的图片和音乐制作成电子相册视频。
- 复制自视频 DVD 盘片：从 DVD 光盘中抓取其中的视频、音频、字幕等内容。
- 复制自音频 CD 盘片：从 CD 光盘中抓取音频内容。

- 下载 Flash 视频(WinXP)：嗅探网页中存在的 FLV 文件并保存下来。
- 合并媒体文件：将多个视音频文件合并成一个新的视频文件。
- 高级工具：附有 4 个工具选项，分别是【抽取视频及音频】、【复用视频及音频】、【启动媒体烧录器】和【启动媒体播放器】。

11.1.2　利用 Total Video Converter 转换视频文件格式

利用 Total Video Converter 的转换功能，除了可以将媒体文件转换为常见的各种视音频格式外，还可以转换成各种随身播放机视频格式，或者直接转换并刻录成 DVD、SVCD、VCD、CD。

步骤 01　单击【新建任务】按钮或【任务列表】区，在弹出的任务菜单中选择【导入媒体文件】命令。

步骤 02　弹出【打开】对话框，浏览并选定需要转换格式的媒体文件。单击【打开】按钮。

提 示

可同时选择多个文件一起转换。

步骤 03　弹出【请选择待转换的格式】对话框，选择合适的待转换格式。如图 11.2 所示。

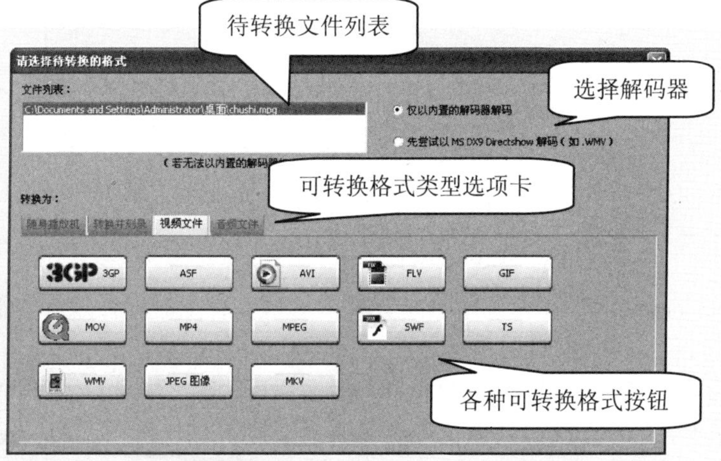

图 11.2　【请选择待转换的格式】对话框

步骤 04　在【任务列表】区中的【输出方案列表】下拉列表框中选择一种合适的输出方案，单击【设定】链接可以打开当前选定方案的选项对话框，在【音频选项】、【视频选项】、【调整视频大小】、【视频裁剪及填充】选项卡中分别进行详细设置。如图 11.3 所示。

步骤 05　单击【立即转换】按钮开始转换，如图 11.4 所示。转换完成后将自动跳转到目标文件夹。

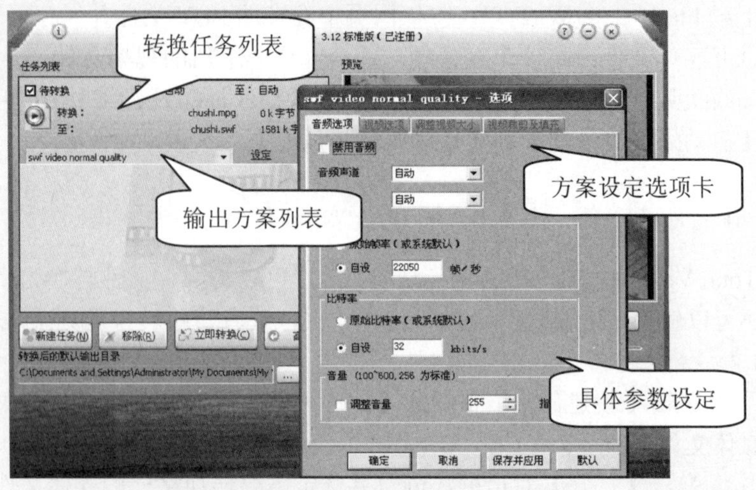

图 11.3　设定文件输出方案

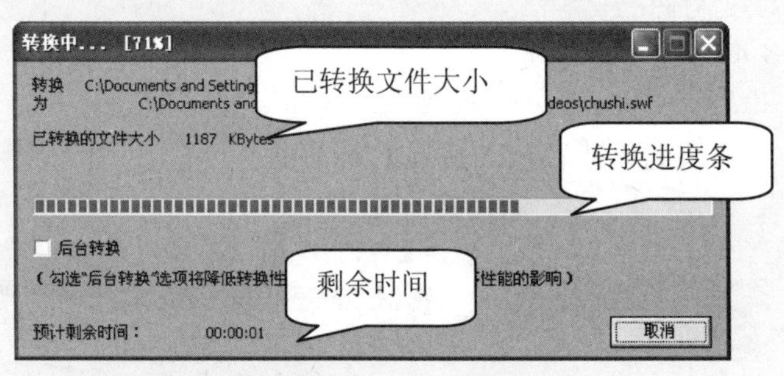

图 11.4　“转换中…”对话框

11.1.3　利用 Total Video Converter 抓取 DVD 视频

利用 Total Video Converter 可以直接抓取 DVD、CD 中的视音频流，还可以截取里面的部分转换成其他格式的文件保存下来。

步骤 01　在 DVD 光驱中插入 DVD 影碟，启动 Total Video Converter 软件，单击【任务列表】区，在弹出的菜单中选择【复制自视频 DVD 碟片】命令。

步骤 02　在弹出的【请选择待转换的格式】对话框中选择一种合适的视频文件，如在【随身播放机】选项卡下【NOKIA 手机】项目中选择 NOKIA N70 型号，如图 11.5 所示。

步骤 03　在弹出的【Dvd 输入信息】对话框中选择合适的【音轨】、【字幕】、【角度】、【反交错】等信息选项。如图 11.6 所示。

提　示

DVD 影碟一般会包含多条音轨、多个字幕、多个视角的信息，在观看时可选择合适的语言轨道进行观看。

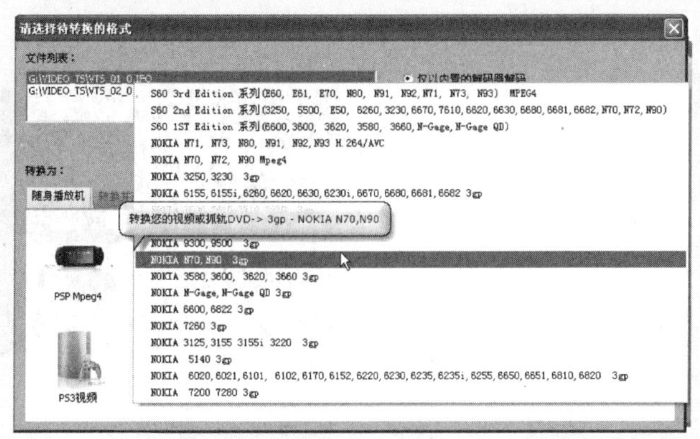

图 11.5　【请选择待转换格式】对话框

图 11.6　【Dvd　输入信息】对话框

步骤 04　单击【确定】按钮返回主界面，在任务列表中选择需要转换的任务。

提 示

一张 DVD 碟片上可能有多个视频文件。

步骤 05　单击【高级】按钮展开详细的设置选项，可对文件的输入、输出选项进行更多的设置。如图 11.7 所示。

步骤 06　单击预览窗口中的【播放】按钮 播放当前 DVD 影片，在合适的位置单击【设为起点】按钮 和【设为终点】按钮 ，在【输入文件设定】选项组的【起点】和【终点】文本框中将自动更新为刚才设定的时间。

步骤 07　设置完成后单击【立即转换】按钮进入【转换中】对话框，当进度条为 100% 时转换成功。

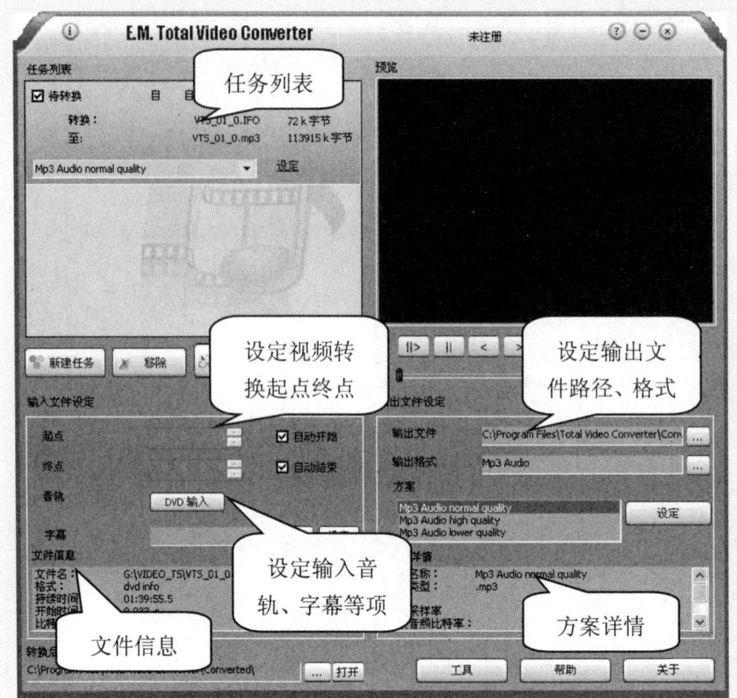

图 11.7　视频转换高级设置界面

11.2　光盘刻录工具——Nero 7

Nero Burning ROM 是一款非常出色的光盘刻录软件，支持中文长文件名刻录，也支持 ATAPI(IDE)的光盘刻录机，可刻录多种类型的光盘。

11.2.1　Nero 7 简介

德国 Ahead Software 公司出品的光盘刻录软件 Nero 不仅性能优异，而且功能强大。该软件是目前支持光盘格式最丰富的刻录工具之一。它支持数据光盘、音频光盘、视频光盘、启动光盘、硬盘备份以及混合模式光盘刻录，操作简便并提供多种可以定义的刻录选项，能刻录 CD 或 DVD 光盘，同时拥有经典的 Nero Burning ROM 界面(如图 11.8 所示)，和易用界面 Nero StartSmart(如图 11.9 所示)。高速、稳定的刻录核心，再加上友善的操作接口，Nero 绝对是用户刻录机的绝佳搭档。

Nero StartSmart 是各种刻录任务的中心起始点。从不同的类别中选择任务，启动 Nero 应用程序并且自定义某些设置，来完成刻录光盘的任务。下面分别说明 Nero StartSmart 各选项的使用方法。

1)　任务目录区

如果将鼠标指针移至各个功能图标的上方，即可显示该功能选项中可以执行的任务。如收藏夹、数据、音频、照片和视频、备份、其他，单击选择它们可以切换到编辑和处理项目的界面。

2)　任务图标区

标准模式中仅显示最常用的任务；高级模式中显示所有任务。最常用的主要包括格式选项(如数据光盘、音乐、视频/图片和映像、项目、复制)和编辑方法(如打印标签)等。

图 11.8　Nero Burning ROM 经典界面

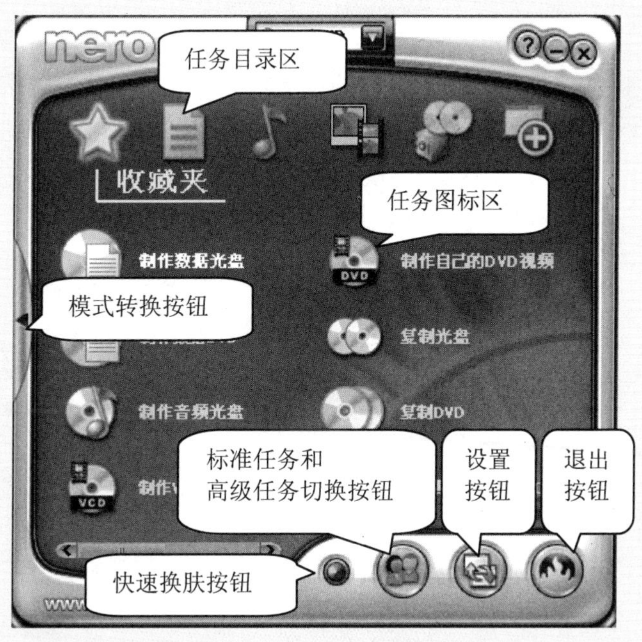

图 11.9　Nero StartSmart 快速易用界面

3)　模式转换按钮

用于转换 Nero StartSmart 的标准模式和高级模式。在高级模式下，任务图标区会显示

“高级模式”4 个字。高级模式状态下会显示所有任务图标。

4) 应用程序启动区

单击模式转换按钮，切换到高级模式，该扩展区域显示 Nero 产品系列中所有已安装的应用程序、工具和手册等。在希望使用的应用程序上单击一次即可访问它。

5) 快速换肤按钮

单击此按钮可更改 Nero StartSmart 界面的颜色。

6) 设置按钮

单击此按钮可打开配置窗口。用户可以设置在各个任务中启动 Nero 系列的哪个程序。

11.2.2 制作数据 DVD 光盘

DVD 刻录机越来越普及了，并且已经有了容量高达 4.7GB 的单面单层 DVD 刻录盘，用户在传递或保存大容量数据时，感受到了前所未有的便捷和安全。

使用 Nero 7 软件制作数据 DVD 光盘具体的操作步骤如下。

步骤 01 运行 Nero StartSmart 软件，在其开始屏幕中单击选择【收藏夹】或【数据】中的【制作数据光盘】任务项目即可运行 Nero Express 应用程序，弹出相应向导窗口。

步骤 02 在左侧窗格中有数据光盘、音乐、视频/图片等 4 种数据格式选项，单击选择【数据光盘】选项，在对应的右侧窗格显示两个功能选项：数据光盘(默认)和数据 DVD，这里单击选择【数据 DVD】选项。如图 11.10 所示。

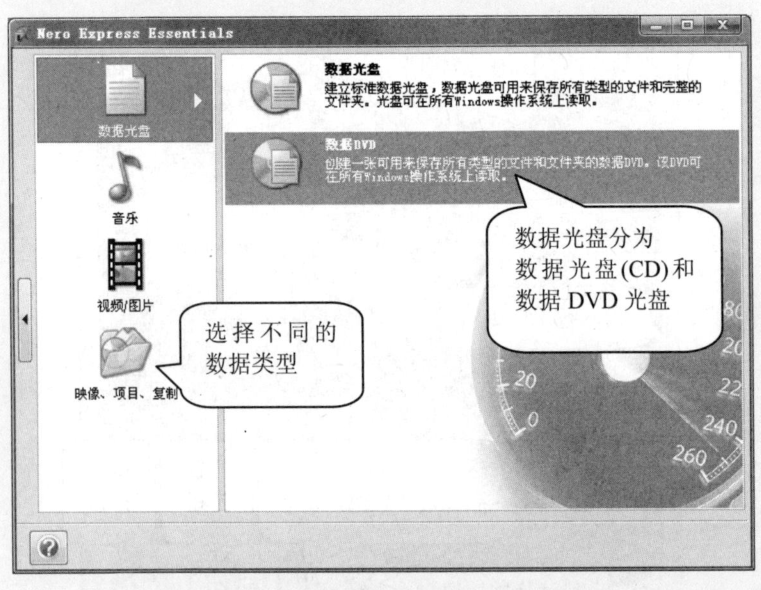

图 11.10 选择制作 DVD 数据光盘格式选项

步骤 03 在【光盘内容】界面，单击【添加】按钮，在【添加文件和文件夹】对话框中选择所要添加的文件或文件夹，注意添加的文件容量最大不能超过界面下边刻度上的黄色虚线标记。在最大容量范围内用绿色标记，如图 11.11 所示。超过最大

容量用红色标记，其中黄色标记表示在此范围内光盘可超容量刻录。单击【下一步】按钮。

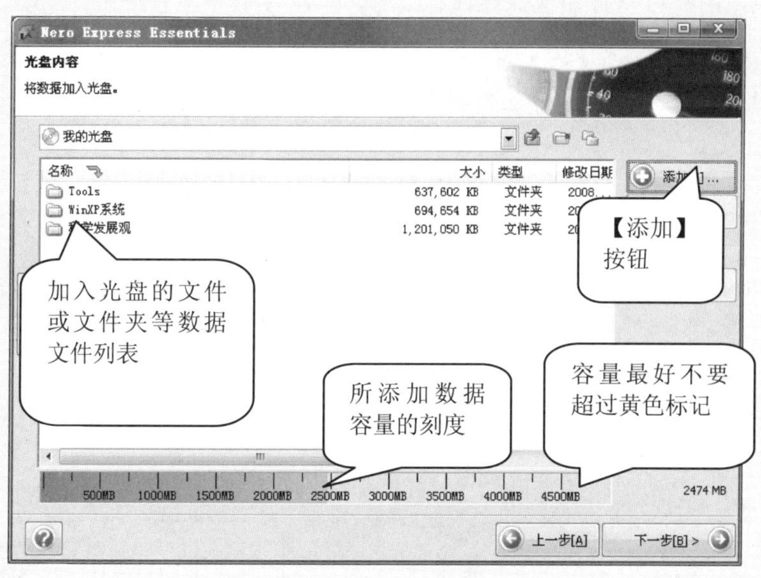

图 11.11　添加刻录光盘内容

步骤 04　在【最终刻录设置】界面的【当前刻录机】下拉列表框中选择刻录机，这里选择“G：PHILIPS SPD2415P[DVD]”，在【光盘名称】文本框中输入所刻录光盘的名称。选中【允许以后添加文件(多区段光盘)】复选框，表示在该光盘容量范围内还允许多次进行刻录。【刻录后检验光盘数据】复选框表示在刻录结束时对光盘上的数据内容进行检验。如图 11.12 所示。在刻录机中放入所要刻录的光盘，单击【刻录】按钮，开始刻录进程。

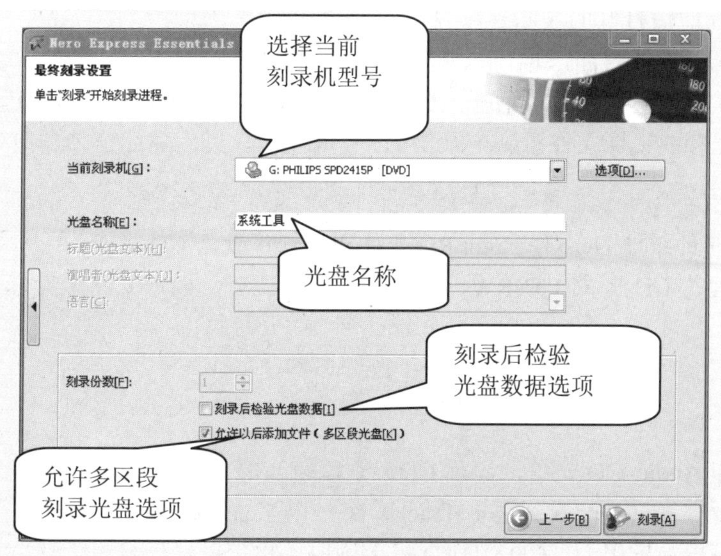

图 11.12　最终刻录设置

步骤 05 刻录过程画面如图 11.3 所示。刻录结束，弹出光盘，并且弹出提示对话框显示“以 4×(5,540KB/s)的速度刻录完毕”信息，单击【确定】按钮。刻录过程成功完成，用户可以打印或保存详细报告。单击【下一步】按钮。

提 示

在刻录过程中，不能中途停止否则光盘刻录失败，最好也不要运行其它程序，以免影响刻录效果。

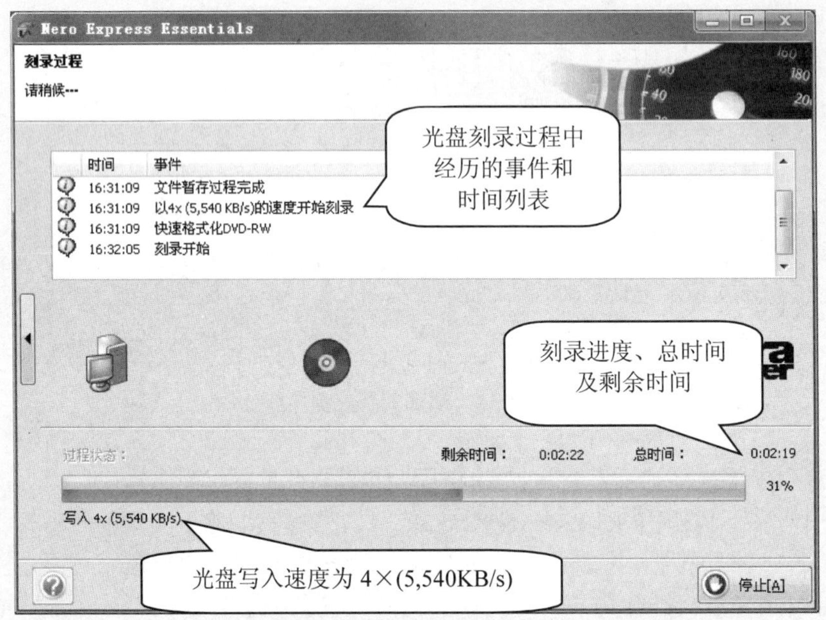

图 11.3　光盘刻录进程

步骤 06 在随后打开的【新建项目、封面设计程序、保存项目】界面中，用户可以给刻录光盘设计封面，也可以新建项目或保存当前项目。这里单击【保存项目】按钮，弹出【另存为】对话框，程序默认项目文件名为“ISO1.DVD”，用户可以使用所保存的镜像文件重新刻录 DVD 数据光盘。最后关闭窗口结束刻录。

提 示

运行 Nero 7 的组件 Nero Burning ROM 也可以制作数据 CD 光盘，制作数据 CD 光盘使用的空刻录光盘是 CD-R 或 CD-RW，容量也有较大区别，数据 CD 光盘容量为 650MB ~ 700MB 左右。

11.2.3　制作音频光盘

音频光盘即 Audio CD 光盘，简称 CD，它以轨道的方式保存音频文件。在光盘里并不能看到其真实内容，只是能看到很多 Track，每一个 Track 对应一个 cda 格式的音频文件。音频光盘不仅可以在家用的 VCD、DVD 机上读取，也可以在计算机上读取，还可以在 CD Player 上进行读取。一般刻录机默认值为 Track at Once。制作音频光盘具体操作步骤如下。

步骤 01　运行 Nero Burning ROM，在【新编辑】对话框中选择 CD 音乐光盘，在音乐 CD 界面有 4 个选项卡，它们分别是【信息】、【音乐光盘】、【音乐 CD 选项】和【刻录】。

- 【信息】选项卡记录了音乐光盘上所刻录音乐的时间及轨道数即歌曲数。
- 【音乐光盘】选项卡有【一般】、【CD 文本】和其他信息功能选项区。【一般】选项组提供【正常化所有音频文件】和【轨道间无间隔】复选框。【CD 文本】选项组提供【写入光盘】复选框、【标题】和【艺术家】文本框。其他信息包括版权、出品人、日期等。
- 【音乐 CD 选项】选项卡提供【CDA 文件策略】、【驱动器】、【高级】选项组，如图 11.14 所示。【CDA 文件策略】下拉列表框中有【视硬盘而定(默认值)】、【视光驱而定】、【将它视为轨道】、【将它视为文件】4 个选项。驱动器显示本机所用的刻录机设备名称及速度。这里选择 G:\PHILIPS SPD2415P，【读取速度】选择 20×(3,000KB/s)。还提供【刻录之前在硬盘驱动器上缓存轨道】复选框(默认)。【高级】功能选项组提供【删除音频轨道末尾的无声片断】复选框(默认)。
- 【刻录】选项卡的写入速度为 4×，【写入方式】选择【轨道一次刻录】，其他设置默认。

图 11.14　音乐 CD 选项

步骤 02　单击【新建】按钮，切换到音乐 CD 制作界面。在该界面的【文件浏览器】中选择所要制作音乐 CD 的歌曲，将它们拖放到左侧的编辑框，如图 11.15 所示。用户还可以单击【播放】和【编辑】按钮来试听和编辑歌曲。音频文件最好为 WMA、MP3、WAV、AAC、VQF、PCM 等常用的音频格式，用户可使用 Nero 自带或第三方软件将要进行刻录的音频文件进行编码转换，只有刻录的音频文件编码都一样，才能够达到好的效果。

步骤 03 在刻录机中放入所要刻录的光盘，单击工具栏【刻录】按钮，弹出【刻录编译】对话框，在该对话框中可以设置【写入速度】、【写入方式】、【刻录份数】等。单击【刻录】按钮，切换到【写入光盘】对话框。如图 11.16 所示。

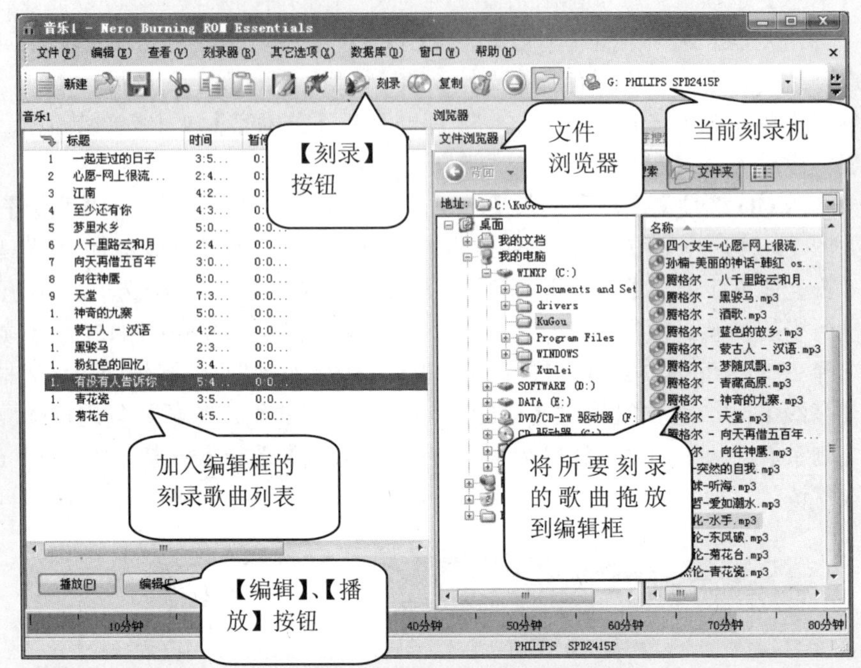

图 11.15　音乐 CD 制作窗口

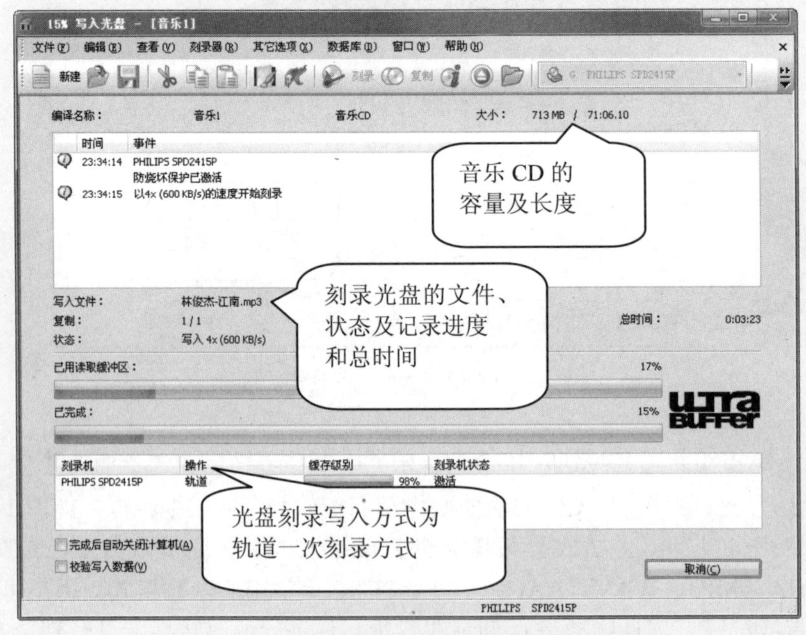

图 11.16　音乐 CD 刻录时写入光盘进度对话框

步骤 04　在写入光盘即刻录音乐 CD 光盘过程中，程序会将写入文件名、复制、状态、已用读取缓冲区、已完成进度、刻录所用的总时间等信息显示在窗口中。

步骤 05　刻录结束，弹出光盘，并且弹出提示对话框显示“以 4×(5,540KB/s)的速度刻录完毕”信息，单击【确定】按钮，返回主界面，关闭程序结束制作。

提 示

CD 格式非常特殊，用户无法通过“资源管理器”中的复制和粘贴命令来复制 CD 音乐到机器上，不得不使用第三方软件。其实，通过 Nero 就可以很轻松地把 CD 复制到硬盘上：将音乐 CD 放入光驱，然后选择【刻录机】|【保存轨道】命令，在打开的【保存轨道】对话框中选择欲保存的轨道，再选择相应的文件类型(有 4 种文件格式可供选择)和存放文件夹，最后单击【完成】按钮即可将 CD 音轨存为 MP3 或 WAV 等格式文件。

11.2.4　制作 VCD 视频光盘

Nero Vision 是新一代视频专门制作工具，内置功能强大的视频生成引擎支持包，支持数据压缩，生成的视频播放速度很快，画质非常清晰，内置超强的智能化管理引擎，用户可以很轻松的管理要发布的视频。它不仅具有强大的视频处理功能，如视频缩放处理、翻转视频效果、彩色转黑白效果，还可以制作 AVI、VCD、SVCD、DVD、MPEG-4，支持动态效果视频模板、片头视频、片尾模板、同步效果、PAL 和 NTSC 电视制式等。

VCD 光盘不仅可以在计算机上读取，而且可以在家用 VCD 机上播放视频。注意使用制作数据光盘的方法制作成的 VCD 不能在 VCD 机上播放。

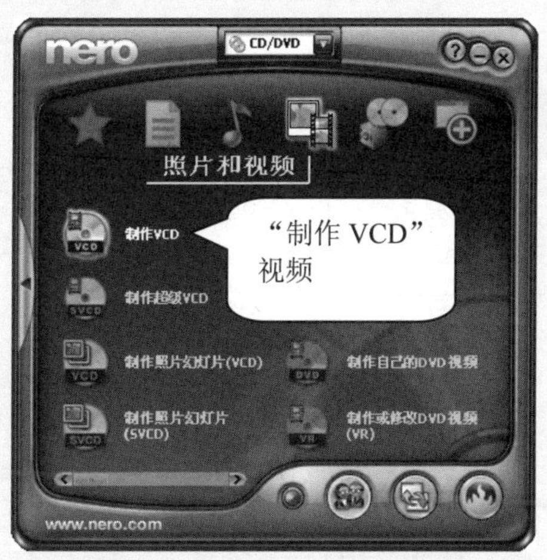

图 11.17　照片和视频功能选项界面

运用 Nero 7 制作 VCD 视频光盘的具体操作步骤如下。

步骤 01　运行 Nero StartSmart 软件，单击标准模式下的【照片和视频】按钮，在相应界面单击选择【制作 VCD】任务，如图 11.17 所示。

步骤 02　在弹出的 Nero Vision 窗口中，选择【制作光盘】|【视频光盘】选项，如图 11.18 所示。

图 11.18 Nero Vision 主界面窗口

步骤 03 在【目录】界面，用户可以创建和排列项目的影片。单击右侧【添加视频文件】选项，弹出【打开】对话框，在【文件浏览器】选项卡中选择制作 VCD 视频光盘所要的影片文件并添加进项目列表，如图 11.19 所示。单击【下一步】按钮。

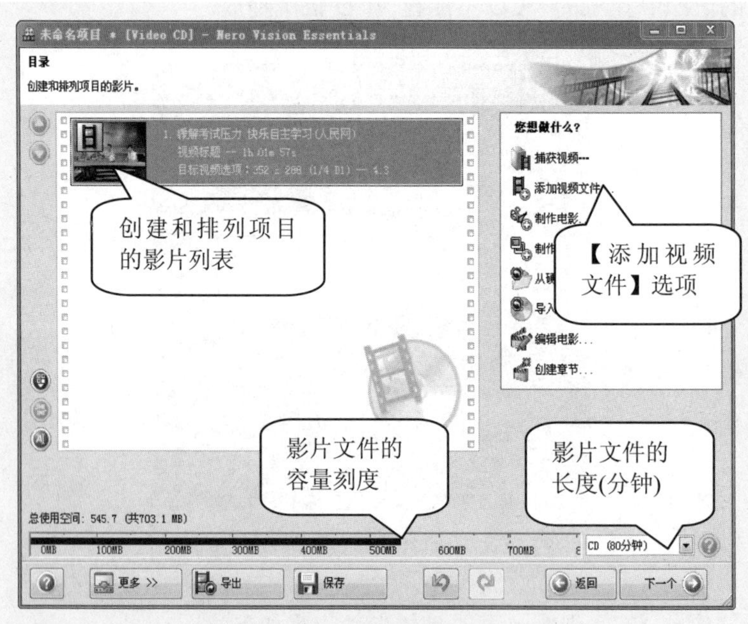

图 11.19 目录窗口

步骤 04 在【选择菜单】界面，单击【编辑菜单】按钮，打开编辑菜单界面，用户可以自定义菜单设置，如配置、背景、按钮、字体、页眉/页脚文本、阴影、自动等。如图 11.20 所示。单击【下一个】按钮。

步骤 05 在【预览】窗口，刻录前用户可以检查 VCD 视频光盘各项目设置的情况和效果。如果想修改，可以单击【返回】按钮，这里单击【下一个】按钮。

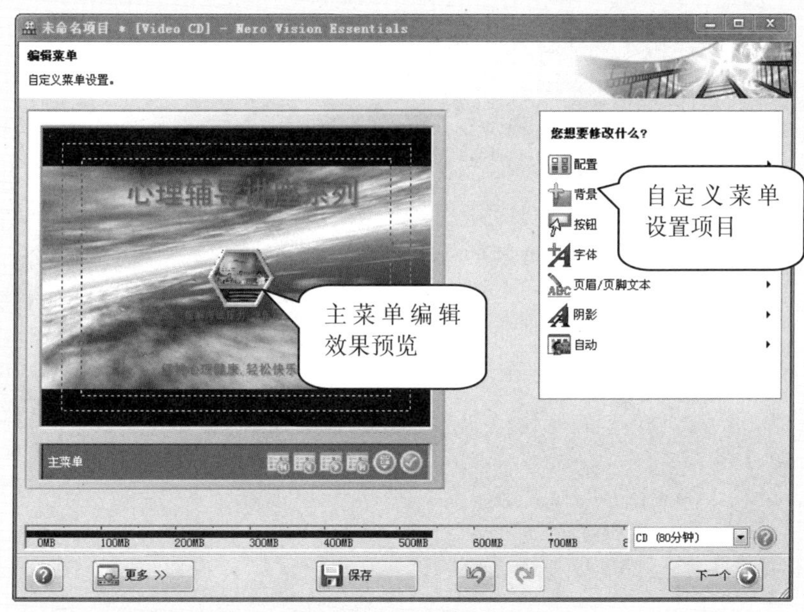

图 11.20　自定义菜单设置

步骤 06 在【刻录选项】界面，用户可以设置刻录参数。在【设定记录参数】功能组中，将鼠标指针移到【刻录】选项上单击选择当前刻录机，在【卷名】选项设置光盘名称，在【刻录设定】选项中设置刻录速度等。该界面还显示有项目摘要，如【视频模式】为 PAL；【长宽比】为 4∶3 等详细资料。如图 11.21 所示。在刻录机中放入所要刻录的光盘，单击【刻录】按钮。

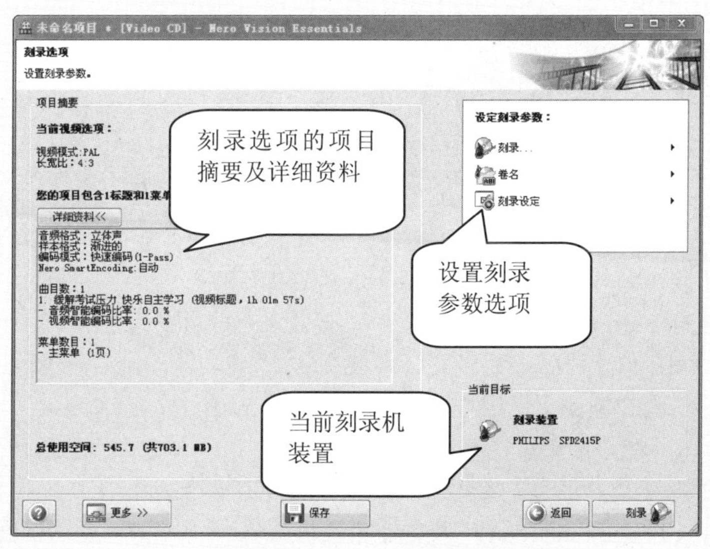

图 11.21　刻录选项

步骤 07 在刻录进度窗口，可以创建菜单及转码数据流，并显示当前操作、当前进度，总进度、所用时间和剩余时间等信息。如图 11.22 所示。

步骤 08 刻录成功完成，弹出光盘，在“刻录成功完成，是否要保存日志文件？”对话框中，单击【是】按钮保存日志，并单击【退出】按钮结束。

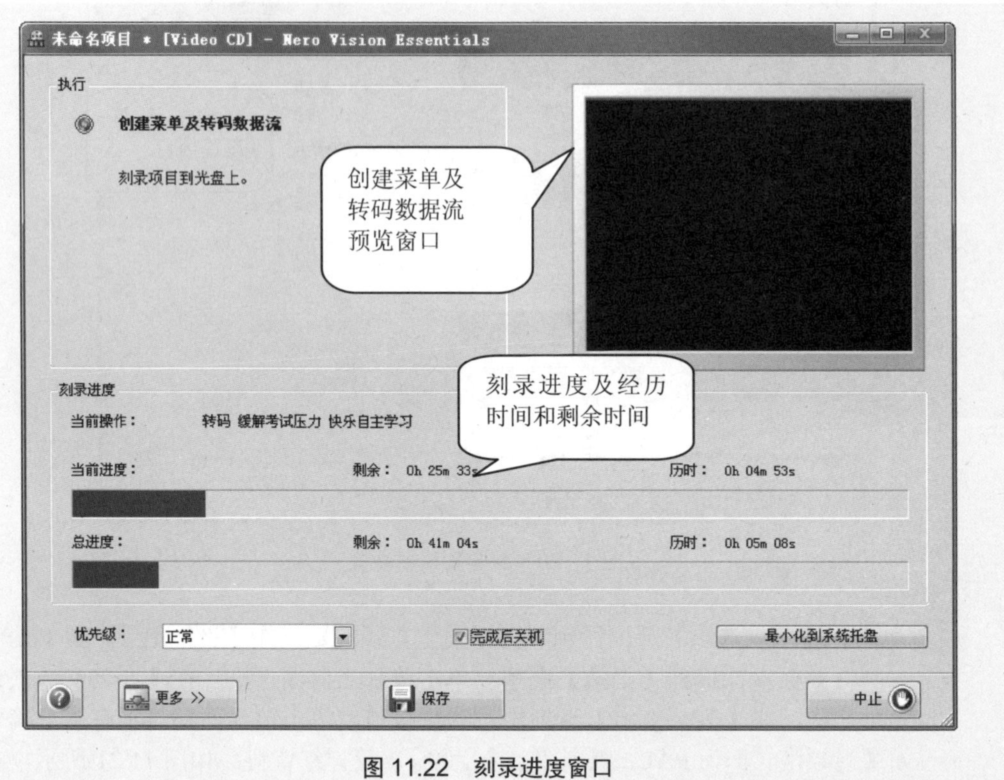

图 11.22 刻录进度窗口

提 示

用户还可以使用 Nero 7 制作超级 VCD(即 SVCD)、MiniDVD 和 DVD 视频光盘。

11.2.5 运用映像文件复制光盘

制作映像文件可以分为制作光盘映像、制作硬盘映像和程序数据文件的映像。复制光盘时，可以把要复制的光盘制作成映像文件，再运用映像文件复制刻录新的光盘。

运用 Nero 7 制作光盘映像文件并复制光盘的具体操作步骤如下。

步骤 01 运行 Nero StartSmart 软件，单击模式转换按钮，从标准模式切换到高级扩展模式，如图 11.23 所示。

步骤 02 单击选择左侧【应用程序】功能选项 Nero Burning ROM，弹出经典界面及新编辑窗口。在该窗口中选择 CD-ROM(ISO)，并单击【新建】按钮。

步骤 03 在主界面中，选择【刻录器】|【选择刻录器】命令，弹出相应对话框，这里单击选择 Image Recorder(映像文件刻录机/虚拟设备)选项。如图 11.24 所示。单击【确定】按钮。

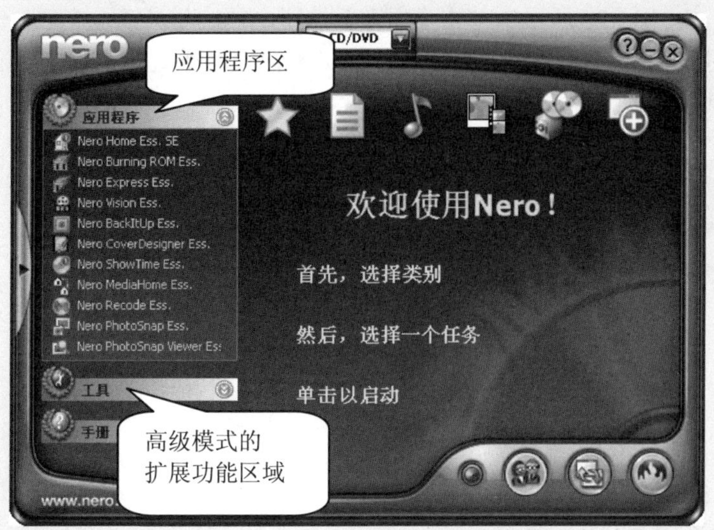

图 11.23　Nero StartSmart 高级扩展模式

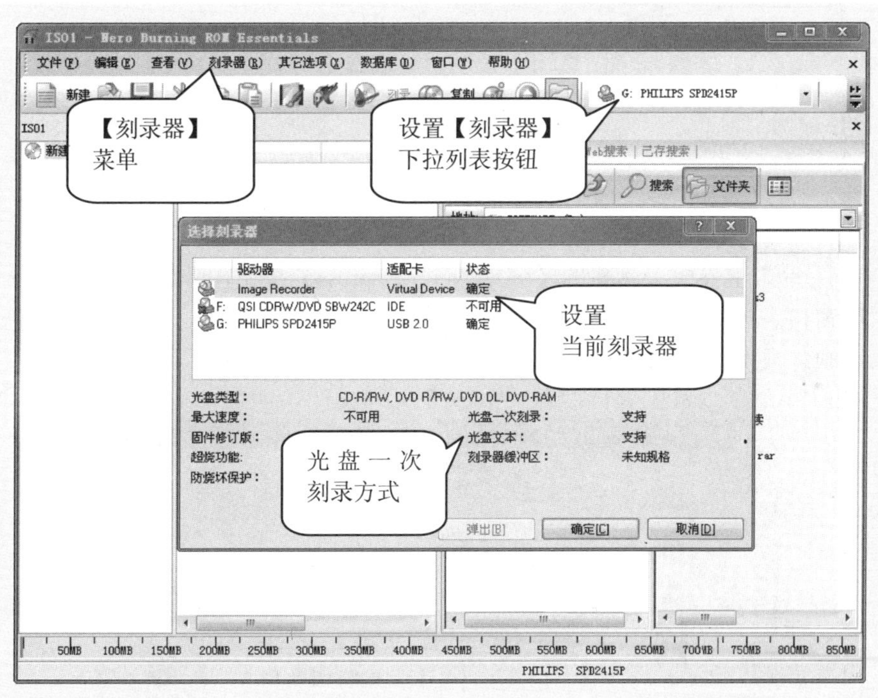

图 11.24　选择刻录器

步骤 04　在光驱中放入所要复制的光盘，在 Nero 主界面窗口【文件浏览器】中把所要复制光盘的数据文件拖放到标有名称、大小的数据文件编辑框。单击工具栏【刻录】按钮，弹出【刻录编译】窗口，选择 CD-ROM(ISO)，单击【刻录】按钮。

步骤 05　弹出【检查光盘】对话框和【保存映像文件】对话框，Nero 默认映像扩展名为 nrg，这里选择保存类型为【ISO 映像文件(*.iso)】。输入文件名，并选择保存

路径。如图 11.25 所示。单击【保存】按钮。开始刻录镜像文件。制作完毕，在弹出的对话框中单击【确定】按钮。在资源管理器或我的电脑中查看生成的扩展名 iso 的映像文件。

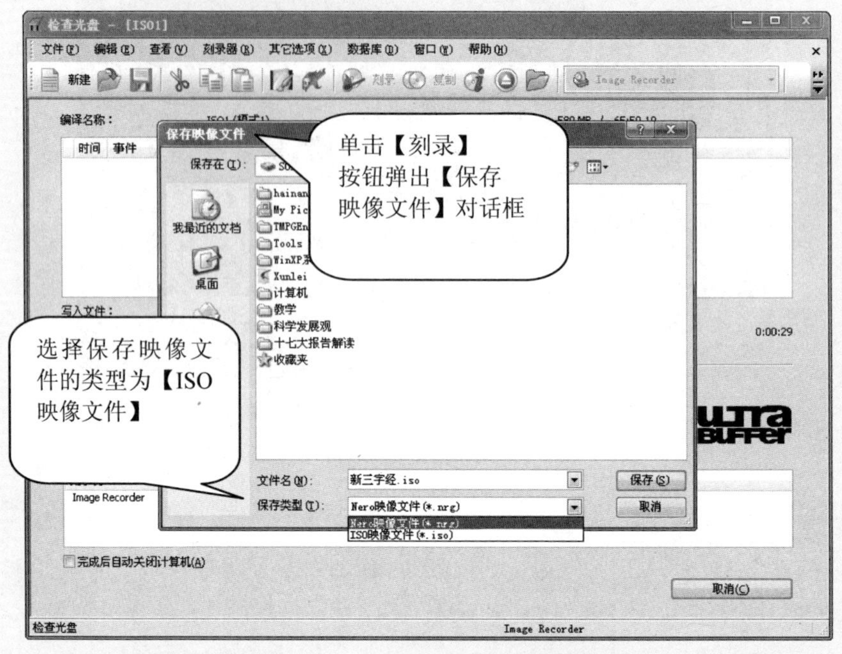

图 11.25　选择 ISO 映像文件类型

步骤 06　单击主界面工具栏的【使用 Nero Express】按钮，弹出 Nero Express 快捷易用窗口。在该窗口中单击【映像、项目、复制】功能按钮，在右侧窗格中选择【光盘映像或保存的项目】选项并单击它，如图 11.26 所示。

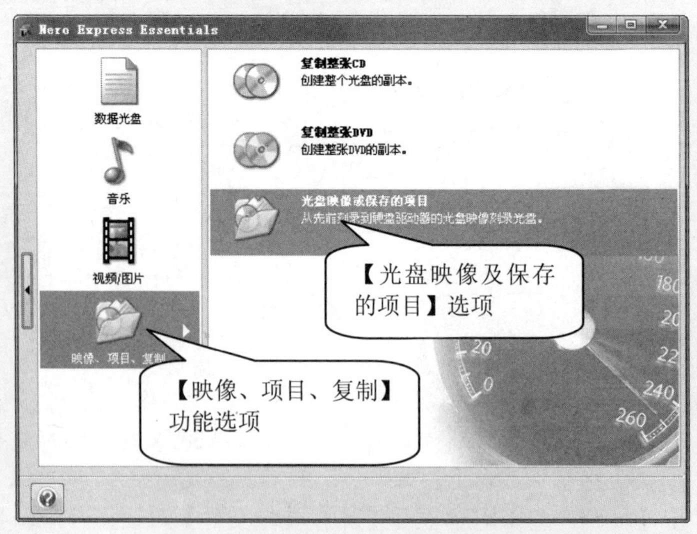

图 11.26　光盘映像或保存的项目选项

步骤 07　弹出【打开】对话框，选择所制作的光盘映像文件“新三字经.iso”，如图 11.27 所示。单击【打开】按钮。

步骤 08　在【最终刻录设置】窗口，选择当前刻录机为“G：PHILIPS SPD2415P”，磁盘型号为 CD。在刻录机中放入新的刻录盘，单击【刻录】按钮，开始刻录过程。

步骤 09　刻录结束，弹出光盘，并且弹出提示对话框显示“以 4×(5,540KB/s)的速度刻录完毕”信息，单击【确定】按钮。刻录过程成功完成，用户可打印保存详细报告。单击【下一步】按钮，返回 Nero Express 界面窗口，关闭窗口结束光盘复制。

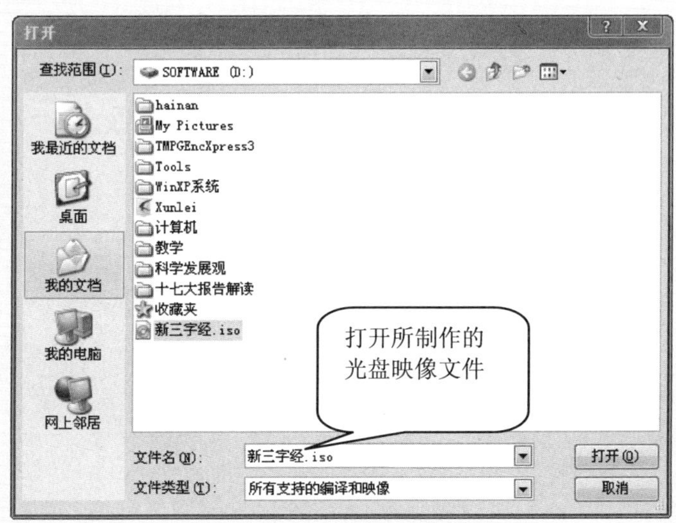

图 11.27　打开光盘映像文件

提 示

如果用户计算机上有两个光驱，可以使用 Nero StartSmart 中数据格式的【复制光盘】功能或 Nero Express 中的“映像、复制、项目”来完成光盘复制。

读者回执卡

欢迎您立即填妥回函

您好！感谢您购买本书，请您抽出宝贵的时间填写这份回执卡，并将此页剪下寄回我公司读者服务部。我们会在以后的工作中充分考虑您的意见和建议，并将您的信息加入公司的客户档案中，以便向您提供全程的一体化服务。您享有的权益：

★ 免费获得我公司的新书资料；
★ 寻求解答阅读中遇到的问题；
★ 免费参加我公司组织的技术交流会及讲座；
★ 可参加不定期的促销活动，免费获取赠品；

读者基本资料

姓　　名______ 性　　别 □男　　□女 年　　龄______
电　　话______ 职　　业______ 文化程度______
E-mail______ 邮　　编______
通讯地址______

请在您认可处打√（6至10题可多选）

1、您购买的图书名称是什么：______
2、您在何处购买的此书：______
3、您对电脑的掌握程度：　□不懂　□基本掌握　□熟练应用　□精通某一领域
4、您学习此书的主要目的是：　□工作需要　□个人爱好　□获得证书
5、您希望通过学习达到何种程度：　□基本掌握　□熟练应用　□专业水平
6、您想学习的其他电脑知识有：　□电脑入门　□操作系统　□办公软件　□多媒体设计　□编程知识　□图像设计　□网页设计　□互联网知识
7、影响您购买图书的因素：　□书名　□作者　□出版机构　□印刷、装帧质量　□内容简介　□网络宣传　□图书定价　□书店宣传　□封面，插图及版式　□知名作家（学者）的推荐或书评　□其他
8、您比较喜欢哪些形式的学习方式：　□看图书　□上网学习　□用教学光盘　□参加培训班
9、您可以接受的图书的价格是：　□ 20元以内　□ 30元以内　□ 50元以内　□ 100元以内
10、您从何处获知本公司产品信息：　□报纸、杂志　□广播、电视　□同事或朋友推荐　□网站
11、您对本书的满意度：　□很满意　□较满意　□一般　□不满意
12、您对我们的建议：______

请剪下本页填写清楚，放入信封寄回，谢谢！

1 0 0 0 8 4

贴邮票处

北京100084—157信箱

读者服务部　　收

邮政编码：□□□□□□

技术支持与课件下载：http://www.tup.com.cn　http://www.wenyuan.com.cn
读 者 服 务 邮 箱：service@wenyuan.com.cn
邮　购　电　话：(010)62791865　(010)62791863　(010)62792097-220
组　稿　编　辑：应　勤
投　稿　电　话：(010)62792097-310
投　稿　邮　箱：ying_qin@263.net